“十二五”职业教育国家规划教材
经全国职业教育教材审定委员会审定

电子测量技术

（第5版）

陆绮荣　主编
陆生鲜　郎佳南　副主编

電子工業出版社
Publishing House of Electronics Industry
北京 · BEIJING

内 容 简 介

全书共 11 章：第 1～2 章主要介绍电子测量的特点、测量误差分析与测量数据处理；第 3～9 章阐述电子测量基本原理和电子测量技术的应用；第 10 章介绍光纤通信系统的参数和光纤通信测试仪表的应用；第 11 章介绍计算机测试技术及其在新领域中的应用。与本书配套的实训指导书以项目引导形式，实现测试理论的综合应用，实现理论与实际的结合（以电子版形式免费提供）。

本书着重讲述电子测量领域的基础性测量技术，包括电压、频率、时间、噪声等基本参数的测试原理和技术。部分章节包含扩展知识，用于介绍读者关注的该领域较新的测试技术，如城市环境噪声测量、三维激光扫描等，以便读者跟踪电子测量技术的新发展。

本书适合高等职业院校电子、自动化、通信等专业教学使用，也可作为成人高等教育相关专业学生的教材，还可作为从事电子测量工作的工程测试技术人员的参考用书。

图书在版编目（CIP）数据

电子测量技术 / 陆绮荣主编. —5 版. —北京：电子工业出版社，2021.1（2022 年 6 月重印）

ISBN 978-7-121-38053-2

Ⅰ. ①电… Ⅱ. ①陆… Ⅲ. ①电子测量技术－高等学校－教材 Ⅳ. ①TM93

中国版本图书馆 CIP 数据核字（2019）第 271602 号

责任编辑：郭乃明　　　特约编辑：田学清
印　　刷：天津画中画印刷有限公司
装　　订：天津画中画印刷有限公司
出版发行：电子工业出版社
　　　　　北京市海淀区万寿路 173 信箱　　　邮编：100036
开　　本：787×1092　1/16　印张：20.25　字数：407.6 千字
版　　次：2003 年 8 月第 1 版
　　　　　2021 年 1 月第 5 版
印　　次：2023 年 6 月第 6 次印刷
定　　价：55.00 元

凡所购买电子工业出版社图书有缺损问题，请向购买书店调换。若书店售缺，请与本社发行部联系，联系及邮购电话：（010）88254888，88258888。

质量投诉请发邮件至 zlts@phei.com.cn，盗版侵权举报请发邮件至 dbqq@phei.com.cn。

本书咨询联系方式：（010）88254561，QQ 34825072。

前 言

本教材于2003年8月第1次印刷，至今已经十多年了，中间经过了多次修订。教材体系结构不断改革，从最初的循序渐进到阶跃式、项目引领式，再到课证融通式，突出显示教材实践性和与时俱进的理念；教学设计从以教为主到以学为主，再到主导与主体结合。在教材使用过程中，广大读者给予充分的肯定。本书在2006年广西优秀教材评比中荣获一等奖。本教材第2版获教育部“2007年度普通高等教育精品教材”称号，第3版获2012年广西高等教育教学成果三等奖。荣誉的获得是专家和读者对编者最好的肯定，也是对编者的鼓励和鞭策。在众多的读者中，教师和学生占了绝大多数，他们通过邮件和来信，询问和探讨教材中涉及知识点的描述和习题的解答，尤其是学生，他们渴望知识，渴望将教材的理论直接运用到实际中。因此，与第4版相比，本教材主要做了以下三方面的修改：一是简化了部分仪器的内部原理介绍，重在介绍测量技术的特点，避免枯燥的理论介绍；二是加强了测量技术实际应用方法和领域的介绍，尤其是重要测试指标；三是在部分章的最后一节增加了扩展知识，用于介绍读者比较感兴趣的前沿技术，或者正在研究发展中的技术，以便读者跟踪电子测量技术的新发展，对后续学习起到引领作用。

考虑到教材的可持续发展和高等职业教育技能型、实用型的要求，本次修订将测试的实验部分以项目指导书的形式作为配套教材发布，以便读者根据具体实践进行选用，也便于实验扩展和更新。结合数字化教材资源的特点，本教材将改变单一纸质文本的教材形式，根据教学对象的多层次、表现形式的多样性、解决问题的多角度等不同层面的要求，充分发挥网络、电子书、电子课件、电子配套资源和手机等新媒体的优势，强调各种媒体的整体教学设计，形成媒体间的互动互补。数字资源将在电子工业出版社有限公司华信教育资源网发布。

本教材由桂林理工大学陆绮荣担任主编，并负责全书的统稿工作；由桂林理工大学南宁分校陆生鲜、广西电力职业技术学院郎佳南担任副主编。本教材在编写过程中，得到了桂林理工大学（特别是其高等职业技术学院）大力支持和协助，并参考了国内外测试公司和厂家的技术文档和资料，在此，向关心和支持本教材的各方面人士表示由衷的感谢，向所有参考文献的作者表示崇高的谢意，谢谢广大读者的支持和鼓励。

电子测量技术的发展迅速，应用领域也不断扩大，加之编者水平有限，编写时间仓促，书中难免存在不妥之处，恳请广大师生及读者批评、指正，请将问题发至Lqr0773@163.com。

编 者

2020年10月

目　录

第1章　绪　论

1.1　电子测量的定义与特点

1.1.1　电子测量的定义

测量是为确定被测对象的量值而进行的实验过程。在这个过程中，人们借助专门的设备（如电子电压表、信号发生器、电子示波器等），把被测量与标准的同类单位量进行比较，从而确定被测量与单位量之间的数值关系，最后用数值和单位共同表示测量结果。

例如，用示波器测量正弦信号的电压峰-峰值，波形在荧光屏的垂直方向上占据 3 格，垂直灵敏度设置为 0.1V/格，则被测电压峰-峰值 $U_{\mathrm{P-P}}=3$ 格×0.1V/格 =0.3V。

从上述测量过程可知，有三个成分参与了测量。第一个成分是作为被测对象的正弦信号；第二个成分是作为标准量的示波器垂直灵敏度；第三个成分是将被测量与标准量进行比较的设备示波器。因此，测量的实质就是将被测量与标准量在测量设备上进行比较，得出测量量结果的过程。

电子测量是测量学的一个重要分支。从狭义上说，电子测量是指在电子学中对有关电量值的测量；从广义上说，凡是利用电子技术进行的测量都可以说是电子测量。本书采用广义的电子测量概念。

1.1.2　现代电子测量技术的主要特征

电子测量技术作为基础技术，除了具备传统测量技术的频率范围宽、动态范围广、准确度高、测量速度快等优点，还融合了数字电子技术、计算机技术、网络技术、光学技术、高性能器件及其制造技术的优势，具有以下几个明显的特征。

1．数字化

数字电子技术的发展带来了测量技术及仪器的全面变革。被测量的数字化，使得对其传输、加工、存储及复制变得更加容易，也为测量结果的显示、分析和处理带来很大便利。数字化已成为现代测量技术及仪器的共同特点。

2．智能化

传统测量仪器与计算机或微处理器结合，使测量仪器具有了运算、逻辑判断、命令识别、自诊断、自校正等功能；测量仪器内部结构和前面板的改进，节省了许多开关和调节旋钮。测量仪器不再是简单的硬件实体，而是硬件、软件相结合的产物，软件对仪器的智能化程度影响很大。

3．可重构化

测量仪器的可重构化基于模块化的硬件和软件。采用基于标准接口的模块化硬件组成测量仪器，可使测量仪器具有不同的功能；通过组合不同功能的软件完成软件快速重构，最终可以满足不同的测量需求，减少频繁更换测量仪器导致测量成本过高的问题；同时由于采用标准化的仪器功能模块，在仪器发生故障时能以备用模块迅速替换故障模块，从而提高了测试系统的可靠性。

4．网络化

将网络与分处异地、具有联网功能的智能化测量仪器或测量仪器系统进行有机组合形成网络化仪器，可完成网络化测量任务。网络技术大大扩展了仪器的能力，分布在不同地理位置的多台测量仪器可以协同工作，实现仪器资源共享，降低测量系统构建成本；通过实时的仪器测控和数据传输，测量系统能实现远程状态监控和故障诊断。

5．高可靠化

采用质量更高的元器件、进行更好的电磁兼容设计、以冗余结构设计都是提高硬件可靠性的技术。另外，新的测量仪器还采用数字滤波、数据修正及多传感器数据融合技术等，借助软件进行大量运算，利用数据在某些维度上的规律性或不同数据源之间的相关性等对测量数据进行处理，从而提高测量数据的可靠性。

6．实时化

测量已不仅仅是最终产品质量评定的手段，更重要的是为产品设计、制造服务，以及为制造过程提供完备的过程参数和环境参数，使产品设计、制造过程和检测手段充分集成，形成可自主感知内外环境参数（状态），并能根据参数进行相应调整的系统。在优良的连通性保障下，运用动态理论，可使测量技术从传统的非现场、事后测量，转变为进入现场、参与制造过程的现场在线实时测量。

7．现场校准与自修正一体化

现场校准的目的是对测量结果的质量、仪器系统的工作状态进行评估，对故障单元进行实时调整。以现场校准的测量结果和仪器状态参数作为反馈量，可以对仪器系统模型实施重构，或者进行系统模型的动态调整和修正，即在校准的同时完成修正，保证了测量结果的高精确度，提高了测量系统平均无故障工作时间，尤其当测量方式从静态向动态转变时，测量结果的稳定性和可靠性得到了保障。

1.2　电子测量常用方法和应用领域

1.2.1　电子测量常用方法

由于测量原理不一样，选择的设备、采用的测量方法也可能不一样。按照被测量的性质，测量可分为时域测量、频域测量、数据域测量和随机测量；按照对测量精度的要求，测量可分为精密测量和工程测量；按照测量者对测量过程的干预程度，测量可分为自动测量和手动测量；按照是否具有测量模型，测量可分为确定模型测量和非确定模型测量。对同一类性质被测量采用的确定模型测量还可分为直接测量、间接测量和组合测量。本书主要介绍待测未知量与测量量之间具有明确函数关系即确定模型的测量方法。

1．直接测量

可以直接得到被测量的量值的测量称为直接测量。例如，用平均值电压表测量电压，可直接读出被测电压的平均值；用电子计数器测量频率可直接读出频率等。

2．间接测量

需要对直接测量的结果，按一定的函数关系进行计算，最后求得被测量的量值的测量称为间接测量。例如，测量电阻上消耗的功率，可以先直接测量电阻两端电压 U 以及流过电阻的电流 I，再根据函数关系 $P = UI$，计算电阻上消耗的功率。

3．组合测量

通常情况下，测量过程是复杂的。在某测量过程中可能有多个被测量，有的被测量采用直接测量手段测量，有的被测量需要采用间接测量手段测量，这种既包含直接测量，又包含间接测量的方法称为组合测量法。

1.2.2 电子测量技术的应用领域

电子测量技术的应用范围很广，尤其新型传感器的应用、微/纳米技术的发展和非接触测量方法的采用，使现代电子测量技术应用于各个行业领域。本书着重讲述信息产业领域、机械机电领域、交通运输领域、家居用品领域、安全防护领域和水利水电领域中电子测量技术的应用，包括计量校准、仿真测试与实验验证、维护保障、研究开发和生产制造中使用较广的电子测量方法、原理和应用。

1. 计量校准

为了保证测量结果的准确性和一致性，即保证同一量在不同的地方，采用不同的测量手段所得的结果是一致的，我国以《中华人民共和国计量法》的形式规范测量过程，而计量就是依据法定的基准量进行的测量。因此，计量是测量的一种特殊形式，是测量工作发展的客观需要。测量是计量联系生产实际的重要途径，没有测量就没有计量，没有计量则测量数据的准确性、可靠性得不到保证，测量就会失去价值。计量涉及整个测量领域，并按法律规定，对测量起着指导、监督、保证作用。

微课 1：测量、校准、检定和计量的层次和关系

2. 维护保障

传统测量的主要目的是依据测量结果判断产品是否达到技术指标，然后以测量数据作为改进产品的依据。现代工程技术的发展及制造业的进步，使得测量可以为制造过程提供完备的过程参数和环境参数，以便对生产过程各参数进行监测并随时加以控制，从而大大提高产品质量。

3. 仿真测试与实验验证

当所研究的系统造价高昂、实验的危险性大或需要很长的时间才能了解系统参数变化引起的后果时，仿真测试与实验验证是一种特别有效的研究手段。现代仿真测试技术不仅应用于传统的工程领域，而且日益广泛地应用于社会、经济、生物等领域。

4. 研究开发

为确保设计和开发的产品符合预定的技术指标，必须对设计的产品进行测试、验证，根据测试结果进行设计和开发确认。

5. 生产制造

现代工业生产对过程控制的实时性要求越来越高，测量技术从传统的非现场、事后

测量进入制造现场。测量仪器不再是单纯的辅助设备，而是作为生产设备的一部分集成在制造系统中，参与制造过程，从而实现现场在线测量。

1.3　电子测量的内容

电子测量主要有以下几方面的内容：

（1）能量的测量方法，如电压、电流、电平、功率等参数的测量。

（2）元器件参数和特殊部件参数的测量方法，如阻抗、电容、电感、抑制比、延迟时间和逻辑功能等参数的测量。

（3）电信号特性的测量方法，如信号幅度、频率、相位、失真度、调制度、噪声、频谱等参数的测量。

（4）信号发生的方法和应用，如模拟信号、射频信号、函数信号、合成扫频信号、矢量信号、音视频信号和数字信号等的发生方法和信号发生器的使用方法。

（5）电路参数和电路性能的测量，如电路的衰减、增益、通频带、灵敏度、电磁辐射、误码特性和网络特性等参数的测量。

在上述各种参数中，电压、频率、时间、阻抗等是基本电参数，对它们的测量是其他许多派生参数测量的基础，压力、温度、速度、流量等非电量可以通过传感器的变换作用，转换为电量进行测量。

1.4　电子测量技术发展概述

电子测量技术的发展总是与自然科学特别是电子技术的发展紧密相连。

传统的电测量指示仪表利用电磁技术将被测电磁量转换为指针的偏转角，在带标尺的仪表盘上显示读数，如 MF500 型万用表就是典型的模拟磁电式仪表。

数字技术、锁相技术、频率合成技术、取样技术等的出现，提高了电子测量仪器的测量水平，产生了如频谱分析仪、频谱合成器等有代表性的仪器。

采用新技术、新工艺，由大规模集成电路和超大规模集成电路构成的新型数字仪表及高档智能仪器的问世，标志着电子仪器领域的重大发展，也开创了现代电子测量技术的先河。

自动测量系统是电子测量技术、自动控制及计算机技术密切结合的成果，是电子测量仪器数字化与数字信息系统相结合的产物，真正实现了高速度、宽频带、高精确度、多参数和多功能测试。

虚拟仪器的出现是电子测量仪器领域的一场革命，它提出了一种与传统电子测量仪器完全不同的概念，即“软件即仪器”，改变了传统仪器的概念、模式和结构，用户完全可以自定义仪器。虚拟仪器以其特有的优势显示了强大的生命力。

随着现代测量技术的快速发展，具有单一测量功能的仪器或单一测量技术已难以满足测量需求，测量更加自主化将成为一个新的发展趋势。测量仪器接收到具体的测量需求后，将借助人工智能技术自主地确定测量方案和建立测量模型，利用可重构技术和网络技术对仪器软硬件资源加以整合和配置，从而灵活构建所需要的测量系统；测量过程中，测量仪器自主寻找测量目标，实时调整测量方案、测量模型及软硬件结构，并利用自检和自修正功能评估自身工作质量及工作状态，可靠地完成测量任务。

1.5　扩展知识：机械制造领域测量技术的发展

测量技术是机械制造领域不可或缺的重要技术，是机械科学研究和先进制造的眼睛；机械制造中的应用和创新需求，决定着测量技术领域的主要研究内容和发展方向，测量技术的先进程度将成为我国未来制造业赖以生存的基础和可持续发展的关键，决定着测量学科的研究内容和发展方向。

机械制造中的测量通常包括制造系统的测量和被加工对象的测量两个方面。前者主要针对机床设备的几何精度和性能（如运动性能、动态特性、力学性能、温度和电磁特性等）进行测量；后者涉及加工与装配中的测量，以几何量为主。整体来看，我国机械制造中的测量技术呈现以下特点和发展趋势。

1. 极端制造中的测量技术成为测量中的前沿技术

随着MEMS技术、微/纳米技术的兴起与发展，测量对象尺寸越来越小，达到微/纳米量级；同时，由于大型、超大型机械系统（电站机组、航空航天系统）、机电工程的制造和安装水平的需要，以及人们对于空间研究范围的扩大，测量对象的范围越来越大，机械制造中尺寸的测量范围从微观到宏观，已达到10^{-9}～10^{2}m的范围。传统的测量方法和测量仪器已受到极大挑战，纳米级分辨率激光干涉测量系统、微/纳米级高精度传感器的使用实现了超精测量和超精加工；大尺寸、复杂几何形面轮廓测量技术，高速短程激光测距技术，无导轨测量技术等可用于超大尺寸、复杂形面轮廓的测量。

2．几何量和非几何量集成

复杂机电系统功能增加、精度提高，系统性能涉及多种类型参数，测量对象已不仅限于几何量，其他机械工程研究中常用的物理量，如力学性能参数、功能参数等也包含其中，催生了几何量和非几何量集成的新型传感器及测量技术。

3．从静态测量到动态测量，从非现场测量到现场在线测量

机械制造中的测量技术已不仅仅是最终产品质量评定的手段，更重要的是为产品设计、制造过程提供完备的过程参数和环境参数，形成具备自主感知内外部环境、状态，并进行相应调整的智能制造系统，使测量技术从传统的“离线”测量，进入制造现场，参与制造过程，实现“在线”测量。数字化测量技术、非接触式扫描、视频测量技术、无线传输和网络远程服务以及仪器本身的可靠性、高精度、故障诊断功能满足了在线测量的要求。

4．测量过程从简单信息获取到多信息融合

先进制造技术中的测量信息包括多种类型的被测量，信息量大，必须采用多信息融合技术，保证信息可靠、快速传输和得到高效管理。例如，分布式网络测量通过工业局域网和 Internet，把分布于各制造单元、独立完成特定功能的测量设备和计算机连接起来，实现测量资源共享、协同工作、分散操作、集中管理、测量过程监控和设备诊断。

5．面向对象的柔性测量系统的建立

柔性制造系统是为适应加工对象变化而研制的自动机械制造系统，与此概念相对应，有专家提出面向对象的柔性测量系统。该系统充分利用计算机软件技术面向对象的特点，将传感器动态建模模块、测量数据库、信息专家系统、软件测量平台和硬件集成为一体，实现测量系统的自动化、集成化、智能化和经济化。虚拟仪器技术以计算机作为仪器的统一硬件平台，充分利用计算机独具的运算、大容量存储、回放、调用、显示及文件管理等功能，同时把传统仪器的功能和面板控件软件化，使之与计算机融为一体，从而构成一个外观与传统仪器相同、功能可以由用户定义的柔性测量系统。

本章小结

测量是为确定被测对象的量值而进行的实验过程，测量标准必须定时计量，以确保测量结果的准确性和一致性，同时确保量值的顺利传递。

电子测量技术除了具备传统测量技术的频率范围宽、动态范围广、准确度高、测量

速度快等优点，还融合了数字电子技术、计算机技术、网络技术、光学技术、高性能器件及其制造技术的优势，广泛应用于计量校准、仿真测试与实验验证、维护保障、研究开发和生产制造等领域。

电子测量技术的迅速发展，促使电子测量仪器发生从模拟仪器、数字仪器、智能仪器到虚拟仪器的变化。随着现代测量技术的快速发展，具有单一测量功能的仪器或单一测量技术已难以满足测量需求，测量更加自主化将成为一个新的发展趋势，现代电子测量技术将在各行业发挥越来越重要的作用。

习　题　1

1.1　什么是测量？什么是电子测量？

1.2　测量与计量两者是否缺一不可？

1.3　按具体测量对象来区分，试列出电子测量的内容。

1.4　电子测量技术有哪些优点？

1.5　试分析电子测量技术的发展趋势。

第 2 章　测量误差分析与测量数据处理

2.1　常用测量术语

常用测量术语有以下几条。

1. 一次测量和多次测量

一次测量是对一个被测量进行一次测量的过程；多次测量是对一个被测量进行不止一次测量的过程。通过多次测量可以观测结果的一致性，可以反映测量结果的精确度。一般情况下，要求高的精密测量都应进行多次，如仪器的校准等。

2. 等精度测量

等精度测量是指在保持测量条件不变的情况下进行的多次测量。等精度测量的每一次测量都有同样的可靠性，也就是每一次测量结果的精度都是相等的。非等精度测量与等精度测量相对应，是指测量条件不能维持不变的情况下的多次测量，其测量结果的可靠程度是不一样的。

3. 真值与最佳值

真值是指被测量本身具有的真实值，一般用 A_0 表示。在实际测量过程中，由于人们认识的局限性、测量手段的不完善及测量工具的不准确等，一般真值不可知。在排除系统误差的前提下，当多次测量的次数趋近于无穷大时，测量值的算术平均值 $\bar{x}$ 称为该被测量的数学期望，数学期望即真值 A_0。但是测量次数是有限的，满足一定测量精度的、有限次测量值的算术平均值就是最佳值 A，也称实际值。

4. 示值

示值是指测量器具的读数装置指示出来的被测量的数值，是操作者可以直接获得的数值，一般用 x 表示。

5. 测量准确度

测量准确度是指测量结果与真值的一致程度，反映系统误差对测量结果影响的大小。测量准确度越高，表明测量数据的平均值偏离真值的程度越小。

6．测量精密度

测量精密度是对测量值重复性程度的描述，反映了随机误差的大小。测量精密度越高，表明测量数据越集中，测量重复性越好。

7．测量精确度

测量精确度用来综合评定测量结果的重复性与接近真值的程度，是对测量的随机误差和系统误差的综合评定。

2.2 测量误差及其表示法

造成误差的原因是多方面的，常见的误差来源主要有仪器误差、方法误差、环境误差等。仪器误差是测量误差的主要来源之一，如仪器原理的近似性、性能不完善或使用时调整不当等。方法误差是指测量方法不完善或测量原理不严密引起的误差，如用输入阻抗较低的普通万用表测量高内阻回路的电压引起的误差就属于此类误差。由于各种环境因素与要求的测量条件不一致造成的误差，也是产生测量误差的主要原因之一，如环境温度、预热时间、电源电压等与要求的测试条件不一致产生的误差就属于此类误差。

测量时，应充分考虑可能引起测量误差的因素，从源头堵住测量误差的产生。

2.2.1 绝对误差与修正值

1．绝对误差及其表示法

绝对误差定义为测量结果与被测量的真值的差值。由于真值不可知，所以在实际应用时，常用测量实际值来代替真值，绝对误差定义为

$$\Delta x = x - A \tag{2.1}$$

式中，Δx—— 绝对误差；

x—— 被测量的示值；

A—— 被测量的实际值。

这是我们常用的表达式。

2．修正值及其含义

与绝对误差大小相等、符号相反的量值称为修正值。修正值的表达式为

$$C = -\Delta x = A - x \tag{2.2}$$

式中，C——绝对误差的修正值。

修正值通常根据更高一级的标准检定或由生产厂家给出，将示值与已知修正值相加，可计算被测量的实际值。如用某电流表测电流，电流表的示值为 0.83mA，查该电流表的技术说明书，该电流表在 0.83mA 及其附近的修正值是 +0.01mA，那么被测电流的实际值为

$$A = 0.83 + (+0.01) = 0.84 \text{（mA）}$$

由此可以看出，修正值与示值具有相同量纲，其大小和符号表示了示值偏离真值（实际值）的程度和方向，上例中示值比实际值偏小 0.01mA，故修正值为 +0.01mA。

3．数字显示仪表的绝对误差

数字显示仪表的误差主要包括读数误差和满刻度误差，通常用测量的绝对误差表示，即

$$\Delta U = \pm(\alpha\% \cdot x + \beta\% \cdot x_m) \tag{2.3}$$

式中，α——误差的相对项系数；

β——误差的固定项系数；

x——被测量的示值；

x_m——被测量所在量程的满刻度值。

2.2.2　相对误差及其表示法

绝对误差虽然可以反映测量误差的大小和方向，但不能说明测量的准确程度，因此引入相对误差的概念。在实际使用时，相对误差有以下几种表示形式。

1．实际相对误差

实际相对误差定义为绝对误差与被测量的实际值的百分比。

$$\gamma_A = \frac{\Delta x}{A} \times 100\% \tag{2.4}$$

式中，γ_A—— 实际相对误差；

Δx—— 绝对误差；

A—— 被测量的实际值。

2．示值相对误差

示值相对误差又称标称相对误差，定义为绝对误差与示值的百分比。

$$\gamma_{x}=\frac{\Delta x}{x}\times100\% \tag{2.5}$$

式中，γ_x—— 示值相对误差；

Δx—— 绝对误差；

x—— 被测量的示值。

由于示值可直接通过测量仪表的读数装置获得，所以示值相对误差是应用较多的一种误差。

3．满刻度相对误差

满刻度相对误差又称引用相对误差，简称为满度误差或引用误差，是指针式仪表常用的表示误差的形式之一，定义为绝对误差与测量仪器满刻度值的百分比。

$$\gamma_{m}=\frac{\Delta x}{x_{m}}\times100\% \tag{2.6}$$

式中，γ_m—— 满刻度相对误差；

Δx—— 绝对误差；

x_m—— 被测量所在量程的满刻度值。

在连续刻度仪表的某一量程内，不同示值处的绝对误差一般不相等，若采用满刻度相对误差来计算相对误差，式中的分母始终是不变的，这给计算和定性分析带来了方便。因此，这种表示法也是应用较多的方法。

4．仪表准确度等级

在实际应用中，满刻度相对误差数值一般较小，如 0.1%或 0.5%等，为了简化，去掉“%”，引入仪表等级 s 即仪表准确度等级的表示法。常用电工仪表分为±0.1、±0.2、±0.5、±1.0、±1.5、±2.5、±5.0 共七个等级，仪表等级越大，满刻度相对误差越大，测量准确度就越低。

2.3 测量误差的估计和处理

按照误差的基本性质和特点，可把误差分为系统误差、随机误差和粗大误差三大类。

不同的误差对应不同的处理方法。

2.3.1　系统误差的判断和处理

1．系统误差的定义和产生原因

系统误差是指等精度测量时，误差的数值保持恒定或按某种函数规律变化的误差。

系统误差产生的原因可能很多，但主要是仪器误差、环境误差、方法误差及理论误差。

2．系统误差的特点

系统误差具有以下特点：

（1）系统误差是一个恒定不变的值或是确定的函数值。

（2）多次重复测量，系统误差不能消除，也不会减少。

（3）系统误差具有可控性或可修正性。

3．系统误差的判断

判断系统误差较简单和常用的方法就是剩余误差观察法。剩余误差是指任意一次测量值 x_i 与算术平均值 $\overline{x}$ 之差，用 v_i 表示。剩余误差观察法就是将各个剩余误差制成表格或曲线，以此来判断有无系统误差。为了直观起见，通常将剩余误差画成曲线，如图 2.1 所示。

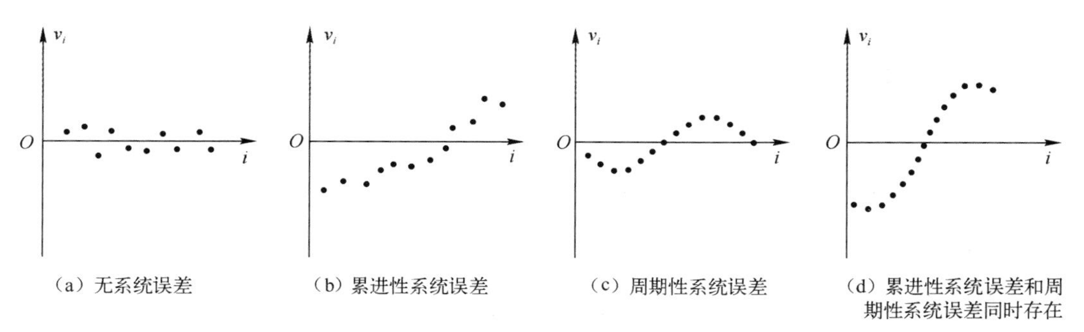

（a）无系统误差　（b）累进性系统误差　（c）周期性系统误差　（d）累进性系统误差和周期性系统误差同时存在

图 2.1　剩余误差的图形表示

图 2.1（a）～（d）为四种典型的剩余误差图。图 2.1（a）显示的剩余误差 v_i 大体上正负相同，无明显变化规律，可以认为不存在系统误差；图 2.1（b）显示 v_i 有明显的递增趋势，可以认为存在累进性系统误差；图 2.1（c）显示的剩余误差 v_i 的大小和符号大体按余弦函数的规律变化，可以认为存在周期性系统误差；图 2.1（d）显示的剩余误差

v_i 既存在累进性变化，又有周期性变化的特点，可认为同时存在累进性系统误差和周期性系统误差。

4. 系统误差的处理

消除系统误差的途径有如下两种。

（1）消除系统误差产生的根源。在测量工作开始前，尽量消除产生误差的来源，或设法防止受到误差来源的影响，这是减小系统误差最好、最根本的方法。例如，由于测量方法或测量原理引入的误差，要对测量方法和测量原理进行定量分析，确定误差的大小，事先检定出测量仪器的系统误差，整理出误差表格或误差曲线作为修正值，最后用修正值加上测量示值得到被测量的实际值。

（2）采用典型测量技术，如零示法、微差法、代替法和交换法等消除系统误差。当怀疑测量结果可能有系统误差时，可用准确度更高的测量仪器进行重复测量以发现误差；当系统误差为恒差时，改变测量条件，如更换测量者、测量方法和测量环境条件等，并将测量条件改变前后的数据进行比较，得到系统误差值并进行修正。

2.3.2 随机误差的估计和处理

1. 随机误差的定义和产生原因

误差的绝对值和符号均不确定（无规则变化）的误差称为随机误差。随机误差是不可预测和不可避免的，是许多因素造成的很多微小误差的总和，如测量仪器中元器件的噪声、电源电压波动带来的误差等。

2. 随机误差的特点

随机误差具有以下 4 个主要特点：

（1）在多次测量中，绝对值小的误差出现的次数比绝对值大的误差出现的次数多。

（2）在多次测量中，绝对值相等的正误差与负误差出现的概率相同，即具有对称性。

（3）测量次数一定时，误差的绝对值不会超过一定的界限，即具有有界性。

（4）进行等精度测量时，随机误差的算术平均值随着测量次数的增加而趋近于零，即正负误差具有抵偿性。

3. 随机误差分散程度的计算

根据统计学，一组测量数据可由总体平均大小和分散程度来描述。算术平均值说明了测量值的总体平均大小；测量数据的分散程度通常用测量的方差和标准差来表示，标准差是将方差开方，取正平方根得到的。

算术平均值的计算公式为

$$\overline{x}=\frac{1}{n}\sum_{i=1}^{n}x_i \tag{2.7}$$

剩余误差（或称残差）为各次测得值与算术平均值之差，即

$$v_i=x_i-\overline{x} \tag{2.8}$$

式中，v_i—— 剩余误差；

x_i—— 测量值；

$\overline{x}$—— 测量值的算术平均值。

由于实际测量只能做到测量次数为有限次，贝塞尔公式是目前计算有限次测量数据标准差的常用公式。

贝塞尔公式定义：当 n 为有限值时，可以用剩余误差来计算标准差的估计值 $\hat{\sigma}$ 。

标准差的估计值的计算公式为

$$\hat{\sigma}=\sqrt{\frac{1}{n-1}\sum_{i=1}^{n}v_i^2}=\sqrt{\frac{1}{n-1}\sum_{i=1}^{n}(x_i-\overline{x})^2} \tag{2.9}$$

式中，$\hat{\sigma}$——标准差的估计值；

v_i——剩余误差；

n——测量次数；

x_i——测量值；

$\overline{x}$——测量值的算术平均值。

从式（2.9）中可以看出 v_i^2 总是正值，连加的和不会等于零，从而可以用 $\hat{\sigma}$ 来描述随机误差的分散程度。$\hat{\sigma}$ 小，表示测量值集中；$\hat{\sigma}$ 大，表示测量值分散。另外，当 n=1 时，$\hat{\sigma}$ 值不定，说明一次测量数据是不可靠的。

标准差的估计值还可以用贝塞尔公式的另一种表达式求出，即

$$\hat{\sigma}=\sqrt{\frac{1}{n-1}\left(\sum_{i=1}^{n}x_i^2-n\overline{x}^2\right)} \tag{2.10}$$

式中，$\hat{\sigma}$——标准差的估计值；

n——测量次数；

x_i——测量值；

$\bar{x}$——测量值的算术平均值。

4．随机误差的处理原则

由于随机误差的抵偿性，理论上当测量次数 n 趋于无限次时，随机误差趋于零，而实际中不可能做到无限多次测量。从上述分析可知，当基本消除系统误差又剔除粗大误差后，虽然仍有随机误差存在，但多次测量值的算术平均值已很接近被测量真值。因此，只要我们选择合适的测量次数，使测量精度满足要求，就可将算术平均值作为最后的测量结果。

2.3.3 粗大误差的判断和处理

1．粗大误差的定义和产生原因

粗大误差又称疏失误差或粗差，它是在一定的测量条件下，测量值明显偏离实际值所造成的测量误差。

粗大误差是由读数错误、记录错误、操作不正确、测量条件的意外改变等因素造成的。由于粗大误差明显歪曲测量结果，这种测量值称为可疑数据或坏值，应予以剔除，只有在消除粗大误差后才能进行进一步测量。

2．测量结果的置信概率与置信区间

置信概率（或称置信度）用来描述测量结果在数学期望附近某一确定范围内的可能性有多大，一般用百分数表示。这个确定的范围称为置信区间，也是极限误差的范围。

极限误差定义为一个随机误差的极限值，通常用标准差的若干倍表示。显然，对于同一测量结果，所取置信区间越宽，则置信概率越大，反之越小。

3．可疑数据的剔除方法

任何一次测量都会规定极限误差，以保证测量的准确度范围。根据统计学，在无系统误差的情况下，误差绝对值超过 $2.75\hat{\sigma}(x)$的概率仅为 1%，超过 $3\hat{\sigma}(x)$的概率仅为 0.27%。因此剔除有限次测量数据中的可疑数据，可按置信区间划分，即采用莱特准则。

莱特准则定义，在测量数据为正态分布且测量次数足够多时，如果某个测量数据的剩余误差的绝对值满足以下条件：

$$|v_i| = |x_i - \bar{x}| > 3\hat{\sigma}(x) \tag{2.11}$$

式中，$\hat{\sigma}$——标准差的估计值；

v_i——剩余误差；

x_i——测量值；

$\bar{x}$——测量值的算术平均值。

就可以认为该测量数据是可疑数据，应剔除。

2.4　测量误差的合成和分配

在 2.3 节中，我们描述了直接测量时测量结果的粗大误差、系统误差、随机误差的处理方法，而在实际测量中，一个被测量的获得往往要采用直接测量、间接测量等多种测量手段。误差合成理论研究在间接测量中，如何根据若干个直接测量量的误差求总测量误差的问题；误差分配理论研究在给定系统总误差的条件下，如何将总误差分配给各测量分项，即如何对各分项误差提出要求，以达到系统测量的精度要求。

2.4.1　测量误差的合成

1．误差传递公式

设一个被测量 y 有两个分项 x_1、x_2，其函数表达式为

$$y = f(x_1, x_2) \tag{2.12}$$

则绝对误差传递公式为

$$\Delta y = \frac{\partial f}{\partial x_1}\Delta x_1 + \frac{\partial f}{\partial x_2}\Delta x_2 \tag{2.13}$$

式中，Δy——被测量 y 的绝对误差；

Δx_1——直接测量量 x_1 的绝对误差；

Δx_2——直接测量量 x_2 的绝对误差。

相对误差传递公式为

$$\gamma_y = \frac{\partial \ln f}{\partial x_1}\Delta x_1 + \frac{\partial \ln f}{\partial x_2}\Delta x_2 \tag{2.14}$$

式中，γ_y——被测量 y 的相对误差；

Δx_1 ——直接测量量 x_1 的绝对误差；

Δx_2 ——直接测量量 x_2 的绝对误差。

同理，当被测量 y 由 m 个分项合成时，误差传递公式为

$$\Delta y = \sum_{i=1}^{m} \frac{\partial f}{\partial x_i} \Delta x_i \tag{2.15}$$

$$\gamma_{\mathrm{y}} = \sum_{i=1}^{m} \frac{\partial \ln f}{\partial x_i} \Delta x_i \tag{2.16}$$

式中，x_i ——第 i 个测量分项的测量值；

Δx_i ——第 i 个测量分项 x_i 的绝对误差。

例 2.1 用间接测量法测量电阻消耗的功率，若电阻、电压和电流测量的相对误差分别为 $\frac{\Delta R}{R}$、$\frac{\Delta U}{U}$ 和 $\frac{\Delta I}{I}$，问所求功率的相对误差为多少？

解： 电阻上所消耗的功率有三种计算方法，即 $P=UI$、$P=\frac{U^2}{R}$、$P=I^2R$，可任选一种方法计算。

方法 1： 根据相对误差的定义计算。

（1）利用公式 $P=UI$ 计算功率的相对误差。由式（2.13）可得绝对误差ΔP 为

$$\Delta P = \frac{\partial P}{\partial U}\Delta U + \frac{\partial P}{\partial I}\Delta I = I \cdot \Delta U + U \cdot \Delta I$$

则

$$\gamma_{\mathrm{P}} = \frac{\Delta P}{P} = \frac{I \cdot \Delta U + U \cdot \Delta I}{U \cdot I} = \frac{I \cdot \Delta U}{U \cdot I} + \frac{U \cdot \Delta I}{U \cdot I} = \frac{\Delta U}{U} + \frac{\Delta I}{I}$$

（2）利用公式 $P=\frac{U^2}{R}$ 计算功率的相对误差。由式（2.13）可得绝对误差ΔP 为

$$\Delta P = \frac{\partial P}{\partial U}\Delta U + \frac{\partial P}{\partial R}\Delta R = \frac{2U}{R}\Delta U + \left(-\frac{U^2}{R^2}\right)\Delta R = \frac{2U}{R}\Delta U - \frac{U^2}{R^2}\Delta R$$

则

$$\gamma_{\mathrm{P}} = \frac{\Delta P}{P} = \frac{\frac{2U \cdot \Delta U}{R}}{\frac{U^2}{R}} - \frac{\frac{U^2}{R^2}\Delta R}{\frac{U^2}{R}} = \frac{2\Delta U}{U} - \frac{\Delta R}{R}$$

（3）利用公式 $P=I^2R$ 计算功率的相对误差。由式（2.13）可得绝对误差ΔP 为

$$\Delta P=\frac{\partial P}{\partial I}\Delta I+\frac{\partial P}{\partial R}\Delta R=2IR\cdot\Delta I+I^2\cdot\Delta R$$

则

$$\gamma_{\mathrm{P}}=\frac{\Delta P}{P}=\frac{2IR\cdot\Delta I+I^2\cdot\Delta R}{I^2\cdot R}=\frac{2IR\cdot\Delta I}{I^2\cdot R}+\frac{I^2\cdot\Delta R}{I^2\cdot R}=2\frac{\Delta I}{I}+\frac{\Delta R}{R}$$

方法 2：相对误差也可由式（2.14）直接计算。

（1）利用公式 $P=UI$ 计算功率的相对误差。

$$\gamma_{\mathrm{P}}=\frac{\partial\ln P}{\partial U}\Delta U+\frac{\partial\ln P}{\partial I}\Delta I=\frac{\partial(\ln U+\ln I)}{\partial U}\Delta U+\frac{\partial(\ln U+\ln I)}{\partial I}\Delta I=\frac{\Delta U}{U}+\frac{\Delta I}{I}$$

（2）利用公式 $P=\dfrac{U^2}{R}$ 计算功率的相对误差。

$$\gamma_{\mathrm{P}}=\frac{\partial\ln P}{\partial U}\Delta U+\frac{\partial\ln P}{\partial R}\Delta R=\frac{\partial\left(2\ln U-\ln R\right)}{\partial U}\Delta U+\frac{\partial\left(2\ln U-\ln R\right)}{\partial R}\Delta R=\frac{2\Delta U}{U}-\frac{\Delta R}{R}$$

其中，$\ln P=\ln\dfrac{U^2}{R}=2\ln U-\ln R$。

（3）利用公式 $P=I^2R$ 计算功率的相对误差。

$$\gamma_{\mathrm{P}}=\frac{\partial(2\ln I+\ln R)}{\partial I}\Delta I+\frac{\partial(2\ln I+\ln R)}{\partial R}\Delta R=2\frac{\Delta I}{I}+\frac{\Delta R}{R}$$

可以看出，两种计算方法的结果是一致的。一般地，当 $y=f(x_1,x_2,\cdots,x_m)$的函数关系为和、差关系时，常先求总和的绝对误差；当函数关系为积、商或乘方、开方关系时，先求总和的相对误差比较方便。

2. 系统误差的合成

若测量中各种随机误差可以忽略，则总和的系统误差 ε_{y} 可由各分项系统误差合成。

$$\varepsilon_{\mathrm{y}}=\sum_{j=1}^{m}\frac{\partial f}{\partial x_j}\varepsilon_j \tag{2.17}$$

式中，ε_{y} ——系统误差的总和；

ε_j ——直接测量各分项的系统误差。

3. 随机误差的合成

若各分项的系统误差为零，则同理可求总和的随机误差 $\hat{\sigma}_{\mathrm{y}}$：

$$\hat{\sigma}_{\mathrm{y}}=\sum_{j=1}^{m}\frac{\partial f}{\partial x_j}\hat{\sigma}_j \tag{2.18}$$

式中，$\hat{\sigma}_{\mathrm{y}}$——随机误差的总和；

$\hat{\sigma}_j$——直接测量各分项的随机误差。

已知各分项方差$\hat{\sigma}^2(x_j)$，求总和方差的公式为

$$\hat{\sigma}^2(y)=\sum_{j=1}^{m}\left(\frac{\partial f}{\partial x_j}\right)^2\hat{\sigma}^2(x_j) \tag{2.19}$$

标准差的计算公式为

$$\hat{\sigma}(y)=\sqrt{\sum_{j=1}^{m}\left(\frac{\partial f}{\partial x_j}\right)^2}\hat{\sigma}(x_j) \tag{2.20}$$

2.4.2 测量误差的分配

总误差给定后，由于存在多个分项，误差分配方法也可以有多种，常用的方法有以下几种。

1．等准确度分配

当总误差中各分项性质相同（量纲相同）、大小相近时，采用等准确度分配法（原则），即分配给各分项的误差彼此相同。若总误差为ε_{y}，各分项的误差为$\varepsilon_1,\varepsilon_2,\cdots,\varepsilon_m$，令$\varepsilon_1=\varepsilon_2=\cdots=\varepsilon_m=\varepsilon$，则分配给各项的误差为

$$\varepsilon_j=\frac{\varepsilon_{\mathrm{y}}}{\sum_{j=1}^{m}\frac{\partial f}{\partial x_j}}\qquad (j=1,2,3,\cdots,m) \tag{2.21}$$

例 2.2 有一电源变压器如图 2.2 所示，已知初级线圈与两个次级线圈的匝数比 $N_{12}:N_{34}:N_{45}=1:2:2$，用最大量程为 500V 的交流电压表测量次级线圈的总电压，要求相对误差小于±2%，问应该选用哪个等级的电压表？

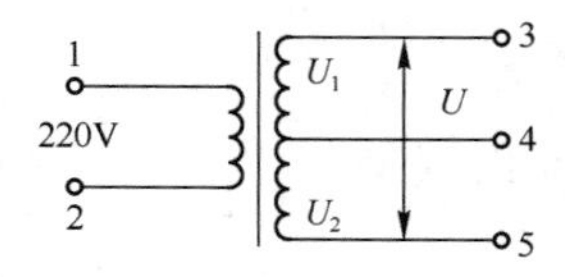

图 2.2 电源变压器的测量

解：已知初级线圈电压为 220V，根据 $N_{12}:N_{34}:N_{45}=1:2:2$，故次级线圈 U_1、U_2 的电压均为 440V，次级线圈总电压为 880V，而电压表最大量程只有 500V，因此应分别测量次级线圈 U_1、U_2 的电压，然后相加得到次级线圈的总电压，即 $U=U_1+U_2$。

测量允许的总误差为$\Delta U=U\times(\pm 2\%)=880\times(\pm 2\%)=\pm 17.6\text{V}$。

测量误差主要是由电压表误差造成的，而且两次测量都是对电压进行测量的，被测量的性质相同（量纲相同）、大小相近，故采用等准确度分配法，即分配给各分项的误差彼此相同。

根据式（2.21）进行等准确度分配，则$\Delta U_1=\Delta U_2=\Delta U/2=\left(\dfrac{\pm 17.6}{2}\right)=\pm 8.8\text{V}$。当仪表等级 s 一定时，满刻度相对误差实际上给出了仪表各量程内绝对误差的最大值Δx_{max}，$\Delta x_{\text{max}}=\gamma_{\text{max}}\cdot x_{\text{m}}=\pm 8.8\text{V}$，电压表的最大量程为 500V，故满刻度相对误差为

$$\gamma_{\text{m}}=\frac{\Delta x}{x_{\text{m}}}\leqslant\frac{\Delta x_{\text{max}}}{x_{\text{m}}}=\frac{\pm 8.8}{500}=\pm 1.76\%$$

可见，选用±1.5 级的电压表能满足测量要求。

2．等作用分配

当分项误差性质不同时，可采用等作用分配法（原则）。在这种分配法中，分配给各分项的误差在数值上不一定相等，但它们对测量误差总和的作用是相同的。

对于系统误差，在式（2.17）中，令$\dfrac{\partial f}{\partial x_1}\varepsilon_1=\dfrac{\partial f}{\partial x_2}\varepsilon_2=\cdots=\dfrac{\partial f}{\partial x_m}\varepsilon_m$，则分配给各分项的误差为

$$\varepsilon_j=\frac{\varepsilon_{\text{y}}}{m\dfrac{\partial f}{\partial x_j}} \tag{2.22}$$

对于随机误差，在式（2.19）中，令

$$\left(\frac{\partial f}{\partial x_1}\right)^2\hat{\sigma}^2(x_1)=\left(\frac{\partial f}{\partial x_2}\right)^2\hat{\sigma}^2(x_2)=\cdots=\left(\frac{\partial f}{\partial x_m}\right)^2\hat{\sigma}^2(x_m)$$

则分配给各分项的误差为

$$\hat{\sigma}(x_j)=\frac{\hat{\sigma}(y)}{\sqrt{m}\left|\dfrac{\partial f}{\partial x_j}\right|} \tag{2.23}$$

下面通过例题来说明公式的应用。

例 2.3 间接测量电阻上消耗的功率，已测出电流为100mA，电压为3V，算出功率为300mW，若要求功率测量的系统误差不大于5%，随机误差的标准差不大于5mW，问电压和电流的测量误差应在多大范围内，才能满足上述功率误差的要求？

解：（1）电压、电流允许的系统误差的计算。按题意，功率测量允许的系统误差为

$$\varepsilon_{\mathrm{P}}=300\mathrm{mW}\times5\%=15\mathrm{mW}$$

由于直接测量有两个分项，分别为电流和电压，属于不同性质的量，应按等作用分配原则分配误差。分配给电流、电压测量的系统误差可根据式（2.22）求出：

$$\varepsilon_{\mathrm{I}}\leqslant\frac{\varepsilon_{\mathrm{P}}}{2\dfrac{\partial(IU)}{\partial I}}=\frac{15\mathrm{mW}}{2\times3\mathrm{V}}=2.5\mathrm{mA}$$

$$\varepsilon_{\mathrm{U}}\leqslant\frac{\varepsilon_{\mathrm{P}}}{2\dfrac{\partial(IU)}{\partial U}}=\frac{15\mathrm{mW}}{2\times100\mathrm{mA}}=75\mathrm{mV}$$

由上面的计算结果可以算出，由电流测量误差和电压测量误差对功率测量造成的影响$\left(\dfrac{\partial P}{\partial I}\right)\varepsilon_{\mathrm{I}}$与$\left(\dfrac{\partial P}{\partial U}\right)\varepsilon_{\mathrm{U}}$的最大允许值相等，均为7.5mW，说明它们对误差总和产生的作用相同。

（2）电压、电流允许的随机误差的计算。根据公式（2.23）对随机误差的标准差进行分配。

$$\hat{\sigma}(I)\leqslant\frac{\hat{\sigma}(P)}{\sqrt{2}\left|\dfrac{\partial P}{\partial I}\right|}=\frac{5\mathrm{mW}}{\sqrt{2}\times3\mathrm{V}}\approx1.2\mathrm{mA}$$

$$\hat{\sigma}(U)\leqslant\frac{\hat{\sigma}(P)}{\sqrt{2}\left|\dfrac{\partial P}{\partial U}\right|}=\frac{5\mathrm{mW}}{\sqrt{2}\times100\mathrm{mA}}\approx35\mathrm{mV}$$

由上面的计算结果也很容易算出，由电流和电压的分项随机误差引起的功率的随机误差的方差分别为$\left(\dfrac{\partial P}{\partial I}\right)^2\hat{\sigma}^2(I)$、$\left(\dfrac{\partial P}{\partial U}\right)^2\hat{\sigma}^2(U)$，它们也相同，说明随机误差也是按等作用分配原则分配的。

实际操作时，在满足总误差要求的前提下，应根据分项误差达到给定要求的困难程度适当调节，如对不容易达到要求的分项适当放宽分配的误差，而对容易达到要求的分项，则可以把分给它的误差适当改小些。

当各分项误差中某分项误差特别大时，可以不考虑次要分项的误差，或酌情减小分

给次要分项的误差比例，确保主要分项的误差小于总误差。

若主要误差项有若干项，则可把误差在这几个主要误差项中分配，考虑采用等准确度或等作用分配原则。

2.5　测量结果的描述与处理

2.5.1　测量结果的评价

测量结果的评价，可以采用精密度、准确度和精确度三种指标。

1．精密度

精密度简称精度，表示测量结果中随机误差的大小程度。随机误差的大小可用测量值的标准差$\sigma(x)$来衡量，$\sigma(x)$越小，测量值越集中，测量的精密度越高；反之，标准差$\sigma(x)$越大，测量值越分散，测量的精密度越低。

2．准确度

准确度也称为正确度，表示测量结果中系统误差的大小程度。由于可以采用多次测量取平均值的方法消除随机误差的影响，因此系统误差越小，则测量结果越正确，所以准确度可用来表征系统误差大小的程度。系统误差越大，准确度越低；系统误差越小，准确度越高。

3．精确度

精确度是系统误差与随机误差的综合，表示测量结果与真值的一致程度。在一定的测量条件下，总是力求测量结果接近真值，即力求精确度高。

上述三个指标的含义可用图 2.3（a）～（c）来表示，图中空心点为真值，实心黑点为多次测量值。图 2.3（a）显示 x_i 的平均值与 A 相差不大，但数据比较分散，说明准确度高而精密度低；图 2.3（b）显示 x_i 的平均值与 A 相差较大，但数据集中，说明精密度高而准确度低；图 2.3（c）显示 x_i 的平均值与 A 相差很少，而且数据集中，说明测量的准确度、精密度都高，即测量精确度高。

由于任何一次测量结果都可能含有系统误差和随机误差，因此仅用准确度或精密度来衡量是不全面的，采用精确度能较全面地对测量结果进行评价。

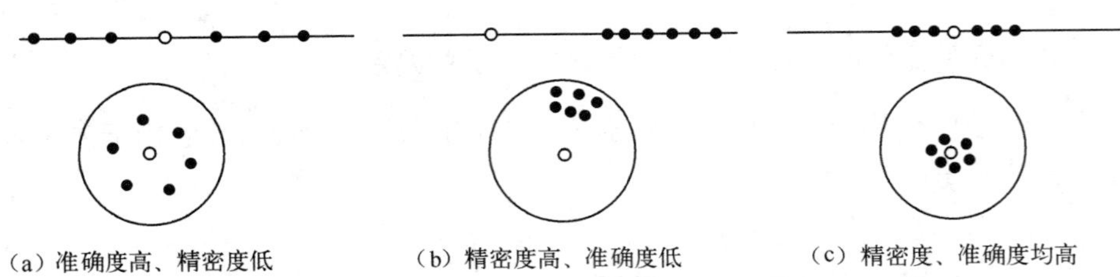

图 2.3 测量结果的图形评价

2.5.2 测量数据的整理

凡测量得到的原始实验数据，都要先经过整理再进行处理。整理实验数据的方法通常有误差位对齐法和有效数字表示法。

1. 误差位对齐法

误差位对齐法是指测量误差的小数点后面有几位，则测量数据的小数点后面也取几位。

例 2.4 用一只仪表等级为±0.5 的电压表测量电压，当量程为 0～10V 时，指针落在 8.5V 附近且大于 8.5V 的区域，这时测量数据应取几位？

解： 该表在 0～10V 量程内的最大绝对误差为

$$\Delta x_{\max} = x_{\mathrm{m}} \cdot s\% = 10 \times 0.5\% = 0.05\ \text{（V）}$$

则测量值应为 8.51、8.52 或 8.53 等，即小数点后面取两位。

2. 有效数字表示法

有效数字是指在测量数值中，从最左边一位非零数字算起，到含有存疑数字为止的各位数字。一般数据的最后一位是欠准确度的估计字，称为存疑数字。因此有效数字的位数表达了一定的测量准确度，不能多写也不能少写。

当需要对几个测量数据进行运算时，必须按测量数据中精度最差的数据项保留有效数字，测量结果超过保留位数的多余数字就要进行舍入处理。舍入规则如下：

（1）被舍数字大于 5 时，将被舍数字舍去，并向被舍数字前一位进 1。

（2）被舍数字小于 5 时，将被舍数字舍去，不进位。

（3）被舍数字等于 5 时，若保留部分的末位数为奇数，此末位数加 1；若为偶数，此末位数不变。

例 2.5 将下列数字保留到小数点后一位：12.34、12.36、12.35、12.45。

解：12.34 → 12.3　（4＜5，舍去）

12.36 → 12.4　（6＞5，进 1）

12.35 → 12.4　（3 是奇数，加 1）

12.45 → 12.4　（4 是偶数，不变）

2.5.3　测量结果的表示方法

在实际应用中，如果要求不高，测量结果可用绝对误差的形式表示：

$$A = \bar{x} \pm \Delta x \tag{2.24}$$

考虑到测量过程中各种因素对测量影响的不确定度，常用被测量的量值和它的不确定度共同表示测量结果，表达式为

$$A = \bar{x} \pm \lambda_{\bar{x}} \tag{2.25}$$

式中，$\bar{x}$——测量值的算术平均值；

$\lambda_{\bar{x}}$——被测量的不确定度，一般为$3\hat{\sigma}_{\bar{x}}$。

2.5.4　等精度测量结果的数据处理

通过实际测量取得的数据，通常先经过整理再进行处理，即对这些数据进行计算、分析、整理，得到我们需要的结果数据。数据处理应建立在误差分析的基础上，以减少误差对测量最终结果的影响。

对等精度测量的结果数据，应先用修正值进行修正，然后按下列步骤进行处理。

（1）将测量数据按先后次序列表。

（2）用公式 $\bar{x} = \frac{1}{n}\sum_{i=1}^{n} x_i$ 求算术平均值。

（3）用公式 $v_i = x_i - \bar{x}$ 求每一次测量值的剩余误差。

（4）用公式 $\hat{\sigma} = \sqrt{\frac{1}{n-1}\sum_{i=1}^{n} v_i^2}$ 计算标准差的估计值 $\hat{\sigma}$。

（5）按莱特准则判断粗大误差，即根据 $|v_i| = |x_i - \bar{x}| > 3\hat{\sigma}(x)$ 剔除坏值。

（6）根据系统误差的特点，判断是否有系统误差，如有，则进行修正。

（7）用公式 $\hat{\sigma}_{\bar{x}} = \dfrac{\hat{\sigma}}{\sqrt{n}}$ 求算术平均值的标准差估计值。

（8）用公式 $\lambda_{\bar{x}} = 3\hat{\sigma}_{\bar{x}}$ 求算术平均值的不确定度。

（9）写出测量结果的表达式：$A = \bar{x} \pm \lambda_{\bar{x}}$。

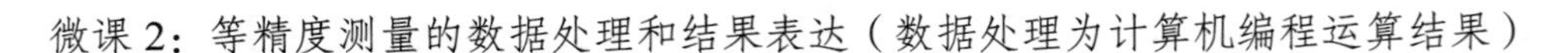
微课 2：等精度测量的数据处理和结果表达（数据处理为计算机编程运算结果）

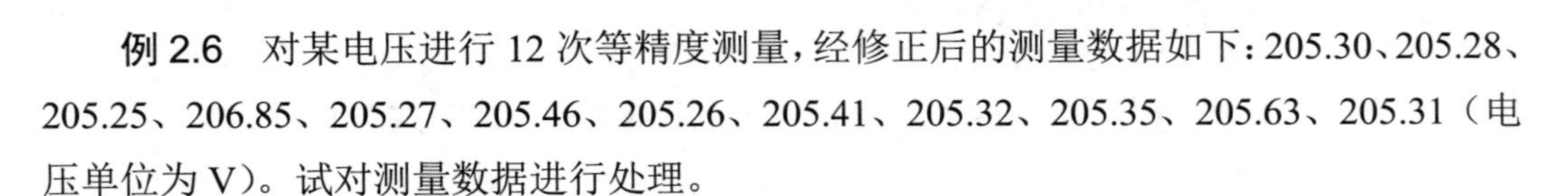
例 2.6　对某电压进行 12 次等精度测量，经修正后的测量数据如下：205.30、205.28、205.25、206.85、205.27、205.46、205.26、205.41、205.32、205.35、205.63、205.31（电压单位为 V）。试对测量数据进行处理。

解： 按上述等精度测量结果的数据处理步骤进行。

（1）将测量数据按先后次序列表。

（2）求算术平均值：

$$\bar{x} = \frac{1}{12}\sum_{i=1}^{12} x_i = 205 + \frac{5.69}{12} \approx 205.47\text{（V）}$$

（3）求每一次测量值的剩余误差及其平方：

$$v_i = x_i - \bar{x}$$

$$v_i^2 = (x_i - \bar{x})^2$$

将上述三项结果列入表 2.1。

表 2.1　测量数值的 x_i、v_i、v_i^2

i	x_i（V）	v_i（V）	v_i^2 (V²)	i	x_i（V）	v_i（V）	v_i^2 (V²)
1	205.30	0.17	0.028 9	7	205.26	0.21	0.044 1
2	205.28	0.19	0.036 1	8	205.41	0.06	0.003 6
3	205.25	0.22	0.048 4	9	205.32	0.15	0.022 5
4	206.85	1.38	1.904 4	10	205.35	0.12	0.014 4
5	205.27	0.20	0.040 0	11	205.63	0.16	0.025 6
6	205.46	0.01	0.000 1	12	205.31	0.16	0.025 6

（4）计算标准差的估计值 $\hat{\sigma}$。

$$\hat{\sigma} = \sqrt{\frac{1}{12-1}\sum_{i=1}^{12} v_i^2} = \sqrt{\frac{2.193\ 7}{11}} \approx 0.45\text{（V）}$$

（5）按莱特准则判断粗大误差，剔除坏值。

$$|v_i| = |x_i - \bar{x}| > 3\hat{\sigma}(x)$$

查表 2.1，可知$|v_4|=1.38>3\hat{\sigma}(x)$，判定为可疑数据，将其剔除，现剩下 11 个数据。

（6）按照上述步骤（1）～（5）重复计算、判断。数据列于表 2.2。

表 2.2　测量数值的 x_i、v_i、v_i^2

i	x_i（V）	v_i（V）	v_i^2 (V^2)	i	x_i（V）	v_i（V）	v_i^2 (V^2)
1	205.30	0.05	0.002 5	7	205.26	0.09	0.008 1
2	205.28	0.07	0.004 9	8	205.41	0.06	0.003 6
3	205.25	0.1	0.01	9	205.32	0.03	0.000 9
4	—	—	—	10	205.35	0	0
5	205.27	0.08	0.006 4	11	205.63	0.28	0.078 4
6	205.46	0.11	0.012 1	12	205.31	0.04	0.001 6

重新计算剩余 11 个数据的平均值：

$$\bar{x}=\frac{1}{11}\sum_{i=1}^{11}x_i=205+\frac{3.84}{11}\approx 205.35\text{（V）}$$

重新计算剩余 11 个数据的标准差：

$$\hat{\sigma}=\sqrt{\frac{1}{11-1}\sum_{i=1}^{11}v_i^2}=\sqrt{\frac{0.128\ 5}{10}}\approx 0.11\text{（V）}$$

查表 2.2，用莱特准则判断，无任何数据为坏值。

（7）判断是否有系统误差。从表 2.1 和表 2.2 可以看出，剩余误差有正有负，分布基本均匀，不存在系统误差。

（8）求算术平均值的标准差估计值。

$$\hat{\sigma}_{\bar{x}}=\frac{\hat{\sigma}}{\sqrt{n}}=\frac{0.11}{\sqrt{11}}\approx 0.033\text{（V）}$$

（9）求算术平均值的不确定度。

$$\lambda_{\bar{x}}=3\hat{\sigma}_{\bar{x}}=3\times 0.033=0.099\approx 0.10\text{（V）}$$

（10）写出测量结果的表达式：

$$A=\bar{x}\pm\lambda_{\bar{x}}=205.35\pm 0.10\text{（V）}$$

2.5.5　实验曲线的绘制

实验曲线的绘制，通常采用平滑法和分组平均法。无论采用哪种方法，绘制曲线前都要将整理好的实验数据按照坐标关系列表，适当选择横坐标与纵坐标的比例关系与分度，将测量的离散的实验数据绘制成一条连续、光滑的曲线并使曲线的变化规律比较明显且误差最小。

1．平滑法

如图 2.4（a）所示，先将实验数据（x_i, y_i）标在直角坐标系内，再将各点用折线依次相连，然后从起点到终点画一条平滑曲线，使其满足以下等量关系

$$\sum s_i = \sum s_i' \tag{2.26}$$

式中，$\sum s_i$ ——曲线以上的面积和；

$\sum s_i'$ ——曲线以下的面积和。

2．分组平均法

如图 2.4（b）所示，将所有实验数据（x_i, y_i）标在直角坐标系中，先标出相邻的两个数据点连线的中点，再将所有中点连成一条光滑的曲线；或将 3 个数据点形成的三角形的重心点连成一条光滑曲线。由于取中点（或重心点）的过程就是取平均值的过程，所以减小了随机误差的影响。

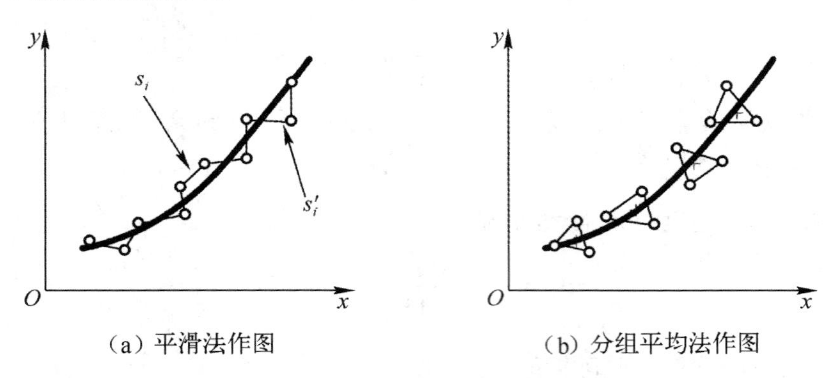

（a）平滑法作图　　（b）分组平均法作图

图 2.4　测量结果的图形描述

2.6　最佳测量方案的选择

2.6.1　合成误差最小原则的应用

最佳测量方案的选择应综合考虑测量方法是否合理、测量费用是否合理、测量方法是否简便易行，从误差角度考虑则是使总误差为最小（使系统误差和随机误差都减小到

最小）。但是通常各分项误差会受到一些客观条件制约，如技术上的可行性、操作简易程度、仪表等级等，所以选择最佳方案时只能先将分项误差做到最小，然后设计多种测量方案，最后选择出合成误差最小的方案。

例 2.7　测量电阻消耗的功率 P 时，可间接测量电阻的阻值 R、电阻上的压降 U、流过电阻的电流 I。设电阻、电压、电流测量的相对误差分别为$\gamma_R=\pm2\%$、$\gamma_U=\pm2\%$、$\gamma_I=\pm3\%$，试确定测量的最佳方案。

解：间接测量电阻上消耗的功率有三种方案，即 $P=UI$、$P=\dfrac{U^2}{R}$、$P=I^2R$，根据误差合成公式［式（2.14）］可分别算出每种方案的测量误差。

（1）$P=UI$ 方案。

$$\gamma_P=\frac{\partial\ln P}{\partial U}\Delta U+\frac{\partial\ln P}{\partial I}\Delta I=\frac{\Delta U}{U}+\frac{\Delta I}{I}=\pm(2\%+3\%)=\pm5\%$$

（2）$P=\dfrac{U^2}{R}$ 方案。

$$\gamma_P=\frac{\partial\ln P}{\partial U}\Delta U+\frac{\partial\ln P}{\partial R}\Delta R=2\frac{\Delta U}{U}-\frac{\Delta R}{R}=\left[2\times(\pm2\%)\pm2\%\right]=\pm6\%$$

在用此式计算时请注意，误差的减法运算应考虑最坏的情况，故电阻测量分项误差的数值在计算时取“+”号。

（3）$P=I^2R$ 方案。

$$\gamma_P=\frac{\partial\ln P}{\partial I}\Delta I+\frac{\partial\ln P}{\partial R}\Delta R=2\frac{\Delta I}{I}+\frac{\Delta R}{R}=2\gamma_I+\gamma_R=\pm8\%$$

可见，在给定各分项误差的条件下，选择第一种方案 $P=UI$ 的合成误差最小。如果条件允许，改用仪表等级更高的仪器，合理降低满刻度相对误差，那么各单项误差还会减小，从而使总的合成误差更小。

2.6.2　仪表等级和量程的兼顾

由前文我们已知，仪表等级越大，满刻度相对误差越大，测量准确度就越低。为了获得较高的测量准确度，仪表等级是否越小越好呢？我们通过一个例题来说明。

例 2.8　要测一个 12V 左右的电压，现有两只电压表，其中一只量程为 150V、±1.5 级，另一只量程为 15V、±2.5 级，问选用哪只电压表合适？

解：判断哪只电压表合适，即判断哪只表的测量准确度更高。

（1）对 150V、±1.5 级的电压表，根据式（2.5）有

$$\gamma_x = \frac{\Delta x}{x}\times 100\% \leqslant \frac{x_m \cdot s\%}{x} = \frac{150\times 1.5\%}{12} = 18.75\%$$

（2）对 15V、±2.5 级电压表，同样根据式（2.5）有

$$\gamma_x = \frac{\Delta x}{x}\times 100\% \leqslant \frac{x_m \cdot s\%}{x} = \frac{15\times 2.5\%}{12} = 3.125\%$$

从计算结果可以看出，用 15V、±2.5 级的电压表测量所产生的示值相对误差较小，所以选用 15V、±2.5 级的电压表较为合适。

由此可知，尽管 15V 电压表的准确度低，但被测电压示值 x 接近满刻度值 x_m，故示值相对误差较小。我们应当注意，在使用连续正向刻度的电压表、电流表时，为了减少测量中的示值误差，在进行量程选择时应尽可能使示值接近满刻度值，一般以示值不小于满刻度的 2/3 为宜。

同样量程的仪表，当然仪表等级越小，测量越准确；而对于不同量程、不同等级的仪表，我们应该根据被测量的大小，兼顾仪表等级和量程上限，合理选择仪表。

2.7 扩展知识：测量不确定度的 A 类与 B 类评定

不确定度概念避免涉及传统误差概念中不可知的真值，使不能确切知道的误差转化为可以定量计算的指标附加在测量结果中，从而使测量结果有了统一的比较标准，比传统评定更便于量化，而且可以使用贝塞尔法、最小二乘法，以及误差合成理论等经典统计方法，避免因测量方法和测量条件的不同而对测量结果有争议。

不确定度有许多来源，按其获得方法分为 A、B 两类。A 类不确定度是由观测得到的一组按频率分布的概率密度函数导出的，即通过观测统计分析数据（多次重复测量）给出不确定度评定结果；B 类不确定度则是基于对一个事件发生的信任程度，采用非统计学的方法获得的，如依据经验、其他信息资料（过去的测量经验、校准证书、生产厂家的技术说明书或常识）及假定的概率分布进行估计，它们都用方差或标准差来表征。测量不确定度能全面分析各种因素对误差的影响，是对测量结果质量的定量评定。本书采用 A 类不确定度对测量结果进行评定。

测量不确定度在使用中根据表示的方法不同有三个不同的术语：标准不确定度、合成标准不确定度和扩展不确定度。要计算不确定度，首先要求出所有 A 类和 B 类分量，然后合成标准不确定度和扩展不确定度。

不确定度概念是误差理论的应用和拓展，不确定度和误差都是由测量过程的不完善导致的，在估算不确定度时，用到了描述误差分布的一些特征参量，因此两者是相互

关联的。

实训项目 1　常用电子测量仪器的校准

1. 项目内容

该项目以“检定员证”专业考核为基础，对常用的模拟万用表、模拟示波器、频率计数器等电子测量仪器进行校准。通过校准，查明和确定被测仪器所指示的量值与标准所复现的量值之间的关系，即确定被测仪表是否符合规定的技术指标要求，是否可以作为工作仪表使用。

微课 3：模拟示波器的校准

2. 项目相关知识点提示

（1）校准的定义。校准是在规定条件下，为确定测量仪器或测量系统所指示的量值，或实物量具、参考物质所代表的量值，与对应的由标准复现的量值之间关系的一组操作。

根据定义，校准的对象是测量仪器、测量系统、实物量具或参考物质，统称测量设备。校准的目的是确定测量设备与对应的标准复现的量值的关系。校准是一组操作，其结果既可给出被测量的示值，又可确定示值的修正值。校准结果可以记录在校准证书或校准报告中。

校准与计量的不同之处在于：计量是对标准的操作，校准则是对测量设备的操作；计量结果具有法律效力，校准结果确定测量设备是否符合规定的技术指标要求，是否可以作为工作仪表使用。因此，校准是比计量低一层次的测量。

（2）校准方法。一般地，采用专用校准仪器对测量设备进行校准，校准仪器的测量精确度比测量设备高一个等级，如普通模拟万用表、数字万用表可采用福禄克公司的 Fluke5700（6 位半多功能）校准器进行校准；模拟示波器和电子计数器一般可进行自校准。

为了保证测量设备的可靠性，使用专用校准设备的电子测量设备应按规定定期校准，而能够自动校准的测量设备每次使用前应进行校准。

（3）结果判定。根据测量误差的基本理论，剔除粗大误差、修正系统误差、计算随机误差，并计算被校准的测量设备的测量误差范围，然后与测量设备已知的技术参数进行比对，最后确定被校准的测量设备是否符合规定的技术指标要求，是否可以作为工作仪表使用。

3．项目实施和结论

（1）所需实训设备和附件。

① 被校准的测量设备：可根据学校实验室条件，选择典型的测量设备，如模拟万用表、多通道模拟示波器和信号发生器各 1 台。

② 选择比被校准测量设备的精确度高一个等级的校准仪器作为校准源，如 MF14 型模拟万用表测量直流电量时的仪表等级为±1.5；测量交流电量时的仪表等级为±2.5。一般 3 位半数字万用表可作为校准源。

③ 测试连接线若干。

（2）实施过程。一般校准仪器包括下列基本步骤：

① 进行外观检查，外观应无损伤。

② 仪器均可按图 2.5 接线。注意：连接导线时，先接地线，再接信号线。

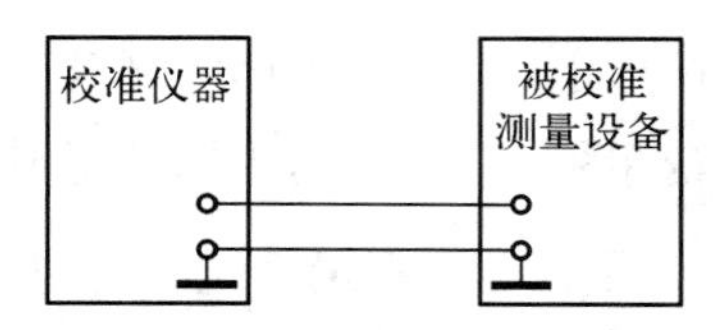

图 2.5　校准仪器和被校准测量设备连线图

③ 对被校准测量设备的工作正常性进行检查，仪器自检应正常。

④ 正确选择校准仪器和被校准测量设备的功能开关、量程挡位。

⑤ 参照国家计量法和仪器仪表检定的相关规程进行校准。例如，用 3 位半数字万用表对 MF14 型模拟万用表的直流电流、直流电压、交流电流、交流电压和电阻等各测量挡位进行校准；利用示波器自带的校准信号分别对各通道的垂直灵敏度和水平扫描因数进行自校准等。

（3）结论。根据校准结果进行误差计算，给出被校准测量设备是否可以作为工作仪表使用的结论，或者提出修正建议。

本 章 小 结

由于仪器误差、人身误差、方法误差和环境误差的原因，所有的测量结果与真值之间都会存在偏差。误差有绝对误差和相对误差两种表示方法。绝对误差仅能说明测量结果偏离实际值的情况；相对误差可以说明测量的准确度，它又可分为实际相对误差、示值相对误差、满刻度相对误差。

根据测量误差的性质，误差可分为粗大误差、系统误差和随机误差。在实际测量时应根据误差性质进行判断和处理。粗大误差明显偏离测量结果，是不允许的，可采用莱特准则予以剔除；系统误差反映了测量的正确度，一般采用加修正值或典型的电路技术来消除或减小；随机误差反映了测量的精密度，体现了各种随机变量对测量结果的影响，是不可避免的，常采用多次等精度测量来减小随机误差的影响。

测量时应兼顾误差大小、测量的难易程度及其他因素选择最佳测量方案。

习　题　2

2.1　测量时为何会产生误差？研究误差理论的目的是什么？

2.2　测量误差用什么表示较好？

2.3　测量误差与仪器误差是不是一个概念？

2.4　对于一个约 100V 的被测电压，若用±0.5 级、量程为 0～300V 和±1.0 级、量程为 0～100V 的两只电压表测量，问哪只电压表测得更准些？为什么？

2.5　系统误差、随机误差和粗大误差的性质是什么？它们对测量结果有何影响？

2.6　减小系统误差的主要方法是什么？

2.7　减小随机误差的主要方法是什么？

2.8　仪表等级为±0.5 级、量程为 0～100V 的电压表，其允许的最大绝对误差为多少？

2.9　测量上限为 500V 的电压表，在示值 450V 处的实际值为 445V，求该示值的绝对误差、相对误差、引用误差和修正值。

2.10　对某电阻进行 10 次等精度测量，数据如下（单位为 kΩ）：

0.992、0.993、0.992、0.991、0.993、0.994、0.997、0.994、0.991、0.998

试给出包含误差值的测量结果表达式。

2.11　对某信号源正弦输出信号的频率进行 10 次测量，数据如下（单位为 kHz）：

10.32、10.28、10.21、10.41、10.25、10.04、10.52、10.38、10.36、10.42

试写出测量结果表达式。

2.12　将下列数据进行舍入处理，要求保留 4 位有效数字。

3.141 59、2.717 29、4.510 50、3.216 50、3.623 5、6.378 501、7.691 499

第3章　电流、电压和功率的测量

3.1　概述

电流、电压和功率是电能量的三个基本参数。这三个基本参数的测量，在电子测量中占有重要的地位。电流是电子设备消耗功率的主要参数，也是衡量单元电路和电子设备工作安全情况的一个主要参数。通过测量电压，利用器件约束的基本公式可以导出其他参数；此外，电路中电流的状态，如饱和、截止、谐振等均可用电压形式来描述；许多电参数，如频率特性、增益、调制度、失真度等也可视为电压的派生量；许多电子测量仪器，如信号发生器、阻抗电桥、失真度仪等都用电压作为指示参数。因此，电压测量是其他许多电参数（也包括部分非电参数）测量的基础，是相当重要、相当普及的一种参数测量。

从能量的角度看，一个电路最终的目的是让电源将电能以一定的功率传送给负载，负载再将电能转换成工作所需要的能量。功率可用来衡量设备单位时间内吸收和发出能量的多少，也是一个常用的参数。

测量电流时，电流表应与被测电路串联；测量电压时，电压表应与被测电路并联。测量直流电流和电压时，必须注意仪表的极性，应使仪表的极性与被测量的极性一致。

测量高电压或大电流时，必须采用电压互感器或电流互感器。电压表和电流表的量程应与互感器二次侧额定值相符。

当电路中的被测量超过仪表的量程时，可外附分流器或分压器，但应注意其仪表等级应与测量仪表的仪表等级相符。

3.2　电流的测量

电流按电路频率可分为直流电流、工频电流、低频电流、高频电流和超高频电流。测量交流电流时，除要注意其大小外，还要注意其频率的高低。在实际应用中，通常使用磁电式电流表、电磁式电流表、模拟万用表和数字万用表直接测量电流；也可采用伏安法，先测量电压，再计算被测电路流过的电流。直流电流要用直流结构的电流表来测量，不能用交流电流表测量。

3.2.1　磁电式电流表

1. 直流电流测量的工作原理

磁电式电流表表头主要由可动线圈、游丝和永久磁铁组成。线圈框架的转轴上固定了读数指针，当线圈中流过电流时，在磁场的作用下，可动线圈发生偏转，带动上面固定的读数指针也偏转，偏转的角度为

$$\alpha = S_{\mathrm{I}} \cdot I \tag{3.1}$$

式中，α——指针偏转角；

S_{I}——电流灵敏度；

I——线圈中流过的电流。

电流灵敏度 S_{I} 由仪表结构参数决定，对于一个确定的仪表来说，它是一个常数。因此，指针的偏转角与通过可动线圈的电流 I 成正比。

由式（3.1）可以看出，表头本身可直接作为电流表使用。但直接采用表头测量，只能测量直流电流，因为如果可动线圈中通入交流电流，指针会随电流的变化左右摇摆，若通入电流的频率较高，则摆动频率变高，不但无法读数，还可能由于发热，对偏转机构造成损坏。

2. 磁电式电流表的量程扩展

从磁电式电流表的工作原理可以看出，磁电式电流表是可以直接测量直流电流的，但由于被测电流要通过游丝和可动线圈，被测电流的最大值只能限制在几十微安到几十毫安之间，要测量大电流，就需要加接分流器。

图 3.1（a）为单量程电流表的示意图。A、B 为电流表的接线端，R 为一个并联在磁电式测量机构上的分流电阻。被测电流 I_x 从 A 端输入，由于 R 的分流作用，只有小部分电流 I_0 从测量机构流过。由于测量机构内阻 R_g 是已知的，允许通过的电流 I_0 由可动线圈的线径及游丝决定，故可根据被测电流 I_x 的大小设计分流电阻 R 的阻值。

多量程电流表是在单量程电流表的基础上加上不同的分流电阻构成的，如图 3.1（b）所示。当开关 S 接 1 点时，分流电阻最大，为 $R_1+R_2+R_3$；当开关 S 接 2 点时，分流电阻为 R_2+R_3；当开关 S 接 3 点时，分流电阻最小，为 R_3。可见，量程挡位切换通过并联不同的分流电阻实现。这种电流表的内阻随量程的大小而不同，量程越大，测量机构流过的电流越大，分流电阻越小，电流表对外显示的总内阻也越小。

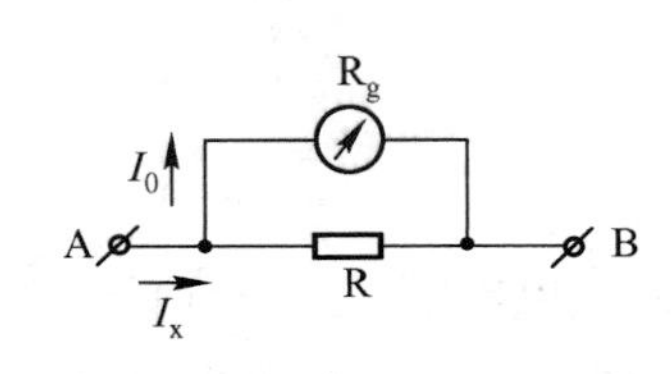

（a）单量程电流表的示意图

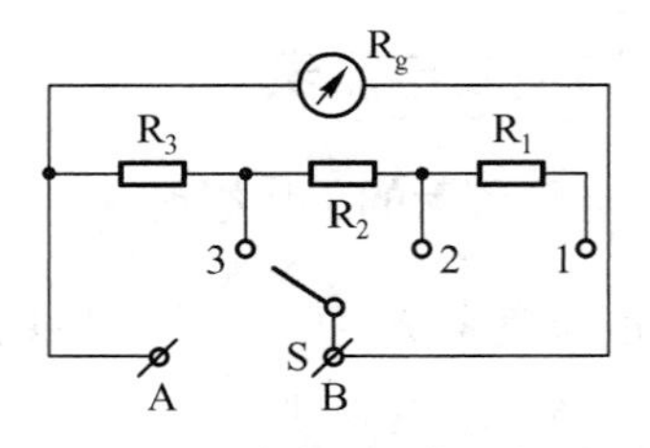

（b）多量程电流表的示意图

图 3.1　电流表的量程扩展图

3．磁电式电流表测量交流电流的工作原理

磁电式电流表的表头不能直接用来测量交流电流，因为其表头可动部分惯性较大，跟不上交流电流流过表头线圈所产生的转动力矩的变化，不能正确指示交流电流的大小。若在测量电路中加入二极管整流电路，将交流电流变成单方向的脉动电流，再使其通过表头，则指针偏转角的大小就间接反映了交流电流的大小，此时指针的偏转取决于被测交流电流的整流平均值。实际中，人们常用正弦有效值来定义交流电流测量刻度，通过电路将交流电流的平均值换算成有效值，再由表头指示。普通指针式万用表就是典型磁电式电流表的应用实例，可以测量低频（45～500Hz）交流电流。由于用模拟万用表测量电流时要将万用表串联在被测电路中，因此万用表的内阻可能影响电路的工作状态，使用时一定要注意。

3.2.2　电磁式电流表

1．交流电流测量的工作原理

电磁式电流表是测量交流电流常用的一种仪表，它具有结构简单、过载能力强、造价低廉以及交直流两用等一系列优点，在实验室和工程测量中得到了广泛应用。

电磁式电流表是由一个可动软磁片（铁芯）与固定线圈中电流产生的磁场相互吸引而工作的仪表。当线圈中通过被测电流 I 时，线圈对铁芯产生吸引力或排斥力，固定在转轴上的铁芯转动，带动指针偏转。可以证明，指针偏转的角度为

$$\alpha = \frac{1}{2W} I^2 \frac{\mathrm{d}L}{\mathrm{d}\alpha} \tag{3.2}$$

式中，α——指针偏转角；

L——线圈自感；

I——线圈中流过的电流；

W——与结构相关的常数。

如果改变铁芯的形状，使得 $\frac{\mathrm{d}L}{\mathrm{d}\alpha}=\frac{1}{I}$，则偏转角度与通过的电流成正比。

由于可动铁芯的受力方向与线圈电流方向无关，当线圈电流方向改变时，线圈磁极极性和铁芯磁极极性同时改变而保持受力方向不变，因此，电磁式电流表既可测直流电流，也可测交流电流，这是其与磁电式电流表不同的地方。

2．电磁式电流表的量程扩展

由电磁式电流表的工作原理可以看出，电磁式测量机构本身就是电流表，只要将被测电流接入固定线圈中即可。由于固定线圈的线径较粗，可以流入大电流，因而不需要分流器。

当要扩大量程时，可以采用加粗线径和减少匝数的方法。但线径也不能太粗，否则质量太大。电磁式表头构成多量程电流表时，与磁电式电流表不同，它不宜采用分流器。因为对应一定的电流分配关系，线圈内阻较大时，要求分流器的电阻也较大，这样，仪表工作消耗的功率变大。所以，当电磁式表头构成多量程电流表时，通常采用线圈分段串并联的方法，如将线圈分成 4 段绕制，如图 3.2 所示，设 4 段线圈串联时流过的电流为 I，则 4 段线圈并联可得到 $4I$ 的量程；混联则可得到 $2I$ 的量程，但单个线圈流过的电流仍为 I。

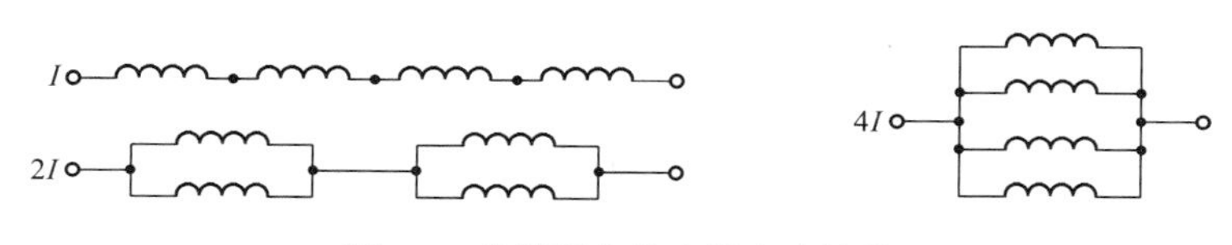

图 3.2　多量程电流表的表头接线

钳形表主要由电磁式电流表和互感器组成，广泛应用于检测电池充放电状态或测量低压电路的漏电电流。

3.2.3　热电式电流表

1．热电式电流表的工作原理

热电式电流表的基本原理是通过热电现象，先把高频交流电流转变为直流电流，再测量直流电流的大小（常用磁电式电流表），从而间接地反映被测高频电流的大小。

将高频交流电流变为直流电流的原理是基于封闭电路内有直流电流产生的现象。这个封闭电路是由两条不同材质的金属导线组成的热电偶。导线的两个焊接处产生热电动势，其大小正比于两焊接点的温度差，且与组成热电偶的材料有关。

热电式电流表的原理如图 3.3 所示。其中，AB 是一条金属导线。当 AB 通过电流时，由于电流的热效应，使 AB 导线的温度上升。DCE 是一热电偶，在 DE 之间串联了一只磁电式电流表，以此来测量热电偶中的热电流。由于 C 端是焊接在导线 AB 上的，因此当导线 AB 因通过电流而温度上升时，C 端温度也随之上升。这样热电偶中将产生热电流，使电流表的指针发生偏转，其偏转角度与被测电流的大小有一定的关系，所以可用此装置来测量高频电流。

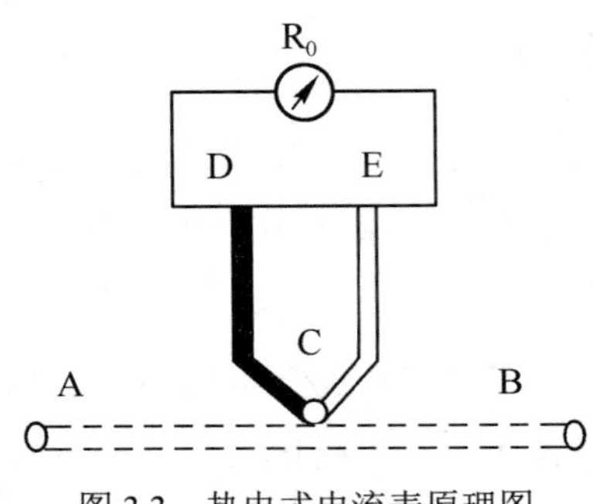

图 3.3　热电式电流表原理图

由于热电式电流表的读数与发热元件的功率成正比，即与流过发热元件的电流有效值的平方成正比，所以电流表的刻度符合平方律特性。在平方律刻度上，约有相当于额定电流 20%的起始部分是无法使用的。这种电流表的测量准确度为 1.5%。

在测量 100mA 以下的小电流时，为了提高灵敏度，常将热电偶与发热元件放在密封的玻璃泡内，且抽成真空，尽量避免发热元件产生的热能受到损失，以保证大部分的热能供给热电偶。在测量大电流时可将热电偶与发热元件放在密封的玻璃泡中，但不必抽成真空。此时密封仅是为了使发热元件与热电偶周围的空气不流动，使热能不被流动的空气带走。

2．热电式电流表的量程扩展

一般来讲，热电式电流表的量程不可能太大。因为当发热元件中要通过强电流时，必须相应地加粗发热元件的导线，而导线加粗前后趋肤效应的作用不同，误差必然增大。同时，强电流通过发热元件将引起发热元件的发热量增加，而发热量增加过多会使热电偶的热工作状态遭到破坏，导致测量误差增加。因此，一般在测量强电流时采用分流器或变流器来减小流过热电式电流表的电流，从而扩大量程。

1）分流法

从原理上讲，分流法可分为电阻分流法、电容分流法和电感分流法三种。电阻分流法的功耗大，故不在高频电流表中使用；电感分流法功耗虽小，但易受外界交变磁场影响，使用的场合较少；电容分流法用得较多。

电容分流法是指将热电式电流表的输入端并联一只电容，将高频电流分流掉一部分，从而达到扩大量程的目的。此法与普通直流电表加分流电阻相似。

采用电容分流法、电感分流法的电流表，其压降较大。这个压降还与被测电流的频率有关，因此对被测电路有一定的影响。

2）变流法

变流法是采用变流器进行分流的方法，如图 3.4 所示，图中 L_1、L_2 组成一个高频变压器，被测电流 I_1 从线圈 L_1 中流过，L_1 在线圈 L_2 中感应出电流 I_2。适当选配 L_1、L_2 的匝数比，如令 L_1、L_2 的匝数比小于 1，就可以使 I_2 小于 I_1，从而实现量程的扩大。

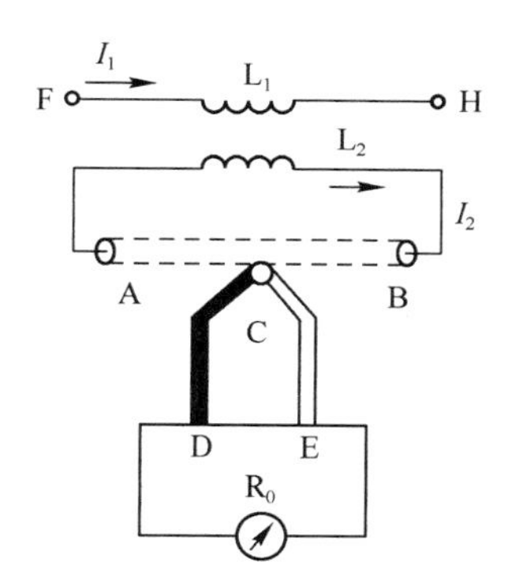

图 3.4　变流法扩大量程

3.2.4　数字万用表

1. 测量过程

数字万用表直流电流挡的基础是数字电压表，测量时先由电流-电压转换电路将被测电流信号转换成直流电压信号，由模数（A/D）转换器将电压模拟量变成数字量，然后通过电子计数器计数，最后把测量结果以数字的形式直接显示在译码显示器上。数字万用表的测量过程如图 3.5 所示。

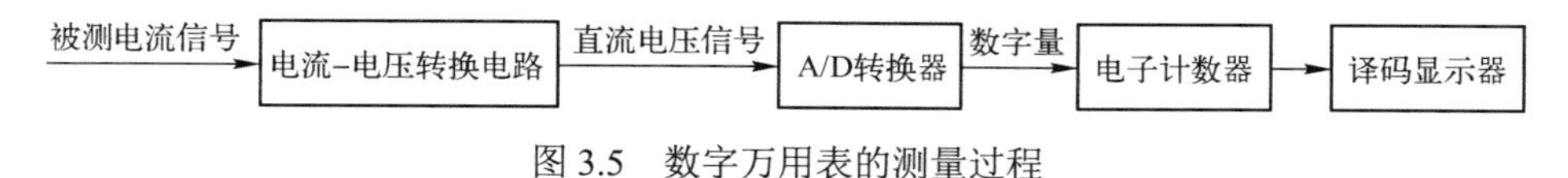

图 3.5　数字万用表的测量过程

2. 电流-电压转换电路

电流-电压转换电路如图 3.6 所示。被测电流 I_x 流过标准取样电阻 R_N，在取样电阻上产生一个正比于 I_x 的电压，R_N 上的电压经放大器放大后输出，此输出电压就可以作为数字万用表的输入电压来测量。直流电流挡的量程切换可通过不同阻值的取样电阻来实现。量程越小，取样电阻的阻值越大。

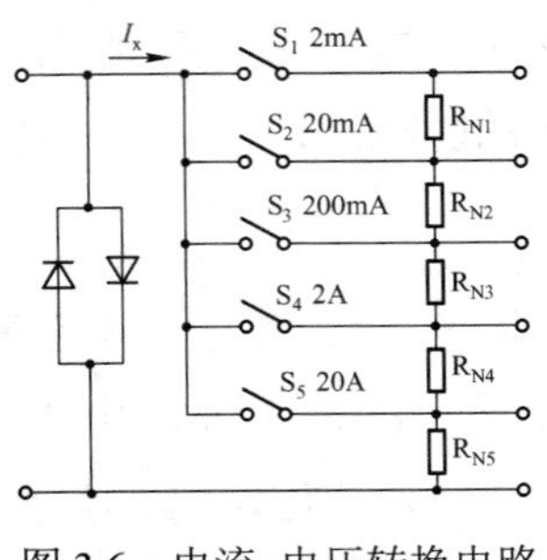

图 3.6　电流-电压转换电路

输入二极管作为保护二极管，可确保转换电路的输入正负电压不超过 0.7V（正负表示不同极性）。

数字万用表交流测量挡的基础也是数字电压表，只不过先通过交流-直流转换电路（如由运算放大器和二极管组成的线性检波电路）将被测的交流电压转变为直流电压，再由数字直流电压表测量。

3.2.5　交流电流测量的特点

交流（工频）电流的测量，一般用在电力系统及电工技术领域中。它的主要特点是测量直流值很大，可达数千安培；而高频或低频电流的测量一般用于电子技术领域，其测量电流值为毫安级或安培级。

在电子电路中，交流电流的测量可采用直接测量法和间接测量法。一般情况下，采用间接测量法更为普遍。因为除了电流表本身内阻的影响和断开电路的麻烦，交流电流的测量还具有其特有的性质。

（1）模拟式电流表在直流状态下，可视为一个简单的内阻；而在交流状态下呈现为一个阻抗，随着频率增加，阻抗增大，增大的部分引入的测量误差也增加，从而影响了测量的准确性。

（2）在超高频段，电路或元件受分布参数的影响，电流的分布也是不均匀的，无法用电流表来测量各处的电流值。

（3）利用取样电阻的间接测量法，可将交流电流的测量转换成交流电压的测量，一切测量交流电压的方法都可用来实现交流电流的测量，并且可以利用示波器观察电路中电压和电流的相位关系。

因此，在测量交流电流时，只在低频（45～500Hz）电流的测量中，可用交流电压表或具有交流电流测量挡的模拟万用表（或数字万用表）串联在被测电路中直接测量。一般交流电流的测量采用间接测量法，即先用交流电压表测出电压，再利用欧姆定律换算成电流。

3.3　电压的测量

在测量电压之前，必须了解被测电压的特点和量值的表征方式，根据量程范围、波形和频率特点、输出阻抗大小、测量精度要求拟定测量方案。

3.3.1　电压信号的特点

（1）量值的范围宽，小到毫微伏级，大到几十伏、几百伏甚至更大。测量之前，对被测电压应有大概的估计，因为被测电压的量值范围是选定电压测量仪器的依据。

（2）波形的多样化。电压的波形是多种多样的，除常见的正弦波外，还有失真的正弦波和各种非正弦波。

（3）频率各不相同。被测电压信号可能是直流、低频、高频或超高频信号。

（4）不同端点的阻抗不同。测量被测电路两端点间的电压时，这两个端点的阻抗可能是低阻抗，也可能是高阻抗，有时可能是一个谐振回路，都可能对被测电路造成影响。

（5）电压成分多样化。被测电压如果是交流电压，可能包含直流成分或噪声干扰等；如果是直流电压，也可能存在其他成分。

3.3.2　交流电压的量值表示与转换

1．交流电压的量值表示

一个交流电压的大小可用多种方式来表示，如平均值、峰值和有效值。采用不同的量值表示法，其数值也是不同的。

1）峰值的基本概念

交流电压的峰值是指交流电压 $u(t)$在一个周期内（或一段观察时间内）电压所达到的最大值，用$\hat{U}$（或 U_P）表示。图 3.7 为正弦波参数表示图。峰值是从参考零电平开始计算的，有正峰值和负峰值之分。正峰值和负峰值之差称为峰-峰值，用 U_{P-P} 表示。

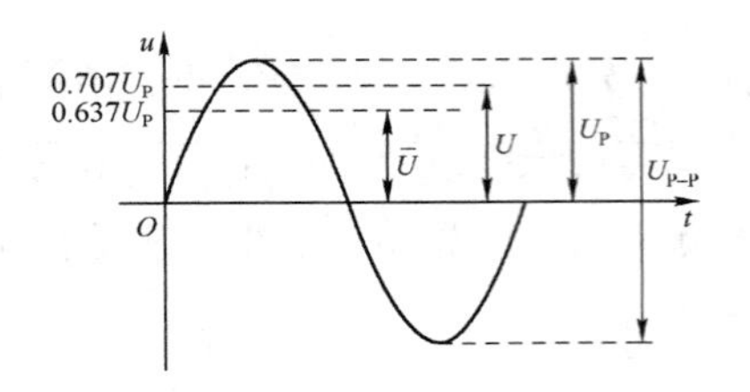

图 3.7　正弦波参数表示图

2）平均值的基本概念

平均值一般用 $\overline{U}$ 表示，$\overline{U}$ 在数学上定义为

$$\overline{U}=\frac{1}{T}\int_{0}^{T}u(t)\mathrm{d}t \tag{3.3}$$

式中，T——被测信号的周期；

　　$u(t)$——被测信号，为时间的函数。

对于一个纯粹的正弦交流电压，其正半周和负半周波形完全相同，$\overline{U}$ 等于零。此时，无法用平均值来表征电压的大小。

在交流电压的测量中，由于测量仪器的指针偏转角度是与直流电压成正比的。因此，测量交流电压时，总是先把交流电压变换成对应的直流电压。检波器是将交流电整流成直流电的典型设备。所以，交流电压的平均值是指经过测量仪器的检波器整流后的平均值。一般仪器的检波器有半波检波器和全波检波器两种。平均值又分为半波平均值和全波平均值两种。全波平均值是指交流电压经全波检波后的全波平均值，定义为

$$\overline{U}=\frac{1}{T}\int_{0}^{T}\left|u(t)\right|\mathrm{d}t \tag{3.4}$$

由于全波平均值应用广泛，如果不加说明，一般提到平均值时都是指全波平均值。

3）有效值的基本概念

交流电压的有效值是指均方根值，用 U 或 U_{rms} 表示。有效值比峰值和平均值用得更普遍。它的数学表达式为

$$U=\sqrt{\frac{1}{T}\int_{0}^{T}u^{2}(t)\mathrm{d}t} \tag{3.5}$$

有效值的物理意义：在交流电压的一个周期内，这个交流电压在某电阻负载中所产生的热能如果与一个直流电压在同样的电阻负载中产生的热能相等，则这个直流电压值就是该交流电压的有效值。各类交流电压表的示值，除特殊情况外，都是用有效值来表示的。

2. 交流电压量值的相互转换

交流电压的量值可采用平均值、峰值和有效值等多种形式表示，采用的表示形式不同，数值也不同。表 3.1 为几种典型的交流电压波形的参数。但多种表示形式反映的是同一个被测量，根据波形，这些数值之间可以相互转换。

表 3.1　几种典型的交流电压波形的参数

序　号	名　称	波形系数 K_F	波峰因数 K_P	有　效　值	平　均　值
1	正弦波	1.11	1.414	$U_P/\sqrt{2}$	$2U_P/\pi$
2	半波整流	1.57	2	$U_P/\sqrt{2}$	U_P/π
3	全波整流	1.11	1.414	$U_P/\sqrt{2}$	$2U_P/\pi$
4	三角波	1.15	1.73	$U_P/\sqrt{3}$	$U_P/2$
5	锯齿波	1.15	1.73	$U_P/\sqrt{3}$	$U_P/2$
6	方波	1	1	U_P	U_P
7	白噪声	1.25	3	$\frac{1}{3}U_P$	$U_P/3.75$

（1）波形系数 K_F。电压的有效值与平均值之比称为波形系数 K_F，即

$$K_F=\frac{U}{\overline{U}} \tag{3.6}$$

（2）波峰因数 K_P。交流电压的峰值与有效值之比称为波峰因数 K_P，即

$$K_P=\frac{U_P}{U} \tag{3.7}$$

3.3.3　模拟电压表

1. 单量程电压表

用单独的一个磁电式表头就可测量小于 U_g（$U_g=I_g\cdot R_g$）的直流电压，若要测量较大的电压，可利用串联电阻分压原理，即在表头上串联一个适当阻值的电阻，如图 3.8 所示。图中 R_v 为分压电阻，其阻值大小为

$$R_v=(U-I_g\cdot R_g)/I_g \tag{3.8}$$

式中，R_v——串联的分压电阻；

I_g——磁电式表头流过的电流；

R_g——磁电式表头的内阻。

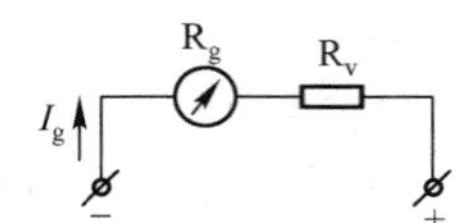

图 3.8　单量程直流电压表原理图

2. 多量程电压表

若将多个分压电阻与表头串联，就可制成多量程的直流电压表。图 3.9 为多量程的直流电压表原理图。分压电阻的阻值以下式计算：

$$\begin{cases} R_{v1} = \dfrac{U_1 - I_g R_g}{I_g} \\ R_{v2} = \dfrac{U_2 - U_1}{I_g} \\ R_{v3} = \dfrac{U_3 - U_2}{I_g} \\ R_{v4} = \dfrac{U_4 - U_3}{I_g} \end{cases} \tag{3.9}$$

式中，U_1、U_2、U_3、U_4——各量程的满量程电压。

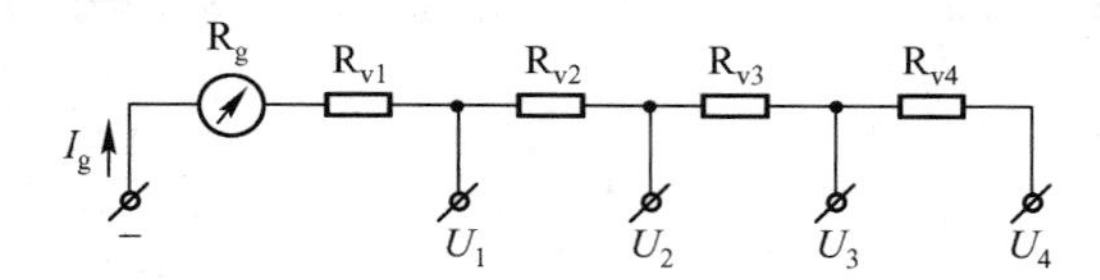

图 3.9　多量程直流电压表原理图

3. 模拟万用表

模拟万用表测量交流电压的原理与直流电压表类似，只不过增加了整流电路。模拟万用表还有一些特点，使用时应注意。

（1）由于模拟万用表对交流电压的灵敏度低于对直流电压的灵敏度，所以测量交流电压的误差大于测量直流电压的误差。

（2）表盘上指针的偏转角度近似于交流电压的半波（或全波）整流电压平均值，但表盘上的刻度是按正弦有效值标定的。

（3）由于磁电式表头的结构特点，模拟万用表测量交流电压的频率范围为 45～100Hz。

（4）由于整流二极管在低电压时呈非线性，一般在交流电压低量程挡，R_g 也是非线性的，因而刻度也是不均匀的，所以交流电压 10V 挡的刻度单独标识。

3.3.4 电子电压表

电子电压表是在万用表的基础上加上放大环节，把微弱的被测电压放大，然后利用磁电式表头进行测量的仪表。与万用表相比，电子电压表的测量灵敏度大为提高。

1. 电子电压表的结构

电子电压表一般由分压器、磁电式指示表头、检波器、放大器和整机电源等部分组成。有的电子电压表为了克服“零漂”现象，采用了斩波式放大器，因此电路中还设有调制器和解调器。

按检波器在放大器之前或之后，电子电压表有两种组成形式，即放大-检波式和检波-放大式。

1）放大-检波式

放大-检波式电压表的组成框图如图 3.10 所示。这种组成形式的主要特点是先用放大器将被测信号放大，提高测量灵敏度；然后，检波器进行大信号检波，避免了因检波器的非线性产生的失真；由于在放大器之前接有阻抗变换器，输入阻抗较高，减小了对被测电路的影响。这些优点对于测量小信号都很有利。其缺点是被测信号的频率受到放大器带宽的限制，影响了整机的带宽。放大-检波式电压表的通频带一般为 2Hz～10MHz，测量的最小幅度值为几百微伏或几毫伏，因此一般称为低频毫伏表。

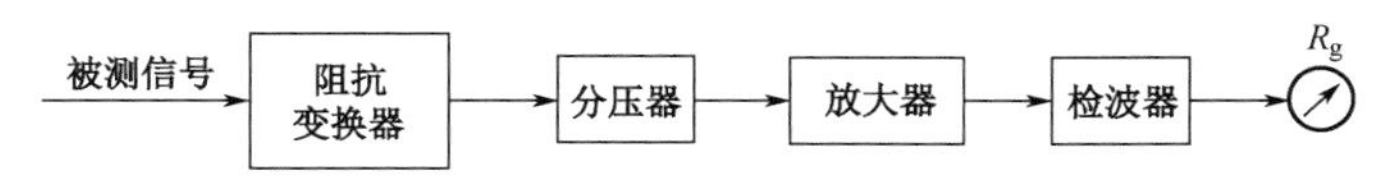

图 3.10　放大-检波式电压表的组成框图

2）检波-放大式

检波-放大式电压表的组成框图如图 3.11 所示。这种组成形式的主要特点是被测信号先检波后放大，因此，带宽主要取决于检波器，其带宽可很宽，上限频率可达 1000MHz，故有超高频毫伏表之称。其缺点是不能进行阻抗变换，输入阻抗低，而且信号的最小量程是毫伏级。当检波器工作在小信号检波状态时，非线性失真较大，会影响测量精度。

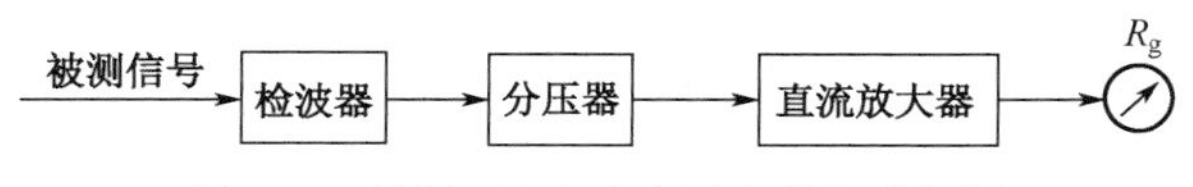

图 3.11　检波-放大式电压表的组成框图

2．电子电压表的分压器

当被测电压较高时，必须用分压器将较高的电压变成较低的电压。特别是为了适应多量程测量，分压器常做成多挡步进式。

1）可变分压器

可变分压器的电路如图 3.12 所示，这种分压器也常称为低阻分压器。

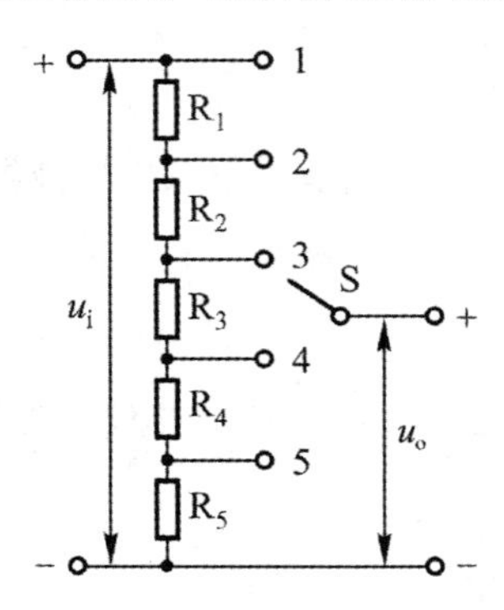

图 3.12　可变分压器的电路

当开关 S 置“1”时，分压比 $K_1=1$；

当开关 S 置“2”时，分压比 $K_2=\dfrac{R_2+R_3+R_4+R_5}{R_1+R_2+R_3+R_4+R_5}$；

当开关 S 置“3”时，分压比 $K_3=\dfrac{R_3+R_4+R_5}{R_1+R_2+R_3+R_4+R_5}$；

当开关 S 置“4”时，分压比 $K_4=\dfrac{R_4+R_5}{R_1+R_2+R_3+R_4+R_5}$；

当开关 S 置“5”时，分压比 $K_5=\dfrac{R_5}{R_1+R_2+R_3+R_4+R_5}$。

可见，只要将开关 S 与不同的触点连接，即可方便地改变分压比。

2）补偿式分压器

在可变分压器中，我们希望采用阻值大的分压电阻，以提高输入阻抗。但分压电阻阻值大，会使寄生电容的影响加大，使电路的工作频率降低。因此必须对分压器的频率响应进行补偿。图 3.13 所示为补偿式分压器的电路，这种分压器也称高阻分压器。

补偿式分压器的分压比为输出电压 u_o 与输入电压 u_i 之比，也等于“R_2、C_2 的并联阻抗 Z_2”与“其与 R_1、C_1 的并联阻抗 Z_1 之和”的比值，即

$$\frac{u_o}{u_i} = \frac{Z_2}{Z_1 + Z_2}$$

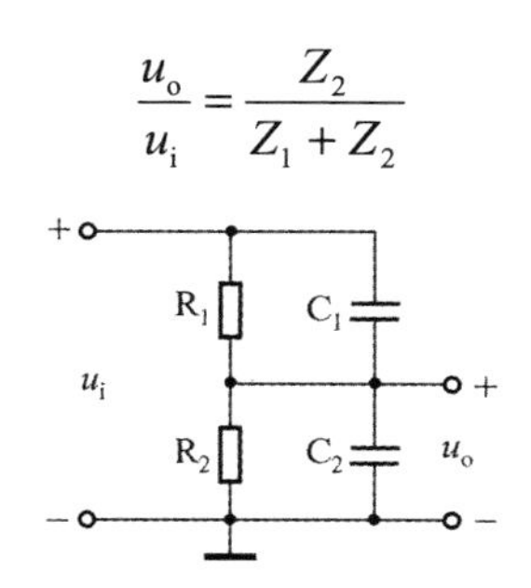

图 3.13　补偿式分压器的电路

其中

$$Z_1 = \frac{R_1 \cdot \frac{1}{\mathrm{j}\omega C_1}}{R_1 + \frac{1}{\mathrm{j}\omega C_1}} = \frac{R_1}{1 + \mathrm{j}\omega C_1 R_1}，\quad Z_2 = \frac{R_2 \cdot \frac{1}{\mathrm{j}\omega C_2}}{R_2 + \frac{1}{\mathrm{j}\omega C_2}} = \frac{R_2}{1 + \mathrm{j}\omega C_2 R_2}$$

电路参数不同时，补偿式分压器的输出响应也不同。设输入 u_i 为阶跃信号，即输入电压从 0 跃变到 E。

当 $\frac{C_1}{C_1 + C_2} = \frac{R_2}{R_1 + R_2}$，即 $R_1C_1 = R_2C_2$ 时，输出响应为临界补偿状态，如图 3.14（a）所示。

当 $\frac{C_1}{C_1 + C_2} < \frac{R_2}{R_1 + R_2}$，即 $R_1C_1 < R_2C_2$ 时，输出响应为欠补偿状态，如图 3.14（b）所示。

当 $\frac{C_1}{C_1 + C_2} > \frac{R_2}{R_1 + R_2}$，即 $R_1C_1 > R_2C_2$ 时，输出响应为过补偿状态，如图 3.14（c）所示。

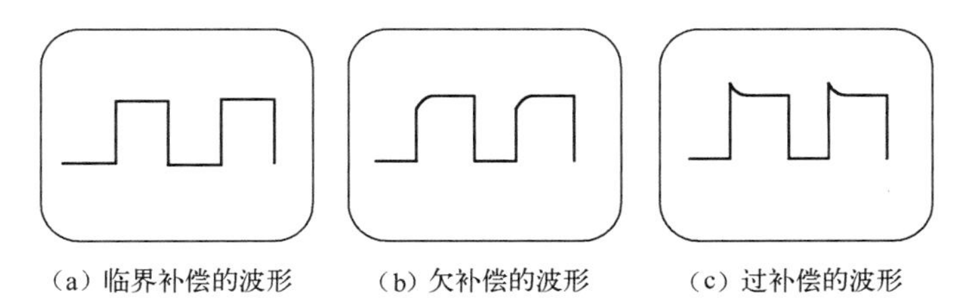

（a）临界补偿的波形　　（b）欠补偿的波形　　（c）过补偿的波形

图 3.14　不同补偿时的波形图

由图 3.14 可见，当电路满足条件：

$$R_1C_1 = R_2C_2 \tag{3.10}$$

式中，R_1、R_2——构成分压器的两电阻的阻值；

C_1、C_2——分压器的两补偿电容的容量。

即临界补偿时，输出电压 u_o 是不失真的阶跃信号，此时分压器的分压比为

$$\frac{u_o}{u_i}=\frac{Z_2}{Z_1+Z_2}=\frac{R_2}{R_1+R_2}$$

这个比值与频率无关，因此电路可获得宽频带的平坦的响应。

3．电子电压表的检波器

电子电压表中常用的检波器有峰值检波器、平均值检波器和有效值检波器。

1）峰值检波器

峰值检波器是峰值电压表的主要组成部分，它对被测电压 u_x 进行检波，使检波后的直流电压 U_{DC} 正比于输入的交流电压的峰值。

峰值检波器的基本电路如图 3.15 所示。

当端点“1”的电压处于正半周时，二极管 VD 导通，u_x 通过二极管 VD 对电容 C 充电，u_C 上升；当端点“1”的电压处于负半周时，二极管 VD 截止，U_C 对电阻 R 放电。当 $RC \gg T_x$（u_x 的周期），即放电回路的放电时间常数 RC 远远大于被测电压的周期 T_x 时，充电很快，放电很慢，使得电容 C 上的电压基本维持在输入电压的峰值 u_m。峰值检波的波形如图 3.16 所示。

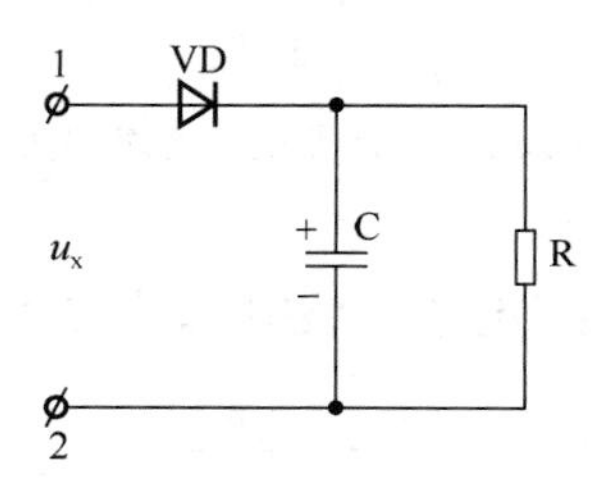

图 3.15　峰值检波器的电路

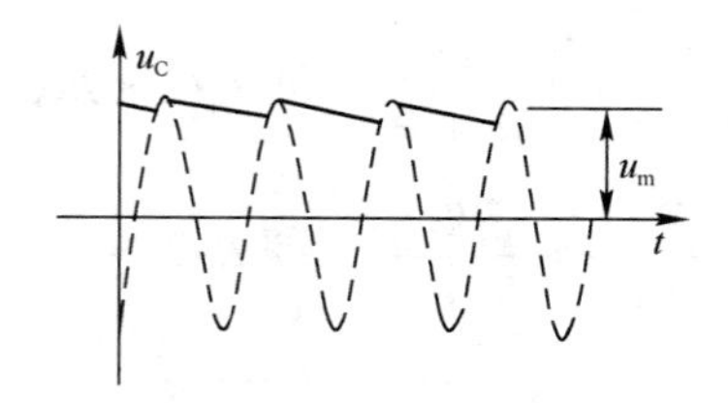

图 3.16　峰值检波的波形图

由于二极管 VD 仅在输入电压峰值到来时才导通，其导通角趋近于 0°，因此峰值检波器的输入电阻大为提高，其输入电阻为

$$R_i=\frac{R'}{3} \tag{3.11}$$

式中，R' ——峰值检波器的负载电阻，一般为 10^7～$10^8\Omega$。

可见峰值检波器的输入阻抗较高，适用于检波-放大式电压表。

通过前面对工作原理的分析，我们知道，经过峰值检波器后的直流电压 U_{DC} 是正比于被测电压峰值 U_P 的。而一般情况下，峰值电压表的读数刻度是按正弦波电压有效值标定的，即表头上的读数 α 正比于被测正弦波电压有效值。所以，采用带峰值检波器的

电压表进行标定时，应通过一个因数 $K_{P\sim}$ 进行变换：

$$\alpha = U_{\sim} = \frac{U_P}{K_{P\sim}} \tag{3.12}$$

式中，α——电压表读数；

$U_{\sim}$——正弦波电压有效值；

$K_{P\sim}$——正弦波电压的波峰因数。

峰值电压表是按照式（3.12）标定的，只有测量正弦波电压时，从电压表上读得的数才有实际意义。

当用峰值电压表测量非正弦波电压时，读数 α 没有直接意义，只有把读数乘以 $K_{P\sim}$ 才等于被测电压 u_x 的峰值 U_P。要求被测电压的有效值，可按“峰值相等则读数相等”的原则，经过波形换算求得。

例 3.1　用正弦波电压有效值标定的峰值电压表去测量一个方波电压，表头读数为 10V，问该方波电压的有效值是多少？

解：由于测量的电压波形是方波，非正弦波，故读数无直接意义。按“峰值相等则读数相等”原则，先用正弦波电压的波峰因数 $K_{P\sim}$ 求方波电压的峰值：

$$U_{P方波} = \alpha \cdot K_{P\sim} = 10 \times \sqrt{2} \approx 14.1(V)$$

然后用方波电压的波峰因数 $K_{P方波}$（$K_{P方波}=1$）来求方波电压的有效值：

$$U_{方波} = \frac{U_{P方波}}{K_{P方波}} = 14.1(V)$$

可见，用峰值电压表测量非正弦波电压时，若直接将示值（表头读数）作为被测信号峰值，将产生很大的误差，称为波形误差，如测量方波电压时，读数 $\alpha = 10V$，而实际峰值是 14.1V，两者差别很大。

2）平均值检波器

平均值检波器用于对放大后的被测电压 u_x 进行检波，使检波后的直流电压 U_{DC} 正比于输入交流电压的平均值。

平均值检波器的基本电路如图 3.17 所示。被测电压信号 u_x 加到输入端，在正弦波的正半周，VD_1、VD_4 导通；在正弦波的负半周，VD_2、VD_3 导通。电路进行全波整流，整流后的单向电流通过微安表。微安表两端所接的电容用来滤除检波后的交流成分，并可避免交流成分在电表动圈内阻上的热损耗。

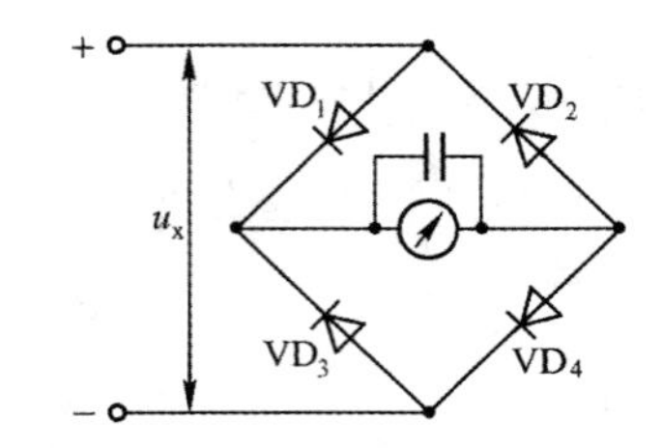

图 3.17　平均值检波器的基本电路

设输入电压为 U_x（t），VD_1～VD_4 具有相同的正向阻值 R_d、相同的反向阻值 R_r，微安表内阻为 r_m。于是正向平均电流为

$$\overline{I}_1=\frac{1}{T}\int_0^T\frac{|u_x(t)|}{2R_d+r_m}dt=\frac{\overline{U}}{2R_d+r_m}$$

反向平均电流为

$$\overline{I}_2=-\frac{1}{T}\int_0^T\frac{|u_x(t)|}{2R_r+r_m}dt=-\frac{\overline{U}}{2R_r+r_m}$$

流过微安表的电流为

$$\overline{I}=\overline{I}_1-\overline{I}_2=\overline{U}\left(\frac{1}{2R_d+r_m}+\frac{1}{2R_r+r_m}\right) \tag{3.13}$$

$$\overline{I}=\frac{2\overline{U}}{2R_d+r_m} \tag{3.14}$$

由式（3.14）可以看出，平均值检波器的读数与波形无关，只取决于被测电压的平均值。可以证明，这种全波电路的输入阻抗为

$$R_i=2R_d+\frac{8}{\pi^2}r_m \tag{3.15}$$

通常，R_d 为 100～500Ω，r_m 为 1～4kΩ，R_r 为 300～500kΩ，若 R_d=200 Ω，r_m=3kΩ，则 R_i=2.43kΩ。由此可知，这种检波器的输入阻抗是很低的，当它构成放大-检波式电压表时，通常在其前级加接阻抗变换器，以提高电子电压表的输入阻抗。

通过前面对工作原理的分析，我们知道，均值检波后的直流电压 U_{DC} 正比于被测电压的平均值 $\overline{U}$ 。而一般情况下，平均值电压表的读数刻度与峰值电压表一样，也是按正弦波电压有效值标定的，即表头上的读数 α 正比于被测正弦信号的有效值。所以，采用平均值检波器的电压表进行标定时，应通过一个因数 $K_{F\sim}$ 进行变换：

$$\alpha = U_{\sim} = K_{F\sim} \cdot \overline{U} \tag{3.16}$$

式中，α——电压表读数；

$U_{\sim}$——正弦波电压有效值；

$K_{F\sim}$——正弦波电压的波形系数。

与峰值电压表一样，只有测量正弦波电压时，从平均值电压表上读得的数才有实际意义。

当用平均值电压表测量非正弦波电压时，读数α 没有直接意义，只有把读数值除以 $K_{F\sim}$才等于被测电压 u_x 的平均值$\overline{U}$。要求被测电压的有效值，必须经过波形换算，按“平均值相等则读数相等”的原则求得。

微课 4：非正弦波测量的波形变换

例 3.2 用以正弦波电压有效值标定的平均值电压表测量一个三角波电压，读数为 1V，求其有效值。

解：先把$\alpha = 1$V 换算成正弦波电压的平均值。由式（3.16）可得：

$$\overline{U} = \frac{U_{\sim}}{K_{F\sim}} = \frac{1}{1.11} \approx 0.9 \text{（V）}$$

按“平均值相等则读数相等”的原则，三角波电压平均值也为 0.9V，然后通过三角波电压的波形系数计算有效值：

$$U_{三角波} = K_{F三角波} \times \overline{U} = 1.15 \times 0.9 \approx 1.04 \text{（V）}$$

对于不同波形的电压，K_F 值是不同的，其偏离 $K_{F\sim}$的程度就不同。而平均值电压表是按 $K_{F\sim}$标定的，因此用平均值电压表测量非正弦波电压时，同样要进行换算，若直接以读数为结果则产生波形误差。

3）有效值检波器

为了获得有效值响应，必须使 AC-DC 变换器具有符合平方律的伏安特性。有效值变换电路有分段逼近式检波电路、热电偶式变换电路和模拟计算式变换电路三种。

（1）分段逼近式检波电路采用二极管的链式电路，适当选择直流电源和分压电阻，使二极管轮流导通，获得近似符合平方律的伏安特性。

（2）热电偶式变换电路利用热电效应，当加入被测交流电压时，热电偶两端由于存在温差而产生热电动势，于是热电偶电路中产生一个直流电流使指针偏转，而这个直流电流正比于所产生的热电动势。因为热端温度正比于被测交流电压有效值的平方，而热电动势正比于这个温度，这样，通过表头的电流正比于U_x^2，就完成了交流电压有效值的测定。但是，这种变换是非线性的，即直流电流 I 并非正比于被测交流电压的有效值 U_x，而是正比于被测交流电压有效值的平方，即正比于U_x^2，所以在实际的有效值电压表中，必须采取措施使表头刻度线性化。

（3）由于热电式有效值电压表存在两个缺点：一是有热惯性，加电后要等到指针偏转稳定时才能读数；二是加热丝过载能力差，容易烧坏。因此，在现代电压表中广泛应用模拟计算式变换电路，即利用集成乘法器、积分器和开方器等计算电路，按公式 $U_x = \sqrt{\frac{1}{T}\int_0^T u_x^2(t)\,dt}$，直接完成有效值的运算。

有效值电压表是用正弦波电压有效值标定的，当测量非正弦波电压时，理论上不会产生波形误差。因为一个非正弦波可以分解成基波和一系列谐波，具有有效值响应的电压表，其响应的直流电流正比于基波和各项谐波的平方和，而与它们的相位无关，即与波形无关。所以，一般来说，利用有效值电压表可直接读出被测电压的有效值而无须换算。

4．电子电压表的放大器

电子电压表的放大器应具有以下特点：输入阻抗高、频带宽、动态范围大、线性度好。为满足上述要求，电路中常采取一些措施，如前置级采用射极输出器或源极输出器以提高输入阻抗；用电压较高的电源供电，采用饱和压降小的三极管并选取合适的静态工作点以扩大动态范围；中间级采用线性补偿、负反馈以获得良好的线性度；为扩展上限频率，在电子电压表中采用各种高频补偿措施，如加电抗元件进行补偿，电路中引入深度负反馈或改进电路等。

3.3.5 数字电压表

数字电压表是利用 A/D 转换器，将模拟电压转换成数字量，然后利用十进制数字显示方式显示被测量数值的电压表。

随着电子技术、计算机技术和大规模集成电路的应用，数字电压表逐渐代替了模拟电压表，并且向高精度、宽量程、多功能、小型化和智能化方向发展。现代的数字电压表已由过去单一功能的直流数字电压表发展到具有测量交直流电压、交直流电流和电阻等多种功能的数字万用表。在数字万用表中，对交流电压、电流和电阻的测量都是先将它们变换成直流电压，然后用数字电压表进行电压测量。数字万用表的框图如图 3.18 所示。

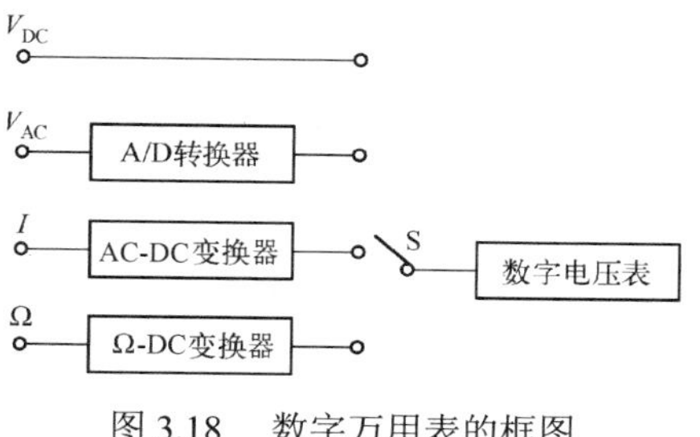

图 3.18　数字万用表的框图

1. 数字电压表的分类

目前数字电压表的品种很多，按其 A/D 转换器的工作原理来区分，可分为斜坡式、双积分式、比较式和复合式四类。

（1）斜坡式数字电压表。将积分器产生的线性斜坡电压与被测电压进行比较，把被测电压 U 转换成与其瞬时值成比例的时间间隔 T（U-T 变换），并在 T 时间间隔内对时钟脉冲进行计数，计数的结果即被测电压值。斜坡式数字电压表的优点是电路简单、准确度较高，但抗干扰能力差，故多用在早期的数字电压表中。

（2）双积分式数字电压表。利用积分器对被测电压进行正向和反向两次积分，得到与输入电压平均值成正比的时间间隔 T，并在 T 时间间隔内对时钟脉冲进行计数，最后用数字显示被测电压值，其实质也是 U-T 变换。这种电压表的主要优点是抗干扰能力强、灵敏度高，是应用最广的数字电压表。

（3）比较式数字电压表。这种电压表将输入的模拟电压与基准电压进行比较，把模拟量直接转换成数字量。按其工作原理又分为反馈比较式和无反馈比较式两种。反馈比较式数字电压表采用闭环比较系统，将输入的被测电压与内部 D/A 转换器的输出电压进行比较，将比较的结果再反馈到 D/A 转换器，不断调整 D/A 转换器的输出，直至两者相等为止。在这一类数字电压表中，目前得到广泛应用的是逐次逼近比较式数字电压表，因其只需要经过有限次比较即可完成一次测量，故测量速度快，每秒可测上千次、上万次甚至更多次。比较式数字电压表广泛用于多点快速检测系统中。

（4）复合式数字电压表。复合式数字电压表是将双积分式数字电压表与比较式数字电压表结合起来，取长补短而形成的一种测量速度快、抗干扰能力强的高精度数字电压表。复合式数字电压表由于结构较复杂、价格也高，目前一般用于实验计量等方面。

2. 数字电压表的主要技术指标

表征数字电压表工作特性的技术指标有很多，最主要的有以下几项。

（1）显示位数。显示位数是表示数字电压表精密程度的一个基本参数。显示位数是指能显示0～9共十个完整数码的显示器的位数。其中，1/2位指的是最高位只能取“1”或“0”，不能将0~9十个数码全部显示，它不能称为一个完整的位。如某数字电压表，最大显示值为“9999”，每一位都可显示0～9十个数码，故该数字电压表是一个4位的数字电压表。又如另一数字电压表，最大显示值为“19999”，这种数字电压表形式上是5位，实际上它的首位只能显示“1”或“0”，不能算是一个完整的位，故该数字电压表是4位半的数字电压表。

（2）量程。数字电压表的量程包括基本量程和扩展量程。基本量程是测量误差最小的量程，其使用不经过输入衰减器和放大器；扩展量程的使用则经过输入衰减器和放大器，它的测量精度比基本量程的测量精度要低。

（3）超量程能力。超量程能力是数字电压表的一个重要的性能指标。1/2位和基本量程结合起来，可说明数字电压表是否具有超量程能力。例如，某3位半数字电压表的基本量程为0～1V，那么该数字电压表具有超量程能力，因为在1V挡上，它的最大显示值为“1.999V”；而基本量程为0～2V的3位半数字电压表就不具备超量程能力，因为它在2V挡上的最大显示值仍为“1.999V”。

当被测电压超过满量程时，如果数字电压表具有超量程能力，那么测量结果的精度不会降低。假设被测电压为13.94V，如果使用具有超量程能力的3位半数字电压表，虽然测得值超出基本量程0～10V，但数字电压表具有超量程能力，仍可使用10V挡测量，显示结果为“13.94V”，精度没有降低；如果使用无超量程能力的3位数字电压表，则必须换挡测量，如换到100V挡，显示结果将为“13.9V”，测量结果的最低位舍掉，精度降低了。

（4）分辨力。分辨力是指数字电压表能够显示的被测电压的最小变化值，即显示器末位跳动一个数字所需的电压值。在不同的量程上数字电压表的分辨力是不同的。显然，在最小量程上，数字电压表具有最高分辨力。例如，DT-830型数字电压表的最小量程为0～200mV，满刻度为“199.9mV”，其末位跳动±1所需的输入电压为0.1mV，所以其分辨力为0.1mV。

（5）测量速率。测量速率是指每秒对被测电压的测量次数，或一次测量全过程所需的时间。它主要取决于A/D转换器的变换速率。积分式数字电压表由于A/D转换速率较低，很难达到每秒百次的测量速率；而逐次逼近式数字电压表的主要优点就是测量速率高，它的测量速率可超过10^5次/秒。

（6）输入特性。输入特性包括输入阻抗和零电流两个指标。

直流测量时，数字电压表输入阻抗用 r_i 表示。量程不同，r_i 也有差别，一般为 10～1000MΩ；交流测量时，数字电压表输入阻抗用 r_i 和输入电容 C_i 的并联值表示，一般 C_i 在几十至几百皮法之间。

零电流是当数字电压表输入电压、输出电压均为零时，在输入端呈现的电流。

（7）抗干扰能力。根据干扰信号加入方式的不同，数字电压表的干扰分为共模干扰和串模干扰两种。仪器中采用共模抑制比和串模抑制比来表示数字电压表的抗干扰能力。一般共模抑制比为 80～150dB，串模抑制比为 50～90dB。

在数字电压表中抑制串模干扰的措施有两种：一是在数字电压表的输入端设置滤波器；二是根据 A/D 转换原理采用双积分电路来消除干扰。在数字电压表中抑制共模干扰主要采用输出端浮置的方法。

（8）固有误差和工作误差。数字电压表的固有误差主要是读数误差和满刻度误差，通常用测量的绝对误差表示。即

$$\Delta U = \pm(\alpha\% \cdot U_x + \beta\% \cdot U_m) \tag{3.17}$$

式中，α——误差的相对项系数；

β——误差的固定项系数；

U_x——电压表读数；

U_m——该量程的满刻度值。

工作误差指在额定条件下的误差，通常也以绝对值形式给出。

3．数字电压表的工作原理

1）组成框图

数字电压表的组成框图如图 3.19 所示。

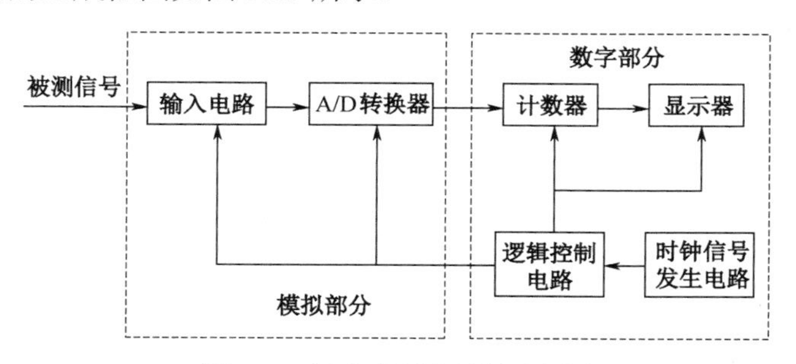

图 3.19 数字电压表的组成框图

整个框图包括模拟和数字两大部分，模拟部分包括输入电路（如阻抗变换电路、放

大和扩展量程电路）和 A/D 转换器。A/D 转换器是数字电压表的核心，完成模拟量到数字量的转换。数字电压表的技术指标如准确度、分辨率等主要取决于模拟部分的工作性能。数字部分主要完成逻辑控制、译码和显示功能。

2）逐次逼近比较式数字电压表的基本原理

如图 3.20 所示，逐次逼近比较式数字电压表由电压比较器、D/A 转换器、逐次逼近寄存器（SAR）、逻辑控制电路和输出缓冲器等部分组成。逐次逼近比较式数字电压表的工作过程可与天平称重物类比，将被测电压和一个可变的已知电压（基准电压）进行比较，直至比较结果相等，达到测出被测电压的目的。

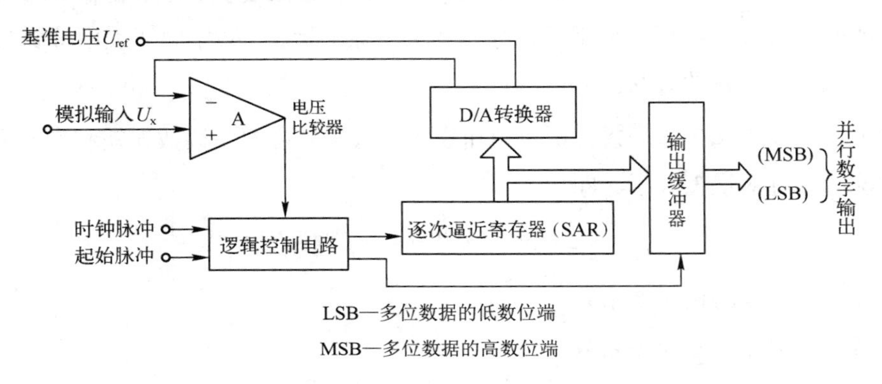

图 3.20　逐次逼近比较式数字电压表框图

由比较过程可以看出，逐次逼近比较式数字电压表转换具有以下特点：

（1）测量速度快。测量速度取决于时钟脉冲频率和各单元电路的工作速度。

（2）测量精度高。测量精度取决于标准电阻和基准电压源的精度，还与 D/A 转换器的位数有关。一般情况下，可按测量的精度要求选择 D/A 转换器的位数。

（3）抗串模干扰能力差。由于测量值对应瞬时值，而不是平均值，所以抗串模干扰能力差。若增加输入滤波器，可提高抗串模干扰能力，但由于 *RC* 时间常数增加，必然会降低测量速度。

3）双积分式数字电压表的基本原理

双积分式数字电压表中的双积分型 A/D 转换器是在 *U*-*T* 变换型 A/D 转换器中用得最多的转换器。

U-*T* 变换原理是用积分器将被测电压转换为时间间隔，然后用电子计数器在此间隔内累计脉冲数，再用数字显示计数结果，计数的结果就是正比于输入模拟电压的数字信号。

如图 3.21 所示，首先将被测电压 u_x 加到积分器的输入端，在确定的时间 T_1 内（采样时间）进行积分，也称定时积分；然后切断 u_x，在积分器的输入端加上与 u_x 极性相反的标准电压 U_{ref}，由于 U_{ref} 一定，所以称为定值积分，但积分方向相反，直到积分输出达到起始电平为止，从而将 u_x 转换成时间间隔进行测量。对时间间隔的测量技术已很成熟，只要用电子计数器累计此时间间隔的脉冲数（脉冲数即 u_x 对应的数字量），就可完成从模拟量到数字量的转换。

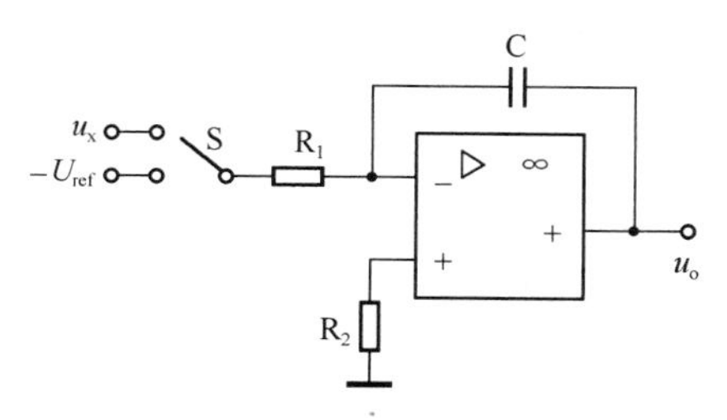

图 3.21　积分器的电路模型

第一次积分是对 u_x 定时积分，定时时间为 t_1～t_2 段，记为 T_1，积分输出为

$$u_{o1}=-\frac{1}{RC}\int_{t_1}^{t_2}(-u_x)\,dt=\frac{T_1}{RC}u_x$$

由于 R、C、T_1 一定，故 u_x 代表了斜率。

第二次积分是对标准电压定值积分，积分时间段为 t_2～t_3，记为 T_2，积分输出为

$$u_{o2}=-\frac{1}{RC}\int_{t_2}^{t_3}U_{ref}dt=-\frac{T_2}{RC}U_{ref}$$

两次积分后输出电压为 $U_o=U_{o1}+U_{o2}=0$，则

$$\frac{T_1}{RC}u_x=\frac{T_2}{RC}U_{ref}$$

解得：

$$u_x=\frac{T_2}{T_1}U_{ref}$$

若用电子计数器在 T_1、T_2 时间间隔内计数，计数脉冲周期为 T_0，计数值分别为 N_1、N_2，则

$$u_x=\frac{N_2T_0}{N_1T_0}U_{ref}=\frac{N_2}{N_1}U_{ref}$$

N_2 代表了 u_x 的大小。当 u_x 变化时，如 u_x 变成 u_x'，且 $u_x'>u_x$，定时积分 T_1 段的斜率变为 u_x'，积分输出变为 u_o'。在定值积分的 T_2 段，积分起始点从 u_o' 开始反向积分，而基准电压 U_{ref} 不变，积分时间由 T_2 变为 T_2'，所以反向积分的斜率不变。图 3.22 所示为积分器的输出波形，T_2 和 T_2' 时间段对应的积分输出波形为两平行直线。

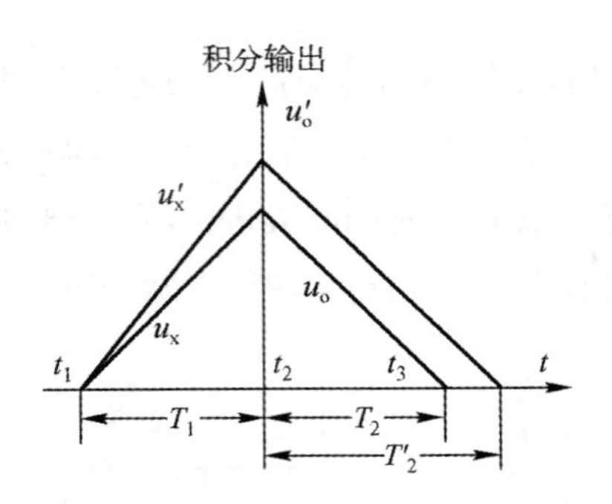

图 3.22 积分器的输出波形

通过以上分析，我们可以设计出双积分型 A/D 转换器的原理框图，如图 3.23 所示，包括过零比较器、计数译码显示电路、逻辑控制电路和时钟信号源等几部分。

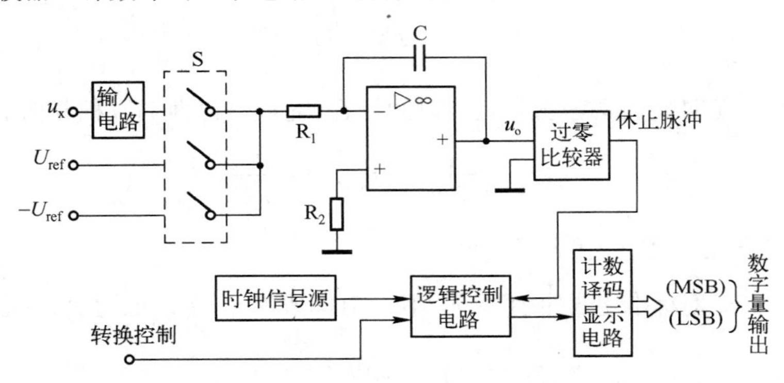

图 3.23 双积分型 A/D 转换器的原理框图

从工作过程可以看出，双积分式数字电压表具有以下特点：

（1）从 A/D 转换的角度看，它通过两次积分将 u_x 转换成与之成正比的时间间隔，故又称 U-T 变换式数字电压表。

（2）从 $u_x = \frac{T_2}{T_1} U_{ref}$ 中可见，N_1、U_{ref} 均为常量，电路参数 R、C、T_0 没有出现在式中，表明测量精度与 R、C、T_0 无关，从而降低了对 R、C、T_0 的要求。事实上，这是由于两次积分抵消了 R、C、T_0 的影响。

（3）积分器的时间常数较大，具有对 u_x 的滤波作用，消除了 u_x 中的干扰，故双积分式数字电压表具有较强的抗干扰能力。

（4）由于积分过程是个缓慢过程，特别是为了抑制工频干扰，常令积分周期为工频的整数倍，因而测量速度较低。

3.3.6　电压测量的应用

1．直流电压的测量

电子电路中的直流电压一般分为两大类：一类为直流电源电压，它具有一定的直流电动势 E 和等效内阻 R；另一类是直流电路中某元件两端之间的电压差或各点对地的电位。

直流电压的测量一般可采用直接测量法和间接测量法两种方法。用直接测量法测量时，将电压表直接并联在被测支路的两端，如果电压表的内阻为无限大，则电压表的示值即被测支路两点间的电压值；用间接测量法测量时，先分别测量两端点的对地电位，然后求两点的电位差，差值即要测量的电压值。

直流电压的测量方法很多，常用的有以下几种：

（1）用数字万用表测量。用数字万用表测量直流电压，可直接显示被测直流电压的数值和极性，很方便；数字万用表的有效位数也较多，精确度高；另外，数字万用表直流电压挡的输入电阻较高，可达 10MΩ以上，如 DT-9901C 型数字万用表的直流电压挡的输入电阻为 20MΩ，将它并联在被测支路两端对被测电路的影响较小。

用数字万用表测量直流电压时，要选择合适的量程，当超出量程时会有溢出显示。例如 DT-9902C 型数字万用表，当测量值超出量程时会显示“OL”，并在显示屏左侧显示“OVER”表示溢出。

（2）用模拟万用表测量。模拟万用表的直流电压挡由表头串联分压电阻组成，其输入电阻一般不太大，而且各量程挡的内阻不同，同一只表，量程越大，内阻越大。在用模拟万用表测量直流电压时，一定要注意表的内阻对被测电路的影响，否则将可能产生较大的测量误差，如用 MF500-B 型模拟万用表测量如图 3.24 所示电路的等效电动势 E，MF500-B 型模拟万用表的直流电压灵敏度 $S_V = 20\text{k}\Omega/\text{V}$，选用 10V 量程挡，测量值为 7.2V，理论值为 9V，相对误差为 20%，这就是由所用模拟万用表直流电压挡的内阻与被测电路等效内阻相比不够大所引起的，是测量方法不当引起的误差，因此用模拟万用表的直流电压挡测量电压只适用于被测电路的等效内阻很小或信号源内阻很小的情况。

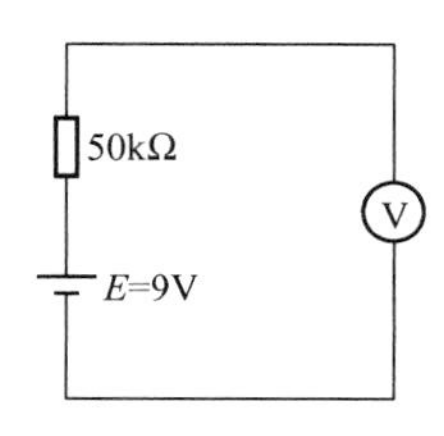

图 3.24　测量等效电动势

（3）用电子电压表测量。一般在放大-检波式电子电压表中，为了提高电压表的内阻，采用跟随器和放大器等电路提高电压表的输入阻抗和测量灵敏度。这种电子电压表可测量高电阻电路的电压。

（4）用示波器测量。用示波器测量电压时，应将示波器的垂直灵敏度微调旋钮置校准挡，即选定参考点，否则电压读数不准确。具体测量步骤可参看 6.7.1 节。

（5）用模拟电压表的直流挡测量。由于磁电式表头的偏转系统对电流有平均作用，不能反映纯交流量，所以对于含交流成分的直流电压的测量一般采用模拟电压表的直流挡测量。

如果叠加在直流电压上的交流成分具有周期性，可直接用模拟电压表测量其直流电压的大小。

由交流电量转换得到的直流电量，如整流滤波后得到的直流电压平均值，以及非简谐波的平均直流分量都可用模拟电压表测量。

一般不能用数字万用表测量含有交流成分的直流电压，因为它要求被测直流电压稳定，才能显示数字，否则数字将跳变不停。

减少测量误差的一般方法：为了减小由于模拟万用表内阻不够大而引起的测量误差，可采用零示法和微差法进行测量。零示法和微差法都是减小系统误差的典型技术。零示法对可调标准电源要求较高，因为它必须适应被测电压所有可能出现的值；微差法降低了对可调标准电源的要求，其测量电路与零示法相同。

零示法测量直流电压的电路如图 3.25 所示，E_s 为可调标准直流电源，用零示法测量时，先将电源 E_s 的输出电压置最小，电压表置较大量程挡，按图 3.25 所示的极性接入电路，然后缓慢调节电源 E_s 的输出电压，并逐步减小电压表的量程挡，直到电压表在最小量程挡指示为零，此时 $E = E_s$，电压表中没有电流流过，电压表的内阻对被测电路无影响。然后断开电路，用电压表测量电源 E_s 的电压大小，测量值即被测电动势 E。由于标准直流电源的内阻很小，一般均小于 1Ω，而电压表的内阻一般在千欧级以上，所以用零示法测量电源的输出电压时，电压表内阻引起的误差可忽略不计。

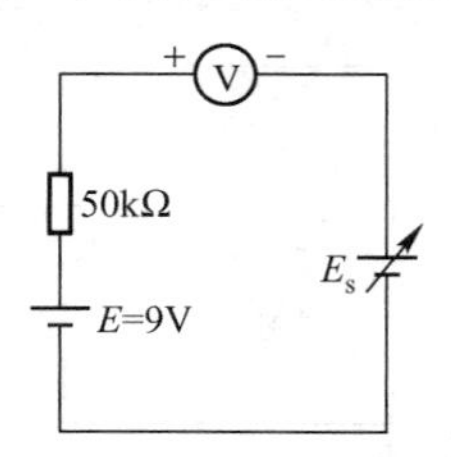

图 3.25　零示法测量直流电压的电路

用微差法测量时，调节 E_s 的大小，使电压表在小量程挡（分辨力最高）上有一个微

小的读数 ΔU，则 $U_o = U_s + \Delta U$，当 ΔU 远远小于 U_o 时，电压表的测量误差对 U_o 的影响极小，且电压表中流过的电流很小，对被测电压 U_o 不会产生大的影响。

直流电压测量中存在一个分辨力的问题，数字万用表的分辨力是末位数字代表的电压值，模拟电压表的分辨力为最小刻度间隔所代表的电压值的一半，量程越大，分辨力越低，如 MF500-B 型万用表在 2.5V 量程挡，分辨力为 0.025V；在 10V 量程挡，分辨力为 0.1V。电压表不可能测量出比分辨力小的电压。

2．交流电压的测量

交流电压的常用测量方法有电压表法和示波器法。

交流电压表分为模拟式与数字式两大类。不论是模拟式交流电压表还是数字式交流电压表，测量交流电压时都是先将交流电压经过检波器转换成直流电压再进行测量。

模拟万用表测量交流电压的频率范围较小，一般只能测量频率在 1kHz 以下的交流电压。但由于模拟万用表的公共端与外壳绝缘无关，即与被测电路无共同接地，因此可以用它直接测量两点之间的交流电压。

用示波器法测量交流电压与电压表法相比具有如下优点：

（1）速度快。被测电压的波形可以立即显示在荧幕上，避免了表头的惰性。

（2）能测量各种波形的电压。电压表一般只能测量失真很小的正弦波电压，而示波器不但能测量失真很大的正弦波电压，还能测量脉冲电压、已调幅电压等。

（3）能观测信号幅度的变化情况和测量瞬时电压。电压表由于有惰性只能测出周期信号的有效值电压（或峰值电压），而不能反映被测信号幅度的快速变化。示波器是一种实时测量仪器，它惰性小，不但能测量周期信号的峰值电压，还能观测信号幅度的变化情况，甚至可以观测单次出现的信号电压。此外，它还能测量被测信号的瞬时电压和波形上任意两点间的电位差。

（4）能同时测量直流电压和交流电压。在一次测量过程中，电压表一般不能同时测量被测电压的直流分量和交流分量，但示波器能方便地实现这一点。用示波器测量电压的主要缺点是误差较大，一般为 5%～10%，将现代数字电压测量技术应用于示波器，可使误差减小到 1%以下。另外，用示波器测量交流电压时，读数为峰-峰值，要知道有效值，还需要采用公式进行换算。具体测量步骤可参看 6.7.1 节相关内容。

3.3.7　电平的测量

1．电平的概念

电平是指两功率（或电压）之比的对数，有时也表示两电流之比的对数，单位为贝尔（Bel）。在实际应用中，由于以贝尔为单位的相对测量值太大，常用贝尔的1/10作为单位，称为分贝，用“dB”或“dB_m”或“dB_V”表示，其中dB_m为功率电平单位，dB_V为电压电平单位。

常用的电平有功率电平和电压电平两类，它们各自又可分为绝对电平和相对电平两种。

（1）绝对功率电平L_P。以1mW为基准功率，任意功率与之相比的对数（以10为底）称为绝对功率电平。其表达式为

$$L_P = 10\lg\frac{P_x}{P_0} \tag{3.18}$$

式中，P_x——任意功率；

P_0——基准功率。

（2）相对功率电平L'_P。任意两功率之比的对数（以10为底）称为相对功率电平。即

$$L'_P = 10\lg\frac{P_A}{P_B} \tag{3.19}$$

式中，P_A、P_B——任意两功率。

（3）相对功率电平与绝对功率电平之间的关系为

$$L'_P = 10\lg\frac{P_A}{P_B} = 10\lg\left(\frac{P_A}{P_0}\times\frac{P_0}{P_B}\right) = L_{PA} - L_{PB} \tag{3.20}$$

式中，L_{PA}、L_{PB}——任意两功率的绝对功率电平。

由式（3.20）可以看出，相对功率电平是两绝对功率电平之差。

（4）绝对电压电平L_U。当600Ω电阻上消耗1mW的功率时，600Ω电阻两端的电位差为0.775V，此电位差称为基准电压。任意两点间电压与基准电压之比的对数（以10为底）称为该电压的绝对电压电平，即

$$L_U = 20\lg\frac{U_x}{0.775} \tag{3.21}$$

式中，U_x——任意两点间电压。

（5）相对电压电平L'_U。任意两电压之比的对数（以10为底）称为相对电压电平。即

$$L'_U = 20\lg\frac{U_A}{U_B} \tag{3.22}$$

式中，U_A、U_B——任意两电压值。

（6）绝对电压电平与相对电压电平的关系为

$$L'_{\mathrm{U}}=20\lg\frac{U_{\mathrm{A}}}{U_{\mathrm{B}}}=20\lg\left(\frac{U_{\mathrm{A}}}{0.775}\times\frac{0.775}{U_{\mathrm{B}}}\right)=L_{\mathrm{UA}}-L_{\mathrm{UB}}$$

由上式可以看出，相对电压电平是两绝对电压电平之差。

（7）绝对电压电平与绝对功率电平的关系为

$$L_{\mathrm{P}}=10\lg\frac{P_{\mathrm{x}}}{P_0}=10\lg\frac{\dfrac{U_{\mathrm{x}}^2}{R_{\mathrm{x}}}}{\dfrac{(0.775)^2}{600}}=10\lg\left(\frac{U_{\mathrm{x}}}{0.775}\right)^2+10\lg\frac{600}{R_{\mathrm{x}}}=L_{\mathrm{U}}+10\lg\frac{600}{R_{\mathrm{x}}} \quad (3.23)$$

由式（3.23）可见，当 $R_{\mathrm{x}}=600\Omega$时，电阻 $\mathrm{R_x}$ 上的绝对功率电平等于它的绝对电压电平，而当 $R_{\mathrm{x}}\neq600\Omega$时，电阻 $\mathrm{R_x}$ 上的绝对功率电平不等于它的绝对电压电平。

2．采用电平概念的意义

有时希望同时显示一组幅度值差异很大的信号，采用高度为 10cm 的显示器，一般用显示器的全部高度作为振幅的最大值。若信号的最大振幅为 100V，显示器上 1cm 的高度就对应 10V；0.1cm 的高度对应 1V，而小于 1V 的电压在显示器上就难以辨认了。使用分贝作为单位，可以把大范围内的幅度值压缩到较小的范围。这样，就可同时看到最大值和最小值的所有振幅。表 3.2 显示了分贝、绝对功率电平和绝对电压电平数值之间的关系。

表 3.2　分贝、绝对功率电平和绝对电压电平数值之间的关系

dB	40	20	6	3	0	−3	−6	−20	−40
L_{P}	10 000	100	4	2	1	1/2	1/4	1/100	1/10 000
L_{U}	100	10	2	1.4	1/2	1/1.4	1/2	1/10	1/100

3．电压电平与电压的关系

从电压电平的定义就可以看出电压电平与电压之间的关系。电压电平的测量实际上也是电压的测量。任何一只电压表都可以作为测量电压电平的电平表，只是表盘的刻度不同而已。电平表和交流电压表上 dB 刻度线都是按绝对电压电平标定的，要注意的是，电平刻度是以在 600Ω电阻上消耗 1mV 功率为 0dB 进行计算的，即 0dB＝0.775V。

电压电平量程的扩大实质上也是电压量程的扩大，只不过由于电压电平与电压之间是对数关系，因而电压量程扩大 N 倍时，电压电平增加 $20\lg N$，即

$$L_{\mathrm{U}}=20\lg\frac{NU_{\mathrm{x}}}{0.775}=20\lg\frac{U_{\mathrm{x}}}{0.775}+20\lg N \quad (3.24)$$

因此，电压电平量程的扩大，可以通过相应的交流电压表量程的扩大来实现，其测量值应为表头指针示数加上一个附加分贝值。附加分贝值的大小由电压量程的扩大倍数来决定。例如，EM2171 型晶体管毫伏表的电平刻度是以 1V 交流挡的电压来标定的，只有一条 dB 刻度线，当量程扩大为 0～3V、0～10V、0～30V、0～100V、0～300V 时，附加分贝值分别为 10dB、20dB、30dB、40dB 和 50dB。

4．分贝的测量方法和刻度

分贝测量实质上是交流电压的测量，与电压表不同，读数是以分贝（dB）标定的。

取零刻度的基准阻抗 $Z_0 = 600\Omega$，即 0dB 刻度相当于阻抗两端电压等于 0.775V。当 $U_x > 0.775V$ 时，测量所得分贝值为正；当 $U_x < 0.775V$ 时，测量所得分贝值为负。这样，一定的电压值对应于一定的电压电平值，就可直接用电压表测量电压电平了，如电子式万用表 MF-20 将 0～1.5V 量程上的 0.775V 刻度线处定为 0dB。应注意的是，表盘上的分贝值对应的是某挡电压量程，当使用电压表的其他挡测量时，应考虑加上换挡的分贝值，如使用 MF-20 的 0～30V 量程时，被测电压实际值应是表头测量值的 20 倍。设表头上电压为 U_x'，则实际被测电压为 $U_x = 20U_x'$，写成分贝形式为

$$L_U = 20\lg(20U_x') = 20\lg 20 + 20\lg U_x' = 26 + 20\lg U_x' \qquad (3.25)$$

因此，实际测量的电压电平值应加上换挡的分贝值 26dB。

例 3.3 用 MF-20 电子式万用表测量电压，已知 U_x=1.38V，则对应的电压电平（分贝值）为多少？

解： 由式（3.21）可得：

$$L_U = 20\lg\frac{U_x}{0.775} = 20\lg\frac{1.38}{0.775} = 5\ (\mathrm{dB_V})$$

例 3.4 用 MF-20 电子式万用表的 30V 挡测量电压，测得 $U_x = 27.5V$，则对应的电压电平（分贝值）为多少？

解： 此时，$U_x = 27.5V$ 对应 1.5V 基本量程上的 $U_x' = 1.38V$，则由式（3.25）可得：

$$L_U = 26 + 20\lg\frac{U_x'}{0.775} = 26 + 20\lg\frac{1.38}{0.775} = 31\ (\mathrm{dB_V})$$

3.3.8 失真度的测量

1．非线性失真和线性失真

信号在传输过程中，可能产生线性失真和非线性失真两种失真。两种失真的区别在

于非线性失真使得电路的输出信号中产生了不同于输入信号的新的频率成分；线性失真没有产生新的频率成分。

线性失真又称为频率失真，是由于元件内部电抗效应和外部电抗元件的存在，电路对同一信号中频率不同的分量的传输系数不同或相位移不同而引起的。线性失真一般采用频率特性来描述，采用频域分析仪器来测量。非线性失真是由元件的非线性引起的。非线性失真一般用非线性失真系数来描述，可在时域内测量。

2. 非线性失真系数的定义

非线性失真系数也称为失真度，可以衡量非线性失真的程度。其定义为

$$\gamma=\frac{\sqrt{U_2^2+U_3^2+\cdots+U_n^2}}{U_1}\times 100\% \tag{3.26}$$

式中，γ——失真度；

U_1——基波分量电压的有效值；

U_2、U_3、…、U_n——各次谐波分量电压的有效值。

由于在实际工作中测量被测信号的基波电压有效值比较困难，而测量被测信号电压有效值比较简单，因此常用失真度测试仪测量非线性失真系数γ_0。γ_0 定义为被测信号中各次谐波分量电压的有效值与被测信号电压有效值之比的百分数，即

$$\gamma_0=\frac{\sqrt{U_2^2+U_3^2+\cdots+U_n^2}}{\sqrt{U_1^2+U_2^2+U_3^2+\cdots+U_n^2}}\times 100\% \tag{3.27}$$

可以证明，γ_0与γ的关系为

$$\gamma=\frac{\gamma_0}{\sqrt{1-\gamma_0^2}} \tag{3.28}$$

在测量了γ_0后，可用式（3.28）计算γ的值。

3. 抑制基波法测量失真度

1）连接图

测量失真度的方法较多，一般脉冲和方波的失真度测量通常用示波器在时域内观察，而正弦波的微小失真无法从波形上进行准确的观察，必须用失真度测试仪进行测量。

测量信号的失真度时，直接将信号输入失真度测试仪进行测量；测量电路或设备的失真度时，必须采用一个低失真度的正弦信号源（正弦信号发生器）作为被测电路的激励源，如图 3.26 所示。

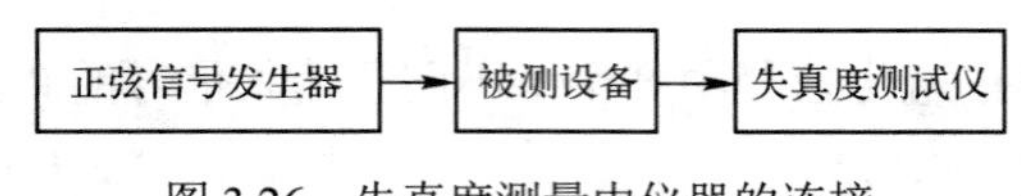

图 3.26　失真度测量中仪器的连接

2）失真度测试仪的组成框图

一个简单的失真度测试仪组成框图如图 3.27 所示。失真度测试仪由输入电路、带阻滤波器和电压表等组成。

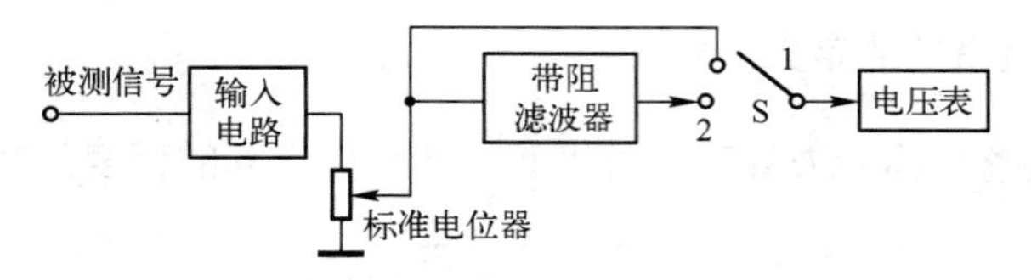

图 3.27　简单的失真度测试仪组成框图

测量时，当开关 S 置于“1”时，电压表读数为被测信号电压的有效值；当开关 S 置于“2”时，电压表读数为被测信号中除基波外的各次谐波分量电压的有效值平方和。两次读数之比即失真度。

在每次测量中，开关 S 置于“1”时，调节标准电位器，使电压表的输出为 1V；当开关 S 置于“2”时，谐波电压的读数就可以直接以失真度来标定，因而从电压表上可以直接读出失真度。

4．测量注意事项

用失真度测试仪测量失真度时应注意以下几点：

（1）测量时，应最大限度地滤出基波成分。因此要反复调节带阻滤波器中的调谐旋钮、微调旋钮和相位旋钮。

（2）测量电路的失真度时，应在被测电路的通频带范围内选择多个频率测试点进行多次测试；选择的频率测试点除应包括上、下截止频率外，还应包括中间频率段中的若干个频率点，然后逐一进行失真度测试，最后取其中最大值作为被测电路的失真度。

（3）如果测试用信号源输出信号的失真度不可忽略，则被测电路的实际失真度可近似等于被测电路输出信号的失真度减去其输入信号的失真度。

（4）测量时，可用示波器进行监视，以判断有无失真以及有无干扰信号存在。

3.3.9　噪声电压的测量

在电子测量中，习惯上把信号电压以外的电压统称为噪声。从这个意义上说，噪声应包括外界干扰和内部噪声两大部分。由于外界干扰在技术上是可以消除的，所以最终噪声电压的测量主要是对电路内部产生的噪声电压的测量。

电路中固有噪声主要有热噪声、霰弹噪声和闪烁噪声等。在这三种主要噪声中，闪烁噪声又称为 1/*f* 噪声，主要对低频信号有影响，又称为低频噪声；而热噪声和霰弹噪声在线性频率范围内能量分布是均匀的，因而被称为白噪声。白噪声是一种随机信号，其波形是非周期性的，变化是无规律的，电压瞬时值按高斯正态分布规律分布，噪声电压一般指的是噪声电压的有效值。

对于一个放大器，若将其输入端短路，即在输入信号为零时，仍能从输出端测得交流电压，这个交流电压就是噪声电压。噪声严重时会影响放大器（或一个系统）传输微弱信号的能力。

噪声信号是一个随机信号，其电压波形是没有规律的非正弦波，从测量角度看，无法描述噪声电压的时间波形，但噪声电压的分布符合正态分布，可以采用电压表法和示波器法进行测量。

1．用交流电压表测量噪声电压

由于噪声电压一般指有效值（均方值），因此可直接采用有效值电压表测量噪声电压的有效值。也可采用平均值电压表进行噪声电压的测量，但要注意以下几点：

（1）刻度的换算。我们已经知道，除了有效值电压表，其他电压表在测量非正弦波时，都会产生波形误差。所以，有必要根据噪声电压的波形系数进行换算。

（2）电压表的频带宽度应大于被测电路的噪声带宽。

（3）根据噪声的特性，在某些时刻噪声电压的峰值可能很高，也可能会超过平均值电压表中放大器的动态范围而产生削波现象，所以在噪声测量中，应选择合适的挡位，使平均值电压表指针指在表盘的 1/3~1/2 刻度线处读数，以提高测量准确度。

2．用示波器测量噪声电压

示波器的频带宽度很宽时，可以用来测量噪声电压。示波器的使用极其方便，尤其适合测量噪声电压的峰-峰值。

测量时，将被测噪声信号通过 AC 耦合方式送入示波器的垂直通道，将示波器的垂直灵敏度旋钮置于合适挡位，将扫描速度置较低挡，在荧光屏上即可看到一条水平移动的垂直亮线，这条亮线垂直方向的长度乘以示波器的垂直电压灵敏度就是被测噪声电压的峰-峰值（$U_{\text{P-P}}$），然后利用噪声电压的波形系数进行换算即可求出有效值。

3.4 功率的测量

在家用电器、照明设备、工业及其他研究、开发或生产线等领域，有时需要计量电气设备消耗的功率。根据计算理论分类，测量功率主要有 4 种方法：二极管检测法、等效热功耗检测法、真有效值/直流转化检测法和对数放大检测法。具体应用时，在直流或低频段可使用瓦特表法，在射频和微波段常采用量热计法、测热电阻法和热电法等。

1. 瓦特表法

瓦特表是简单的测量电功率的电表，是按功率定义来进行测量的仪表，通常为电动式仪表。瓦特表具有两组线圈，其中定圈中的电流是流过负载的电流，把定圈串联在电路中；动圈承受负载电压，与负载并联，两组线圈同时接入电路中，就可测得负载的功率。同一个瓦特表既可以测量直流功率，也可以测量交流功率，标尺直接以功率值标定，刻度是均匀的。

瓦特表的功率量程由电压量程和电流量程分别确定。电压量程最大值即瓦特表电压线圈支路的额定电压；电流量程最大值即瓦特表电流线圈支路的额定电流；瓦特表的量程最大值等于电压量程最大值与电流量程最大值的乘积，负载最大工作电流和最大工作电压不能超过瓦特表的电流量程最大值和电压量程最大值。

三相电路有功功率主要应用单相瓦特表进行测量，根据电路供电方式及负载情况的不同，测量方法有一表法、两表法和三表法。

一表法主要用于三相对称功率的测量（三线制或四线制），这时每一相的有功功率均相等，单相功率的 3 倍即三相总功率。测量时，必须使瓦特表与负载相接，保证仪表的读数能直接反映一相的有功功率。

两表法主要用于三相三线制电路的测量，这种测量方法无论负载对称还是不对称均适用。两表法接线的特点：两个瓦特表的电流线圈分别与端线串联，电压线圈采用前接方式，另一段跨接到没有串联电流线圈的端线，电路的总功率为两表读数之和。

三表法用来测量三相四线制电路的不对称负载功率，电路总功率为三表读数之和。

2. 量热计法

量热计采用等效热功耗检测法来测量功率。量热计可分为替代静止式和替代流动式两种。量热计将电磁能转换成热能来测量。量热体感应、吸收电磁能，使之转换成热能，从而使温度上升。检测其热电动势，根据功率和热电动势间的关系可确定被测功率。

量热计的主要优点是准确度高、可靠性好、动态范围大、阻抗匹配好，世界各国都用它作为标准计量仪器；其缺点是结构和测试技术复杂，对环境温度和测试设备要求较高，测试时间长。

目前，量热计的工作频段已达到毫米波段，量程可分别做成大、中、小功率范围，单个仪器动态范围为30～40dB，测量误差可低至千分之几。

3．测热电阻法

测热电阻法利用某些对温度敏感的电阻元件在吸收电磁能后阻值变化的特性来测量功率；常通过测量自动平衡电桥的直流或音频功率来替代测量射频或微波功率。该法适用于测量小功率。用该法测定功率，准确度达±0.5%。

测热电阻功率计是广泛使用的一种小型功率计，它的优点是体积小，灵敏度高，响应快，使用方便；缺点是过载能力差，容易烧毁，易受环境温度影响，宽频带阻抗匹配困难。

4．热电法

热电法是借助热电元件将电磁能变为热能并测量由发热所形成的热电动势，热电动势与热电元件所耗散的射频与微波功率成正比。热电元件是耗散射频或微波能量的载体，又是将射频或微波能量转换成直流热电动势的热电偶。新型的热电敏感器和热电薄膜功率计已获得广泛应用。这种功率计的优点是频带宽、动态范围宽、噪声小、零点漂移小、灵敏度高、响应快等。这些使用热电法的功率计与已定度的衰减器或定向耦合器组合起来，可扩展功率量程，制成吸收式或通过式中、大型功率计。

5．真有效值/直流转换检测法

真有效值/直流转换检测法是根据有效值定义和计算功率的方法。该法通过真有效值/直流转换器，首先测量出真有效值电压电平，然后转换成真有效值功率电平。该法的最大优点是测量结果与被测波形无关，因此，该法能准确测量任意波形的真有效值功率。

6．其他功率测量法

随着电子学和航天技术的迅速发展，脉冲调制的射频和微波系统得到广泛应用。这类系统的基本参量之一是脉冲峰值功率。脉冲峰值功率是指出现脉冲功率最大值的载波周期内的平均功率，而脉冲功率是指在一个脉冲持续时间内的平均功率。对于理想的矩形脉冲，脉冲峰值功率等于脉冲功率。测量脉冲峰值功率的方法主要有：从测量出的平均功率计算脉冲峰值功率法、二极管检测功率法、对数放大器检测法、峰值检波法、镇流电阻积分微分法、取样比较法、陷波法等。例如，中国电子科技集团公司某所研发的型号为 AV2436 的微波功率计是一款高性能的通用峰值微波功率测量仪器，主要用于对微波信号的脉冲功率、脉冲峰值功率和脉冲包络功率的测量与计量，也能进行大功率脉冲调制信号及窄脉冲调制信号的测量。在连续波模式下，使用通用的传统微波功率计；在峰值测量模式下，使用多功能微波参数测量仪。通过不同的时间基准（简称时基）设置，仪器能够自动测量、分析微波/毫米波脉冲调制信号的脉冲峰值功率、脉冲功率、过冲、上升时间、下降时间、顶部幅度、底部幅度、脉冲宽度、脉冲周期、占空比、关闭时间、脉冲重复频率等参数。

3.5 扩展知识：城市环境噪声测量

随着全球城市化进程的加快，城市规模急剧膨胀，城市建设不断发展，城市的交通运输和物流日益繁忙，工商业发展规模日益扩大，生活空间日益拥挤，由此产生的城市噪声问题日趋严重。噪声为 30～40dB 是比较安静的正常环境；超过 50dB 就会影响睡眠和休息；70dB 以上干扰谈话，造成精神不集中，影响工作效率。长期工作或生活在 90dB 以上的噪声环境，会严重影响听力和导致其他疾病的发生。城市噪声污染给人们的生产和生活造成了很大危害，而解决噪声污染问题，首先要对噪声信号进行采集、测量和分析，然后进行评价、预测，以便更好地进行监测和控制。

1．噪声测量的分类及常用仪器

噪声测量的分类方法有多种。根据测量对象，噪声测量可分为环境噪声（声场）的特征测量和声源特征的测量；根据声源或声场的时间特性，可分为稳态噪声测量和非稳态噪声（非稳态噪声又可分为周期性变化噪声、无规则变化噪声和脉冲噪声等）测量；根据声源或声场的频率特性，可分为宽带噪声测量、窄带噪声测量和含有突出纯音成分的噪声测量；根据测量要求的精度，可分为精密测量、工程测量和噪声普查等。

为了统一起见，国际上及国内都制定了一些噪声测量的标准，这些标准中不仅规定了噪声测量的方法，也规定了使用声级计的技术要求，可根据这些标准来选择合适的声级计。

2．一般声级计

声级计又称噪声计，是噪声测量中最基本的仪器。图 3.28 为 SMART 手持式声级计外形图。声级计一般由传声器、前置放大器、衰减器、放大器、计权网络及有效值指示表头（检波器）等组成。工作时，由传声器将噪声转换成电信号，再由前置放大器变换阻抗，使传声器与衰减器匹配。放大器将输出信号加到计权网络，对信号进行频率计权（或外接滤波器），再经衰减器及放大器将信号放大到一定的幅度值，送到有效值检波器（或外接电平记录仪），在指示表头上给出噪声声级的数值。计权网络将被测声音与基准声音比较，由于比较的基准不一样，有 A、B、C 三种标准计权网络，A 网络是模拟人耳对等响曲线中 40 方纯音的响应，它的曲线形状与 340 方的等响曲线相反，从而使电信号的中、低频段有较大的衰减；B 网络是模拟人耳对 70 方纯音的响应，它使电信号的低频段有一定的衰减；C 网络是模拟人耳对 100 方纯音的响应，在整个声频范围内有近乎平直的响应。 声级计经过计权网络测得的声压级称为声级，根据所使用的计权网络不同，分别称为 A 声级、B 声级和 C 声级，单位记为 dB（A）、dB（B）和 dB（C）。

图 3.28　SMART 手持式声级计外形图

声级计按测量对象可分为两类，一类用于测量稳态噪声，另一类用于测量非稳态噪声和脉冲噪声；按工作原理可分为通用声级计、积分声级计、频谱声级计等。积分声级计是用来测量一段时间内非稳态噪声的等效声级的。声级计可以用于环境噪声、机器噪声、车辆噪声及其他各种噪声的测量，也可用于电声学、建筑声学的测量，如果把电容传声器换成加速度传感器，配上积分器，就可以利用声级计来测量振动。目前，测量噪声用的声级计，表头响应按灵敏度可分为 4 种："慢"，表头时间常数为 1000ms，一般用于测量稳态噪声，测得的数值为有效值；"快"，表头时间常数为 125ms，一般用于测量波动较大的非稳态噪声和交通运输噪声等，"快"挡接近人耳对声音的反应；"脉冲或脉冲保持"，表针上升时间为 35ms，用于测量持续时间较长的脉冲噪声，如冲床、按锤等，测得的数值为最大有效值；"峰值保持"，表针上升时间小于 20ms，用于测量持续时间很短的脉冲声，如枪、炮射击声和爆炸声，测得的数值是峰值，即最大值。

声级计可以外接滤波器和记录仪，对噪声做频谱分析。国产的 ND2 型精密声级计内装一个倍频滤波器，便于携带到现场做频谱分析。

3．环境噪声自动监测仪

环境噪声自动监测仪属于综合测试仪器，可用于城市环境噪声自动监测，交通噪声监测，机场噪声监测，噪声事件监测和报告及噪声数据自动采集、储存、传输，也适用于噪声污染源（如施工场地、厂界、道路车辆等）在线监测。

环境噪声自动监测仪通常由户外传声器、数据分析单元、数据传输单元、中心计算机和数据处理软件等组成，采用了实时信号分析仪器和以ARM处理器为中心的数据分析单元，可对噪声信号进行实时频谱分析，不仅可以监测与分析环境噪声的性质和特征，判断噪声的来源，还可以按精密法测量和计算噪声的感觉噪声级和有效感觉噪声级，通过无线或网络传输，实现远程数据遥测、噪声事件监测、系统自动校准，最终形成报告。环境噪声自动监测仪的硬件和软件采用模块化结构，其主要功能可根据应用场合和用户的需要进行配置，可以增加噪声统计分析功能，增加实时频谱分析功能；另外，也可根据用户的要求加入气象监测系统。户外传声器具有防雨、防风、防鸟停等功能。环境噪声自动监测仪的测量范围为30～140dB（A），分辨力为0.1dB；频率范围为10Hz～20kHz；频率计权方式为A、C、Z计权；线性工作范围大于110dB；可存储100天以上的原始数据，其主要技术性能保证了环境噪声的自动监测。

实训项目2　二极管伏安特性测量与曲线绘制

1．项目内容

二极管是典型的非线性电阻元件，单向导电性是二极管最主要的特性和应用基础。本项目通过实验方法对二极管正、反向特性进行测量，并绘制二极管伏安特性曲线。

2．项目相关知识点提示

（1）二极管伏安特性的定义。二极管的伏安特性是指加到二极管两端的电压和流过二极管的电流之间的关系。二极管是一种非线性电阻元件，其阻值随电流的变化而变化，电压和电流的关系不服从欧姆定律。理想二极管的伏安特性可用伏安特性方程表示，为指数关系。硅二极管的伏安特性可表示为

$$i_D = I_S(e^{u_D/U_T} - 1)$$

式中，i_D——流过二极管的电流（A）；

u_D——二极管两端外加电压（V）；

I_S——反向饱和电流（A）；

U_T——温度的电压当量，为0.026V。

当在二极管两端加正向电压时，在电压起始部分，由于正向电压较小，正向电流几

乎为零，二极管呈现为一个大电阻，当 u_D 比 U_T 大几倍，即大于二极管的门槛电压 U_{th} 时，$e^{u_D/U_T}>1$，二极管的电流与电压呈指数关系，电流迅速增大；当在二极管两端加反向电压时，u_D 为负值，若 $|u_D|$ 比 U_T 大几倍，指数项趋于零，此时 $i_D=-I_S$，是个常数，不随外加反向电压而变动，但当反向电压增加到一定值（U_{BR}）时，反向电流剧增，二极管被反向击穿。

（2）伏安特性测量的基本方法。测量直流伏安特性最简单、最直接的方法就是在元件工作电压范围内，等间距或不等间距选取若干电压，并将其由小到大加到被测元件两端，然后测量元件中流过的电流值。电流可以采用模拟电流表、数字电流表和电子电压表直接测量或间接测量。

3．项目实施和结论

（1）所需实验设备和附件：直流稳压电源 1 台、直流毫安表 1 台、数字万用表 1 台、测试实验平台 1 套、被测二极管若干。

（2）实验原理。实验线路如图 3.29 和图 3.30 所示，其中，电阻 R 为限流电阻，用于限制流过二极管的电流。

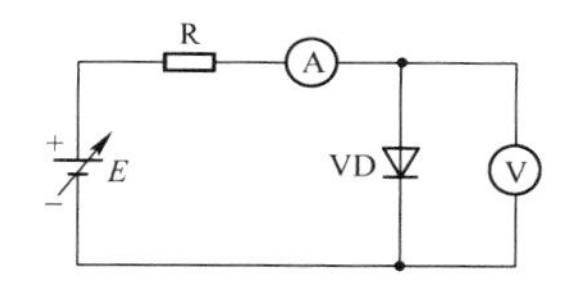

图 3.29　正向伏安特性测量接线图

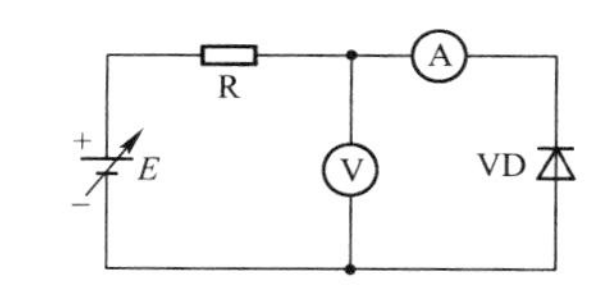

图 3.30　反向伏安特性测量接线图

（3）实施过程。正向伏安特性测量：对于每一个电流值，测量出对应的电压值。为了准确测量门槛电压，绘制曲线的弯曲部分，可在门槛电压附近增加测试点。

反向伏安特性测量：对于每一个电压值，测量出对应的电流值。为了准确测量反向击穿电压，绘制曲线的弯曲部分，也可在反向电压附近增加测试点，同时特别注意电压增加过程中，应避免电流过大引起热击穿。由于二极管的反向电阻很大，流过它的电流很小，电流表应选用直流微安挡。

（4）结论。进行数据分析和曲线绘制，得出相关结论。

本 章 小 结

电压、电流和功率是电能量的三个基本参数。这三个基本参数的测量，在电子测量中占有重要的地位。

电流按电路频率可分为直流电流、工频电流、低频电流、高频电流和超高频电流。测量电流时，除要注意其大小外，还要注意其频率的高低。在实际中，通常使用磁电式电流表、电磁式电流表、模拟万用表和数字万用表直接测量电流；也可采用伏安法，先测量电压，再计算被测电路流过的电流。

电压测量是其他许多电参数（也包括部分非电参数）测量的基础，是相当重要和普及的一种参数测量。在测量电压时，由于被测对象不同，它们的波形、频率、幅度和等效内阻通常也不相同，对不同特点的电压应采用不同的测量方法。

测量电压的常用仪器有模拟式和数字式两种类型的测量仪器。模拟电压表电路简单、价格低廉，特别是在测量高频电压时操作简单、准确度较高；另外，可用于长期监测或用于环境条件较差的场合。模拟电压表具有很多优点，在电压测量中占有重要地位。数字电压表具有精度高、量程宽、显示位数多、分辨力高、易于实现测量自动化等优点，在电压测量中也占据越来越重要的地位。

功率测量广泛应用于家用电器、照明设备、工业用品及其研究、开发或生产等领域。根据计算理论分类，测量功率主要有 4 种方法：二极管检测法、等效热功耗检测法、真有效值/直流转化检测法和对数放大检测法。具体应用时，在直流或低频段可使用瓦特表法，在射频和微波段常采用量热计法、测热电阻法和热电法等。

习　题　3

3.1　电流的直接测量与间接测量原理有何区别？两种测量方法的测量准确度各取决于什么因素？

3.2　测量大电流的电流表，一般是在基本量程上扩大量程，为什么不直接制造测量大电流的电流表？

3.3　电流表的基本量程和扩大量程，哪一个量程的测量准确度高？为什么？

3.4　有两只量程相同的电流表，但内阻不一样，问哪只电流表的性能好？为什么？

3.5　高频电流表扩大量程可采用什么方法？

3.6　热电式电流表是如何测量电流的？

3.7　电流的测量方案有哪些？

3.8　简述电压测量的意义。

3.9　用以正弦有效值标定的平均值电压表测量正弦波、方波和三角波，读数都为 1V，三种信号波形的有效值为多少？

3.10　在示波器上分别观察到峰值相等的正弦波、方波和三角波，$U_P=5V$，分别用以正弦有效值标定的、三种不同检波方式的电压表测量，读数分别为多少？

3.11　欲测量失真的正弦波，若手头没有有效值电压表，只有峰值电压表和平均值电压表，问选哪种表更合适？为什么？

3.12　逐次逼近比较式数字电压表和双积分式数字电压表各有哪些特点？各适用于哪些场合？

3.13　模拟电压表和数字电压表的分辨力各与什么因素有关？

3.14　绘图说明数字电压表的电路构成和工作原理。

3.15　说明数字电压表与数字万用表有何区别。

3.16　数字电压表的主要技术指标主要有哪些？它们是如何定义的？

3.17　直流电压的测量方案有哪些？

3.18　交流电压的测量方案有哪些？

3.19　甲、乙两台数字电压表，甲显示的最大值为 9999，乙显示的最大值为 19999，问：

（1）它们各是几位数字电压表？是否有超量程能力？

（2）若乙的最小量程为 200mV，其分辨力为多少？

（3）若乙的固有误差为 $\Delta U=\pm(0.05\%U_x+0.02\%U_m)$，分别用 2V 和 20V 挡测量 $U_x=1.56V$ 电压，则绝对误差和相对误差各为多少？

3.20　简述使用高频毫伏表或数字万用表来验证测量仪表对不同波形的响应的方法。

第 4 章　时间与频率的测量

4.1　概述

时间和频率是电子技术中两个重要的基本参量，其他许多电参数的测量方案、测量结果都与频率有着十分密切的关系。频率测量系统在通信、导航、空间科学、计量技术等领域有广泛的应用，因此频率的测量是相当重要的。目前，在电子测量中，时间和频率的测量精确度是非常高的，在检测技术中，常常将一些非电参数或其他电参数转换成频率进行测量。另外，在现代信息传输和处理中，在电磁波频谱资源利用的过程中，对频率测量的准确度和稳定度提出了越来越高的要求，也大大促进了时间、频率测量技术的发展。本章将重点介绍利用电子计数器测量频率、周期和时间间隔的方法。此外，还将简要介绍一些其他的测量频率的方法。

1．频率和周期的基本概念

频率定义为相同的现象在单位时间内重复出现的次数。

$$f = \frac{N}{T_s} \tag{4.1}$$

式中，f—— 频率；

N—— 相同的现象重复出现的次数；

T_s—— 单位时间（周期）。

周期是指出现相同现象的最小时间间隔。

周期性现象是指经过一段相等的时间间隔又出现相同现象的现象，在数学上可用一个周期函数来表示所谓的周期性现象：

$$F(t) = F(t+T) = F(t+nT) \tag{4.2}$$

式中，t—— 特定现象出现的时间；

n—— 正整数，相同的现象重复出现的次数；

T—— 相同现象出现的最短时间间隔。

例如，正弦波是一种常见的典型的周期性信号，可表示为

$$F(t)=\sin(\omega t+\varphi)=\sin(\omega t+\varphi+2n\pi)$$

对一个周期性现象来说，周期和频率是描述它的两个重要参数。周期与频率互为倒数关系，只要测出其中一个，便可取倒数而求得另一个，即

$$f=\frac{1}{T} \tag{4.3}$$

式中，f—— 频率；

T—— 周期。

若周期 T 的单位是 s（秒），由式（4.3）可知频率的单位就是 1/s，用赫兹（Hz）表示。一般情况下不用区分时间和频率标准，统称为时频标准。

2．时间与频率测量的特点

与其他各种物理量的测量比较，时间与频率测量具有以下特点。

（1）具有动态性质。在时刻和时间间隔的测量中，时刻始终在变化，如上一次测量和下一次测量的时间间隔已经是不同时刻的时间间隔，频率也是如此，因此在时间与频率的测量中，必须重视信号源和时钟的稳定性及其他一些反映频率和相位随时间变化的技术指标。

（2）测量精度高。在时间与频率的测量中，由于采用了以“原子秒”和“原子时”定义的基准，频率测量精度远远高于其他物理量的测量精度。而且对于不同场合的频率测量，测量的精度要求虽然不同，但我们都可以找到相应的各种等级的时频标准源，如石英晶体振荡器（石英晶振），其结构简单、使用方便，精度数量级在 10^{-10} 左右，能够满足大多数电子设备的需要，是一种常用的标准频率源；原子频标的精度数量级可达 10^{-13}，广泛应用于航天、测控等对频率精度要求较高的领域。

利用时间与频率测量精度高的特点，我们可将其他物理量转换为频率进行测量，使其测量精度得以提高，如数字电压表中双积分式 A/D 转换，就是将电压转变成与之成比例的时间间隔进行测量。

（3）测量范围广。信号可通过电磁波传播，极大地扩大了时间与频率的比对和测量范围。例如，利用 GPS 可以实现全球范围的、最高精度的时间与频率的比对和测量。

（4）频率信息的传输和处理比较容易。例如，通过倍频、分频、混频和扫频等技术可以对各种不同频段的频率实施灵活机动的测量。

3．频率测量的基本方法

频率的测量方法按工作原理可分为直接法和比对法两大类。

（1）直接法。直接法是直接利用电路的某种频率响应特性来测量频率的方法。电桥法和谐振法是这类测量方法的典型代表。

直接法常常通过数学模型先求出频率表达式，然后利用频率与其他已知参数的关系测量频率，如谐振法测频率，就是将被测信号加到谐振电路上，然后根据电路对信号发生谐振时频率与电路参数的关系 $f_x = 1/(2\pi\sqrt{LC})$，由电路参数 L、C 的值确定被测频率。

（2）比对法。比对法是通过将标准频率与被测频率进行比较来测量频率的，其测量精度主要取决于标准频率的精度。拍频法、差频法及电子计数器测频法是这类测量方法的典型代表。尤其利用电子计数器测量频率和时间，具有测量精度高、速度快、操作简单，可直接显示数字，便于与计算机结合实现测量过程自动化等优点，是目前最好的测频率的方法。

4.2 电子计数器及其应用

4.2.1 电子计数器面板及控键示意图

在时间与频率测量仪器中，通常把数字式仪器称为电子计数器或通用计数器。电子计数器的面板和主要的控键如图 4.1 所示。

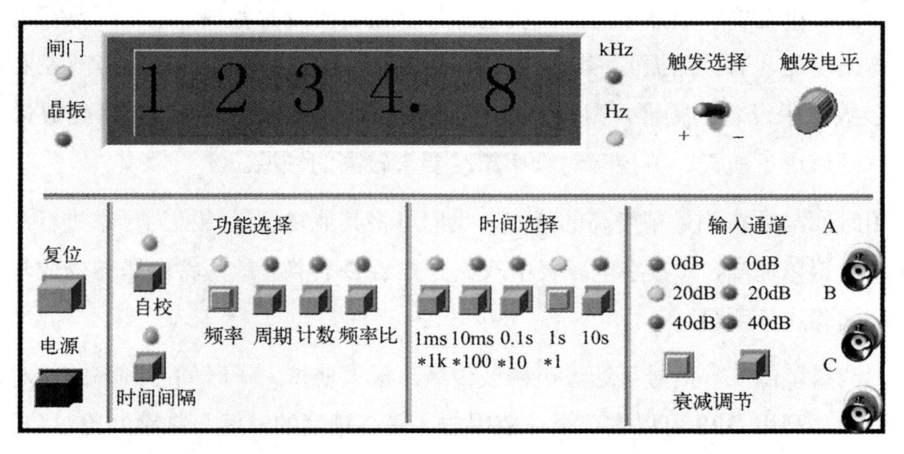

图 4.1 电子计数器的面板和主要的控键图

（1）功能选择：有 6 个键，分别用于测量频率、测量周期、完成计数、测量频率比、测量时间间隔和自校。

（2）时间选择：测量频率时，用于选择闸门时间；测量周期时，用于选择周期倍乘数。

（3）输入通道：具有 A、B、C 三个通道，其中 A、B 通道可对输入信号进行衰减。

（4）触发选择开关：用于选择触发方式。置“+”时，为上升沿触发；置“−”时，为下降沿触发。

（5）触发电平旋钮：可连续调节触发电平。

（6）数码显示器：用于测量值显示，小数点自动定位。

4.2.2　电子计数器的主要组成部分

电子计数器一般由输入通道、计数器、逻辑控制电路、显示与驱动电路等构成。

1．输入通道

电子计数器一般设置 3 个输入通道，记作 A、B、C。A 通道用于测频、自校；B 通道用于测量周期；B、C 通道合起来可测量时间间隔；A、B 通道合起来可测量频率比。

A 通道是主通道，频带较宽；B、C 通道是简易通道。A 通道的基本框图如图 4.2 所示，它包括衰减器、放大器、整形器等。电子计数器的输入信号是多种多样的，有脉冲波、三角波、正弦波、方波等，幅度有大有小，这些波形最后都要转换成计数脉冲。电子计数器对计数脉冲的幅度、波形都有一定的要求，所以要先对被测信号进行加工，使其波形和幅度标准化，再进行计数。此外，输入信号可以是被测信号，也可以是自校信号，所以 A 通道一般具有信号选择功能。

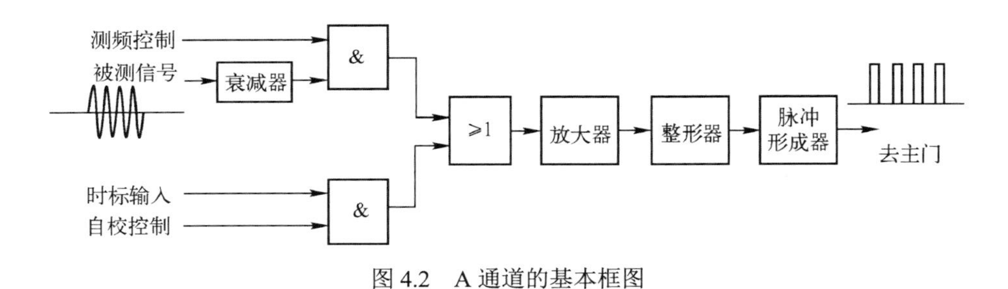

图 4.2　A 通道的基本框图

A 通道的频率特性决定电子计数器的工作频率范围，因此，在 A 通道中一般设置了高频补偿电路，使其具有平坦的响应曲线。

2．计数器

计数器主要由触发器构成。在数字仪表中，最常用的是按 8421 码编码的十进制计数器，来了 10 个脉冲就产生 1 个进位。目前计数器都已集成化，在使用时可当作一个逻辑部件使用。

3．显示与驱动电路

电子计数器以数字方式显示被测量的值，目前常用的有 LED 显示器和 LCD 显示器。LED 显示器为数码显示器，其优点是工作电压低，能与 CMOS、TTL 电路兼容，发光亮度高，响应快，寿命长。LCD 显示器为液晶显示器，其突出优点是供电电压低和功耗低（各类显示器中功耗最低），制造工艺简单，体积小而薄，特别适用于小型数字仪表。

4．逻辑控制电路

逻辑控制电路是由门电路和触发器组成的时序逻辑电路。它产生各种指令信号，如闸门脉冲、闭锁脉冲、显示脉冲、复零脉冲、记忆脉冲等，这些指令信号控制整机各单元电路的工作，使整机按一定的工作程序完成测量任务。有些控制信号可由其他电路控制，也可手动控制，如时基的选择可通过面板开关进行。

4.2.3 用电子计数器测量频率

1．测量频率的基本原理

用电子计数器测量频率是严格按照频率的定义进行的。它在某个已知的标准时间间隔 T_s 内，测出被测信号重复的次数 N，然后由公式 $f=N/T_s$ 计算出频率。用电子计数器测量频率的原理框图如图 4.3 所示。

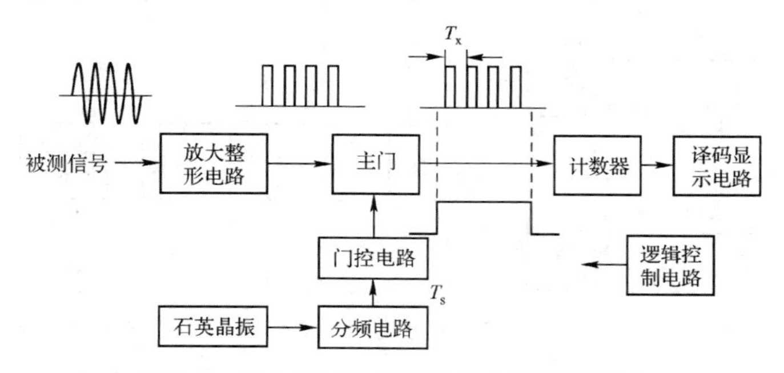

图 4.3　用电子计数器测量频率的原理框图

石英晶振产生高稳定性的振荡信号，经分频后产生准确的时间间隔 T_s，用这个 T_s 作为门控信号去控制主门的开启时间（闸门时间）。被测信号经过放大整形后，变成方波脉冲，在闸门时间 T_s 内通过主门，由计数器对通过主门的方波脉冲进行计数，若在时间间隔 T_s 内计数值为 N，则被测信号的频率 $f=N/T_s$，由译码显示电路将测量结果显示出来。其主要单元电路的工作原理如下。

（1）输入单元电路。输入单元电路通常由放大整形电路构成，它将输入频率为 f_x 的被测周期性信号放大、整形，变换成计数器能接收的计数脉冲信号，并加到闸门电路的输入端。

（2）时基 T_s 产生电路。时基 T_s 产生电路包括石英晶振、分频电路及门控电路，用于产生准确的时间间隔 T_s。石英晶振输出频率为 f_c（周期为 T_c）的正弦信号，经分频、整形得到周期 $T_s=nT_c$ 的窄脉冲，此脉冲触发双稳电路（门控电路），从门控电路输出端得到周期为 T_s 的宽脉冲信号。在实际测量中，门控信号作为时基应非常准确，而且电路应简单，运算应简便，因此分频后所得时基值都是 10 的幂次方，如 1ms、10ms、0.1s、1s、10s 等。当改变闸门时间时，显示器上小数点移位也方便，如所用的闸门时间为 1s，计数器计数值为 42.478，则被测频率为 42.478kHz，小数点定在由右至左第三位；当闸门时间变为 0.1s 时，计数值减小为原来的 1/10，而被测频率没有变，所以小数点自动向右移一位，被测频率变成 424.78kHz。通过电路上的配合，实现了小数点自动定位。

（3）主门。主门通常由一个与门（或一个或门）构成。它可进行时间或频率的量化比较，完成时间或频率的数字转换。

（4）计数器和译码显示电路。计数器和译码显示电路包括多级十进制计数器、寄存器、译码器和数字显示器等，它对主门输出的脉冲进行计数，再用数字显示出来。

（5）逻辑控制电路。逻辑控制电路包括门电路和由触发器组成的时序逻辑电路。它产生各种控制信号，如寄存信号、显示信号、复位信号等，控制整机各单元电路的工作，使整机按照一定的工作程序完成测量任务。

从以上讨论可知，电子计数器的测频原理实质上是以比较法为基础的，它将被测信号的频率 f_x 和已知的时基信号频率 f_s 进行比较，将比较的结果以数字的形式显示出来。

2．测量频率方法的误差分析

用电子计数器测量频率是采用间接测量方式进行的，即在某个已知的标准时间间隔 T_s 内，测出被测信号重复的次数 N，然后由公式 $f = N / T_s$ 计算出频率。根据误差合成理论，可求得频率测量的相对误差为

$$\gamma_f = \frac{\partial \ln f}{\partial N}\Delta N + \frac{\partial \ln f}{\partial T_s}\Delta T_s = \frac{\partial(\ln N - \ln T_s)}{\partial N}\Delta N + \frac{\partial(\ln N - \ln T_s)}{\partial T_s}\Delta T_s = \frac{\Delta N}{N} - \frac{\Delta T_s}{T_s} \quad (4.4)$$

式中，γ_f —— 频率测量的相对误差；

$\frac{\Delta N}{N}$ —— 计数的相对误差，也称量化误差；

$\dfrac{\Delta T_s}{T_s}$ —— 闸门时间的相对误差。

可见，用电子计数器测频率的相对误差由两部分组成，一是计数的相对误差，也称量化误差；二是闸门时间的相对误差。按最坏结果考虑，频率测量的公式误差应是这两种误差之和。

（1）量化误差。利用电子计数器测量频率，测量的实质是在已知的时间 T_s 内累计脉冲个数，是一个量化过程。这种计数只能对整数个脉冲进行计数，它不可能测出半个脉冲，即量化的最小单位是数码的一个字。同时主门的开启时刻与计数脉冲到来时刻是随机、不相干的。因此，即使在相同的闸门时间 T_s 内，计数器对同样的脉冲串计数，所得的计数值也可能不同。例如，某一确定的闸门时间 T_s 等于 7.4 个计数脉冲周期，对编号为 1～8 的脉冲串进行计数，由于计数器只能对整数个脉冲进行计数，实际测量结果可能为 7，也可能为 8，如图 4.4 所示。在图 4.4（a）中，闸门在编号为 1 的脉冲通过后开启，则读数为 7，相对于真值 7.4 舍去了 0.4；而在图 4.4（b）中，闸门在编号为 1 的脉冲到来时刻同时开启，读数为 8，相对于真值多了 0.6，即把尾数凑成了整数。这种测量误差是所有数字式仪器所固有的，是量化过程带来的误差。量化误差的极限范围是 ±1 个字，无论计数值是多少，量化误差的最大值都是 ±1 个字，也就是说计数的绝对误差 $\Delta N \leqslant \pm 1$，所以有时又把这种误差称为“±1 个字误差”，简称“±1 误差”。

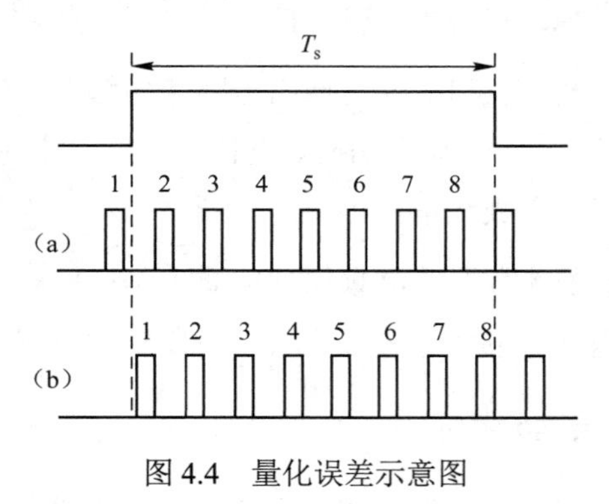

图 4.4　量化误差示意图

量化误差为

$$\frac{\Delta N}{N} = \frac{\pm 1}{N} = \pm \frac{1}{f_x \cdot T_s} \tag{4.5}$$

式中，$\dfrac{\Delta N}{N}$ ——量化误差，即计数的相对误差；

f_x——被测信号的频率；

T_s——选定的闸门时间。

由式（4.5）可以看出：被测值的读数 N 不同时，对量化误差的影响也不同，增大 N 能够减小量化误差。也就是说，当被测信号频率一定时，闸门时间越长，量化误差就越小；当闸门时间一定时，提高被测信号的频率，也可减小量化误差。

例 4.1　被测信号的频率 f_{x1}=100Hz、f_{x2}=1000Hz，闸门时间分别设定为 1s、10s，试分别计算量化误差。

解：① 若 f_{x1}=100Hz、T=1s，则量化误差为

$$\frac{\Delta N}{N}=\frac{\pm 1}{N}=\pm\frac{1}{f_x\cdot T_s}=\pm\frac{1}{100\times 1}=\pm 1\%$$

② 若 f_{x2}=1000Hz、T=1s，则量化误差为

$$\frac{\Delta N}{N}=\frac{\pm 1}{N}=\pm\frac{1}{f_x\cdot T_s}=\pm\frac{1}{1000\times 1}=\pm 0.1\%$$

由①、②的计算结果可以看出，同样的闸门时间，频率越高，测量越准确。

③ 若 f_{x1}=100Hz、T=10s，则量化误差为

$$\frac{\Delta N}{N}=\frac{\pm 1}{N}=\pm\frac{1}{f_x\cdot T_s}=\pm\frac{1}{100\times 10}=\pm 0.1\%$$

由①、③的计算结果可以看出，输入同样的频率，选取的闸门时间越长，测量结果的量化误差越小。

④ 若 f_{x2}=1000Hz、T=10s，则量化误差为

$$\frac{\Delta N}{N}=\frac{\pm 1}{N}=\pm\frac{1}{f_x\cdot T_s}=\pm\frac{1}{1000\times 10}=\pm 0.01\%$$

由④的计算结果可以看出，提高被测信号的频率，或延长闸门时间，都可降低量化误差。

（2）闸门时间的相对误差。如前所述，用电子计数器测频率的相对误差由两部分组成，一是量化误差，二是闸门时间的相对误差。而闸门时间准确与否，取决于石英晶振的频率稳定度、准确度，也取决于分频电路和闸门开关的速度。在尽量排除分频电路和闸门开关速度的影响后，闸门时间的误差主要由晶振的频率误差引起。设晶振频率为 f_c（周期为 T_c）、分频系数为常数 k，则

$$T_s=\frac{1}{f_s}=\frac{k}{f_c} \tag{4.6}$$

由第 2 章中式（2.14）可求得闸门时间的相对误差为

$$\frac{\Delta T_{\mathrm{s}}}{T_{\mathrm{s}}}=\frac{\partial \ln T_{\mathrm{s}}}{\partial k}\Delta k+\frac{\partial \ln T_{\mathrm{s}}}{\partial f_{\mathrm{c}}}\Delta f_{\mathrm{c}}=\frac{\partial(\ln k-\ln f_{\mathrm{c}})}{\partial k}\Delta k+\frac{\partial(\ln k-\ln f_{\mathrm{c}})}{\partial f_{\mathrm{c}}}\Delta f_{\mathrm{c}}=-\frac{\Delta f_{\mathrm{c}}}{f_{\mathrm{c}}} \tag{4.7}$$

式中，$\frac{\Delta T_{\mathrm{s}}}{T_{\mathrm{s}}}$ —— 闸门时间的相对误差；

$\frac{\Delta f_{\mathrm{c}}}{f_{\mathrm{c}}}$ —— 晶振频率的相对误差。

由式（4.7）可知，闸门时间的相对误差在数值上与晶振频率的相对误差相等。

（3）频率测量误差公式。将式（4.5）、式（4.7）代入式（4.4），得出频率测量误差的公式为

$$\gamma_{\mathrm{f}}=\frac{\Delta f_{\mathrm{x}}}{f_{\mathrm{x}}}=\pm\frac{1}{f_{\mathrm{x}}\cdot T_{\mathrm{s}}}+\frac{\Delta f_{\mathrm{c}}}{f_{\mathrm{c}}}$$

由于 Δf_{c} 的符号可正可负，若按最坏的情况考虑，可得电子计数器测量频率的最大相对误差的计算公式：

$$\gamma_{\mathrm{f}}=\frac{\Delta f_{\mathrm{x}}}{f_{\mathrm{x}}}=\pm\left(\frac{1}{f_{\mathrm{x}}\cdot T_{\mathrm{s}}}+\left|\frac{\Delta f_{\mathrm{c}}}{f_{\mathrm{c}}}\right|\right) \tag{4.8}$$

（4）频率测量计数误差。前面讨论的是频率测量的系统误差，实际上输入信号受到噪声干扰，还会产生噪声干扰误差，这是一种随机误差，也称为计数误差。

计数误差是指在测量频率时，由于输入信号受噪声影响，经触发器整形后形成的计数脉冲发生错误而产生的误差，如图 4.5 所示。

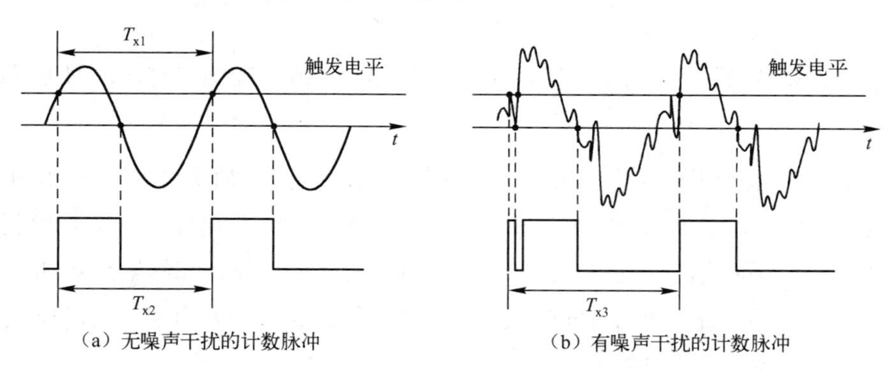

图 4.5　噪声干扰引起的计数误差

施密特触发器有两个门槛电平，在图 4.5（a）中无噪声干扰，正弦信号上升到上门槛电平时，触发器翻转，其输出从低电平跳变到高电平，电路进入一个稳态；当正弦信号下降到下门槛电平时，触发器翻转，其输出从高电平跳变到低电平，电路进入另一个

稳态。输出脉冲的重复周期 T_{x2} 等于输入的被测正弦信号的周期 T_{x1}，脉冲宽度为一定值。图 4.5（b）中，被测信号上叠加了较大的噪声，由于被测信号多次达到比较电平，用于整形的施密特触发器将多次触发，即产生额外的触发，如 T_{x3} 中的起始部分就包含一个脉冲，此时，$T_{x3} \neq T_{x1}$，计数器就会产生额外的计数。由图 4.5 可以看出，计数误差与被测信号的信噪比有关，信噪比越高，施密特触发器被误触发的可能性越小，则计数误差越小。为了消除噪声干扰引起的计数误差，可将信号通道的增益调小，这样叠加在信号上的噪声幅度也减小，从而减少了额外的触发。另外，正确选择触发电平，避免波动最频繁点，也可消除噪声干扰引起的计数误差。

（5）结论。客观上，任何测量都存在测量误差。我们进行误差分析的目的就是要找出引起测量误差的主要原因，从而采取有效的措施减小测量误差，提高测量的精确度。通过以上分析可知，利用电子计数器测量频率时，要提高频率测量的精确度（减小测量误差）可采取如下措施：

① 选择准确度和稳定度高的晶振作为时钟信号发生器，以减小闸门时间的误差。

② 在不使计数器产生溢出的前提下，加大分频系数 k，扩大闸门时间 T_s，以减小量化误差。

③ 当被测信号频率较低时，若用某种方法测量频率的误差较大，应选用其他方法进行测量。

④ 通过提高信噪比或调小通道增益来减小随机的计数误差。

4.2.4　用电子计数器测量周期

1．测量周期的基本原理

周期是频率的倒数，因此周期测量与频率测量采用的时标和时基信号正好相反。用电子计数器测量周期的原理框图如图 4.6 所示。周期测量电路的构成与频率测量电路类似，包括放大整形电路、时标和时基产生电路（包括晶振、分频电路和门控电路）、主门、译码显示电路及逻辑控制电路等。

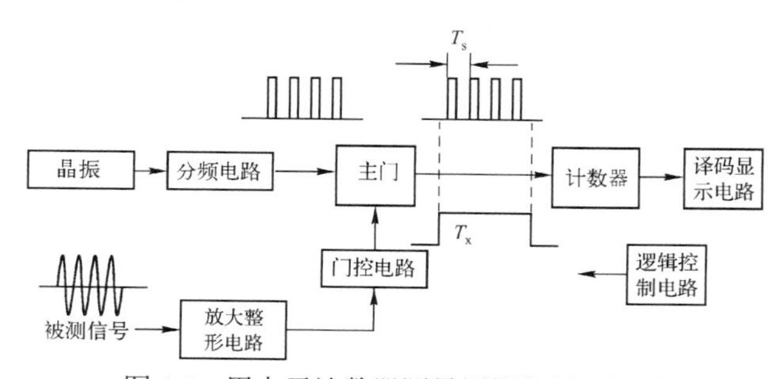

图 4.6　用电子计数器测量周期的原理框图

测量周期时，被测信号被放大整形为方波脉冲，形成时基，控制主门，使闸门时间等于被测信号周期T_x；晶振产生标准振荡信号（振荡频率为f_c），经k分频输出频率为f_s、周期为T_s的时标脉冲；时标脉冲在闸门时间内进入计数器，计数器对通过主门的脉冲进行计数，若计数值为N，则

$$T_x = NT_s \tag{4.9}$$

式中，N—— 通过主门的脉冲个数；

T_x—— 被测信号的周期；

T_s—— 标准振荡信号分频后形成的时标的周期。

$$f_s = \frac{f_c}{k}, \quad T_s = \frac{k}{f_c} \tag{4.10}$$

式中，k—— 分频系数；

f_c—— 标准振荡信号的振荡频率；

f_s—— 标准振荡信号分频后的频率；

T_s—— 标准振荡信号分频后形成的时标的周期。

从以上分析可知，用计数器测量周期的基本原理与测量频率类似，也是一种比较测量方法，只不过它采用的时基和时标信号均与测量频率的方法相反，它用被测信号控制主门的开启，对标准时标脉冲进行计数。

2．测量周期方法的误差分析

1）公式误差

电子计数器测量周期也是采用间接测量方式进行的，即在未知的时间间隔T_x内，测出通过主门的标准信号脉冲的个数N，然后由公式T_x=NT_s计算出被测信号的周期。根据误差合成理论，可求得测量周期的相对误差为

$$\gamma_T = \frac{\partial \ln T_x}{\partial N}\Delta N + \frac{\partial \ln T_x}{\partial T_s}\Delta T_s = \frac{\partial(\ln N + \ln T_s)}{\partial N}\Delta N + \frac{\partial(\ln N + \ln T_s)}{\partial T_s}\Delta T_s = \frac{\Delta N}{N} + \frac{\Delta T_s}{T_s} \tag{4.11}$$

与频率测量误差的分析类似，周期测量误差也由两项组成，一是量化误差，二是时标信号相对误差。将式（4.10）代入式（4.9）得

$$N = \frac{T_x}{T_s} = \frac{T_x}{kT_c} = \frac{T_x f_c}{k}$$

而$\Delta N = \pm 1$，所以

$$\frac{\Delta N}{N}=\frac{\pm 1}{N}=\pm\frac{k}{T_{\mathrm{x}}f_{\mathrm{c}}}$$

$$\frac{\Delta T_{\mathrm{s}}}{T_{\mathrm{s}}}=\pm\frac{\Delta\dfrac{k}{f_{\mathrm{c}}}}{\dfrac{k}{f_{\mathrm{c}}}}=\pm\frac{\Delta f_{\mathrm{c}}}{f_{\mathrm{c}}}$$

按最坏的情况考虑，周期测量总的系统误差应是这两种误差之和：

$$\gamma_{\mathrm{T}}=\pm\left(\frac{k}{T_{\mathrm{x}}\cdot f_{\mathrm{c}}}+\left|\frac{\Delta f_{\mathrm{c}}}{f_{\mathrm{c}}}\right|\right) \tag{4.12}$$

2）触发误差

前面讨论的是周期测量的系统误差，与测量频率类似，输入信号受到噪声干扰，也会产生噪声干扰误差，这是一种随机误差，也称为触发误差。触发误差是指在测量周期时，由于输入信号受噪声影响，经触发器整形后形成的门控脉冲时间间隔与信号的周期产生了差异而形成的误差。

因为一般门电路采用过零触发，可以证明触发误差可按下式近似计算：

$$\frac{\Delta T_{\mathrm{n}}}{T_{\mathrm{x}}}=\pm\frac{1}{\sqrt{2}\pi k}\cdot\frac{V_{\mathrm{n}}}{V_{\mathrm{m}}}=\pm\frac{1}{\sqrt{2}\pi kM} \tag{4.13}$$

式中，k—— 分频系数；

$\dfrac{\Delta T_{\mathrm{n}}}{T_{\mathrm{x}}}$—— 干扰信号引起的闸门时间误差；

V_{n}—— 噪声电压；

V_{m}—— 信号电压；

M—— 信噪比，其中 $M=\dfrac{V_{\mathrm{m}}}{V_{\mathrm{n}}}$。

3）结论

用电子计数器测量周期的总误差计算公式可修正为下式：

$$\gamma_{\mathrm{T}}=\frac{\Delta T_{\mathrm{x}}}{T_{\mathrm{x}}}=\pm\left(\frac{k}{T_{\mathrm{x}}f_{\mathrm{c}}}+\left|\frac{\Delta f_{\mathrm{c}}}{f_{\mathrm{c}}}\right|+\frac{1}{\sqrt{2}\pi kM}\right) \tag{4.14}$$

很明显，T_{x} 越大（被测频率越低），±1 误差对周期测量精确度的影响越小。也就是说，当被测信号的频率较低时，采用电子计数器测量周期可提高测量的精确度。

当 T_c 为一定值时，由显示值 N 可直接表示出 T_x 的大小，如 N=10000，选择时标为10μs，则 $T_x=NT_c=10000\times10=100000$（μs），若显示器以 ms 为单位，则从显示器上可读得100.000ms。在实际的电子计数器中，T_c 可以根据需要取若干个数值，用开关进行选择，显示器能自动显示被测周期的时间单位和小数点的位置。

触发误差与被测信号的信噪比有关，信噪比越高，触发误差越小，测量越准确。

4.2.5 电子计数器的累加计数和计时

累加计数是电子计数器最基本的功能，即累加在一定时间内被测信号的脉冲个数。电子计数器的累加计数和计时原理框图如图4.7所示。被测信号从A通道输入，经放大整形成为脉冲序列，即时标；门控电路输出闸门信号，即时基；时基信号打开主门，通过的时标由计数器计数并显示，显示结果 N 即计数值。

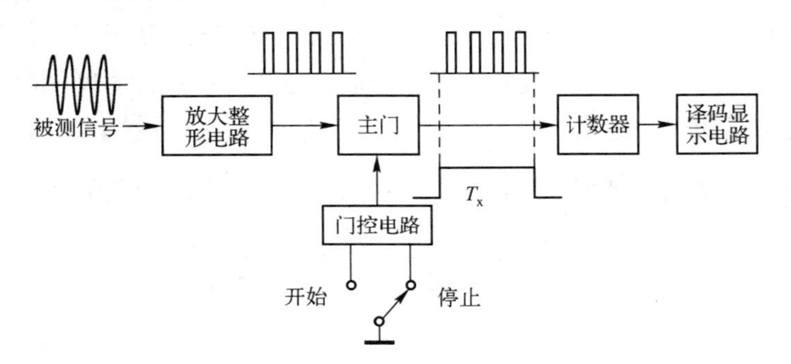

图4.7 累加计数和计时原理框图

由于在累加计数和计时过程中所选的测量时间往往较长，如几个小时，因而对控制主门的开关速度要求不高，主门的开关除本地手控外，还可以异地遥控。

若A通道加入的是标准时钟信号，则计数器累计的是开门所经历的时间，这是计时的功能。电子计数器计时精确，可用于工业生产的定时控制。若时标为 T_c，计数器显示的值为 N，则计时值为 $T=NT_c$。

4.2.6 用电子计数器测量频率比

频率比是指两路信号源的频率的比值。电子计数器测量频率比的原理框图如图4.8所示。选择频率高的信号加到A通道形成时标 T_A，频率低的信号加到B通道形成时基 T_B，在闸门时间 T_B 内对时标 T_A 进行计数，计数器显示的读数值 $N=\dfrac{T_B}{T_A}=\dfrac{f_A}{f_B}$ 就是两信号的频率比。

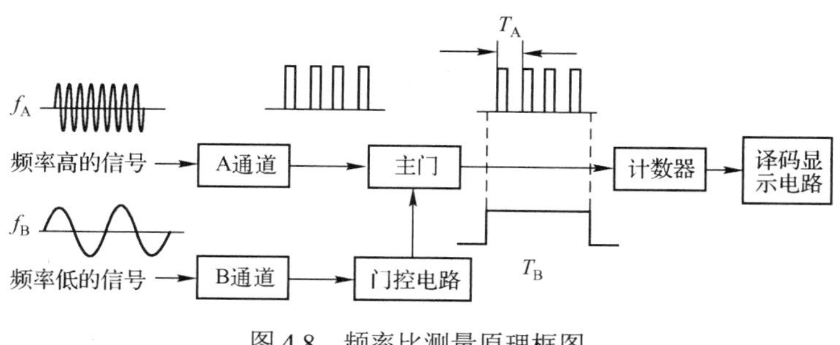

图 4.8　频率比测量原理框图

4.2.7　用电子计数器测量时间间隔

1．测量时间间隔的基本原理

测量时间间隔实际上是测量信号的时间，因此其基本原理与测量周期的原理一样，测量原理框图如图 4.9 所示。

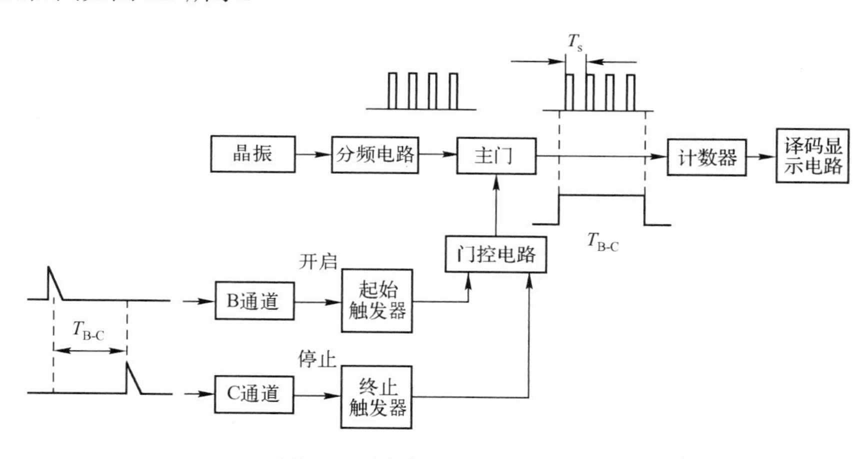

图 4.9　时间间隔测量原理框图

输入 B 通道的信号作为起始信号，用来开启主门；输入 C 通道的信号作为终止信号，用来关闭主门。这两个信号的时间间隔 T_{B-C} 决定了主门的开启时间，在开门时间内对输入 A 通道的周期为 T_s 的时标进行计数，若计数值为 N，则

$$T_{B-C} = NT_s \tag{4.15}$$

式中，N—— 计数器的计数值；

T_{B-C} —— 被测信号的时间间隔；

T_s —— 标准振荡信号分频后形成的时标的周期。

为了增加测量的灵活性，B、C 两个通道内分别备有极性选择和电平调节电路。通过对触发极性和触发电平的选择，可以选取两个输入信号的上升沿或下降沿上的某电平点作为时间间隔的起点和终点，因而可以测量两个输入信号任意两点之间的时间间隔。

2．相位差的测量

相位差的测量通常是指两个同频率的信号之间的相位差的测量。相位差的测量是时间间隔测量的一个应用实例。图 4.10 所示测量的是两个正弦波信号上两个相应点之间的时间间隔。

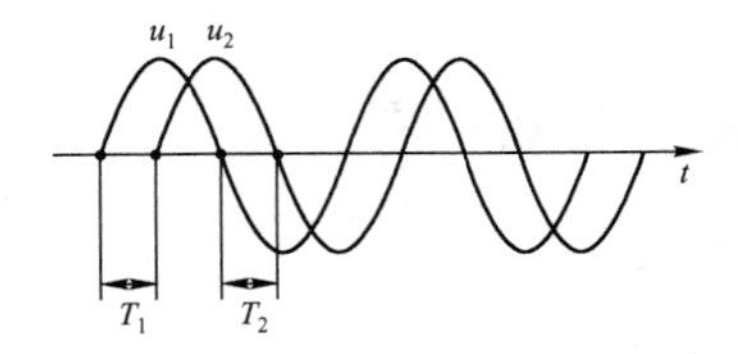

图 4.10　相位差的测量波形图

为了便于观察，将被测信号 u_1、u_2 分别送入过零比较器，当信号由负到正通过零点时，产生一个脉冲。由于输入为 u_1、u_2 两个信号，产生两个脉冲，u_1 领先于 u_2，将 u_1 产生的脉冲作为开门信号，u_2 产生的脉冲作为关门信号，开、关门信号形成的时间间隔为 T_1 的矩形脉冲作为时基信号。在开门时间 T_1 内对输入 A 通道的周期为 T_s 的时标进行计数，若计数值为 N，则 $T_1 = NT_s$，由图 4.10 可知，u_1 与 u_2 的相位差为 φ：

$$\varphi = \frac{T_1}{T_x} \times 360^\circ = \frac{NT_s}{T_x} \times 360^\circ = \frac{Nf_x}{f_s} \times 360^\circ \tag{4.16}$$

式中，N—— 计数器的计数值；

T_x—— 被测信号的周期；

T_s—— 标准振荡信号分频后形成的时标的周期。

为了减小测量误差，可将两个通道的触发源选择开关第一次设置为“+”，信号由负到正通过零点，测得 T_1；第二次设置为“−”，信号由正到负通过零点，测得 T_2。两次测量结果取平均值

$$T = \frac{T_1 + T_2}{2}$$

于是相位差为

$$\varphi = \frac{T}{T_x} \times 360^\circ \tag{4.17}$$

式中，φ —— 被测信号的相位差；

T_x—— 被测信号的周期；

T—— 正弦波信号上两个相应点之间时间间隔的平均值。

4.2.8　电子计数器的自校

在使用电子计数器测量前，应对电子计数器进行自校检验，一是检验电子计数器的逻辑关系是否正常；二是检验电子计数器能否准确地进行定量测试。自校检验原理框图如图 4.11 所示。

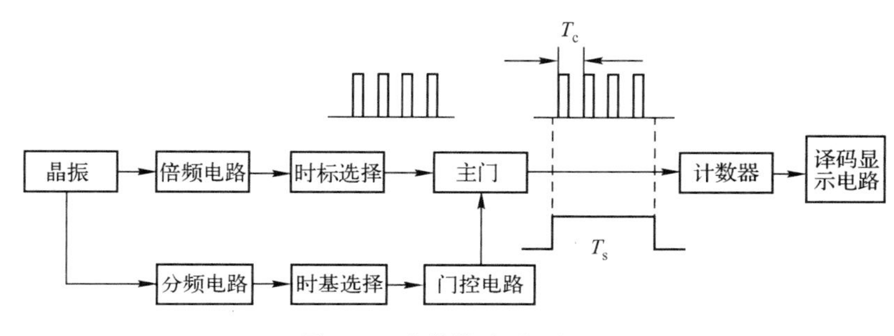

图 4.11　自校检验原理框图

利用晶振产生的标准振荡信号经分频形成时基 T_s，倍频形成时标 T_c，因此，自校的实质是利用时基对时标进行计数。在电子计数器正常工作时，时基、时标都是已知的，因此，计数器显示的读数 $N=\frac{T_s}{T_c}$ 也是确定的，由读数值便可判定电子计数器的工作是否正常。例如，T_c=1ns、T_s=1s 时，正常显示的读数应为 N=1000000000，同时时基、时标均来自同一信号源，在理论上不存在±1 的量化误差。如果多次自校均能稳定地显示 N=1000000000，说明电子计数器工作正常。

4.2.9　提高测量准确度的方法

由电子计数器的测量原理可知，测量的误差主要来源于两个方面，即系统固有误差和噪声干扰误差。除了前面分析的减小测量误差的方法，在电路上还可采取一些措施，如采用多周期测量技术等。

1．中界频率的确定

通过上述分析已经知道，直接测频法与测周期法测频率的相对误差是不一样的。被测信号频率 f_x 越高，用电子计数器测量频率的误差越小；反之，被测信号频率 f_x 越低（周期 T_x 越大），用电子计数器测量周期的误差越小。由于频率与周期互为倒数，实际上只要测出其中之一，另一个量用倒数运算就很容易得到，所以为了提高测量精确度，人们自然会想到测量高频信号的频率时，用直接测频率的方法直接读取被测信号的频率；测低频信号的频率时，先通过测周期的方法测出被测信号的周期，再换算成频率。高、低频信号可以采用中界频率划分。

中界频率的定义：用电子计数器测量某信号的频率，若采用直接测频法和测周期法测频率的误差相等，则该信号的频率为中界频率 f_0。

忽略随机误差，根据中界频率的定义，令式（4.8）和式（4.12）的绝对值相等，即 $\gamma_{\mathrm{f}}=\gamma_{\mathrm{T}}$，则有

$$\frac{1}{f_{\mathrm{x}}\cdot T_{\mathrm{s}}}+\left|\frac{\Delta f_{\mathrm{c}}}{f_{\mathrm{c}}}\right|=\frac{k}{T_{\mathrm{x}}\cdot f_{\mathrm{c}}}+\left|\frac{\Delta f_{\mathrm{c}}}{f_{\mathrm{c}}}\right|$$

将上式中的 f_{x} 替换为中界频率 f_0，可得到中界频率的计算公式：

$$f_0=\sqrt{\frac{f_{\mathrm{c}}}{kT_{\mathrm{s}}}} \tag{4.18}$$

式中，f_0—— 中界频率；

f_{c}—— 标准振荡信号的振荡频率；

T_{s}—— 标准振荡信号分频后形成的时标的周期。

需要说明的是，实际使用的电子计数器，其面板上一般有可变的 K、T 旋钮，改变 K、T 旋钮的位置，k、T_{s} 的取值就会发生相应的变化，中界频率也会随之改变，这一点在实际测量中应引起注意。

微课 5：中界频率对频率测量的影响

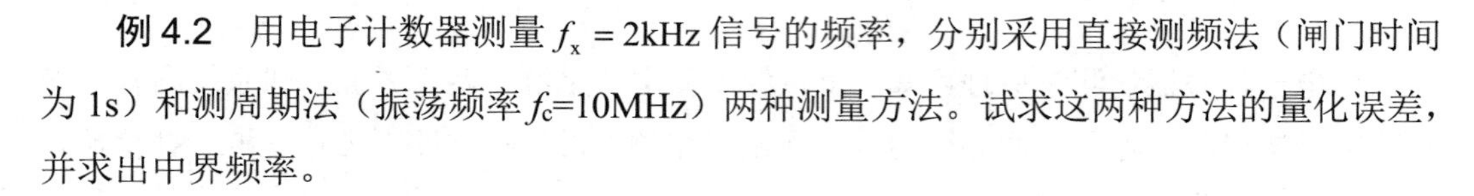

例 4.2 用电子计数器测量 $f_{\mathrm{x}}=2\mathrm{kHz}$ 信号的频率，分别采用直接测频法（闸门时间为 1s）和测周期法（振荡频率 f_{c}=10MHz）两种测量方法。试求这两种方法的量化误差，并求出中界频率。

解：（1）直接测频法测频率时，量化误差为

$$\frac{\Delta N}{N}=\pm\frac{1}{f_{\mathrm{x}}\cdot T_{\mathrm{s}}}=\pm\frac{1}{2\times10^3\times1}=\pm5\times10^{-4}$$

（2）测周期法测频率时，量化误差为

$$\frac{\Delta N}{N}=\pm\frac{1}{T_x\cdot f_c}=\pm\frac{f_x}{f_c}=\pm\frac{2\times10^3}{10^7}=\pm2\times10^{-4}$$

（3）中界频率为

$$f_0=\sqrt{\frac{f_c}{T_s}}=\sqrt{\frac{10^7}{1}}\approx3.16\times10^3=3.16\text{（kHz）}$$

例 4.2 中被测频率低于中界频率，根据前面的理论，采用测周期法测频率比直接测频法误差小，计算结果也证实了这一点。

2．多周期测量

多周期测量是指在测量被测信号的周期时，时间间隔的起点在一个信号中取出，终点在若干个周期后的信号中取出。由于采用多周期测量，两相邻周期由于转换产生的误差互相抵消，最后剩下的只有第一个周期开始时和最后一个周期结束时产生的转换误差。例如，测量 10 个周期时，只有第 1 个周期开始时产生的转换误差 ΔT_1 和第 10 个周期结束时产生的转换误差 ΔT_2 才会产生随机误差，两个随机误差的合成值为 $\Delta T=\sqrt{(\Delta T_1)^2+(\Delta T_2)^2}$ ，这个误差是由 10 个周期产生的，所以每个周期产生的误差为 $\Delta T/10$，而测量单个周期所产生的误差为 ΔT ，可见误差降低至原来的 1/10。

此外，由于周期倍增后电子计数器计得的数值也增加了 10 倍，这样，±1 误差所引起的周期测量误差也降低至原来的 1/10。

所以，经“周期倍乘”后再进行周期测量，其测量精确度大为提高。需要注意的是，所乘倍数 k 要受到仪器显示位数等的限制。

3．测周期法测量差频

测周期法测量差频是指测量频率时，先把被测频率降低，然后采用测周期法测频率，其框图如图 4.12 所示。

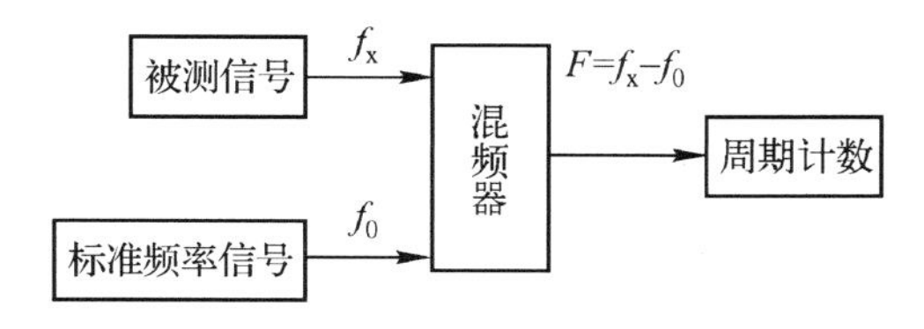

图 4.12　测周期法测量差频框图

将被测信号（频率为 f_x）和标准频率信号（频率为 f_0）送入混频器，由混频器检出两者的差频 $F=f_x-f_0$，用电子计数器测出差频信号的周期 T，然后计算出 F，最后可得被

测信号的频率 $f_x = f_0 + F$ 。

测量频率的误差为

$$\frac{\Delta f}{f_x} = \frac{\Delta F}{f_x} = -\frac{\Delta T}{f_x \cdot T^2} = -\frac{F}{f_x} \cdot \frac{\Delta T}{T} \tag{4.19}$$

式中，f_x—— 被测信号的频率；

F—— 被测信号的频率 f_x 和标准频率 f_0 的差频；

$\frac{\Delta T}{T}$—— 用计数器测周期的相对误差。

由式（4.19）可以看出，差频与被测信号的频率相比是一个很小的量，测频率误差大大减小了，所以这种方法测量频率的准确度在计数器测量准确度不高的情况下仍较高。

4．差频倍增技术

差频倍增技术在差频技术基础上进一步发展，它将差频 F 增至原来的 m 倍，若经过 n 级倍增，每级倍增倍数都为 m，则计数器测得的差频为 $F_m=m^nF$，最后输出的频率为 f_0+m^nF。测量频率的误差为

$$\frac{\Delta f}{f_x} = \frac{F}{f_x} = \frac{F_m}{m^n \cdot f_x} \tag{4.20}$$

式中，f_x—— 被测信号的频率；

F_m—— 计数器测得的差频。

实际上，这种测量方法的主要优点是：由于被测信号的频率起伏大大增加，对测量设备的准确度要求就大大降低了。

5．测量注意事项

（1）每次测量前应先对仪器进行自校检查，当显示正常时再进行测试。

（2）为了提高测量准确度，当被测频率较低时，应尽量选较长的闸门时间或采用测周期法测频率。

（3）当被测信号的信噪比较大时，应降低输入通道的增益或加低通滤波器。

（4）为保证电子计数器内晶振稳定，应避免温度有大的波动和机械振动，避免强的工业电磁干扰，仪器的接地应良好。

4.3　其他测量时间和频率的方法

由 4.1 节我们知道，按工作原理来分类，频率的测量方法可分为直接法和比对法两大类。

4.2 节重点介绍了比对法中的计数器测频法（利用电子计数器测量频率和时间），用电子计数器测量频率的优点是测量方便、直观快速，测量精确度较高，是一种比较常用的测频率的方法，但它要求有较高的信噪比，同时电子计数器不能测量调制信号的频率。在对测量精确度要求不高的场合，可采用一些简单的测试方法来测量频率。

4.3.1　谐振法测频率

1．谐振法测频率的基本原理

谐振法是以 LC 谐振电路的谐振特性来测量频率的，如图 4.13 所示。电感 L_2、电容 C 构成一个串联谐振电路，被测信号 f_x 通过互感线圈与被测电路耦合。调节电容 C 的电容值，即改变 L_2、C 组成的测量回路的固有频率 f_0。当 $f_x=f_0$ 时，测量回路谐振。谐振时回路电流达到最大值，电容两端的电压也最大。这时，串联于回路中的电流表或并联于电容 C 两端的电压表示值最大。当被测信号的频率偏离 f_0 时，读数下降。显然

$$f_x = f_0 = \frac{1}{2\pi\sqrt{L_2C}} \tag{4.21}$$

式中，f_x—— 被测信号的频率；

f_0—— 测量回路的固有频率；

L_2—— 测量回路的电感值；

C—— 测量回路的电容值。

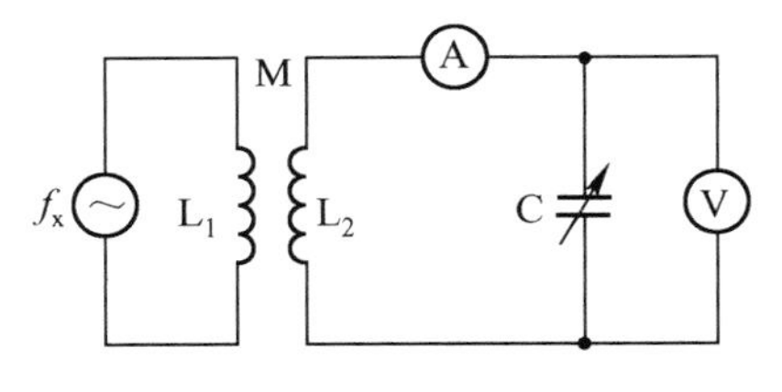

图 4.13　谐振法测频率原理图

通常，用改变电感值的方法来改变频段，用可变电容器进行频率细调。电感值预先

给定，C 采用标准可变电容器，由面板上的刻度盘可直接读出电容值，根据式（4.21）便可算出待测频率 f_x。

2．谐振点的判断

在谐振点附近，随着频率 f_0 的变化，电流表和电压表的读数变化比较缓慢，这给准确判断谐振点的位置带来一定的困难，使得测量误差较大。而利用谐振电路的谐振曲线具有较好对称性的特点，采用对称交叉读数法，可以大大提高测量的精确度。谐振电路的曲线如图 4.14 所示。

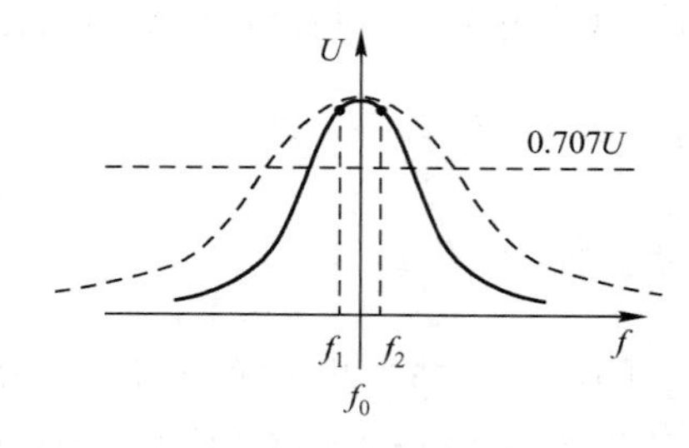

图 4.14　谐振电路的曲线

该曲线是一条以谐振频率 f_0 为中心的对称曲线，曲线在半功率点处斜率最大。所以我们可以有意使回路失谐，在谐振频率 f_0 附近的左右对称点读取两个对应的失谐频率 f_1、f_2，求其平均值即比较准确的谐振频率 f_0，也就是被测信号的频率。其中，f_1、f_2 的频率值可由面板上的刻度盘直接读出。被测信号的频率 f_x 为

$$f_x = f_0 = \frac{f_1 + f_2}{2} \tag{4.22}$$

式中，f_0—— 谐振时测量回路的谐振频率；

f_1、f_2—— 谐振频率附近的频率。

3．谐振法测频率的误差分析

谐振法测量频率的原理和测量方法都比较简单，应用也比较广泛，利用该法测量频率的相对误差在±(0.25%～1%)范围内，可作为频率粗测或某些仪器的附属测频率方法。谐振法测频率的误差的来源主要有以下几种。

（1）实际中电感器、电容器的损耗越大，品质因数越低，谐振曲线越平滑，越不容易找出真正的谐振点，如图 4.14 中虚线所示。

（2）面板上的频率刻度是在规定的条件下标定的。当环境温度、湿度等条件变化时，电感、电容的实际值将发生变化，从而使回路的固有频率变化。

（3）频率刻度不能分得无限细，且人眼读数常常有一定误差。

4.3.2 电桥法测频率

电桥法测频率是利用交流电桥平衡条件与该电桥中的交流工作信号频率有关的特性来进行的。交流电桥的种类很多，这里以常用的电容电桥为例，介绍电桥法测频率的原理，如图 4.15 所示。

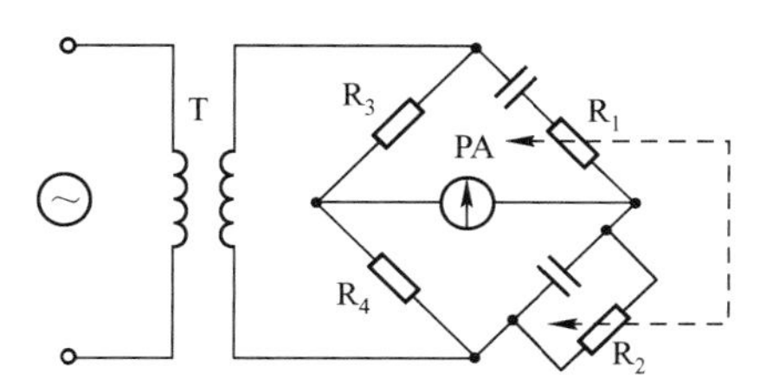

图 4.15　电桥法测频率的原理图

交流电桥的平衡条件为

$$\frac{R_2R_3\times\dfrac{1}{\mathrm{j}\omega_x C_2}}{R_2+\dfrac{1}{\mathrm{j}\omega_x C_2}}=R_4\times\left(R_1+\frac{1}{\mathrm{j}\omega_x C_1}\right)$$

将上式进行整理，可得

$$\left(\frac{R_2}{R_3}+\frac{C_3}{C_2}\right)+\mathrm{j}\left(\omega_x R_2C_3-\frac{1}{\omega_x R_3C_2}\right)=\frac{R_1}{R_4}$$

由于两复数相等，它的实部和虚部应分别相等，令上式左端实部等于 R_1/R_4，虚部等于 0，得电桥平衡的两个条件为

$$\frac{R_2}{R_3}+\frac{C_3}{C_2}=\frac{R_1}{R_4}$$

$$\omega_x R_2C_3-\frac{1}{\omega_x R_3C_2}=0$$

式中，R_1、R_4、C_2、C_3 都是常量（标准值）。

令可调电位器 $\mathrm{R_2}$ 和 $\mathrm{R_3}$ 的阻值均等于 R，$C_2=C_3=C$，则平衡条件为

$$\begin{cases}R_1=2R_4\\ f_x=\dfrac{1}{2\pi RC}\end{cases}\tag{4.23}$$

式中，R_1、R_4、R—— 标准电阻的阻值；

f_x—— 被测信号的频率；

C—— 标准电容的电容值。

在 $R_1=2R_4$ 的条件下，调节 R 或 C，可使电桥对被测信号频率 f_x 达到平衡，此时检流计指示值最小。如果根据式（4.23），先换算出 f_x 与 R、C 的对应值，然后直接在面板上按频率标定，测试人员就可直接读取被测信号的频率 f_x。

电桥法测频率的精确度取决于电桥中各元件的精确度、检流计的灵敏度、测试者判断电桥平衡的准确度以及被测信号的频谱纯度等。该法测量的相对误差为 ± (0.5%～1%)。高频时，由于寄生参数的影响，测量精确度大大下降，所以该法只适用于 10kHz 以下的频率测量。

4.3.3 频率–电压转换法测频率

频率–电压转换法是把被测信号的频率转换成与之成比例的时间间隔，其原理框图如图 4.16 所示。

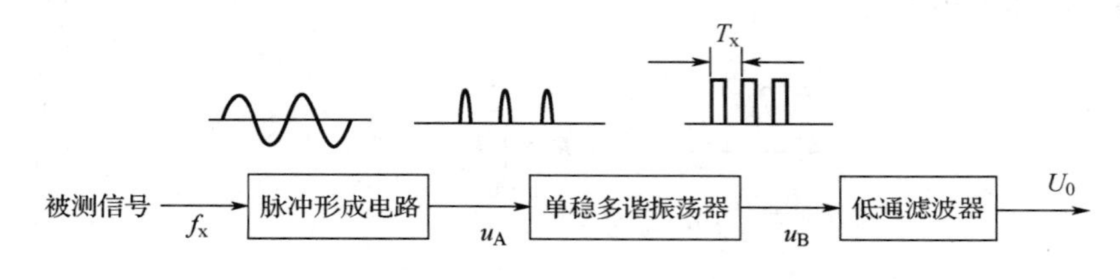

图 4.16 频率–电压转换法测频率原理框图

脉冲形成电路把频率为 f_x 的正弦信号 u_x 转换成周期与之相等的尖脉冲 u_A，将该尖脉冲送入单稳多谐振荡器，产生周期为 T_x、宽度为 τ、幅度为 U_m 的矩形脉冲信号 u_B，u_B 的平均值为

$$U_o=\overline{u_B}=\frac{U_m\cdot\tau}{T_x}=U_m\cdot\tau\cdot f_x \tag{4.24}$$

式中，U_o—— 转换后的矩形脉冲信号幅度的平均值；

U_m—— 矩形脉冲信号的幅度，为定值；

τ—— 矩形脉冲信号的宽度，为定值；

f_x—— 被测信号的频率。

式（4.24）中，U_m、τ 为定值，所以输出电压与被测信号的频率之间为线性关系，如果电压表表盘根据式（4.24）按频率标定，则从电压表上可直接读出被测信号的频率 f_x。

此方法可测量的最高频率达几兆赫兹，可以连续监视频率的变化是这种测量法的突出优点。

4.3.4　拍频法和差频法测频率

拍频法测频率是指将两个正弦振荡信号在某个线性元件上叠加，且这两个信号的振荡频率 f_1、f_2 相近时，其合成信号的频率等于两频率之差 F，差频的振幅曲线是随时间变化的，近似正弦波，最后用电压表、耳机、示波器等作为指示器来检测 F 值。f_1、f_2 越接近，合成信号振幅变化的周期越长，即 F 越小，电压表指针摆动越慢，或扬声器所发出的声音大小随时间的周期性变化越慢，示波器则直接显示合成信号波形。拍频法测量频率的绝对误差为零点几赫兹。差频法测频率是指将待测频率信号与标准频率信号在非线性元件上进行混频，测出差频信号，然后根据公式 $f_x = f_0 + F$ 求得被测信号的频率 f_x。差频法测量频率的误差数量级为 10^{-5}，最低可测信号电平为 0.1～1μV。

4.3.5　示波法测频率

用示波器测量频率有两种方法：一种是将被测信号和标准频率信号加到示波器的 Y 通道，在荧光屏上观测被测信号的周期；另一种是将被测信号分别加到示波器的 X 通道和 Y 通道，观测荧光屏上显示的李沙育图形。

实训项目 3　电压表波形响应的研究

1．项目内容

拟定测量步骤，采用平均值电压表和示波器分别对一定频率的正弦波、方波和三角波信号进行测量，测量结果用峰-峰值、有效值、平均值表示。通过实训说明对于同一测量对象，采用不同的测量仪表，其测量结论是相同的。采用以正弦电压有效值显示、以平均值检波的电压表测量正弦信号，被测信号的平均值和电平直接从表头读取；测量非正弦信号波形时，测量结果必须经过换算。

2．项目相关知识点提示

（1）波形测量仪器一般描述。在时域测量范围内，示波器是最典型、最直接的观测幅度的仪器。它不但测量速度快，能测量周期性信号的峰值电压、瞬时电压等，还能同时测量被测电压的直流分量和交流分量。但模拟示波器通常依靠测试者读测数据，读数误差比较大。

电压表是比较方便的读测幅度的仪器。普通指针式万用表由于检波电路和输入电路简单，输入阻抗比较低，测量交流电压的频率范围较小，一般只能测量频率在 1kHz 以下的交流电压。电子电压表和数字电压表输入阻抗较高，测量精度较高，可测量频率范围广，是定量测量波形参数的理想仪器。

（2）传统电子电压表的特点对比与选择。传统电子电压表按交流电压量值的表现形式可分为峰值电压表、平均值电压表和有效值电压表 3 种。一般峰值电压表输入阻抗高，工作频带宽，在高频段应用；平均值电压表采用阻抗变换电路，输入阻抗高，工作频率一般为 20Hz～1MHz；有效值电压表输入阻抗高，工作频率在峰值电压表与平均值电压表之间，高频可达几十兆赫兹，低频小于 50Hz。

本项目是一个验证性项目，主要针对学生实训中存在的问题而设计。其目的是通过实训了解交流电压信号的表征形式和表征量值的相互转换；掌握交流电压测量的基本理论和基本方法；掌握测量结果分析和判断的基本方法。根据项目设计要求，可分别选择峰值电压表、有效值电压表和平均值电压表来完成测量任务。

3．项目实施和结论

（1）所需实训设备和附件：函数信号发生器 1 台、20MHz 双通道模拟示波器 1 台、有效值电压表或平均值电压表或峰值电压表 1 台、信号连接线若干。

（2）实施步骤：按图 4.17 接线。将示波器、交流电压表的测试输入端并联接在函数信号发生器的输出端。由函数信号发生器输出不同频率的信号，由交流电压表和示波器进行测量，拟定测量点并记录测量数据。

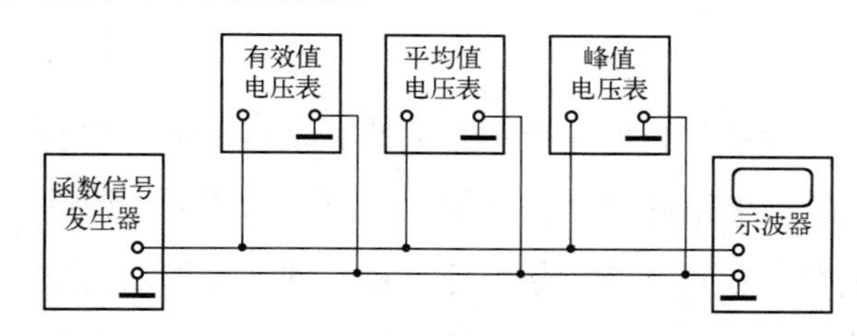

图 4.17　电压表波形响应研究连线图

（3）结果记录和分析。对测量数据进行整理、分析。通常电压表读数按正弦波有效值标定，只有测量正弦波电压时，读数才正确；若测量非正弦波电压，要进行波形换算。

本 章 小 结

目前，在电子测量中，时间和频率的测量精确度是最高的。频率的测量方法按工作原理可分为直接法和比对法两大类。用电子计数器测量频率和时间具有测量精度高、速度快、操作简单，可直接显示数字，便于与计算机结合实现测量过程自动化等优点，是目前最好的测频率方法。

通用电子计数器由输入通道、计数器、显示与驱动电路、逻辑控制电路等组成。它可用来测量频率、频率比、周期、时间间隔和累加计数等。在进行不同参数测量时，可由工作方式选择开关（通过改变计数脉冲信号和闸门时间）来选择。频率测量的误差包括量化误差、闸门时间的相对误差和计数误差，周期测量的误差有量化误差、时标信号相对误差和触发误差，在使用时应选择合适的闸门时间、周期倍乘数等，并尽量提高信号的信噪比，以获得较高的测量精确度。

习　题　4

4.1　目前常用的测频率方法有哪些？各有什么特点？

4.2　通用电子计数器主要由哪几部分组成？画出其组成框图。

4.3　测量频率的误差主要由哪两部分组成？什么是量化误差？使用电子计数器时，怎样减小量化误差？

4.4　测量周期的误差由哪几部分组成？什么是触发误差？测量周期时，如何减小触发误差的影响？

4.5　使用电子计数器测量频率时，如何选择闸门时间？

4.6　使用电子计数器测量周期时，如何选择周期倍乘数？

4.7　欲用电子计数器测量频率约为 200Hz 的信号的频率，采用直接测频法（闸门时间为 1s）和测周期法（时标为 0.1μs）测频率两种方案，试比较这两种方法由 ± 1 误差所引起的测量误差。

4.8　使用电子计数器测量相位差、脉冲宽度时，应如何选择触发极性？

4.9　欲测量一个频率约为 1MHz 的石英晶振输出信号的频率，要求测量准确度优于 $\pm 1\times10^{-6}$，在下列几种方案中哪种是正确的？为什么？

（1）直接测频法；

（2）测周期法；

（3）多周期测量法；

（4）差频倍增法。

4.10　利用频率倍增法，可提高测量准确度，设被测频率源的标称频率为 1MHz，闸门时间为 1s，欲把±1 误差产生的相对测频误差减小到 1×10^{-11}，试问倍增系数应为多少？

4.11　试拟定一个测量 100kHz 正弦信号周期的方案，选择合适的闸门时间，对测周期法和直接测频法的误差进行比较。

第 5 章　测量用信号源

5.1　概述

测量用信号源一般指测量用信号发生器，可以产生不同频率的正弦信号、调幅信号、调频信号，以及各种频率的方波、三角波、锯齿波、正负脉冲信号等，其输出信号的幅度也可按需要进行调节。可以说，几乎所有的电参数的测量都需要用到信号发生器。

正弦信号发生器在线性系统的测试中应用十分广泛。首先，正弦波形不会受线性系统的影响，也就是说正弦信号作为线性系统的输入，经过线性系统处理之后，其输出仍为同频正弦波，不会产生畸变，即线性系统内部所有的电压、电流都是同频的正弦信号，只是幅度和相位会有所差别。其次，若已知线性系统对一切频率（或某一段频率范围）的外加正弦信号的响应，就能完全确定该系统在线性范围内对任意输入信号（利用傅里叶级数展开式可知，任意信号均可理解为由不同频率的正弦波组合而成）的响应。第 4 章我们介绍频率和时间的测量时，所用到的标准信号均指正弦信号。此外，对放大器的增益、非线性失真系数的测量均要用到正弦信号发生器。

本章将按测量用信号源的用途，分类介绍常用的信号发生器的工作原理及其应用特点。

1．测量用信号发生器的作用

信号发生器可产生可调节的频率、幅度、波形等主要参数的信号。信号发生器主要有以下几个作用。

（1）测量元器件参数（如电感、电容及 Q 值、损耗角等）和测试网络连通性。

（2）为通信设备测试提供复杂的模拟仿真信号，用于发射机及接收机的动态范围、灵敏度、选择性、邻道功率特性、数字调制性能等信道内外性能指标的测试，以及本振替代、失真测试、相位噪声测试等领域。

（3）测量网络的瞬态响应，如用方波或窄脉冲激励，测量网络的阶跃响应、冲击响应和时间常数等。

（4）校准仪表，输出准确的频率、幅度信号，校准仪表的增益及刻度。

（5）其他作用，如宽带模拟信号发生器可产生脉内相位编码信号、重频抖动、滑变信号、线性幅度调制信号，可用于电子侦察装备性能测试。

2．信号发生器的分类

信号发生器种类繁多，总体来说可分为专用信号发生器和通用信号发生器两大类。

专用信号发生器是专门为某种特殊的测量而研制的，如电视信号发生器、编码脉冲信号发生器、矢量信号发生器等，这类信号发生器的特性与测量对象紧密相关。

通用信号发生器按输出波形可分为正弦信号发生器、脉冲信号发生器、函数信号发生器和噪声发生器等。

3．正弦信号发生器的分类

正弦信号发生器可按产生信号的频段、性能优劣、调制类型和产生频率的方法进行分类。按其产生信号的频段大致可分为以下六类。

（1）超低频信号发生器：其频率在 0.0001～1kHz 范围内。

（2）低频信号发生器：其频率范围为 1Hz～20kHz（可扩展至 1MHz），其中用得最多的是音频信号发生器，频率在 20Hz～20kHz 之间。

（3）视频信号发生器：其频率在 20Hz～10MHz 范围内。

（4）高频信号发生器：其频率在 200kHz～30MHz 范围内，大致相当于长、中、短波段的范围。

（5）甚高频信号发生器：其频率在 30MHz～300MHz 范围内，相当于米波波段。

（6）超高频信号发生器：其频率一般在 300MHz 以上，相当于分米波、厘米波波段。工作在厘米波及更短波长的信号发生器常被称为微波信号发生器。

5.2 低频信号发生器

低频信号发生器可用于测试、调整低频放大器、传输网络和广播、音响等电声设备，还可以用于调试高频信号发生器或标准电子电压表等。它是广泛应用的正弦信号发生器，输出波形以正弦波为主，兼有方波、三角波等其他波形。

5.2.1 低频信号发生器的组成

正弦信号发生器的基本组成框图如图 5.1 所示，一般包括振荡器、变换器、指示器、电源及输出电路五部分。低频信号发生器的基本组成框图如图 5.2 所示，包括振荡器、放大器、稳压电源及输出级四部分。由图 5.1 和图 5.2 可以看出，正弦信号发生器和低频信号发生器的构成相似。

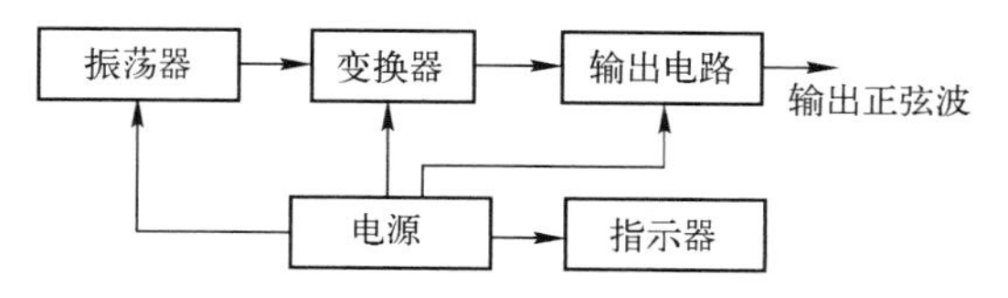

图 5.1　正弦信号发生器的基本组成框图

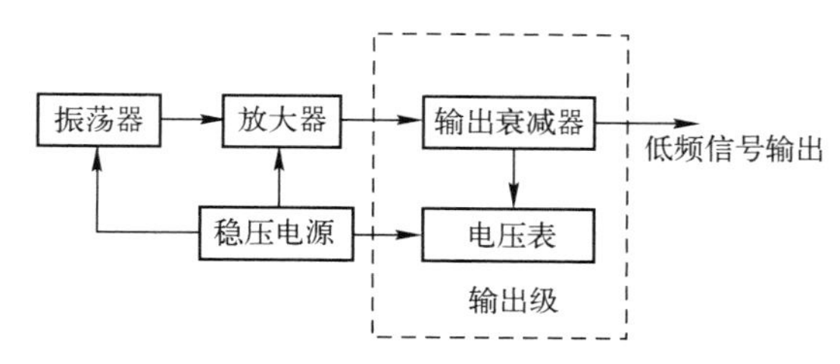

图 5.2　低频信号发生器的基本组成框图

1. 振荡器

振荡器是低频信号发生器的核心部分，由它产生各种不同频率的自激信号。信号发生器的一些重要的工作特性主要或部分由振荡器的工作状态决定，如工作频率范围、频率的稳定度等。输出电平及其稳定度、频谱纯度、调频特性等也在很大程度上取决于振荡器的工作特性。

1）RC 振荡电路

振荡器一般由 RC 振荡电路或差频式振荡电路组成，文氏电桥振荡器又是用得最多的一种。图 5.3 为文氏电桥振荡器的原理框图，图中 R_1、C_1、R_2、C_2 组成 RC 选频网络，R_3、R_4 组成负反馈臂，可自动稳幅。图 5.3 中的 RC 选频网络可简化成图 5.4 所示的形式。

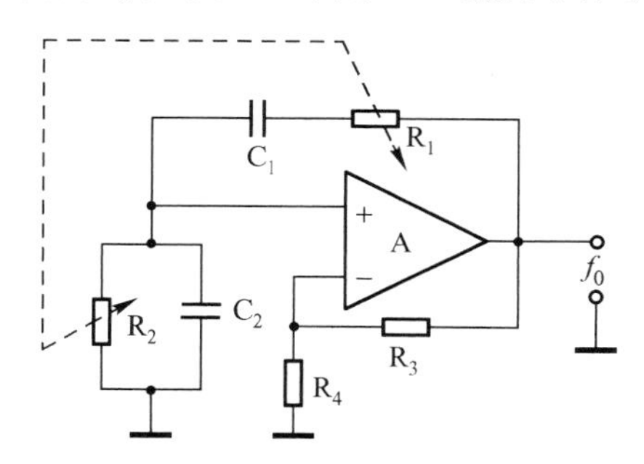

图 5.3　文氏电桥振荡器的原理框图

实际的 RC 选频网络一般设有波段开关，常使用同轴可调电位器来改变电阻进行粗调，用调节双联同轴电容的方法进行微调，如图 5.5 所示，虚线表示开关联动调节，最终使输出频率在整个输出范围内连续可调。

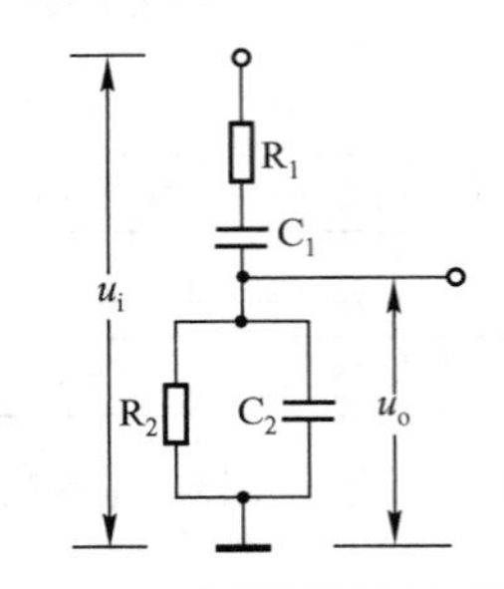

图 5.4　RC 选频网络简化电路图

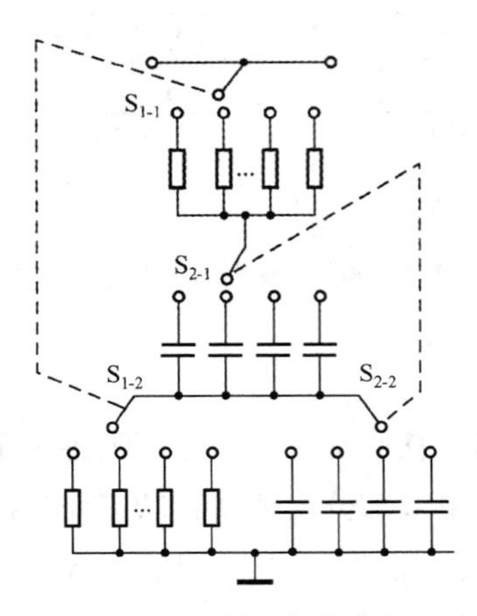

图 5.5　RC 选频网络的实际电路

2）差频式振荡电路

用差频式振荡电路产生低频正弦信号的原理框图如图 5.6 所示。差频式振荡电路主要包括固定高频振荡器、可变高频振荡器、混频器、低通滤波电路、放大电路和衰减电路。

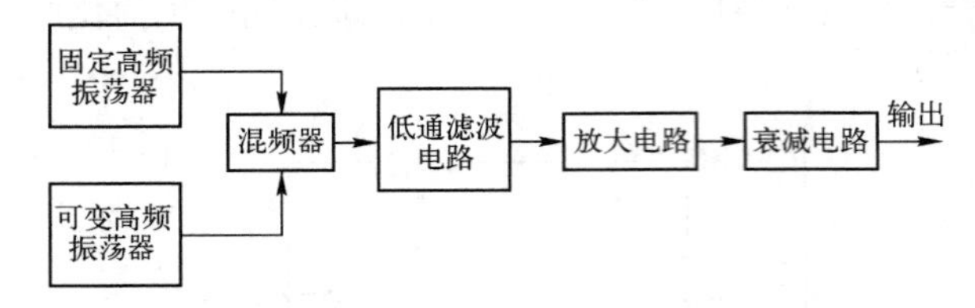

图 5.6　差频式振荡电路产生低频正弦信号的原理框图

设固定高频振荡器的频率为 f_0，可变高频振荡器的频率范围为 $f_{min} \sim f_{max}$，则混频器输出的基波差频信号的频率最大值和最小值分别为

$$F_{max}=f_0-f_{min} \tag{5.1}$$

$$F_{min}=f_0-f_{max} \tag{5.2}$$

由式（5.1）和式（5.2）可求得差频信号的频率覆盖系数为

$$\begin{aligned} k &= \frac{F_{max}}{F_{min}} = \frac{f_0 - f_{min}}{f_0 - f_{max}} = \frac{f_0 f_{min} - f_{min}^2 + f_{max} f_{min} - f_{max} f_{min}}{(f_0 - f_{max}) f_{min}} \\ &= \frac{f_0 f_{min} - f_{max} f_{min}}{(f_0 - f_{max}) f_{min}} + \frac{f_{max} f_{min} - f_{min}^2}{(f_0 - f_{max}) f_{min}} = 1 + \frac{f_{max} - f_{min}}{f_{min}} \times \frac{f_{min}}{f_0 - f_{max}} \\ &= 1 + (k' - 1) \times \frac{f_{min}}{F_{min}} \end{aligned} \tag{5.3}$$

式中，k'——可变高频振荡器的频率覆盖系数，$k' = \dfrac{f_{max}}{f_{min}}$；

f_{min}——可变高频振荡器的最低频率；

f_{max}——可变高频振荡器的最高频率。

由式（5.3）可以看出，k' 和 $\dfrac{f_{min}}{F_{min}}$ 越大，差频信号的频率覆盖系数就越大，所得到的低频信号的频率范围也就越宽。例如，$k'=1.11$、$F_{min}=20\text{Hz}$、$f_{min}=180\text{kHz}$ 时，$k=991\approx 1000$，$F_{max}=19\,820\text{Hz}\approx 20\text{kHz}$。

由此可见，用差频式振荡电路产生的低频正弦信号的频率覆盖范围很宽，且无须转换波段就可很容易地在整个频段内做到连续可调，这是差频式振荡电路的优点，其缺点是电路复杂，频率准确度、稳定度差，波形失真较大。

2．变换器

变换器可以是电压放大器、功率放大器或调制器等。一般而言，变换器的输出信号都比较微弱，需要进行放大。对高频信号发生器而言，变换器还具有对正弦振荡信号进行调制的作用。

低频信号发生器的放大器一般包括电压放大器和功率放大器两级。电压放大器的作用是把振荡器产生的微弱振荡信号进行放大，并把功率放大器、输出衰减器（输出电压调节）及负载与振荡器隔离，防止后者的变化对振荡信号的频率产生影响，故又把电压放大器称为缓冲放大器。根据以上功能，要求电压放大器具有输入阻抗高、输出阻抗低、频率范围宽、非线性失真小等特点。功率放大器可保证信号发生器具有足够大的输出功率，通常采用电压跟随器或 DTL 电路等。

3．指示器

指示器用来监视输出信号。对不同功能的正弦信号发生器，指示器的种类是不同的。它可能是电压表、功率计、频率计或者调制度测量仪等。使用时，测试者可以通过指示器提供的信息来调整输出信号的幅度、频率等参数。通常指示器接在衰减器之前。需要说明的是，指示器本身的准确度不高，其示值仅供参考。若要知道信号发生器输出信号的实际特性，还需要用其他更准确的测量仪器进行测量。

4．输出电路

输出电路的基本功能是调节输出信号的电平和输出阻抗，以提高输出电路带负载的能力。它可以是衰减器、跟随器及匹配变压器等。

低频信号发生器的输出电压一般可进行步进和连续调节，以满足不同输出要求。步进调节由步进衰减器完成，并以分贝值标定；连续调节则用可调电位器来实现，该电位器一般接于功率放大器的输入端，同时用电压表监测输出电压。阻抗变换器用来匹配不同的负载。

5．电源

电源给信号发生器各部分提供工作用的直流电，通常是将50Hz的交流电（市电）经过变压、整流、滤波和稳压后得到的。

5.2.2 低频信号发生器的性能指标

1．一般正弦信号发生器的主要性能指标

信号发生器的一切性能指标都是围绕着向被测试电路提供符合要求的测试信号而设定的。对正弦信号发生器来说，通常要求它能够迅速而准确地把输出信号调到被测电路所需的频率上，并满足测试电路对信号电平（幅度）的要求。对高频信号发生器而言，其输出信号还要求在主振信号的基础上进行调制。因此，我们可以把评价正弦信号发生器的性能指标归纳为频率特性、输出特性和调制特性（简称三大指标）。

（1）频率特性。频率特性包括可调的频率范围、频率准确度及频率稳定度等指标。

① 频率范围。正弦信号发生器的频率范围是指各项指标都能得到保证时的输出频率范围。该范围内的频率，有的要求全范围内频率连续可调，有的则要求分波段连续可调，还有一种点频信号源，由一系列的离散频率覆盖其频率范围。例如XFE-6型高频信号发生器，其频率范围为4～300MHz，分8个波段连续可调；美国HP公司生产的HP-8660C型合成信号发生器的频率范围为10kHz～2600MHz，可提供间隔为1Hz的近26亿个离散的频率信号。

② 频率准确度：指正弦信号发生器刻度盘或数字显示的输出信号频率与实际输出

信号频率间的偏差，一般用相对误差α来表示：

$$\alpha = \frac{f - f_0}{f_0} = \frac{\Delta f}{f_0} \tag{5.4}$$

式中，f——正弦信号发生器刻度盘或数字显示的输出信号频率；

f_0——实际输出信号频率。

③ 频率稳定度：指其他外界条件恒定不变的情况下，在规定时间内，信号发生器输出信号频率相对于预调值变化的大小。频率的稳定度又分为频率短期稳定度和频率长期稳定度。

频率短期稳定度的定义：正弦信号发生器经过规定时间预热后，输出信号的频率在任意 15min 时间内所产生的最大变化，一般用δ表示，即

$$\delta = \frac{f_{\max} - f_{\min}}{f} \times 100\% \tag{5.5}$$

式中，$f_{\max}$——任意 15min 时间内信号输出频率的最大值；

$f_{\min}$——任意 15min 时间内信号输出频率的最小值。

一个正弦信号发生器的频率准确度是由主振荡器的频率稳定度来保证的，所以频率稳定度是正弦信号发生器的重要指标。一般来说，振荡器的频率稳定度应该比所要求的频率的准确度高 1～2 个数量级。

频率长期稳定度定义为正弦信号发生器经过规定的预热时间后，输出信号的频率在任意 15h 时间内所发生的最大变化，其表达式仍可用式（5.5）表示。

（2）输出特性。正弦信号发生器的输出特性一般包括输出电平范围、输出电平的频率响应、输出电平的准确度、输出阻抗及输出信号的频谱纯度等指标。

① 输出电平范围：指输出信号幅度的有效范围，也就是正弦信号发生器的最大输出电平和最小输出电平的可调范围，输出信号幅度可用电压（V、mV、μV）和分贝（dB）两种方式表示。一般标准高频信号发生器的输出电平范围为 0.1～1V，而电平振荡器的输出电平范围为−60～10dB。

② 输出电平的频率响应：指在有效频率范围内调节频率时输出电平的变化情况，也就是输出电平的平坦度。现代正弦信号发生器一般有自动电平控制电路，可使输出电平的平坦度保持在−1～1dB，即幅度波动控制在−10%～10%。对电平振荡器来说，其输出电平的平坦度要求较高，相对于中频段的输出电平，平坦度应优于±0.1dB。

③ 输出电平的准确度：一般由电压表刻度误差、输出衰减器换挡误差、0dB 准确度

等几项指标组成。除此之外，温度及供电电源的变化也会导致输出电平的变化。

④ 输出阻抗。正弦信号发生器的输出阻抗视其类型不同而各不相同。低频信号发生器电压输出端的输出阻抗一般为 600Ω（或 1kΩ），功率输出端的输出阻抗根据输出匹配变压器的设计而定，通常有 50Ω、75Ω、150Ω、600Ω 和 5kΩ 等。高频信号发生器的输出阻抗一般有 50Ω 和 75Ω 两种，故在使用高频信号发生器时，要注意阻抗的匹配。

⑤ 输出信号的频谱纯度。输出信号的频谱纯度反映输出信号波形接近理想正弦波的程度。理想的正弦信号发生器输出信号应为单一频率的正弦波，但由于正弦信号发生器内部存在非线性元件，因此会产生非线性失真的谐波分量。差频信号发生器的混频输出信号的组合波以及仪器内部的其他噪声等，都会导致输出信号的频谱不纯。一般正弦信号发生器的非线性失真系数应小于 1%。

（3）调制特性。高频信号发生器输出正弦波的同时，一般还能输出一种或一种以上的已被调制的信号，多数情况下是调频、调幅信号，还有调相和脉冲调制信号等。调制信号有的是正弦信号发生器内部产生的，有的是把外部信号输入正弦信号发生器后进行调制得到的。前者称为内调制，后者称为外调制。调制信号发生器是测试天线收发设备等场合不可缺少的仪器。例如，XF6-6 标准信号发生器就具有内外调幅、内外调频的功能，利用它可以在进行内调幅的同时进行外调频，还可以同时实现调幅等功能。

2．低频信号发生器的主要性能指标

（1）频率范围：1Hz～20kHz（可扩展到 1MHz）。

（2）频率稳定度：(0.1%～0.4%)/h。

（3）频率准确度：±(1%～2%)。

（4）输出电压：0～10V 连续可调。

（5）输出功率：0.5～5W 连续可调。

（6）非线性失真系数：0.1%～1%。

（7）输出方式：平衡输出与不平衡输出。

5.2.3 低频信号发生器的应用

1．使用方法

（1）接通电源，仪器应显示信号频率。由于热敏电阻的惯性，起振幅度会超过正常幅度，所以输出细调旋钮不要置于最大位置。

（2）根据测试所要求信号的频率选择合适的波段，再通过频率开关得到所需的频率。

（3）输出信号的幅度可以通过衰减器和细调电位器调节，并由电压表监测。

（4）低频信号发生器的输出阻抗应注意与被测对象相匹配，同时根据测试系统参数选择平衡输出方式或不平衡输出方式。

2．放大器放大倍数的测量

放大倍数是放大器的基本性能指标之一，它包括电压放大倍数、电流放大倍数和功率放大倍数。在低频电子电路中，对放大倍数的测量，实质上是对电压和电流的测量。放大器放大倍数的测量电路如图 5.7 所示。

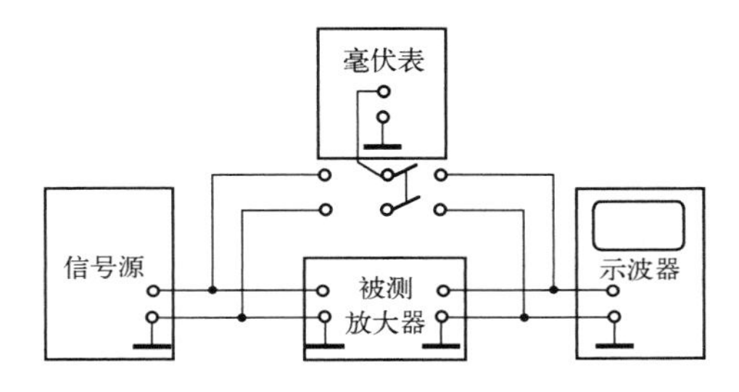

图 5.7　放大器放大倍数的测量电路

低频信号发生器输出信号的频率为放大器中频段的某一频率，如音频放大器可选择 1kHz 信号，加到被测放大器的输入端，输入幅度由毫伏表监测，不能过大，否则会造成输出信号失真。被测放大器的输出信号同时用毫伏表和示波器测试，保证在输出信号基本不失真、无振荡、无严重干扰的情况下进行定量测试。

用毫伏表分别测出被测放大器输入电压、输出电压的有效值，即可求出放大器的电压放大倍数 A_V：

$$A_V = \frac{U_o}{U_i}$$

式中，U_o——被测放大器输出电压的有效值；

U_i——被测放大器输入电压的有效值。

根据功率放大倍数的计算公式 $A_P = \frac{P_o}{P_i}$（式中，P_o 是负载电阻 R_L 上测得的输出功率，其值为 $\frac{U_o^2}{R_L}$；P_i 是输入功率，其值为 $\frac{U_i^2}{R_i}$，其中 U_i 是输入电压，R_i 是被测放大器的输入电阻），只要测得 U_o、U_i、R_i，并已知 R_L 的阻值，便可计算出功率放大倍数 A_P：

$$A_{\mathrm{P}}=\frac{P_{\mathrm{o}}}{P_{\mathrm{i}}}=\left(\frac{U_{\mathrm{o}}^{2}}{R_{\mathrm{L}}}\right)\bigg/\left(\frac{U_{\mathrm{i}}^{2}}{R_{\mathrm{i}}}\right)$$

5.3 函数信号发生器

函数信号发生器实际上是一种多波形信号源，可以输出正弦波（全波和半波）、方波、三角波、斜波、半波正弦波及指数波等。由于其输出波形均可用数学函数描述，故命名为函数信号发生器。目前，函数信号发生器输出信号的频率可低至微赫兹量级，可高达 50MHz。函数信号发生器除作为正弦信号源用于音频放大器、滤波器、自动测试系统等的测试外，还可以用来测试各种电路和机电设备的瞬态特性、数字电路的逻辑功能，以及 A/D 转换器、压控振荡器、锁相环的性能。

5.3.1 函数信号发生器的构成方案

函数信号发生器的构成方案很多，通常有 3 种：一是由脉冲触发先产生方波；二是由三角波发生器先形成三角波；三是由正弦波发生器先产生正弦波。

1．方波-三角波-正弦波函数信号发生器的构成方案

如图 5.8 所示，由外触发或内触发脉冲，触发施密特触发器产生方波，输出信号的频率由触发脉冲决定，然后经积分器输出线性变化的三角波或斜波，调节积分时间常数 *RC* 的值，可改变积分速度，即改变输出的三角波斜率，从而调节三角波的幅度，最后由正弦波形成电路形成正弦波，最后经过缓冲放大器输出所需信号。

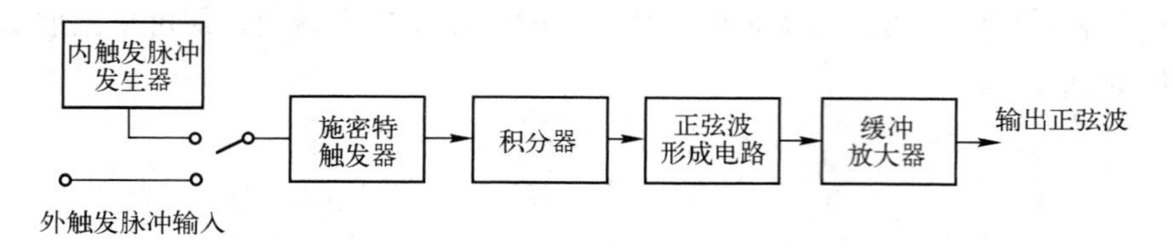

图 5.8 方波-三角波-正弦波函数信号发生器的原理框图

2．三角波-方波-正弦波函数信号发生器的构成方案

如图 5.9 所示，由三角波发生器先产生三角波，然后经方波形成电路产生方波，或经正弦波形成电路形成正弦波，最后经过缓冲放大器输出所需信号。虽然方波可由三角波通过方波形成电路变换而来，但在实际中，三角波和方波是难以分开的，方波形成电路通常是三角波发生器的组成部分。

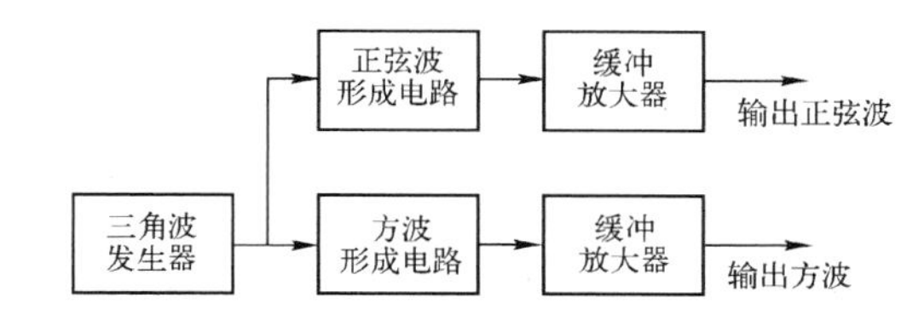

图 5.9 三角波-方波-正弦波函数信号发生器的原理框图

3. 正弦波-方波-三角波函数信号发生器的构成方案

如图 5.10 所示，由正弦波发生器先产生正弦波，然后经微分电路产生尖脉冲，经方波形成电路产生方波，经三角波形成电路产生三角波，最后经过缓冲放大器输出所需信号。

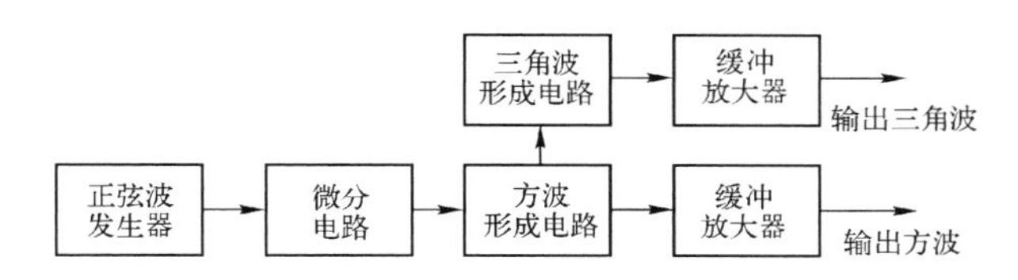

图 5.10 正弦波-方波-三角波函数信号发生器的原理框图

微课 6：正弦波形成电路工作原理

5.3.2 函数信号发生器的性能指标

以江苏绿杨电子仪器集团有限公司 YB1630 系列函数信号发生器为例，其主要性能指标如下：

（1）输出波形：正弦波、方波、锯齿波、三角波和 TTL 方波。

（2）频率范围：0.10～1MHz。

（3）输出电压（一般指输出电压的峰-峰值）：大于或等于 20%U_{P-P}（开路，50Ω）。

（4）波形特性：不同波形有不同的表示法。正弦波的特性一般用非线性失真系数表示，要求非线性失真系数不大于 2.0%（10Hz～20kHz）；三角波的特性用非线性系数表示，一般要求非线性系数不大于 2%；方波的特性参数是上升时间，对于 TTL 输出，上升时间应不大于 25ns。

（5）输出阻抗：50Ω。

（6）直流偏置：0～±10V（1MΩ）；0～±5V（50Ω）。

5.4 高频信号发生器

高频信号发生器也称射频信号发生器，信号的频率范围为 30kHz～1GHz（允许扩展）。这种仪器通常具有一种或一种以上调制或组合调制功能，包括正弦调幅、正弦调频及脉冲调制，其输出信号的频率和电平在一定范围内可调节并能准确读数，特别是微伏级的小信号输出，以适应接收机测试的需要。

5.4.1 高频信号发生器的组成

高频信号发生器的组成框图如图 5.11 所示。高频信号发生器主要包括振荡器、缓冲器、调制器、输出电路（输出级）等。

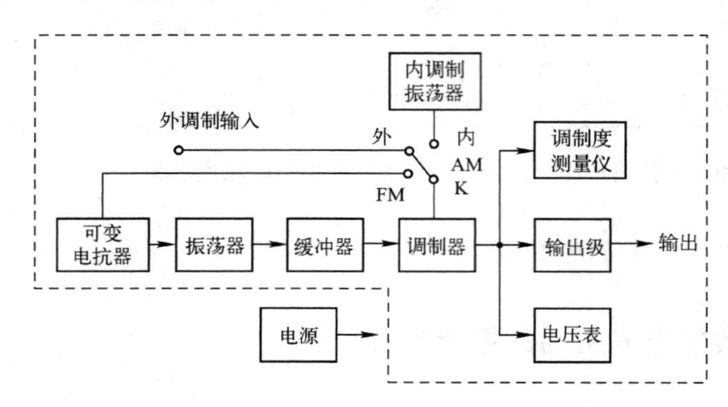

图 5.11 高频信号发生器的组成框图

振荡器产生高频振荡信号，决定高频信号发生器的主要工作特性。该信号经缓冲器缓冲后，被送到调制器进行幅度调制和放大，调制后的信号再送到输出电路输出，以保证输出信号具有一定的电平调节范围。监测电路（由调制度测量仪和电压表组成）用于监测输出信号的载波电平和调制系数。电源用于提供各部分所需的直流电压。

5.4.2 高频信号的产生方法

高频信号发生器按振荡器产生信号的方法，可分为调谐信号发生器、锁相信号发生器和合成信号发生器三大类。本节只介绍调谐信号发生器和锁相信号发生器。合成信号发生器将在 5.5 节介绍。

1．调谐信号发生器

由调谐振荡器构成的信号发生器称为调谐信号发生器。常用的调谐振荡器就是晶体管 LC 振荡电路，LC 振荡电路实质上是一个正反馈调谐放大器，主要包括放大器和反馈网络两个部分。根据反馈方式，调谐振荡器又可分为变压器反馈式、电感反馈式（也称电感三点式或哈特莱式）及电容反馈式（也称电容三点式或考毕兹式）三种。为了产生单一频率的正弦振荡信号，还必须使反馈网络具有选频特性。

虽然三种振荡电路的构成形式不同，但它们的工作频率 f_0 均为

$$f_0 = \frac{1}{2\pi\sqrt{LC}}$$

通常通过改变 L 来改变频段，通过改变 C 来进行频段内的频率微调。20 世纪 70 年代以后，随着宽带技术和倍频、分频数字电路技术的发展，宽带放大器、宽带调制器及滤波器的应用，省去了多联可变电容器等元件，优化了调谐信号发生器的可靠性、稳定性和调幅特性。经过改善的调谐信号发生器价格低廉，适用于要求不高的场合。

2．锁相信号发生器

锁相信号发生器是在高性能的调谐信号发生器中增加频率计数器而形成的。它将信号源的振荡频率利用锁相原理锁定在频率计数器的时基上，而频率计数器又是以具有高稳定度的石英晶振为基础的，所以锁相信号发生器的输出频率的稳定度和准确度大大提高，信号的频谱纯度等也大为改善。

3．高频信号发生器的其他单元电路

（1）可变电抗器。为了获得调频功能，在振荡器的谐振回路耦合一个可变电抗器。为了既让信号发生器有较宽的工作频率范围，又使振荡器只工作在较窄的频率范围内，以提高输出频率的稳定度和准确度，还可以在振荡器之后加入倍频器、分频器和混频器等。

（2）缓冲器。缓冲器的作用是减弱调制器对振荡器的影响。

（3）调制器。虽然单纯的正弦信号是基本的测试信号，但是，有些参数用单纯的正弦信号是不能或不便于测试的，如各种接收机的灵敏度、选择性和失真度等，必须采用与被测接收机相应的、已调制的正弦信号作为测试信号，这就要用到调制器。

高频信号发生器中的调制包括正弦幅度调制（又称正弦调幅）、脉冲调制、视频幅度调制和正弦频率调制（又称正弦调频）。

调幅是在保证载波信号的频率及相位不变的情况下，使其幅度按给定规律变化的过程。内调制振荡器供给调制电路所需的音频正弦调制信号。

调频是在保持载波信号幅度不变的情况下，使其频率按预定规律变化的过程。调频

技术由于具有较强的抗干扰能力和较高的效率，得到了广泛应用，但调制后信号占据的频带较宽，因此，调频技术主要应用在甚高频以上的频段，即频率在 30MHz 以上的信号发生器才具有调频功能。现代信号发生器大多采用变容二极管调频电路。

（4）输出电路。高频信号发生器的输出电路包括功率放大电路、输出衰减电路和阻抗匹配电路。

① 功率放大电路。功率放大电路保证高频信号发生器具有足够的输出功率。

② 输出衰减电路。由于被测电路多种多样，对信号的幅度要求也千差万别，高频信号发生器设置微调和步进衰减电路，使得输出信号的幅度可任意调节。

③ 阻抗匹配电路。高频信号发生器的输出阻抗一般为 50Ω 或 75Ω，高频信号发生器必须工作在阻抗匹配的条件下，否则，不仅影响衰减系数，还可能影响前级电路的正常工作，降低高频信号发生器的输出功率，或在输出电缆中出现驻波。因此，必须在高频信号发生器的输出端与负载之间加入阻抗匹配电路，进行阻抗匹配。

5.4.3 高频信号发生器的性能指标

以江苏绿杨电子仪器集团有限公司的高频信号发生器 YB1052B 为例，其主要性能指标如下：

（1）频率范围：0.1～150MHz。

（2）射频幅度：大于 $1.5U_{\text{P-P}}$（稳幅，50W）。

（3）内调幅调制度：0～60%连续可调。

（4）内调频频偏：0～100kHz 连续可调。

（5）调制频率范围：20Hz～30kHz。

5.5 合成信号发生器

随着通信及电子测量水平的不断提高，对信号发生器输出信号频率的准确度、稳定度的要求越来越高。一个信号发生器输出信号频率的准确度、稳定度在很大程度上是由振荡器的输出频率所决定的。前面介绍的 LC 振荡电路已满足不了高性能信号发生器的要求，而利用频率合成器代替调谐信号发生器中的 LC 振荡电路，就可以有效地解决上述问题。

合成信号发生器具有良好的输出特性和调制特性，又有频率合成器的高稳定度、高分辨力的优点，同时输出信号的频率、电平调制深度均可程控，是一种性能优越的信号发生器。

5.5.1　频率合成的定义

频率合成是指对一个或多个基准频率进行频率的加、减（混频）、乘（倍频）、除（分频）运算，从而得到所需的频率。合成后的频率的准确度和稳定度取决于基准频率。频率合成的方法很多，但基本上分为两类，一类是直接合成法，一类是间接合成法。

（1）直接合成法包括模拟直接合成法和数字直接合成法。模拟直接合成法是指让基准频率通过谐波信号发生器产生一系列谐波频率，然后利用混频、倍频和分频进行频率的算术运算，最终得到所需的频率；数字直接合成法是将 RAM 和 D/A 转换器结合，通过控制电路，从 RAM 单元中读出数据，再进行数/模转换，得到所需的频率。

（2）间接合成法是指通过锁相技术进行频率的算术运算，最后得到所需的频率。

5.5.2　直接合成法

直接合成法中常见的有固定频率合成法、可变频率合成法和数字直接合成法。

1. 固定频率合成法

固定频率合成器是通过固定频率合成法实现频率合成的。固定频率合成器的原理框图如图 5.12 所示。石英晶振（基准频率源）提供基准频率，基准频率经分频器、倍频器输出。输出频率为

$$f_o = \frac{N}{D} f_r$$

式中，D—— 分频器的分频系数；

N—— 倍频器的倍频系数；

f_o—— 输出频率；

f_r—— 基准频率。

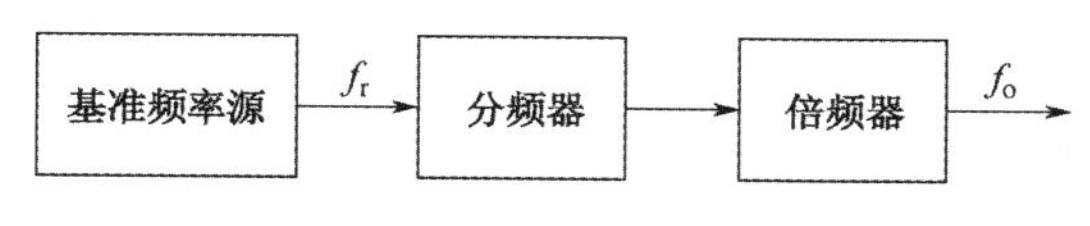

图 5.12　固定频率合成器的原理框图

式中，D、N 均为给定的正整数，输出频率为一固定值，所以该法称为固定频率合成法。

2. 可变频率合成法

可变频率合成器是通过可变频率合成法实现频率合成的。可变频率合成器可以根据需要输出各种频率信号。图 5.13 为可变频率合成器的原理框图，可输出频率为 5.937MHz 的信号。

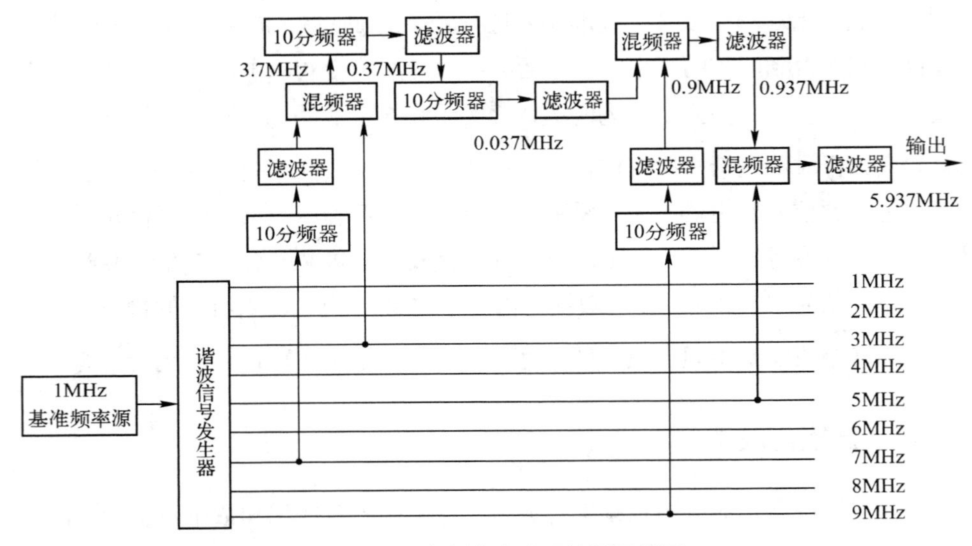

图 5.13　可变频率合成器的原理框图

石英晶振产生 1MHz 的基准信号，经谐波信号发生器产生相关的 1MHz、2MHz、…、9MHz 等基准频率，然后通过 10 分频器、混频器的运算，最后产生 5.937MHz 输出信号。只要选取不同挡的谐波进行组合，就能获得所需的高稳定度的频率信号。

由于可变频率合成器中只有一个 1MHz 基准频率，其他频率都是通过谐波信号发生器分频得到的一组相干的频率，因此，这种频率合成器称为相干式频率合成器。

用多个石英晶振产生多个基准频率，对这些基准频率进行混频等运算产生输出信号频率的频率合成器称为非相干式频率合成器。

在直接合成法中，由于基准频率和辅助参考频率始终存在，转换输出频率所需时间主要取决于混频器、滤波器、倍频器、分频器等电路的稳定时间和传输时间，这些时间一般较短，因此采用直接合成法可以得到较快的频率转换速度，从而广泛应用于跳频通信、电子对抗、自动控制和测试等领域；其缺点是需要大量的混频器、滤波器，体积大、价格高，也不易集成化。

微课 7：直接合成法产生频率

3．数字直接合成法

数字直接合成电路由顺序地址发生器、ROM（包括 ROM_1 和 ROM_2）、锁存器和 D/A 转换器（DAC）等构成，如图 5.14 所示，可产生任意频率的正弦或余弦波形。

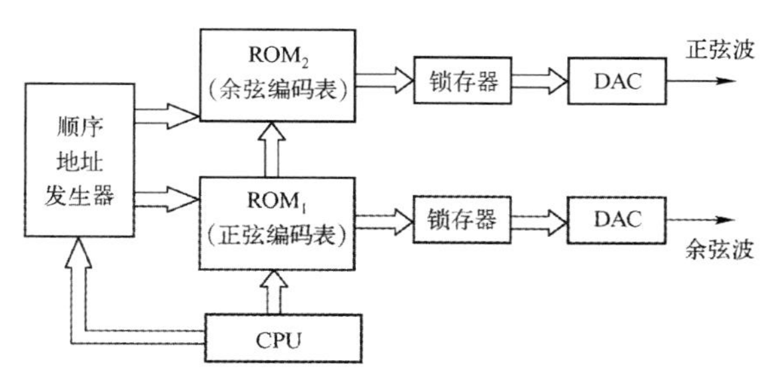

图 5.14　数字直接合成电路原理框图

工作时，CPU 先将正弦编码表和余弦编码表送给 ROM_1 及 ROM_2，然后在标准时钟的作用下，推动顺序地址发生器工作，产生连续变化的地址，将 ROM_1 和 ROM_2 的内容顺序读出，然后通过锁存器及 DAC 分别输出正弦波形和余弦波形中的一个电压点。顺序地址发生器从“0”开始计数到最大值再回到全“0”，表示一个完整的周期波形已经输出，如此重复进行，便可得到连续的波形信号。由于正弦编码表和余弦编码表是分别存入 ROM_1 及 ROM_2 中的，两输出波形保持严格的正交性，且波形的频率也可由软件控制，因此这种软件控制的数字直接合成电路得到了广泛应用。

5.5.3　间接合成法

间接合成法也称锁相合成法。所谓锁相，就是自动实现相位同步。能够完成两个电信号相位同步的自动控制系统称为锁相环。经常用到的锁相环有混频式锁相环、倍频式锁相环、分频式锁相环、组合式锁相环、多环式锁相环等。

间接合成电路通过锁相环来完成频率的加、减、乘、除，即对频率的运算是通过锁相环来间接完成的。由于锁相环具有滤波作用，因此可以省掉直接合成法中所需的滤波器；它的通频带可以做得很窄，其中心频率便于调节，而且可以自动跟踪输入频率，因而结构简单、价格低廉、便于集成，在频率合成中获得广泛应用。但间接合成电路受锁相环锁定过程的限制，转换速度较慢，转换时间一般为毫秒级。

1．基本锁相环

如图 5.15 所示，基本锁相环是由基准频率源、鉴相器（PD）、环路滤波器（LPF）和压控振荡器（VCO）组成的一个闭环反馈系统。

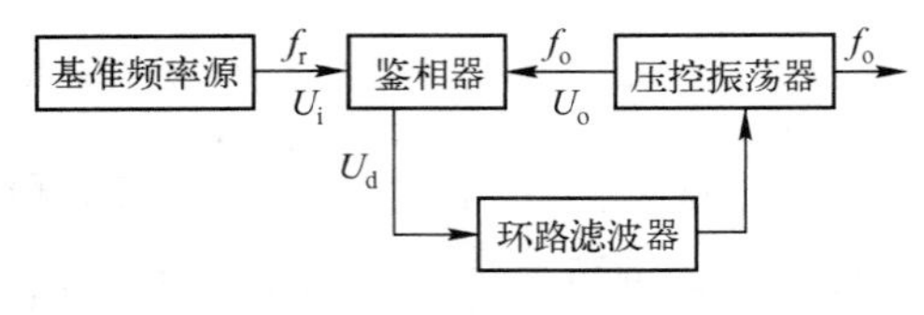

图 5.15　基本锁相环框图

锁相环开始工作时，压控振荡器的固有输出频率 f_o 不等于基准信号频率 f_r，存在固有频差 $\Delta f=f_o-f_r$，则两个信号 U_i 和 U_o 之间的相位差将随时间变化，鉴相器将此相位的变化鉴出，输出与之相应的误差电压 U_d，并通过环路滤波器加到压控振荡器上，压控振荡器受误差电压控制，其输出频率朝着减少 f_o 与 f_r 之间固有频差的方向变化，使 f_o 向 f_r 靠拢，即进行“频率牵引”。在一定条件下，通过频率牵引，f_o 与 f_r 越来越接近，直至 $f_o=f_r$，环路进入锁定状态。此时虽然所需的输出频率取自压控振荡器，但由于环路处于锁定状态，输出频率的稳定度就提高到基准频率的同一量级。

（1）鉴相器。鉴相器是相位比较装置，它将两个输入信号 U_i 和 U_o 之间的相位进行比较，取出这两个信号的相位差，以电压 U_d 的形式输出给环路滤波器。当环路锁定后，鉴相器的输出电压是一个直流量。

（2）环路滤波器。环路滤波器用于滤除误差电压中的高频分量和噪声，以保证环路所要求的性能，并提高系统的稳定性。

（3）压控振荡器。压控振荡器是受电压控制的振荡器，它可根据输入电压的大小改变振荡的频率。

2. 混频式锁相环

混频式锁相环是能对输入频率进行加、减运算的锁相环。图 5.16 为最简单的混频式锁相环框图。它是在基本锁相环的反馈支路中加入混频器和带通滤波器组成的。如果混频器是“和”混频，则输出频率 $f_o=f_{i1}-f_{i2}$；如果混频器是“差”混频，则输出频率 $f_o=f_{i1}+f_{i2}$。

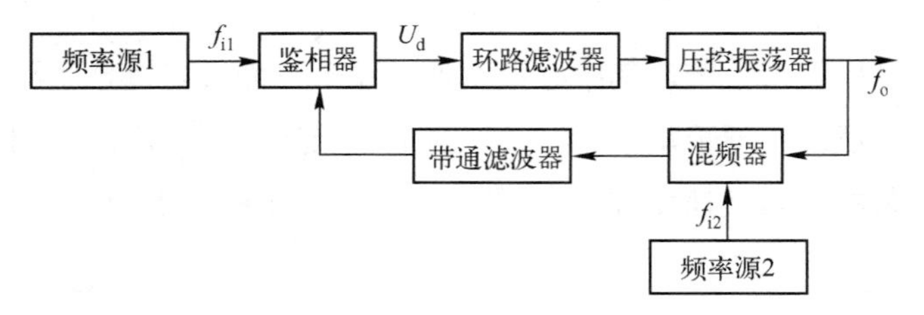

图 5.16　混频式锁相环框图

与此类似，倍频式锁相环是指利用锁相环对基准频率进行乘法运算，当环路锁定后，

$f_i = \frac{f_o}{N}$，即 $f_o=Nf_i$，从而达到倍频的目的；分频式锁相环是指利用锁相环对基准频率进行除法运算，在环路锁定时，满足 $f_i=Nf_o$，所以 $f_o = \frac{f_i}{N}$，实现了分频。

3．组合式锁相环

由于单个锁相环很难覆盖较宽的频率范围，如果将上述几种锁相环组合在一起，就可以得到组合式锁相环，简称组合环。

图 5.17 为由混频式锁相环和分频式锁相环构成的组合式锁相环框图，锁定时可产生 2MHz 的频率信号。

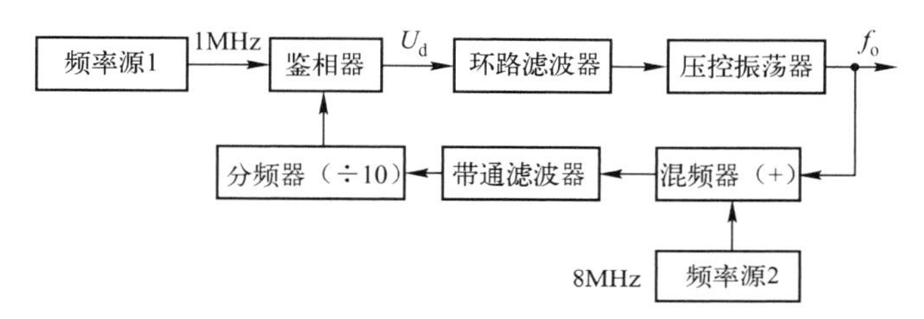

图 5.17　组合式锁相环的构成框图

采用合成信号发生器，从根本上改善了普通信号源输出信号频率的稳定度和准确度，因此合成信号发生器得到了广泛的应用。

5.6　扫频信号发生器

5.6.1　扫频信号发生器及扫频输出信号的特性

输出信号的频率随时间按一定规律、在一定范围内重复连续变化的信号源称为扫频信号发生器。扫频输出信号在特定时刻是正弦波，因此，它具有一般正弦信号的特点，除此之外，还具有以下特性。

（1）输出信号的频率随时间按一定的规律变化，通常有线性变化和对数变化两种。线性扫频可以得到均匀的频率刻度；对数扫频的频率刻度则是非线性的。采用扫频信号发生器，可以实现图示测量，扫频频率的变化是连续的，不会漏掉被测特性的细节，从而使测量快速，并给自动或半自动测量创造了条件。特别是在进行电路测试时，人们可以一边调节电路中的有关元器件，一边观察荧光屏上频率特性曲线的变化，从而迅速地将电路性能指标调整到预定值。

（2）输出信号的频率受控制参数控制。输出信号的频率与控制参数的关系称为扫频信号发生器的扫频特性，若控制参数为电压，则称为频率的压控特性。

（3）扫频信号发生器的输出振幅在整个扫频范围内保持稳定。点频法是指人工逐点改变输入信号的频率，扫描速度慢，得到的是被测电路稳态情况下的频率特性曲线。扫频测量法是在一定扫描速度下获得被测电路的动态频率特性的，更符合被测电路的应用实际。

（4）扫频信号发生器应能产生同步的扫描信号和频率标志。

频域测试常用的仪器——扫频仪就是利用扫频信号发生器作为主振级构成的用于分析电路频率特性的电子测量仪器。

5.6.2 扫频法测试的工作过程

图5.18为扫频法测量电路动态幅频特性的工作过程，通过这个测试过程，我们可以了解扫频法测试的基本原理。

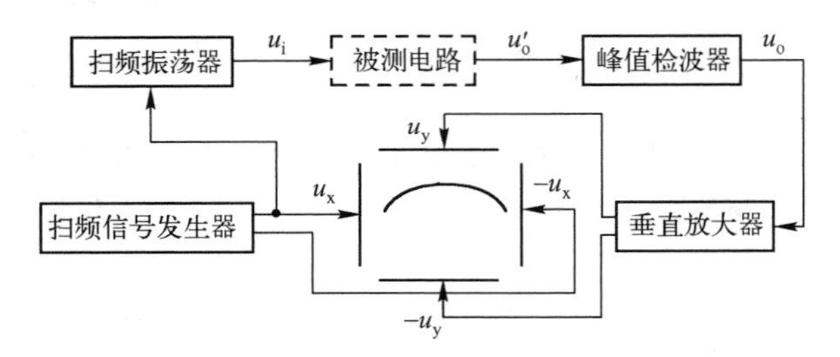

图5.18 扫频法测量电路动态幅频特性的工作过程

在图5.18中，除被测电路外，其余部分都安装在扫频信号发生器中。扫频振荡器的输出信号u_i受扫频信号发生器产生的锯齿波电压u_x控制，输出信号的振幅恒定不变，但瞬时频率随时间在一定范围内由低到高呈线性变化。

在进行幅频特性测量时，将u_i信号加到被测电路的输入端，从被测电路输出端可得到输出电压u_o'，u_o'振幅的包络变化规律与被测电路的幅频特性相对应，这个电压经峰值检波器检波，检出其包络信号u_o。再将u_o送至垂直放大器放大，得到一对大小相等、极性相反的垂直偏转信号u_y和$-u_y$，将其分别送到示波管上、下两块垂直偏转板上。与此同时，一对大小相等、极性相反的扫描锯齿波信号被分别送到示波管的左、右两块水平偏转板上。由于扫频信号u_i的瞬时频率和水平扫描锯齿波电压u_x的瞬时值一一对应，示波管的水平轴成为线性的频率坐标轴。这样在u_x（$-u_x$）、u_y（$-u_y$）的共同作用下，示波管荧光屏上就直接显示出被测电路的幅频特性。各点波形如图5.19所示。

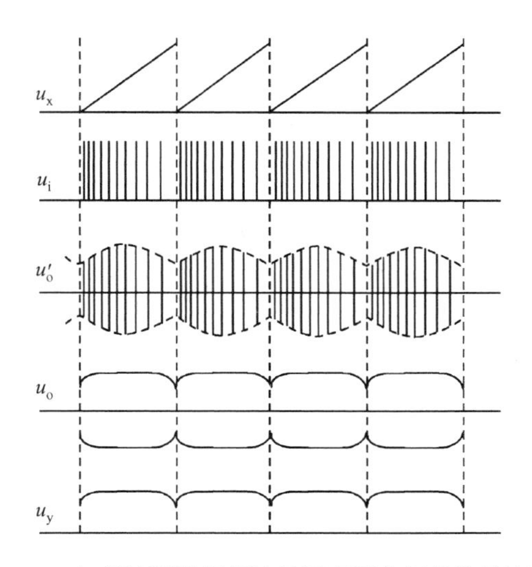

图 5.19　扫频法测量幅频特性原理图中相关信号波形

5.7　脉冲信号发生器

脉冲信号发生器可以产生不同频率、不同宽度和幅度的脉冲信号，它不仅用于研究、测试脉冲和数字电路，测试逻辑元件的开关特性，而且广泛用于雷达、通信设备、计算机、集成电路和半导体器件的测量中。

脉冲信号发生器主要输出矩形脉冲信号。矩形脉冲信号的基本参数是重复频率、脉冲幅度、脉冲宽度等。通用脉冲信号发生器应能在较宽的范围内对这些参数（还有上升时间、下降时间等参数）进行调节。脉冲信号发生器的组成框图如图 5.20 所示。

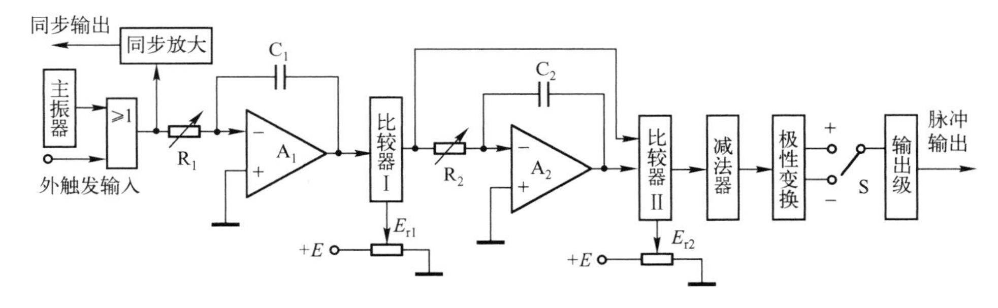

图 5.20　脉冲信号发生器的组成框图

主振器输出负方波，经或门加到积分器 A_1 上，A_1 进行反积分运算，当达到比较电平 E_{r1} 时，比较器 I 输出一个矩形脉冲，该脉冲比主振器的输出延迟了 τ_1 的时间，此脉冲又经积分器 A_2 积分，并输出正向锯齿波，当达到比较电平 E_{r2} 时，比较器 II 动作，输出一个较主振器的输出延迟（$\tau_1+\tau_2$）的矩形脉冲。比较器Ⅰ和比较器Ⅱ输出的矩形脉冲在减法器中相减，得到一个宽度为τ_2的矩形脉冲。改变比较电平 E_{r1} 可改变延迟时间τ_1，即改变输出脉冲的前沿；改变比较电平 E_{r2} 可改变τ_2，即改变输出脉冲的后沿。当比较电平不变时，改变积分器的参数，同样可改变锯齿波的斜率，也可改变输出脉冲的前后沿。减法器输出宽度、幅度可调的脉冲波。

5.8 测量用信号发生器的使用

5.8.1 测量前准备

1．选择原则

测量用信号发生器的种类、型号繁多，使用时应根据具体情况进行选择。

（1）根据被测信号的频率进行选择。可在对应频段选择超低频信号发生器、低频信号发生器、视频信号发生器、高频信号发生器、超高频信号发生器等。

（2）根据测试功能选择。低频信号发生器主要用于检修、测试或调整各种低频放大器、扬声器、滤波器等的频率特性；高频信号发生器主要用于测试各种接收机的灵敏度、选择性等参数，也为调试高频电子线路提供射频信号；函数信号发生器可提供多种波形信号，可用于波形响应研究及各种实验研究；脉冲信号发生器可用于测试器件的振幅特性、过渡特性和开关速度等。

（3）根据被测信号的波形选择。

（4）根据测量准确度的要求进行选择。例如，在学生实验中，对输出信号的频率、幅度、准确度和稳定度、波形失真等要求不严格时，可采用普通信号发生器；在仪器校准或对测量准确度有严格要求的场合，应选用准确度和稳定度均较高的标准信号发生器。

事实上，目前有些厂家将各类测量用信号发生器的功能综合，形成多功能测量用信号发生器，如北京普源精电科技有限公司研制的 DGS5000 系列函数/任意波形信号发生器是集函数信号发生器、任意波形信号发生器、脉冲信号发生器、IQ 基带源/中频源、跳频源、码型信号发生器于一身的多功能信号发生器。

2．测试连线

测量用信号发生器用于测试激励源，一般可按图 5.21 连线。测量用信号发生器向被测系统提供测试用信号，被测系统对输入激励进行响应，响应的结果由测试仪器，如电压表、示波器、频率计等进行定量测试。

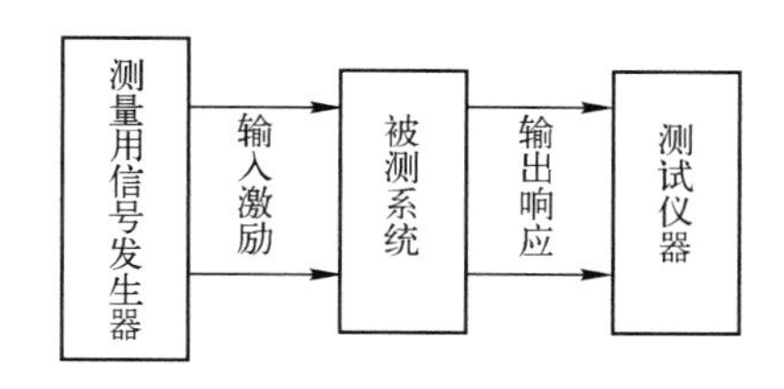

图 5.21　测量用信号发生器的基本测试图

5.8.2　基本波形输出方法

基本波形输出包括正弦波、方波、锯齿波、脉冲波、噪声波等波形的输出。操作步骤基本相同。

例 5.1　输出一个频率为 20kHz，幅度为 $20U_{\text{P-P}}$，偏移量为 DC 500mV，起始相位为 10° 的正弦波信号。

操作步骤如下：

（1）进行波形选择，选择正弦波。

（2）设置频率为 20kHz。

（3）设置幅度为 $20U_{\text{P-P}}$，注意题目要求为峰-峰值。

（4）设置 DC 偏置电压为 500mV。

（5）设置起始相位为 10°。

（6）配置输出，包括输出阻抗和衰减设置。

若输出方波，则必须设置占空比；若输出锯齿波，则必须设置对称性；若输出脉冲波，则必须依次设置脉冲宽度/占空比、上升沿、下降沿、延时等参数，一般情况下脉冲波的脉冲宽度与占空比是关联的，修改其中一个参数，系统将自动修改另一个参数。

5.8.3　任意波形输出方法

能输出任意波形的信号发生器一般具备可编程功能。任意波形输出的操作步骤如下。

（1）启用任意波形功能。

（2）输出模式选择：可选项有“普通”“播放”。

（3）选择任意波形（仪器内部或外部存储器中的任意波形）。

（4）创建波形。

（5）编辑波形。

5.8.4 常见调制输出方法

1．调幅（AM）

AM 波形由载波和调制波组成。载波的振幅随调制波的瞬时电压变化。AM 的具体操作步骤如下：

（1）启用 AM 功能。

（2）选择载波波形。AM 的载波波形可以是正弦波、方波、锯齿波或任意波，但脉冲波、噪声波不能作为载波。

（3）选择调制源：一般可选内部或外部调制源。

（4）设置调制波的频率。

（5）设置调制深度。

（6）输出波形。

2．调频（FM）和调相（PM）

FM、PM 波形与 AM 波形一样，由载波和调制波组成。FM 载波的频率随着调制波的瞬时电压变化，PM 载波的相位随调制波的瞬时电压变化。FM、PM 的操作步骤与 AM 的操作步骤类似，不同的只是 FM 需要设置频率偏移，PM 需要设置相位偏差。频率偏移是调制波形的频率与载波频率的偏差，频率偏差必须小于或等于载波频率。

其他的幅移键控（ASK）、频移键控（FSK）、相移键控（PSK）和脉冲宽度调制（PWM）信号输出方法与上述方法类似。

5.8.5 扫频输出方法

在扫频模式中，信号发生器在指定的扫描时间内从起始频率开始输出，并逐步增加到终止频率；支持由低到高和由高到低的扫描输出；支持线性、对数和步进三种扫描方式；可设定“标记”频率；可设置起始保持时间、终止保持时间和返回时间；支持内部、外部或手动触发源；对于正弦波、方波、锯齿波和任意波（基本波中的脉冲波、噪声波除外），均可以产生扫频输出。其操作步骤如下：

（1）启用扫频功能。

（2）设置起始频率和终止频率。起始频率和终止频率是频率扫描的频率上限和下限。信号发生器总是从起始频率扫频到终止频率，然后又回到起始频率。

（3）设置中心频率和频率跨度。也可以通过设置中心频率和频率跨度设定扫频边界。

（4）设置扫频类型。一般仪器提供线性、对数和步进三种扫频方式，默认为线性扫频方式。在线性扫频方式下，仪器输出信号的频率以线性方式变化，即以“Hz/s”的方式改变输出频率；对数扫频方式下，仪器输出信号的频率以对数方式变化，即以“每秒倍频程”或“每秒十倍”的方式改变输出频率；以上两种方式由“起始频率”“终止频率”和“扫频时间”控制。在步进扫频方式下，仪器输出信号的频率在起始频率与终止频率之间呈阶梯式步进，输出信号在每个频率点上停留的时间长短由扫频时间和步进数控制。

（5）设置扫频时间。

（6）设置返回时间。返回时间是指信号发生器从起始频率扫描到终止频率并且经过终止保持时间后，输出信号从终止频率复位至起始频率的时间。

（7）标记频率。标记频率是指每次扫频开始的标记点。

（8）设置扫频触发源。扫频触发源可以是内部源、外部源或手动源。信号发生器在接收到一个触发信号时，产生一次扫频输出，然后等待下一次触发。内部触发时，信号发生器输出连续的扫频波形。触发周期由指定的扫频时间、返回时间、起始保持时间和终止保持时间决定。外部触发时，每接收到一个特定的极性脉冲，就启动一次扫频。手动触发时，操作一次，启动一次扫频。

微课 8：扫频仪的使用方法

实训项目 4　直接测频法和测周期法测频率误差分析

1．项目内容

从定义上看，周期是频率的倒数，频率和周期是可以相互转换的。理想情况下，对于一个交变信号，采用测周期法和直接测频法得出的结果是一致的。事实上，对于某些频率，采用测周期法和采用直接测频法，引起的测量误差是不同的。通过本实训项目，分析直接测频法和测周期法的测量误差，可证明采用中界频率来界定测量方法是符合实际的。

2．项目相关知识点提示

电子计数器电路属于积木式结构，通过时基、时标和主门的不同组合，可以实现测量频率、频率比、周期、时间间隔和累加计数等功能，如将被测信号整形作为时标，将标准晶振分频信号作为时基，在主门开启的时基内对时标计数，得出的结果就是被测信号的频率。

目前，在电子测量仪器中，电子计数器的测量准确度是最高的。但直接测频法的量化误差、时基误差和计数误差，测周期法的量化误差、时基误差和触发误差还是对测量精度有影响的。在测量前，初步对被测对象进行分析，了解测量原理和测量误差分析方法，采取正确的测量方法是减少系统误差最有效的方法。

利用电子计数器测量频率时，延长主门的开启时间可减小测量误差。

中界频率是一个频率的划分点，是根据误差理论计算得出的频率，在该频率点采用直接测频法和测周期法的误差相等。为了提高测量精确度，当测量频率高于中界频率时，用直接测频法测频率；当测量频率低于中界频率时，用测周期法测频率。

3．项目实施和思考

（1）所需实训设备和附件：多功能等精度频率计 1 台、任意 DDS 波形发生器 1 台、测试连接线若干。

（2）测量方案的拟定。根据项目要求，选择测量仪器，拟定测量方案和步骤。电子计数器具有 A、B 两通道，才可完成项目要求的测周期、测频率内容。A 通道测量频率范围比 B 通道测量频率范围小。闸门时间有 0.01s、0.1s 和 1s 共 3 挡，可在测量同一频率时进行闸门时间的切换，比较闸门时间长短引起的测量误差。

（3）测量步骤。

① 测试通道选择。当被测信号的频率为 1Hz～100MHz 时，采用 A 通道输入；当被测信号的频率为 100～1000MHz 时，采用 B 通道输入；测量周期时采用 A 通道。

② 闸门时间选择。

③ 输入信号频率的选择。根据中界频率计算公式，三个闸门时间对应该频率计的中界频率有 3.16kHz、10kHz 和 31.6kHz 三种，故测试时应根据中界频率来确定测试频率的范围。

④ 测量前对多功能等精度频率计进行自校。

⑤ 测量频率时，将函数信号发生器 TTL 输出信号接到 A 通道输入端。函数信号发

生器输出方波，输出幅度为 1V，先改变函数信号发生器输出频率，选择同一闸门时间，记录函数信号发生器输出频率值和频率计的频率显示值；然后固定函数信号发生器输出频率，选择不同闸门时间，记录函数信号发生器输出频率值和频率计的频率显示值。

⑥ 测量周期。测量周期的步骤与测量频率类似，只是需要将时基和时标输入通道更换。

4．测量数据的记录和分析

选择不同的闸门时间，分别采用直接测频法、测周期法测量同一频率。实验数据证明：采用直接测频法与测周期法测量频率所得到的频率结果是不一样的。理论上低于中界频率时采用测周期法测量频率更准确。

本章小结

测量用信号发生器可以产生不同频率的正弦波信号、调幅信号、调频信号，以及各种频率的方波、三角波、锯齿波、正负脉冲信号等，其输出信号的幅度也可按需要进行调节。可以说，几乎所有的电参数的测量都需要用到信号发生器。

正弦信号发生器在线性系统的测试中应用十分广泛。正弦信号发生器按其产生的信号频段，大致可分为超低频信号发生器、低频信号发生器、视频信号发生器、高频信号发生器、甚高频信号发生器和超高频信号发生器等。

低频信号发生器可用于测试、调整低频放大器、传输网络和广播、音响等电声设备，还可以用于调试高频信号发生器或标准电子电压表等。

函数信号发生器是一种多波形信号源，可以输出正弦波、方波、三角波、斜波、半波正弦波及指数波等。除作为正弦信号源使用外，还可以用来测试各种电路和机电设备的瞬态特性、数字电路的逻辑功能，以及 A/D 转换器、压控振荡器、锁相环的性能。

高频信号发生器也称为射频信号发生器，可分为调谐信号发生器、锁相信号发生器和合成信号发生器三大类。高频信号发生器通常具有一种或一种以上的调制或组合调制功能，包括正弦调幅、正弦调频及脉冲调制，其输出信号的频率和电平在一定范围内可调节并能准确读数，特别是微伏级的小信号输出，以适应接收机测试的需要。

扫频信号发生器是频域测试常用的仪器之一，可以直接测量各种元件和系统的频率特性。

脉冲信号发生器可以产生不同频率、不同的宽度和幅度的脉冲信号，可用于测试脉冲和数字电路。

由于测量用信号发生器的种类、型号繁多，使用时应根据具体情况进行选择。

习 题 5

5.1 低频信号发生器中的振荡器常用哪些电路？为什么不用 LC 正弦振荡器直接产生低频正弦振荡信号？

5.2 画出文氏电桥振荡器的基本构成框图并简述其工作原理。

5.3 高频信号发生器主要由哪些电路组成？各部分的作用是什么？

5.4 高频信号发生器中的振荡器有什么特点？为什么它总是采用 LC 振荡器？

5.5 函数信号发生器的设计方案有几种？简述函数信号发生器由三角波转变为正弦波的函数信号发生器的工作原理。

5.6 说明频率合成的各种方法及优缺点。

5.7 基本锁相环由哪些部分组成？其作用是什么？

5.8 已知 f_{r1}=100kHz、f_{r2}=40MHz 用于组成混频和分频组合环，其输出频率 f_o=73～101.1MHz，步进频率 Δf=100kHz，环路形式如图 5.22 所示，求：

（1）M 取“+”还是取“−”？

（2）N 为多少？

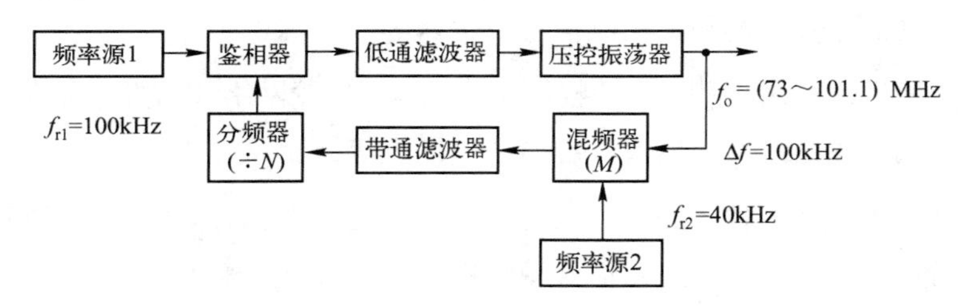

图 5.22 题 5.8 图

5.9 对测量用信号发生器的基本要求是什么？

5.10 如何对低频放大器的电压放大倍数、功率放大倍数进行测量？

5.11 如何对放大器的幅频特性进行测量？

5.12 扫频测量与点频测量相比有什么优点？扫频信号发生器基本波输出步骤主要有哪些？

5.13 叙述脉冲信号发生器的构成方案，并结合工作波形分析其原理。

5.14 如何合理选择并正确使用测量用信号发生器？

第 6 章　示波器测量技术

6.1　概述

示波器测量技术又称示波测试技术。在进行电子测量时，我们通常希望直观地看到电信号随时间变化的图形，如直接观察并测量信号的幅度、频率、周期等基本参数。示波测试技术实现了人们的愿望，不但可将电信号作为时间的函数显示在屏幕上，更广泛地看，只要能把两个有关系的变量转化为电参数，分别加至示波器的 X、Y 通道，就可以在荧光屏上显示这两个变量之间的关系。而且，示波器还可以直接观测一个脉冲信号的前后沿、脉冲宽度、上冲、下冲等参数，这是其他测量仪器很难做到的。同时，示波测试技术还是多种电量和非电量测试中的基本技术，如在医学、生物学、地质学中，用示波器显示某些变化过程，观测被测对象的某些特性。另外，后文介绍的数据域测试的典型仪器——逻辑分析仪，也是用荧光屏来显示多路数字信号的逻辑状态和各路信号之间的逻辑关系的，因此也有人把逻辑分析仪称为逻辑示波器。

示波器是时域分析的典型仪器，也是当前电子测量领域中品种最多、数量最大、最常用的一种仪器。示波测试技术是一种灵活、多用的综合性技术。

6.1.1　示波器的分类

示波器种类繁多，按信号处理方式分为模拟示波器和数字示波器，按用途和特点可分为以下五类。

1．通用示波器

通用示波器是示波器中应用最广泛的一种，通常泛指采用单束示波管组成的示波器，常见的为双踪示波器，可对一般的电信号进行定性和定量的分析、测量。

2．多束示波器

多束示波器采用多束示波管，在屏幕上可同时显示两个以上的波形，与通用示波器叠加或交替显示多个波形不同，它的每个波形分别由单独的电子束产生，在观察与比较两个以上的信号时非常方便。

3．取样示波器

取样示波器采用取样技术，先把快速变化的高频信号变换成与之相似的、慢速变化的低频信号，再用通用示波装置显示波形。这样，被测信号的周期大大展宽，便于观察细节部分，对于测试高频信号是非常方便的。

4．记忆/存储示波器

这种示波器除具有通用示波器的功能外，还具有记忆功能，其中用记忆示波管实现存储信息功能的示波器称为记忆示波器，借助现代计算机技术和大规模集成电路实现信号存储的示波器称为存储示波器（也称数字存储示波器）。

5．特种示波器

特种示波器是指具有特殊用途的示波器，如矢量示波器、心电示波器等。

6.1.2　示波器的主要技术指标

示波器的水平偏转系统、垂直偏转系统和主机系统都定义了各自的指标，主要应掌握以下几个指标。

1．频带宽度

此指标表征示波器的最高响应能力，用频率和上升时间表示，上升时间近似等于0.35/频率宽度。

2．垂直灵敏度

此指标表征示波器可以分辨的最小信号幅度和输入信号的动态范围，一般用 V/cm、V/div（V/格）、mV/cm、mV/div（mV/格）表示。

3．输入阻抗

一般而言，阻抗的单位是欧姆（Ω），但在电子测量领域的实际应用中，一般用示波器输入端规定的直流电阻值和并联电容值表示示波器的输入阻抗，这个指标表征被测信号的负载轻重。

4．扫描速度

扫描速度也称扫描时间因数，是指光点水平移动的速度，一般用 cm/s、div/s 表示，它说明了示波器能观察的时间和频率的范围。

5．同步（或触发）电压

同步（或触发）电压是指能使波形稳定的最小输入电压。

6.2　示波测试的基本原理

6.2.1　示波器的测试过程

示波测试以示波管为核心，建立在电子束穿过电场运动时，其运动轨迹与外电场相关这一规律的基础上。示波测试过程可通过示波器的结构框图来说明，如图 6.1 所示。

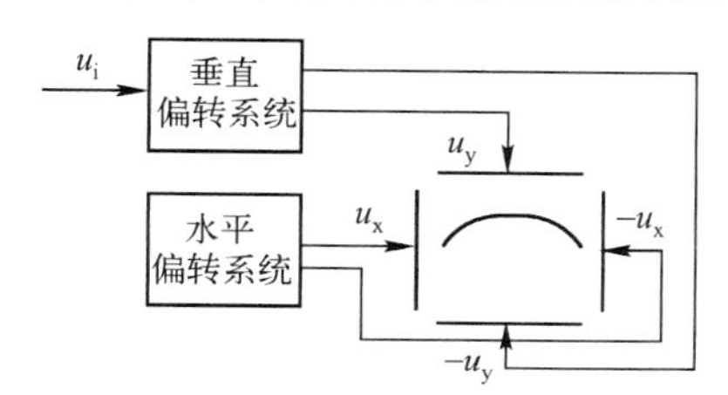

图 6.1　示波器的结构框图

图 6.1 中，垂直偏转系统将输入的被测交流信号放大；水平偏转系统提供一个与时间呈线性关系的锯齿波电压信号；将两个电压信号同时加到示波管的偏转板上，示波管中的电子束在偏转电压的作用下运动，在荧光屏上形成与被测信号一致的波形。

6.2.2　阴极射线示波管

阴极射线示波管（CRT）简称示波管，主要由电子枪、偏转系统和荧光屏三部分组成，它们都被密封在真空的玻璃壳内。示波管基本结构示意图如图 6.2 所示。电子枪产生的高速电子束打在荧光屏上，偏转板控制电子束的偏转方向，使其按要求在荧光屏相应的部位产生荧光。

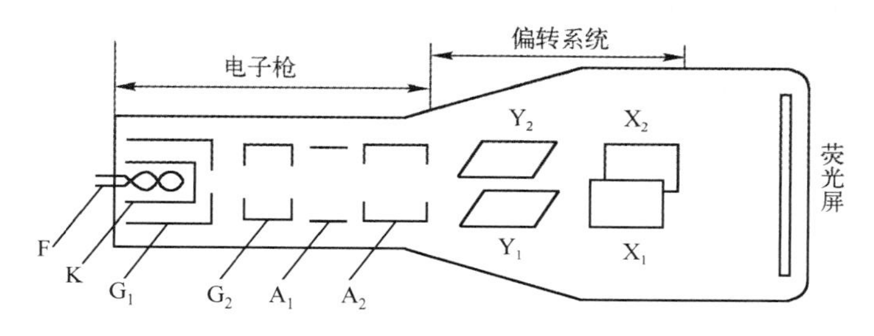

图 6.2　示波管基本结构示意图

1．电子枪

电子枪由灯丝 F、阴极 K、栅极 G_1 和 G_2、阳极 A_1 和 A_2 组成。当灯丝通电后，加热阴极，涂有氧化物的阴极发射出大量的电子，电子在阳极吸引下形成电子束，轰击荧光屏上的荧光粉发光。

阴极和第一阳极 A_1、第二阳极 A_2 之间为控制栅极 G_1 和 G_2，控制栅极 G_1 呈圆桶状，包围着阴极，只在面向荧光屏的方向开一个小孔，使电子束从小孔中穿过。改变阴极和控制栅极 G_1 之间的电压可控制电子束的强弱，进而调节光点明暗，即进行辉度控制。G_1 越偏向阴极，打到荧光屏上的电子数越少，图形越暗。

当电子束离开栅极小孔时，电子互相排斥而发散，于是引入阳极 A_1，即聚焦极；引入阳极 A_2，即加速极。A_1 和 A_2 的电位均远高于阴极的电位，它们与 G_1 形成聚焦系统，对电子束进行聚焦和加速，使得高速电子打到荧光屏上时恰好聚成很细的一束。可以同时调节 G_2 至 A_1 和 A_1 与 A_2 之间的电压，使电子束的焦点恰好落在荧光屏上。

2．偏转系统

示波器的偏转系统由两对相互垂直的平行金属板——水平偏转板和垂直偏转板构成。每对偏转板相对电压的变化将影响电子运动的轨迹。垂直偏转板上电压的相对变化，只能影响电子在垂直方向的运动，因而垂直偏转板只能影响光点在荧光屏上的垂直位置；水平偏转板只影响光点在荧光屏上的水平位置，两对偏转板共同作用，才决定了任一瞬间光点在荧光屏上的位置。

图 6.3 为垂直偏转系统对电子束的控制示意图。在偏转电压 u_y 的作用下，垂直方向的偏转距离为

$$y = \frac{LS}{2bu_a} u_y \tag{6.1}$$

式中，L —— 偏转板的长度；

S —— 偏转板中心到荧光屏中心的距离；

b —— 偏转板之间的距离；

u_y——垂直偏转板所加的偏转电压；

u_a—— 第二阳极电压。

由式（6.1）可见，偏转距离 y 与 u_y、L、S 成正比，与 b、u_a 成反比，即偏转板间的偏转电压 u_y 越大、偏转板的长度越长、偏转板中心到荧光屏之间的距离越大，偏转距离就越大。对于同样的偏转电压 u_y，偏转板之间的距离 b 越大，则电场强度和偏转距离越

小。同样，第二阳极电压 u_a 越高，电子在轴线方向或者说在水平方向的运动速度越快，穿过偏转板所用的时间越少，电场对它的作用也越小，偏转距离也越小。

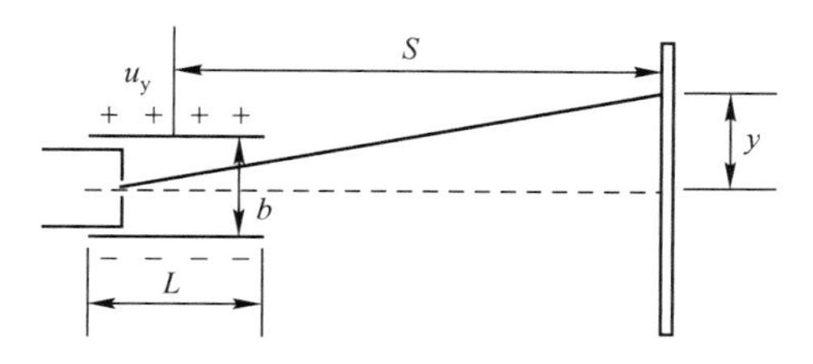

图 6.3　垂直偏转系统对电子束的控制示意图

当示波管制成后，L、b、S 均为常数，第二阳极电压 u_a 也基本不变，所以垂直方向的偏转距离 y 正比于偏转电压 u_y，即

$$y=h_y' u_y \tag{6.2}$$

式中，y——垂直方向的偏转距离；

h_y'——比例系数，称为示波管的偏转因数，单位为 cm/V；

u_y——垂直偏转板所加的偏转电压。

其中，比例系数 h_y' 的倒数 $D_y'=1/h_y'$ 称为示波管的垂直灵敏度，单位为 V/cm。垂直灵敏度是示波管的一个重要参数。垂直灵敏度越小，示波管越灵敏，观察微弱信号的能力越强。

在一定范围内，荧光屏上光点偏移的距离与偏转板上所加电压成正比，这是用示波管观测波形的理论根据。

3．荧光屏

荧光屏在示波管的终端，通常是圆形或矩形的。荧光屏的内壁涂有一层荧光物质，当高速电子轰击荧光屏上的荧光物质时，荧光物质将电子的动能转变为光能，产生光点。光点的亮度取决于轰击电子束中电子的数目、密度和速度。

当电子束从荧光屏上移去后，光点仍能在屏上保持一定的时间才消失。从电子束移去到光点亮度下降为原始值的 10%所延续的时间称为余辉时间，用符号 I_s 表示。人们正是利用余辉时间和人眼的视觉暂留特性，才能在荧光屏上看到光点的移动轨迹。

荧光屏余辉时间的长短随着荧光物质的不同而不同，要根据示波器用途的不同选用不同余辉时间的示波管，频率越高，要求余辉时间越短。同时，在使用示波器时，要避免过密的光束长期停留在一点上，因为电子的动能在转换成光能的同时还将产生大量热能，这会降低荧光物质的发光效率，严重时还可能在荧光屏上烧出一个黑点。在荧光屏上常标有刻度线，利用刻度线，可定量测量所显示波形的高度和宽度。

6.2.3 图像显示的基本原理

在电子枪中，电子运动经过聚焦形成电子束，电子束通过垂直偏转板和水平偏转板打到荧光屏上产生光点，光点在荧光屏上垂直方向或水平方向偏转的距离，正比于加在垂直偏转板或水平偏转板上的电压，即光点在荧光屏上移动的轨迹是加到偏转板上的电压信号的波形。示波器显示图形或波形的原理就是基于电子与电场之间的相互作用。根据这个原理，示波器可显示随时间变化的信号波形和任意两个变量的关系图形。

1．显示随时间变化的信号波形

电子束进入偏转系统后，受到两对偏转板间电场的控制而产生偏转，其中对偏转板的控制作用有如下几种情况。

（1）两对偏转板上不加任何电压，即 $u_x=u_y=0$，则光点在垂直方向和水平方向都不偏移，出现在荧光屏的中心位置，如图 6.4（a）所示。

（2）水平偏转板不加电压，垂直偏转板加一固定电压，即 $u_x=0$、u_y=常量，则光点在水平方向不偏移，在垂直方向偏移。设所加电压为正电压，则光点从荧光屏的中心沿垂直方向上移，如图 6.4（b）所示。若所加电压为负电压，则光点从荧光屏的中心沿垂直方向下移。

（3）垂直偏转板不加电压，水平偏转板加一固定电压，即 u_x=常量、$u_y=0$，则光点在垂直方向不偏移，在水平方向偏移。设所加电压为正电压，则光点从荧光屏的中心沿水平方向右移，如图 6.4（c）所示。若所加电压为负电压，则光点从荧光屏的中心沿水平方向左移。

（4）两对偏转板上均加固定电压，即 u_x=常量、u_y=常量，设所加电压为正电压，可以设想电压先加到垂直偏转板上，则光点从荧光屏的中心沿垂直方向上移；然后电压加到水平偏转板上，则光点从此时的位置开始沿水平方向右移，如图 6.4（d）所示。当两对偏转板上同时加固定电压，得到的光点位置也如图 6.4（d）所示。

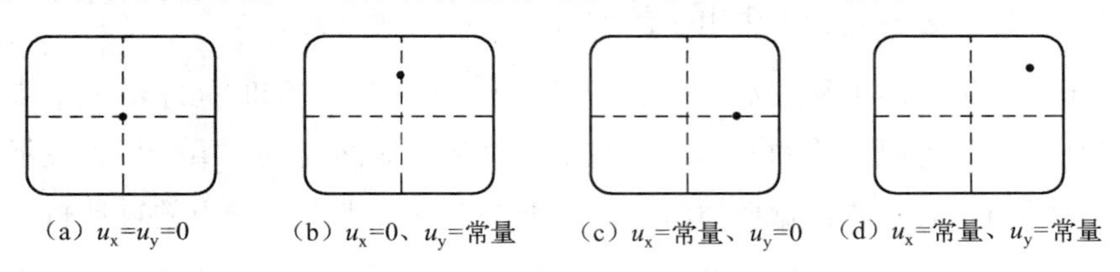

（a）$u_x=u_y=0$　（b）$u_x=0$、u_y=常量　（c）u_x=常量、$u_y=0$　（d）u_x=常量、u_y=常量

图 6.4　偏转板上加固定电压与光点偏移的关系图

（5）水平偏转板不加电压，垂直偏转板加正弦波电压，即 $u_x=0$、$u_y=U_m\sin\omega t$。两垂直偏转板间的电场也随时间按正弦函数规律变化。由于水平偏转板不加电压，光点在水

平方向是不偏移的，则光点只在荧光屏的垂直方向来回移动，出现一条垂直线段，并不出现正弦波，如图 6.5（a）所示。

（6）垂直偏转板不加电压，水平偏转板加锯齿波电压，即 $u_x=kt$、$u_y=0$，则光点在垂直方向不偏移，在水平方向偏移。电压加在水平偏转板上，电子束将在水平方向受锯齿波电场作用，则光点在荧光屏的水平方向来回移动，出现的是一条水平线段，并不出现锯齿波，如图 6.5（b）所示。

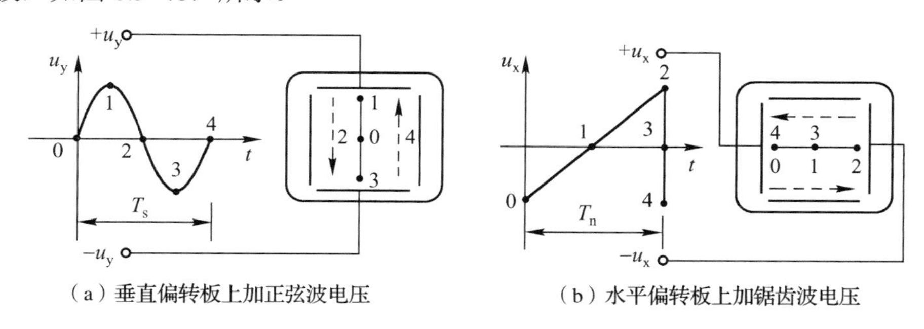

（a）垂直偏转板上加正弦波电压　　（b）水平偏转板上加锯齿波电压

图 6.5　可变电压与光点偏移的关系图

对于（5）和（6）两种情况，虽然加上了信号，但荧光屏上并未显示与信号波形一致的图形。

（7）垂直偏转板上加正弦波电压 $u_y=U_{ym}\sin\omega t$，水平偏转板上加锯齿波电压 $u_x=kt$，即水平偏转板、垂直偏转板上同时加电压，假设 $T_x=T_y$，则电子束在两个电压的同时作用下，在水平方向和垂直方向同时产生位移，荧光屏上将显示出被测信号随时间变化的一个周期的波形曲线，如图 6.6 所示。

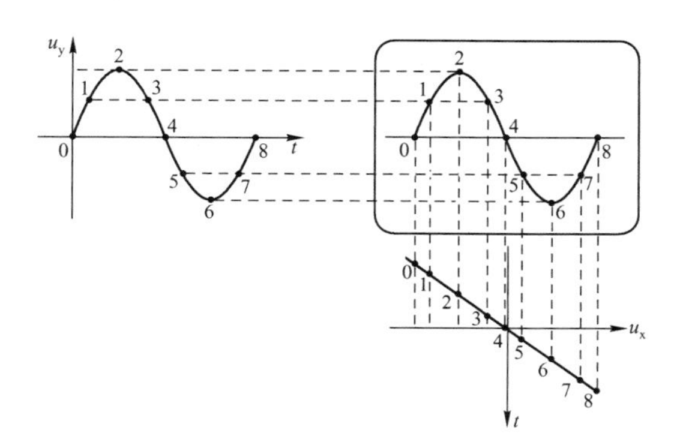

图 6.6　水平偏转板和垂直偏转板上同时加可变电压时光点的轨迹图

① 当时间 $t=t_0$ 时，$u_y=0$、$u_x=-u_{xm}$（锯齿波电压的最大负值）。光点出现在荧光屏上的最左侧的“0”点，光点偏离荧光屏中心的距离正比于 u_{xm}。

② 当时间 $t=t_1$ 时，$u_y=u_{y1}$、$u_x=-u_{x1}$，光点同时受到水平偏转板和垂直偏转板的作用，光点将会出现在荧光屏第Ⅱ象限的“1”点。

③ 当时间 $t=t_2$ 时，$u_y=u_{y2}$、$u_x=-u_{x2}$，光点同时受到水平偏转板和垂直偏转板的作用，但此时正弦波电压为正的最大值，即 $u_{y2}=u_{ym}$；光点将会出现在荧光屏第Ⅱ象限的最高点“2”处。

④ 当时间 $t=t_3$ 时，$u_y=u_{y3}$、$u_x=-u_{x3}$，光点同时受到水平偏转板和垂直偏转板的作用，与“1”点情况类似，光点将会出现在荧光屏第Ⅱ象限的“3”点。

⑤ 当时间 $t=t_4$ 时，$u_y=u_{y4}$、$u_x=-u_{x4}$，但此时锯齿波电压和正弦波电压均为 0，即 $u_{y4}=u_{x4}=0$，光点将会出现在荧光屏中央的“4”点。

⑥ 正弦波的负半周与正半周类似，光点将依次出现在第Ⅳ象限的“5”“6”“7”“8”点。以后，在被测信号的第二个周期、第三个周期等都将重复第一个周期的情形，光点在荧光屏上的轨迹也都将重叠在第一次的轨迹上，因此，荧光屏显示的是被测信号随时间变化的稳定波形。

2．显示任意两个变量之间关系的图形

在示波管中，电子束同时受两对偏转板的作用。若两对偏转板上都加正弦波电压，显示的图形称为李沙育（Lissajous）图形。若两个信号的初相位相同，则可在荧光屏上显示出一条直线，若两个信号在两个方向的偏转距离相同，则这条直线与水平轴呈 45°角，如图 6.7（a）所示；如果这两个信号的初相位相差 90°，则在荧光屏上显示出一个正椭圆；若两个方向的偏转距离相同，则在荧光屏上显示出的图形为圆，如图 6.7（b）所示。这种图形在相位和频率测量中常会用到。利用这一特点就可以把示波器变为一个纵横图示仪，这种纵横图示仪可以在很多领域得到应用。

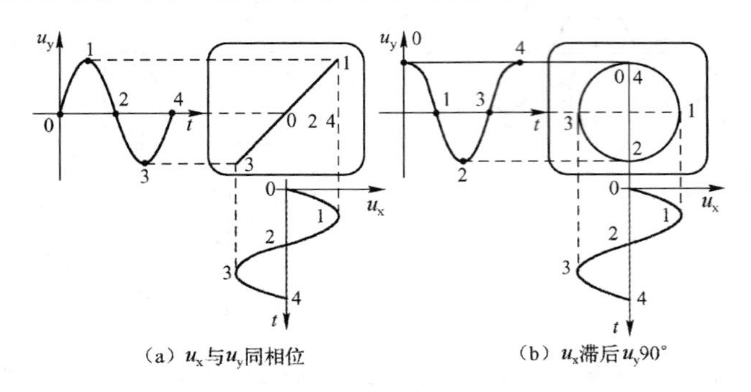

图 6.7　两个同频率正弦波信号构成的李沙育图形

纵横图示仪显示图形前，先把两个变量转换成与之成比例的两个电压，分别加到两对偏转板上，荧光屏上任一瞬间光点的位置都由偏转板上两个电压的瞬时值决定。由于

荧光屏的余辉时间以及人眼的残留效应，从荧光屏上可以看到全部光点构成的曲线，它反映了两个变量之间的关系。

3．扫描的概念

如上所述，如果在水平偏转板上加一个随时间而线性变化的电压，即加上一个锯齿波电压 $u_x=kt$，k 为常数，垂直偏转板不加电压，那么光点在水平方向做匀速运动，光点在水平方向的偏移距离为

$$x=h_x kt \tag{6.3}$$

式中，x——水平方向的偏转距离；

h_x——比例系数，即光点移动的速度。

这样，水平方向偏转距离的变化就反映了时间的变化。此时光点水平移动形成的水平亮线称为时间基线。

当锯齿波电压达到最大值时，荧光屏上的光点也达到最大位移，然后电压迅速恢复为起始值，光点也迅速返回荧光屏最左端，再重复前面的变化。光点在锯齿波电压作用下扫动的过程称为扫描，能实现扫描的锯齿波电压称为扫描电压，光点自左向右的连续扫动称为扫描正程，光点自荧光屏的右端迅速返回起扫点的过程称为扫描逆程。理想锯齿波信号的逆程时间为 0。

4．同步的概念

（1）荧光屏上要显示稳定的波形，就要求每个扫描周期所显示的信号波形在荧光屏上完全重合，即曲线形状相同，并有同一个起点。在前述的第（7）种情况（垂直偏转板上加正弦波电压，水平偏转板上加锯齿波电压）的分析中，假设 $T_x=T_y$，荧光屏上稳定显示了被测信号一个周期的波形。

设 $T_x=2T_y$，其波形显示情况如图 6.8 所示，每个扫描正程在荧光屏上都能显示出完全重合的两个周期的被测信号波形，所以可以在荧光屏上稳定显示两个周期的被测信号波形。

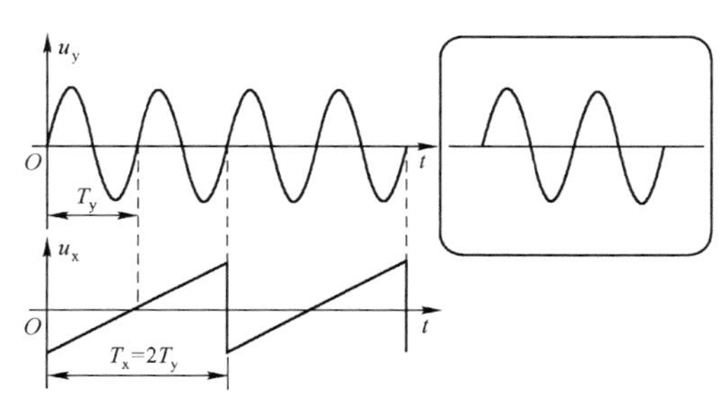

图 6.8　$T_x=2T_y$ 时荧光屏显示的波形情况

同理，设 $T_x=3T_y$，则荧光屏上稳定显示 3 个周期的被测信号波形。依此类推，当扫描电压的周期是被测信号周期的整数倍，即 $T_x=nT_y$（n 为正整数），且每次扫描的起点都对应在被测信号的同一相位点时，后一个扫描周期描绘的波形就会与前一个扫描周期完全一样，这样每次扫描显示的波形重叠在一起，在荧光屏上就可得到清晰而稳定的波形。

通常，如果扫描信号周期 T_x 与被测信号周期 T_y 保持 $T_x=nT_y$ 的关系，则称扫描信号与被测信号同步。如果增加 T_x（扫描频率降低）或降低 T_y（信号频率增加），显示波形的周期数将增加。

（2）如果没有同步关系，即 $T_x \neq nT_y$（n 为正整数），则后一个扫描周期描绘的图形与前一个扫描周期的图形不重合，显示的波形是不稳定的，如图 6.9 所示。

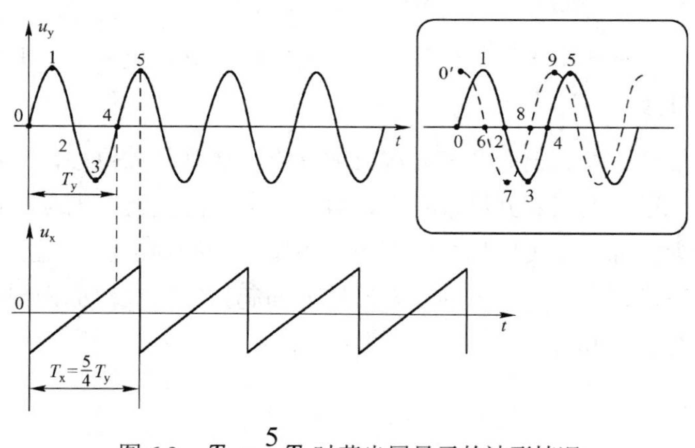

图 6.9　$T_x=\dfrac{5}{4}T_y$ 时荧光屏显示的波形情况

在图 6.9 中，$T_x=\dfrac{5}{4}T_y$（$T_x>T_y$），第 1 个扫描周期开始，光点沿 0→1→2→3→4→5 轨迹移动。当扫描结束时，锯齿波电压回到最小值，相应地，光点迅速回到荧光屏的最左端，而此时被测信号电压幅度值最大，所以光点从 5 回到 0′，接着第 2 个扫描周期开始，这时光点沿 0′→6→7→8→9 轨迹移动，即两次扫描的轨迹不重合。这样，第 1 个扫描周期显示的波形为图中实线所示，而第 2 个扫描周期显示的波形则为虚线所示，看起来波形好像从右向左移动，也就是说，显示的波形不稳定了。可见保证扫描信号与被测信号的同步关系是非常重要的。

但是实际上，扫描信号是由示波器本身的时基电路产生的，它与被测信号是不相关的。因此，常利用被测信号产生一个触发信号，去控制示波器的扫描信号发生器，迫使扫描信号与被测信号同步。也可以用外加信号产生同步触发信号，但这个外加信号的周期应与被测信号的周期有一定的比例关系。

5. 连续扫描和触发扫描

前面所讨论的都是观察连续信号的情况，这时扫描电压是连续的，即扫描正程紧跟着扫描逆程，扫描逆程结束又开始新的扫描正程，扫描是不间断的，这种扫描方式称为连续扫描。

当欲观测脉冲信号，尤其是占空比τ/T_y很小的脉冲过程时，采用连续扫描存在一些问题。被测信号的波形如图 6.10（a）所示。

（1）设置扫描周期等于脉冲重复周期，即 $T_x=T_y$。此时，荧光屏上出现的脉冲波形集中在时间基线的起始部分，即图形在水平方向被压缩，以致难以看清脉冲波形的细节，如很难观测它的前后沿时间，如图 6.10（b）所示。

（2）设置扫描周期等于脉冲底宽τ，即 $T_x=\tau$。为了将脉冲波形的一个周期显示在荧光屏上，必须扫描一个周期，而此时占空比τ/T_y很小，即 T_x 比 T_y 小很多。因此，在一个脉冲周期内，光点在水平方向完成的多次扫描中，只有一次扫描到脉冲图形，其他次的扫描信号幅度为零，结果在荧光屏上显示的脉冲波形本身非常暗，而时间基线由于反复扫描却很明亮，如图 6.10（c）所示。这样，观测者不易观察波形，而且扫描的同步很难实现。因此，我们设想在测试此类脉冲时，控制扫描脉冲，使扫描脉冲只在被测脉冲到来时才扫描一次；没有被测脉冲时，扫描电路处于等待工作状态。只要设置扫描电压的持续时间等于或稍大于脉冲底宽，脉冲波形就可展宽到整个横轴。同时由于在两个脉冲间隔时间内没有扫描，时间基线不会很亮，如图 6.10（d）所示。这种由被测信号激发扫描的间断的工作方式称为触发扫描方式。现代通用示波器的扫描电路均可在连续扫描或触发扫描等多种方式下工作。

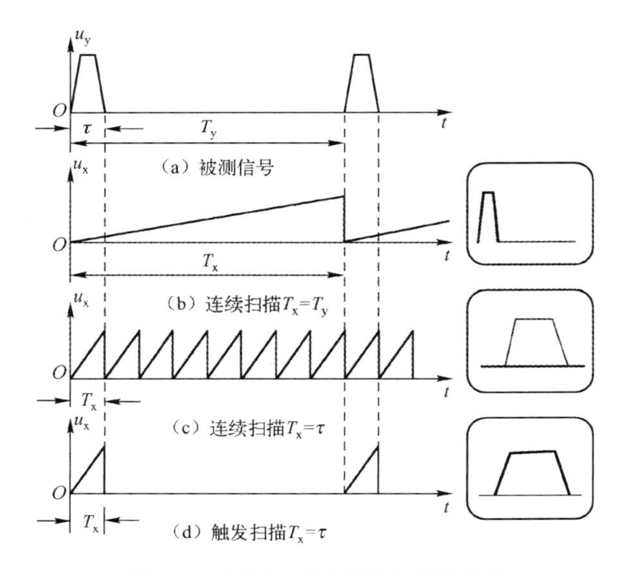

图 6.10　连续扫描和触发扫描的比较

6．扫描过程的增辉

实际上，扫描逆程是需要一定时间的。在这段时间内，逆程电压和被测信号共同作用，对欲显示的被测信号波形产生影响。为了使信号波形更明显，可以在扫描正程期间，使电子枪发射更多的电子，即给示波器增辉。这种增辉可以通过在扫描期间给示波管栅极 G_1 加正脉冲或给阴极 K 加负脉冲来实现。这样相对来说，扫描正程电子枪发射的电子远远多于扫描逆程，观测者看到的就只有扫描正程显示的波形。

利用扫描期间的增辉还可以保护荧光屏。因为在被测脉冲出现的扫描期间，由于增辉脉冲的作用，显示波形较亮，便于观测；而在等待扫描期间，即波形为一个光点的情况下，由于没有增辉脉冲，光点很暗，避免了较亮的光长久集中于荧光屏上一点的现象。

6.3 通用示波器

通用示波器是其他大多数类型示波器的基础，只要掌握通用示波器的结构、特性及使用方法，就可以较容易地掌握其他类型示波器的原理与应用。

6.3.1 通用示波器的组成

如图 6.11 所示，通用示波器主要由示波管、垂直通道和水平通道三部分组成。此外，还包括电源电路，它提供示波管和仪器电路中需要的多种电源。通用示波器中还常附有校准信号发生器，它提供幅度或周期非常稳定的校准信号，用于示波器的校准，以便对被测信号进行定量测试。

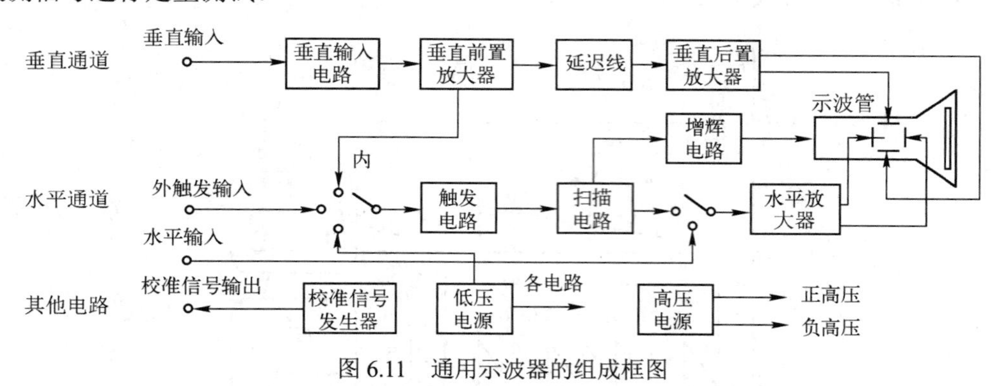

图 6.11 通用示波器的组成框图

6.3.2 通用示波器的垂直通道

垂直通道是对被测信号处理的主要通道，它将输入的被测信号进行衰减或线性放大，并在一定范围内保持增益稳定，最后输出符合示波管偏转要求的信号，以推动垂直偏转板，使被测信号在荧光屏上显示出来。

垂直通道包括垂直输入电路、垂直前置放大器、延迟线和垂直后置放大器等部分。

1．垂直输入电路

垂直输入电路主要是由衰减器和输入选择开关构成的。

（1）衰减器。衰减器由电阻、电容组成，用来衰减输入信号，以保证显示在荧光屏上的信号不致因过大而失真，其原理如图 6.12 所示。

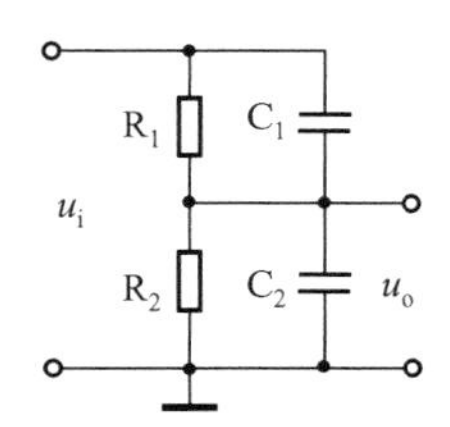

图 6.12　衰减器原理图

衰减器的衰减量为输出电压 u_o 与输入电压 u_i 之比，也等于 R_1、C_1 的并联阻抗 Z_1 与 R_2、C_2 的并联阻抗 Z_2 的分压比，其中

$$R_1C_1=R_2C_2 \tag{6.4}$$

式中，R_1、R_2——构成衰减器的电阻阻值；

C_1、C_2——构成衰减器的电容容值。

若 Z_1、Z_2 的表达式中分母相同，则衰减器的分压比为

$$\frac{u_o}{u_i}=\frac{Z_2}{Z_1+Z_2}=\frac{R_2}{R_1+R_2} \tag{6.5}$$

这时，分压比与频率无关。这种衰减器也是我们前面介绍的电压表的高阻分压器。示波器的衰减器与电压表一样，也是由一系列 RC 分压器组成的。改变分压比，即可改变示波器的偏转灵敏度。这个改变分压比的开关即示波器垂直灵敏度粗调开关，在面板上常用“V/cm”标记。

（2）输入选择开关。输入选择开关设有 AC、GND、DC 三挡选择开关。置“AC”挡时，输入信号经电容耦合到衰减器，只有交流分量可通过，适于观察交流信号；置“GND”挡时，用于确定零电平，即不需要断开被测信号，可为示波器提供接地参考电平；置“DC”挡时，输入信号直接接到衰减器，用于观测频率很低的信号或带有直流分量的交流信号。

2．垂直前置放大器

垂直前置放大器的作用是将信号适当放大，从中取出内触发信号，一般采用差分放大电路，输出一对平衡的交流电压。这样，即使被测信号的幅度改变，偏转的基线电压也保持不变。若在差分放大电路的输入端接入不同的直流电压，差分输出电路的两个输出端的直流电压会改变，相应的垂直偏转板上的直流电压和波形在垂直方向的位置也改变。利用这一原理，可通过调节直流电压，即调节垂直位移旋钮，改变被测波形在荧光屏上的位置，以便定位和测量。垂直前置放大器单元有灵敏度调节、校正、垂直移位等功能。

3．延迟线

在前面讨论触发扫描时已经介绍，触发扫描电路只有当被测信号到来时才工作，即扫描的开始时间总是滞后于被观测脉冲一段时间，这样，脉冲的上升过程就无法被完整地显示出来。延迟线的作用就是把加到垂直偏转板上的脉冲信号延迟一段时间，使信号出现的时间滞后于扫描开始时间，这样就能够保证在荧光屏上可以扫描出包括上升过程在内的脉冲全过程。因此，延迟线实质上是一种传输线，起延迟时间的作用。

目前延迟线主要有两种：一种是双股螺旋平衡式延迟电缆；另一种是利用 LC 非线性电路的滞后作用构成的多节 LC 网络。

4．垂直后置放大器

垂直后置放大器是垂直通道的主放大器，它的功能是将延迟线传来的被测信号放大到足够的幅度，用以驱动示波管的垂直偏转系统，使电子束获得垂直方向的偏转。

垂直后置放大器大都采用推挽式放大器，采用一定的频率补偿电路，引入较强的负反馈，使得在较宽的频率范围内增益保持稳定。很多示波器中设有垂直偏转因数“×5”或“×10”的扩展功能，它把放大器的放大量提高 5 倍或 10 倍，这对于观测微弱信号或看清波形某个局部的细节是很方便的。

6.3.3 通用示波器的水平通道

通用示波器水平通道的主要作用是产生随时间线性变化的扫描电压，再放大到足够幅度，然后输出推挽信号加到水平偏转板上，使光点在荧光屏的水平方向偏转。水平通道包括触发电路、扫描电路和水平放大器等部分，如图 6.13 所示。

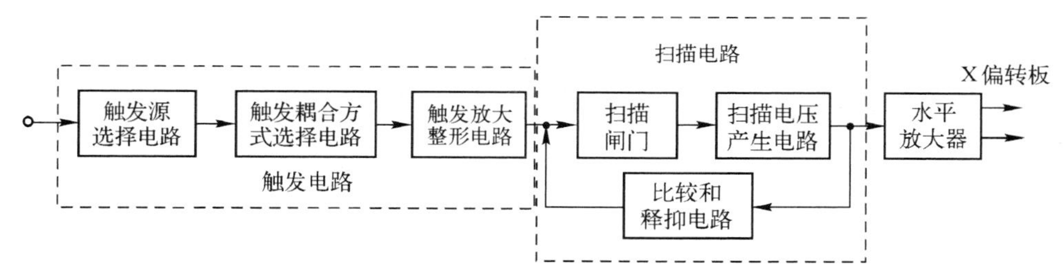

图 6.13　水平通道的组成框图

1. 触发电路

触发电路的作用是为扫描电路提供符合要求的触发脉冲。触发电路包括触发源选择电路、触发耦合方式选择电路、触发方式选择电路、触发极性选择电路、触发电平选择电路和触发放大整形电路。

（1）触发源选择电路。触发源的选择应根据被测信号的特点来确定，以保证荧光屏上显示的被测波形的稳定性。触发源一般有三种类型，可用开关 S1 选择，如图 6.14 所示。

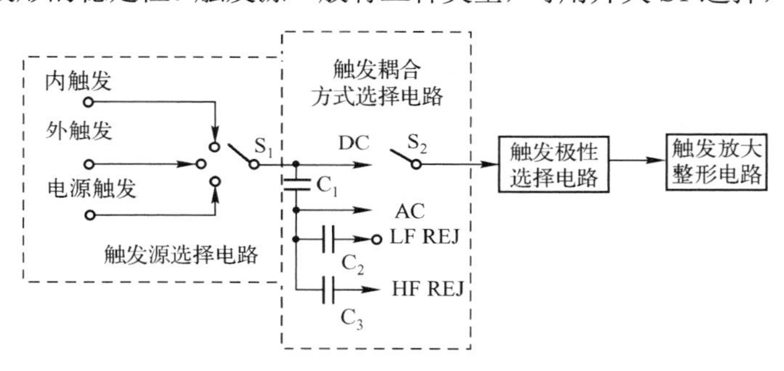

图 6.14　触发源与触发耦合方式选择电路框图

① 内触发：将垂直前置放大器输出的、位于延迟线前的被测信号作为触发信号，此时，触发信号与被测信号的频率是完全一致的，适合观测被测信号。

② 外触发：用外接的、与被测信号有严格同步关系的信号作为触发源，这种触发源用于比较两个信号的同步关系，或者当被测信号不适合作为触发信号时使用。

③ 电源触发：用 50Hz 的正弦信号作为触发源，适合观测与 50Hz 交流电有同步关系的信号。

（2）触发耦合方式选择电路。选择好触发源后，为了适应不同频率的触发信号，示波器一般设有四种触发耦合方式，可用开关 S_2 选择，如图 6.14 中间部分电路所示。

①“DC”直流耦合：是一种直接耦合方式，用于接入直流或缓慢变化的触发信号，或者频率较低并含直流分量的触发信号。

②“AC”交流耦合：是一种通过电容耦合的方式，有隔直流作用。触发信号经电容C_1接入，用于观察从低频到较高频率的信号。这是一种常用的耦合方式，用内触发或外触发均可。

③“LF REJ”低频抑制耦合：是一种通过电容耦合的方式，触发信号经电容C_1及C_2接入，一般电容较小，阻抗较大，用于抑制 2kHz 以下的频率成分。观察含有低频干扰（50Hz 噪声）的信号时，用这种耦合方式较合适，可以避免波形的晃动。

④“HF REJ”高频抑制耦合：用于抑制高频成分的耦合。

（3）触发方式选择电路。触发方式通常有常态和自动两种方式。

① 常态触发方式：在常态触发方式下，如果没有触发信号，或者触发源为直流信号，或触发源幅度值过小，都不会有触发脉冲输出，扫描电路不会产生扫描锯齿波电压信号，荧光屏上无扫描线。此时，不知道扫描基线的位置，也不能正确判断有无正常触发脉冲，或示波器是否有故障。

② 自动触发方式：在自动触发方式下，没有触发信号，但扫描电路处于自激状态，有连续扫描锯齿波电压信号输出，荧光屏上显示扫描线，荧光屏上也能看到被测信号的波形，只不过波形可能是不稳定的，适当调节释抑电平可得到稳定的波形。

自动触发方式是一种常用的触发方式。当有触发信号时，扫描电路能自动返回触发方式。

（4）触发极性选择电路和触发电平选择电路。触发极性是指触发点位于触发信号的上升沿还是下降沿。触发点位于触发信号的上升沿，为“+”极性；触发点位于触发信号的下降沿，则为“−”极性。在电路中设置这两种控制方式，可任意选择被显示信号的起始点，便于对波形的观测和比较。

触发电平是指触发脉冲到来时所对应的触发放大器输出电压的瞬时值。图 6.15（a）～（f）分别为被测正弦信号和由五种触发极性和触发电平决定的扫描信号。

（5）触发放大整形电路。由于输入触发电路的信号波形复杂，频率、幅度、极性都可能不同，而扫描电路要稳定工作，对触发信号有一定的要求，如边沿陡峭、极性和幅度适中等。因此，必须对触发信号进行放大、整形。

整形单元的基本形式是电压比较器，当输入的触发信号与通过触发极性和电平选择的信号之差达到某一设定值时，电压比较器输出电平翻转，输出方波，然后经过微分整形变成触发脉冲。

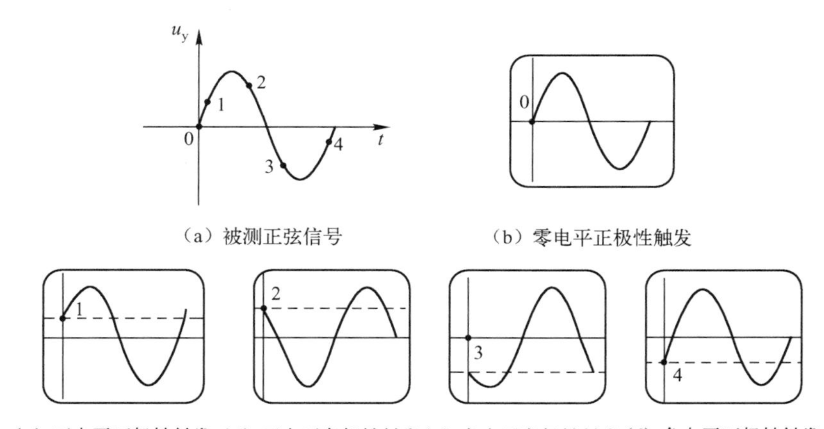

（a）被测正弦信号　（b）零电平正极性触发

（c）正电平正极性触发（d）正电平负极性触发（e）负电平负极性触发（f）负电平正极性触发

图 6.15　不同触发电平和触发极性下所显示的波形

2. 扫描电路

扫描电路用来产生线性良好的锯齿波，现代示波器通常用扫描信号发生器环来产生扫描信号。扫描信号发生器环又称时基电路，常由扫描闸门及比较和释抑电路等组成，如图 6.16 所示。

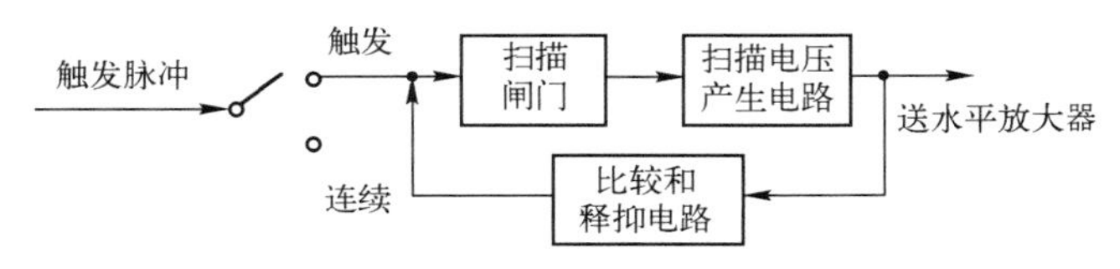

图 6.16　扫描信号发生器环组成框图

扫描闸门产生快速上升或下降的闸门信号，闸门信号启动扫描电压产生电路工作，产生锯齿波电压信号，同时把闸门信号送给增辉电路，以便在扫描正程加亮扫描的光迹。比较和释抑电路在扫描开始后将扫描闸门封锁，不再让它受到触发，直到扫描电路完成一次扫描且恢复到原始状态之后，比较和释抑电路才解除对扫描闸门的封锁，使其准备接受下一次触发。比较和释抑电路可确保得到稳定的扫描锯齿波，防止干扰和误触发。

扫描闸门的输入端接收来自三个方面的信号。首先由一个电位器给它一个直流电压信号，此外它还接收来自触发电路的触发脉冲信号、来自比较和释抑电路的释抑信号。

扫描电路形成的锯齿波电压信号经水平放大器放大后，被加至水平偏转板。这个电压与时间成正比，可以用荧光屏上的水平距离代表时间。定义荧光屏上单位长度所代表的时间为示波器的扫描速度 S，则

$$S=t/x \tag{6.6}$$

式中，x——光点在水平方向偏转的距离；

t——偏转距离 x 所对应的时间。

3．水平放大器

水平放大器的基本作用是选择水平方向的信号，并将其放大到足以使光点在水平方向达到满偏的程度。由于示波器除显示随时间变化的波形外，还可以作为一个纵横图示仪来显示任意两个波形间的关系，如显示李沙育图形，因此水平放大器的输入端有“内”“外”信号的选择。置于“内”时，水平放大器放大扫描信号；置于“外”时，水平放大器放大由面板上水平输入端直接输入的信号。

水平放大器的工作原理与垂直放大器类似，也是线性、宽带多级直接耦合放大器，改变水平放大器的增益可以使光点的轨迹在水平方向得到扩展，或对扫描速度进行微调，以校准扫描速度。改变水平放大器有关的直流电压也可以使光点的轨迹产生水平位移。

6.3.4 通用示波器的其他电路

前面介绍的示波器中的各种电路是示波器中的主要电路，在示波器中占有重要的地位。示波器中还有一些比较简单的电路，如高压电源、低压电源、Z 轴的增辉和调辉电路以及校准信号发生器等电路。

1．高压电源和低压电源

低压电源为电路提供所需的直流电压，根据需要分成若干组，一般采用串联式稳压电路。

高压电源多用于示波器的高、中压供电，属于二次电源，一般采用变换器将直流低压变换成中频高压，然后经倍压、整流得到所需的直流高压。

2．Z 轴的增辉和调辉电路

增辉电路的作用是将闸门信号放大，并将其加到示波管上，使显示的波形变亮。调辉电路的作用是将外调制信号或时标信号加到示波管上，使荧光屏显示的波形发生相应的变化。

3．校准信号发生器

校准信号发生器产生基准方波或正弦波信号，它为仪器提供校准信号源，以便进行示波器的垂直灵敏度和扫描速度的自校。

6.3.5　示波器的多波形显示

在电子测量技术中，常常需要同时观测几个信号，并对这些信号进行测量和比较，为了实现这一目的，常用的方法是多线示波和多踪示波。

1. 多线示波

多线示波是利用多枪示波管来实现的，如双线示波器，在示波管中有两个独立的电子枪产生两束电子束，同时为每束电子束配备了独立的偏转系统，偏转系统各自控制电子束的运动，荧光屏共用。测试时多线示波可以减小或消除各通道、各波形之间产生的交叉干扰，故可获得较高的测量准确度。但双线示波器的制造工艺要求高，成本也高，所以应用不是十分普遍。

2. 多踪示波

多踪示波器的组成与普通示波器类似，是在单线示波器的基础上增加了电子开关而形成的。电子开关按分时取样的原理，分别把多个垂直通道的信号轮流加到垂直偏转板上，最终实现多个波形的同时显示。多踪示波器实现简单，价格也低，因而得到了广泛应用。双踪示波器的工作原理框图如图 6.17 所示。

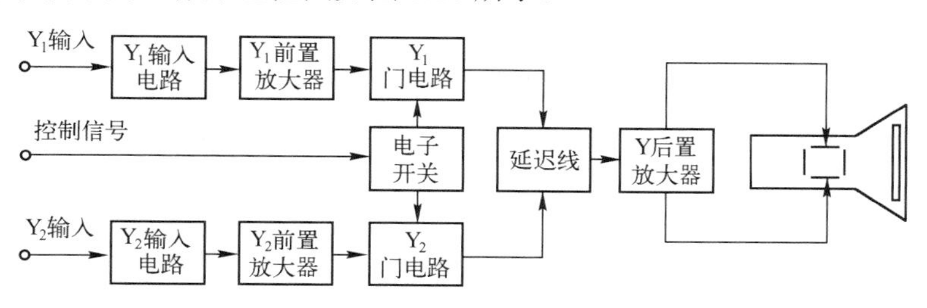

图 6.17　双踪示波器的工作原理框图

为了用单枪示波管同时观察两个信号，电路中设置了两套相同的垂直输入电路和垂直前置放大器，即 Y_1、Y_2 通道，两个通道的信号都经过门电路，门电路由电子开关控制，只要电子开关的切换频率满足人眼的视觉残留要求，就能同时观察到两个被测波形而无闪烁感。根据电子开关工作方式的不同，双踪示波器有以下 5 种显示方式。

（1）“Y_1”通道（CH_1）：接入 Y_1 通道，单踪显示 Y_1 的波形。

（2）“Y_2”通道（CH_2）：接入 Y_2 通道，单踪显示 Y_2 的波形。

（3）叠加方式（CH_1+CH_2）：两通道同时工作，Y_1、Y_2 通道的信号在公共通道放大器中进行代数相加后被加到垂直偏转板上。Y_2 通道的前置放大器内设有极性转换开关，可改变输入信号的极性，从而实现两信号的“和”或“差”的功能。

以上 3 种显示方式均为单踪显示，只显示一个波形。

（4）交替方式（ALT）：第一次扫描时接通 Y_1 通道，第二次扫描时接通 Y_2 通道，交替地显示 Y_1、Y_2 通道输入的信号，如图 6.18 所示。

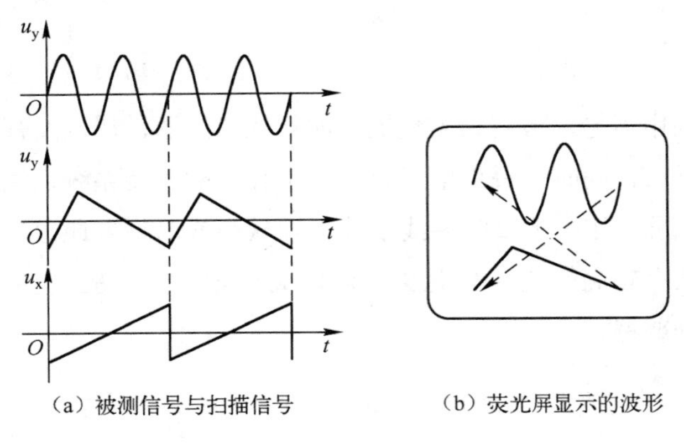

（a）被测信号与扫描信号　　（b）荧光屏显示的波形

图 6.18　交替显示的波形

显然，电子开关的切换频率是扫描频率的一半。由于扫描频率分挡可调，开关切换频率也跟随扫描频率变化。而一旦扫描频率低于 50Hz，开关切换频率会低于 25Hz 而产生闪烁，所以交替方式适于观测高频信号。

（5）断续方式（CHOP）：在一个扫描周期内，高速地轮流接通两个输入信号，被测信号波形由许多线段时断时续地显示出来。如图 6.19 所示，图形由 1～11 等线段组成。

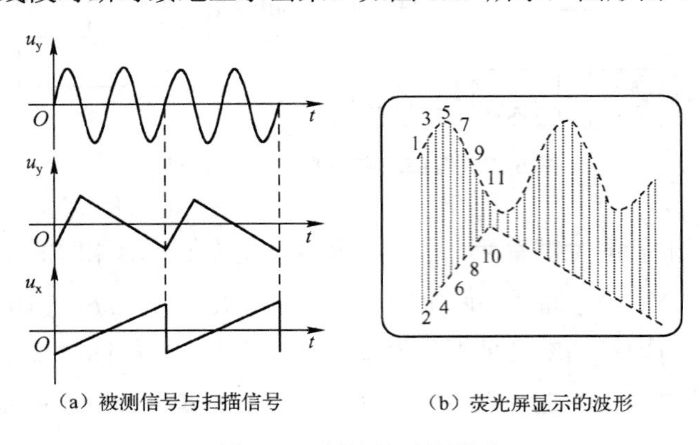

（a）被测信号与扫描信号　　（b）荧光屏显示的波形

图 6.19　断续显示的波形

电子开关工作于自激状态，开关切换频率一般为几百千赫兹，它不受扫描频率的影响，处于非同步工作方式。只有当开关切换频率远远高于被测信号频率时，人眼看到的波形才好像是连续的，否则波形断续现象明显。因此，断续方式适用于被测信号频率较低的情况。

6.4　取样示波器

由前面介绍的通用示波器显示波形的过程可知，无论是连续扫描还是触发扫描，它们都是在信号经历的实际时间内显示信号波形的，即测量时间（一个扫描正程）与被测信号的实际持续时间相等，故称实时测量，与此相应的示波器称为实时示波器。随着被测信号的频率越来越高，被测脉冲的前沿越来越陡，通用实时示波器的带宽受垂直放大器和示波管频率响应的限制已不能满足需要。取样示波器是解决上述问题的有效途径之一。

1．实时取样和非实时取样

取样就是从被测波形上取得样点的过程。取样分为实时取样和非实时取样两种。从一个信号波形中取得所有样点，来表示一个信号波形的方法称为实时取样，如图 6.20 所示；从被测信号的许多相邻波形上取得样点的方法称为非实时取样，或者称为等效取样，如图 6.21 所示。其实，对于非实时取样，信号间隔是灵活的，可以间隔 10 个、100 个甚至更多个波形取一个样点，这样更有利于观测高速信号。

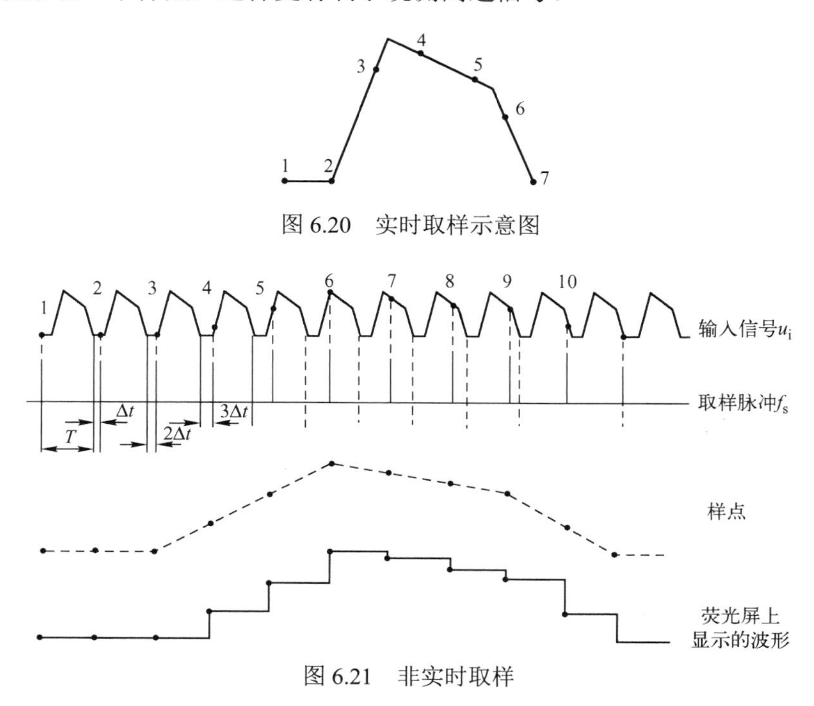

图 6.20　实时取样示意图

图 6.21　非实时取样

2．取样原理

当样点数足够多时，这些离散点就能够基本反映原波形。因此，取样保持器（取样保持电路）是核心电路。取样保持器在原理上可等效为一个开关和电容的串联，如图 6.22 所示。

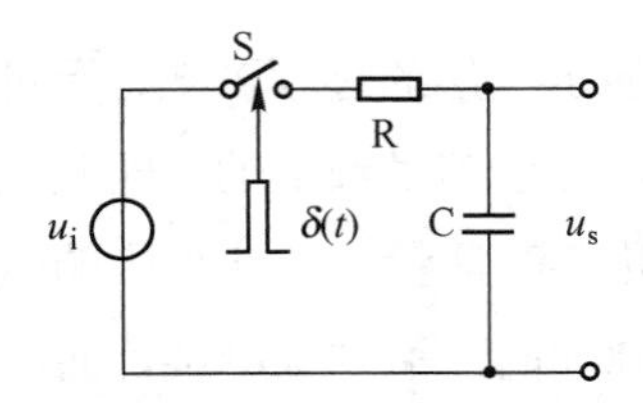

图 6.22　取样保持器的基本电路

在 $t=t_1$ 时，取样脉冲$\delta(t)$到来，S 闭合，输入信号 u_i 经电阻 R 对电容 C 充电，充到此刻对应的瞬时值。取样脉冲$\delta(t)$过去后，S 断开，电容 C 上电压维持不变。此时，输入信号 u_i 被取样，形成离散输出信号 u_s，u_s 称为取样信号。若取样脉冲宽度τ很窄，则可以认为输入信号幅度在时间τ内不变，即每次取样所得的离散的取样信号幅度就等于该次取样瞬间输入信号的瞬时值，对应于波形的样点 1。

在 $t=t_2$ 时，取样脉冲$\delta(t)$再次到来，S 闭合，输入信号 u_i 经电阻 R 对电容 C 充电，充电值对应于波形的样点 2。

依此类推，可取若干样点。取样时刻可以相隔很多个信号周期。

从图 6.21 可以看出，两个取样脉冲的时间间隔为 $mT+\Delta t$，m 为两个取样脉冲之间被测信号周期的个数（图中 $m=1$），所得的取样脉冲值的包络可重现原信号波形。正因为波形包络所经历的时间变长，故可用低频示波器显示。

显然，取样脉冲的周期为

$$T_\delta = T_i+\Delta t \tag{6.7}$$

式中，T_i——被测信号的周期；

　　Δt——步进延迟时间。

步进延迟时间Δt 决定了样点在各个波形上的位置，并使本次样点的位置比上次样点的位置推迟Δt，由于被测信号是波形完全相同的重复信号，可以利用具有“步进延迟”的宽度极窄的取样脉冲在被测信号各周期的不同相位上逐次取样，即每取样一次，取样脉冲比前一次延迟Δt，那么样点将按顺序取遍整个信号波形。

步进延迟时间Δt 与信号的最高频率应满足取样定理：

$$\Delta t \leqslant \frac{1}{2f_h} \tag{6.8}$$

式中，f_h——信号最高频率。

3．取样示波器的基本原理框图

图 6.23 为取样示波器的基本原理框图，与通用示波器类似，取样示波器主要由示波管、水平通道和垂直通道组成。与通用示波器比较，它增加了取样电路和步进脉冲发生器，这些电路都是为了对被测信号进行逐点取样而加入的。此外，为了观测信号前沿，必须把延迟线放在取样示波器的输入端。

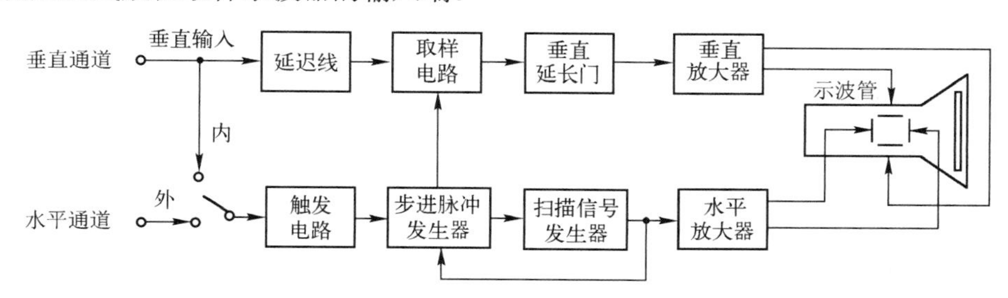

图 6.23　取样示波器的基本原理框图

（1）垂直通道。垂直通道由延迟线、取样电路（取样脉冲发生器）、垂直延长门和垂直放大器等电路组成。被测信号经延迟线后被送至取样电路，在步进延迟脉冲控制下取样。取样后得到的是一串串很窄的取样脉冲，取样脉冲幅度正比于取样的阶梯电压。取样得到的信号幅度一般只能达到被测信号的 2%～10%，所以在取样后必须对取样信号进行放大和脉冲延长，最后将信号送到垂直放大器。

（2）水平通道。水平通道主要包括触发电路、步进脉冲发生器、扫描信号发生器和水平放大器等电路。被测信号或外触发信号经触发电路产生所需的触发同步信号。该信号被送入步进脉冲发生器，步进脉冲发生器产生每隔 $mT+\Delta t$ 上升一级的阶梯波，并将阶梯波送到垂直通道，控制取样电路和垂直延长门。另外，将步进延迟脉冲送至阶梯波发生器，控制水平扫描电路，每一个步进延迟脉冲产生阶梯电压。阶梯电压每上升一级，荧光屏上隔一定距离就显示一个光点，所以取样示波器荧光屏上的扫描线是由断开的光点组成的。步进脉冲发生器的组成框图如图 6.24 所示。

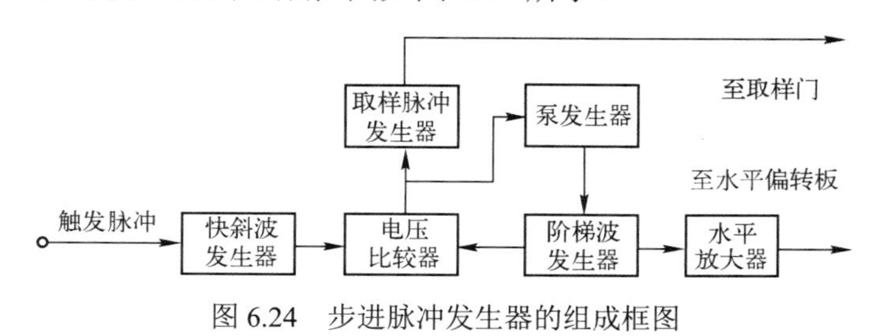

图 6.24　步进脉冲发生器的组成框图

4．取样示波器的主要参数

（1）取样示波器的带宽。一般来说，一个系统的带宽是指系统频率特性下降至 3dB 所对应的频率范围。取样示波器的带宽为

$$f_{3\text{dB}}=\frac{(0.44\sim0.64)}{\tau} \tag{6.9}$$

式中，τ——取样脉冲底边的宽度。

可见，取样示波器的带宽与取样脉冲底边的宽度成反比，所以在取样示波器中可通过调整取样脉冲底边的宽度来调整带宽。

由于取样以后信号频率已经降低，因此取样示波器的频率主要取决于取样门。首先取样门用的元器件（如取样二极管）的高频特性要足够好；另外，取样脉冲本身要足够窄，以保证在取样期间被观测的信号基本不变。当取样门所用元器件工作频率足够高时，取样门的最高工作频率与取样脉冲底边的宽度 τ 成反比。

（2）取样密度。取样密度是指电路扫描时，在荧光屏水平轴上显示的被测信号每格所对应的样点数，常用每厘米的光点数来表示，记为“点数/cm”。

每一个步进脉冲对应一个取样脉冲，同时每一个步进脉冲使阶梯电压上升一级，而阶梯波信号作为示波管的水平偏转信号，每个阶梯产生一个光点，因此，荧光屏上的光点总数为

$$n=\frac{U_s}{\Delta U_s} \tag{6.10}$$

式中，U_s——水平方向最大偏转电压；

ΔU_s——阶梯波每级上升的电压；

n——荧光屏上的光点总数。

由于荧光屏宽度是确定的，取样密度（每厘米的光点数）也被确定。

调整水平通道中阶梯波发生器的元器件参数，使ΔU_s变小，可使总样点数增加，即取样密度变大。样点越多，经取样后显示的波形越逼真。但取样密度过大，即阶梯数增加，在信号波形的同一点要经过 m 个周期才取样一次，因为每个样点相距 $mT+\Delta t$ 时间，这意味着扫描一次的时间较长，可能导致波形闪烁。

（3）等效扫速。等效扫速与通用示波器的扫描速度类似，表示荧光屏上每格所代表的扫描时间 t。

$$t=\frac{1}{N}\cdot\frac{U_s}{U_F}\cdot T_F \tag{6.11}$$

式中，U_s——水平方向最大偏转电压；

N——水平轴偏转格数；

T_F/U_F——快斜波的斜率的倒数。

由式（6.11）可知，等效扫速与快斜波的斜率成反比，与水平方向最大偏转电压成正比，其线性度取决于快斜波的线性度，在取样示波器中通过改变 U_s 和 U_F 来调整等效扫速。

（4）扫描延迟时间（t_d）。在取样示波器中，将信号经延迟线后送至取样门，由于高频延迟线不易制作，大多数取样示波器主要靠扫描延迟来观察信号的前沿，通过调节送至电压比较器的阶梯电压来实现。扫描延迟时间可用下式计算：

$$t_d=\frac{U_d}{U_F}\cdot T_F \tag{6.12}$$

式中，U_d——阶梯电压。

6.5　记忆示波器

通用示波器可以观察从低频到高频的周期性重复信号，但无法测量单次瞬变过程和非周期信号。此外，如果要将正在观察的信号和以前某一时刻的信号进行对比，通用示波器也无法实现。

记忆示波器可存储、记忆显示的波形。记忆示波器是由记忆示波管组成的示波器，也称 CRT 存储示波器。它的核心是记忆示波管。采用这种示波管，即使在断电的情况下，也可将波形记忆一周左右，在其荧光屏上装有栅网。它面向电子枪的一面涂有存储介质，这种介质具有良好的绝缘性能和发射二次电子的特性。示波管内有两种电子枪，一种是写入枪，它与通用示波器的电子枪类似；另一种是读出枪，又称泛射枪。

在记录波形之前，先给存储栅网加正电压，清除网上的电子。工作时，在被测信号的控制下，由写入枪发射电子束，在电子束打到存储栅网上后，被轰击过的地方将产生二次电子，因而在写入枪电子束扫描过的存储介质表面就记录了一幅与被测信号相同的波形图像，从而实现了存储功能。读出时，在低能量的读出枪发出的泛射电子束的作用下，那些被写入枪电子束扫描过的区域电位较高，泛射电子束可以通过存储栅网到达荧光屏，而其余的区域则阻止泛射电子束通过，穿过了存储栅网的泛射电子束在后加速极电场的加速下，轰击荧光屏使其发光，于是荧光屏上按原来的波形将存入的信号重新显示出来。

记忆示波器的垂直偏转系统和时基扫描电路与通用示波器相同。

6.6 数字存储示波器

与记忆示波器不同，数字存储示波器不能存储模拟信号，也不将波形存储在示波管内的存储栅网上，而是将捕捉到的波形通过 A/D 转换进行数字化，而后存入示波管外的数字存储器中。读出时，将存入的数字化波形经 D/A 转换还原成捕捉到的波形，然后在荧光屏上显示出来。数字存储示波器经常采用大规模集成电路和微处理器，在微处理器的统一指挥下工作，具有自动化程度高、功能强大等特点。

1. 基本组成框图

数字存储示波器的基本组成框图如图 6.25 所示。多数被测信号是模拟信号，通过 A/D 转换存入 RAM。在示波器中，为了在荧光屏上再现被测信号波形，需要依次从 RAM 中读出数据，并经过垂直 D/A 转换器和垂直放大器恢复为模拟信号，再作用于垂直偏转板。

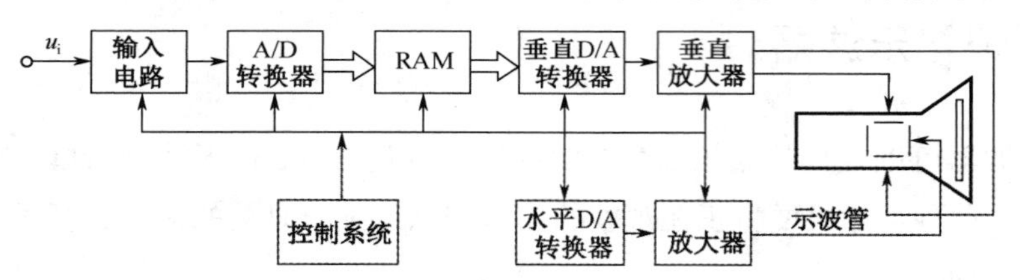

图 6.25 数字存储示波器的基本组成框图

2. A/D 转换器（ADC）和 D/A 转换器（DAC）

在数字存储示波器中，将模拟量进行数字化需要经过三个阶段，即取样、量化和编码。将模拟量进行数字化是由 A/D 转换器来完成的，因此，A/D 转换器是数字存储示波器的核心，它决定着示波器的最大取样速率、存储带宽、垂直分辨率等主要指标。宽带示波器中 A/D 转换器主要有并行比较式和并串比较式两大类。垂直偏转信号具有离散的幅度值，水平偏转板不能加锯齿波电压，而是与取样示波器类似，根据 RAM 中数码，经 D/A 转换产生阶梯波信号。

3. 控制系统

控制系统主要包括时基控制电路、存储控制电路和功能控制电路。数字存储示波器在控制系统的管理下完成各种测量任务，控制系统的核心是微处理器。根据系统的复杂程度，控制系统可分为单处理器系统或多处理器系统。

4．光标

通常数字存储示波器具有 4 条测量光标、2 条电压光标（水平方向）和 2 条时间光标（垂直方向），它们分别用来在荧光屏上表示所测量的电压差和时间差。

5．显示系统

由于被测信号已经被存储在存储器中，波形的显示和存储可以分开进行，因此数字存储示波器的显示方式灵活多样，具有点显示和矢量显示两种方式。在点显示方式中，直接显示样点，并可以测量该样点的坐标值；在矢量显示方式中，样点之间采用连线方式显示，在这种方式下能获得比较逼真的波形。与这两种方式对应，还可进行存储显示、抹迹显示、卷动显示、放大显示和 *X-Y* 显示等，也可以设置余辉时间、波形亮度、荧光屏网格、网格亮度，以适应不同情况下波形观测的需要。

6.7　示波器的基本测试技术

示波器种类繁多，要获得满意的测量结果，应根据测量任务合理选择和正确使用示波器。

6.7.1　模拟示波器的使用

1．使用注意事项

（1）使用前必须检查电网电压是否与示波器要求的电源电压一致。

（2）通电后应预热几分钟再调整各旋钮。注意各旋钮不要马上旋在极限位置，应先大致旋在中间位置，以便找到被测信号波形。

（3）注意示波器不宜开得过亮，且光点不宜长期停留在固定位置，特别是暂时不观测波形时，更应该将辉度调暗，以免缩短示波管的使用寿命。

（4）输入电压的幅度应控制在示波器的最大允许输入电压范围内。

（5）示波器的探头有的带有衰减器，读数时要注意。

（6）用示波器进行定量测量时，一定要注意校准。

2．模拟示波器面板和主要控键示意图

模拟示波器面板如图 6.26 所示。

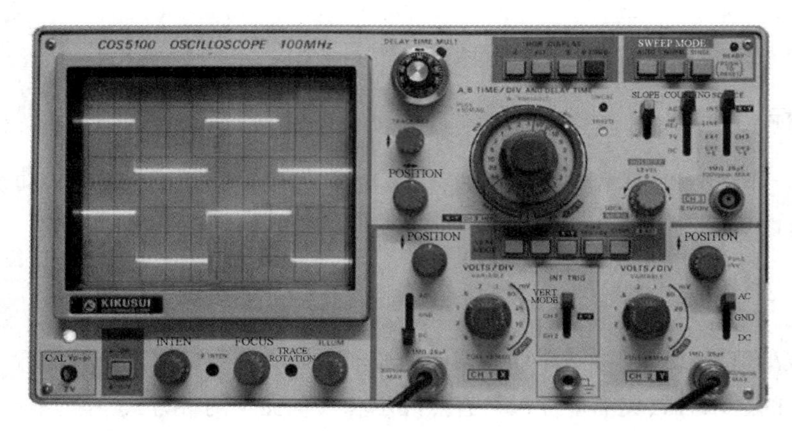

图 6.26　模拟示波器面板

“INTEN”：亮度调节旋钮，调节轨迹或光点的亮度。

“FOCUS”：聚焦调节旋钮，调节轨迹或光点的聚焦。

“TRACE ROTATION”：轨迹旋钮，调整水平轨迹与刻度线相平行。

显示屏：显示信号的波形。

“VOLTS/DIV”：垂直衰减旋钮（垂直灵敏度开关），调节垂直灵敏度，从 5mV/div～10V/div，共 10 个挡位。

“CH1X”：通道 1 被测信号输入连接器，在 *X-Y* 模式下，作为 *X* 轴输入端。

“CH2Y”：通道 2 被测信号输入连接器，在 *X-Y* 模式下，作为 *Y* 轴输入端。

“AC-GND-DC”：垂直系统输入耦合开关，用来选择被测信号进入垂直通道的耦合方式。“AC”：交流耦合。“DC”：直流耦合。“GND”：接地。

“↕ POSITION”：垂直位置调节旋钮，调节显示波形在荧光屏上的垂直位置。

VERT MODE：垂直方式选择开关，置“CH1”挡或“CH2”挡时单踪显示；置“ALT”挡时，交替显示；置“ADD”挡时，显示 CH1+CH2 信号；置“CHOP”挡时，断续显示。

“SLOPE”：触发极性选择按键。释放为“+”，上升沿触发；按下为“−”，下降沿触发。

COUPLING：触发信号耦合方式开关。置“AC”挡时，交流耦合；置“DC”挡时，直流耦合；置“HFRJ”挡时，交流耦合并抑制 50kHz 以上的高频信号；置“TV”挡时，触发电路连接电视同步分离电路，由 T/div 开关选择 TV 的行同步信号或场同步信号。

“TIME/DIV AND DELAY TIME”：水平扫描速度旋钮（扫描速度开关），扫描速度从 0.2μs/div 到 0.5s/div 共 20 挡。置“X-Y”挡时，示波器可工作在 *X-Y* 模式。

SWEEP MODE：扫描方式选择开关，置“AUTO”挡时，自动扫描，无触发信号时，扫描电路处于自激状态，形成连续扫描；置“NORM”挡时，触发扫描，当无触发信号时，扫描电路处于等待状态，无扫描线；置“SINGLE”挡时，单次扫描。

“⬌POSITION”：水平位置调节旋钮。调节信号波形在荧光屏上的水平位置。

“CAL”：示波器校正信号输出端。提供幅度为 2V、频率为 1kHz 的方波信号，用于校正 10∶1 探头的补偿电容器和检测示波器垂直与水平偏转因数等。

“⏚”：示波器机箱的接地端子。

3．探头的正确使用

由于示波器放大器的输入阻抗不够高，加到被测电路上会对电路造成影响，所以示波器一般使用探头输入。常见探头为低电容高电阻探头，它带有含金属屏蔽层的塑料外壳，内部装有一个 RC 并联电路，其一端接探针，另一端通过屏蔽电缆接到示波器的输入端。

使用这种探头，探头内的 RC 并联电路与示波器的 R_iC_i 并联电路组成了一个具有高频补偿功能的 RC 分压器，如图 6.27 所示。

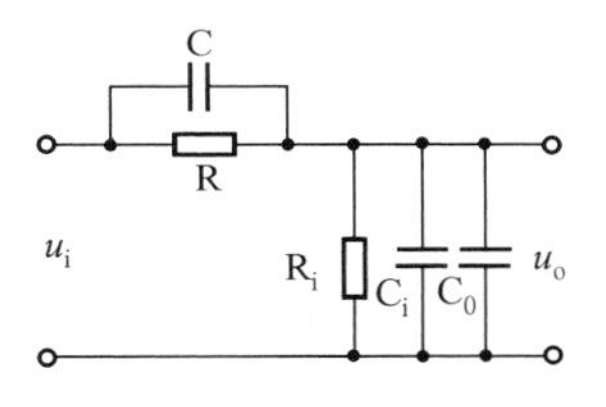

图 6.27　RC 分压器电路

当满足 $RC=R_iC_i'$ 时，RC 分压器的分压比为 $R_i/(R_i+R)$，与频率无关，其中 $C_i'=C_i+C_0$。一般取分压比为 10∶1，若 R_i=1MΩ，则 R=9MΩ。

由图 6.27 可得，探针的输入电阻 $R'=R+R_i$=10MΩ，而探针的输入电容 $C'\approx 1\Big/\left(\dfrac{1}{C_i}+\dfrac{1}{C}\right)$，因为 $C'<<C_i$，故称为低电容探头。由此可见，低电容探头的应用使输入阻抗大大增大，使输入电容大大减小。但是，由于探头具有 10 倍的衰减作用，使示波器的灵敏度也下降为原来的 1/10。

从上面的推导可以看出，探头和示波器是配套使用的，不能随意更换，否则将会导致分压比误差增加或高频补偿不当。特别对于低电容探头，如果示波器垂直通道的输入级放大管更换引起输入阻抗改变，或探头更换，都有可能造成高频补偿不当而产生波形失真。

低电容高电阻探头应定期校正，具体方法如下：将良好的方波电压信号通过探头加到示波器上，若高频补偿良好，应显示如图 6.28（a）所示波形。

若欠补偿或过补偿，则分别会出现图 6.28（b）和图 6.28（c）所示波形，这时可微调电容，直至出现良好的方波为止。在没有方波发生器时，可利用示波器本身的校准信号校准电压。

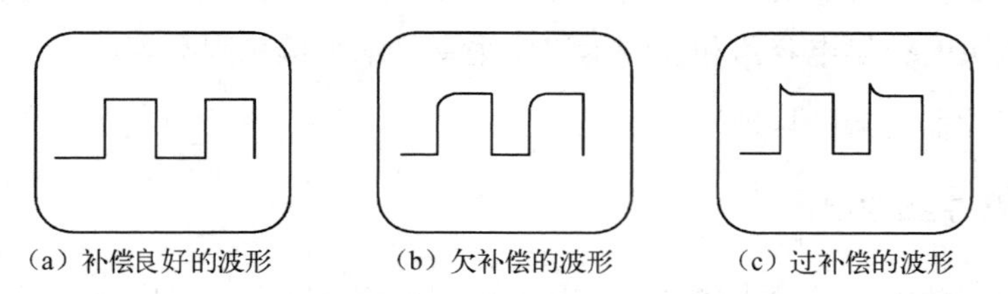
（a）补偿良好的波形　（b）欠补偿的波形　（c）过补偿的波形

图 6.28　不同补偿时的波形图

4. 直流电压的测量

（1）测量原理。示波器测量直流电压是利用被测电压在荧光屏上呈现一条直线，该直线偏离扫描基线（零电平线）的距离与被测电压的大小成正比的关系进行的。被测直流电压为

$$U_{DC} = h \cdot D_y \tag{6.13}$$

式中，U_{DC}——被测直流电压；

h——被测直流电压对应直线偏离零电平线的距离；

D_y——示波器的垂直灵敏度。

若使用带衰减器的探头，应考虑探头衰减系数。此时，被测直流电压为

$$U_{DC}=h \cdot D_y \cdot k \tag{6.14}$$

式中，k——用于测量的探头的衰减系数。

（2）测量方法。

① 将示波器的垂直灵敏度微调旋钮置校准挡，否则电压读数不准确。

② 将待测信号送至示波器的垂直输入端。

③ 确定零电平线。将示波器的输入耦合开关置“GND”挡，调节垂直位移旋钮，将荧光屏上的零电平线移到荧光屏的中央，即水平坐标轴上。此后，不能再调节垂直位移旋钮。

④ 确定直流电压的极性。置垂直灵敏度开关于适当位置，将示波器的输入耦合开关

拨向“DC”挡，观察此时水平亮线的偏转方向，若位于前面确定的零电平线上，则被测直流电压为正极性；若低于零电平线，则为负极性。

⑤ 读出被测直流电压对应直线偏离零电平线的距离 h。

⑥ 根据式（6.13）或式（6.14）计算被测直流电压。

例 6.1　如图 6.29 所示，h=4cm、D_y=0.5V/cm、k=10∶1，求被测直流电压。

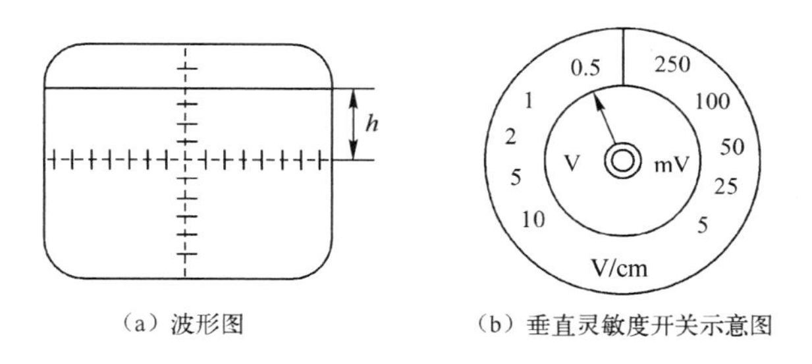

（a）波形图　　（b）垂直灵敏度开关示意图

图 6.29　例 6.1 图

解：根据式（6.14）可得：

$$U_{DC}=h\cdot D_y\cdot k=4\times0.5\times10=20\text{（V）}$$

5. 交流电压的测量

利用示波器测量交流电压，除了可以测量各种波形的瞬时值（如电压幅度值，包括脉冲和各种非正弦波电压的幅度值），还可以直接测量非正弦波形，这是其他电压测量仪表（如电压表等）无法做到的。利用示波器，可以测量一个脉冲波形的各部分电压幅度，如上冲、顶部下降量等。

（1）测量原理。使用示波器测量交流电压的最大优点是可以直接观测到波形，可看到波形是否失真，还可显示其频率和相位。

但是，使用示波器只能测量交流电压的峰-峰值，或任意两点之间电位差值，其有效值或平均值是无法通过读数得到的。被测交流电压的峰-峰值为

$$U_{P\text{-}P}=h\cdot D_y \tag{6.15}$$

式中，$U_{P\text{-}P}$——被测交流电压的峰-峰值；

h——被测交流电压波峰和波谷的高度差或任意两点间的高度差；

D_y——示波器的垂直灵敏度。

若使用带衰减器的探头，应考虑探头的衰减系数。此时，被测交流电压的峰-峰值为

$$U_{P\text{-}P}=h\cdot D_y\cdot k \tag{6.16}$$

式中，k——用于测量的探头的衰减系数。

（2）测量方法。

① 将示波器的垂直灵敏度微调旋钮置校准挡，否则电压读数不准确。

② 将待测信号送至示波器的垂直输入端。

③ 将示波器的输入耦合开关置“AC”挡。

④ 调节扫描速度，使显示的波形稳定。

⑤ 调节垂直灵敏度开关，使荧光屏上显示的波形适当，记录 D_y。

⑥ 读出被测交流电压波峰和波谷的高度差或任意两点间的高度差 h;

⑦ 根据式（6.15）或式（6.16）计算被测交流电压的峰-峰值。

例 6.2 如图 6.30 所示，$h = 8\text{cm}$、$D_y = 0.5\text{V/cm}$，求被测交流电压的峰-峰值和有效值。

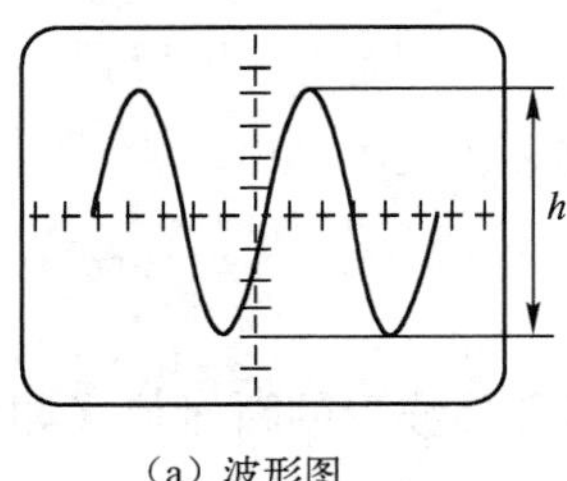

（a）波形图

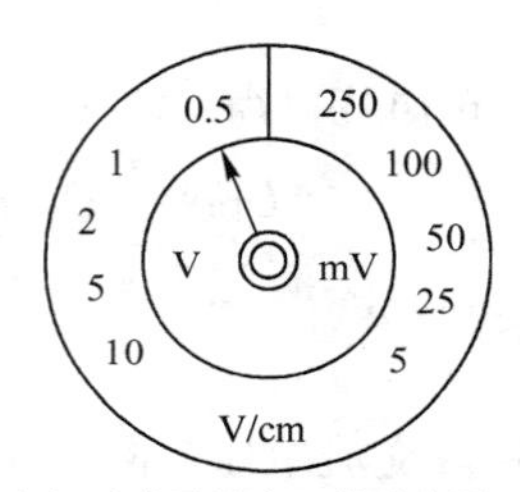

（b）垂直灵敏度开关示意图

图 6.30 例 6.2 图

解：根据式（6.15）可得交流电压的峰-峰值为

$$U_{\text{P-P}}=h\cdot D_y=8\times 0.5=4\text{（V）}$$

交流电压的有效值为

$$U=\frac{U_{\text{P}}}{\sqrt{2}}=\frac{U_{\text{P-P}}}{2\sqrt{2}}=\frac{4}{2\sqrt{2}}\approx 1.41\text{（V）}$$

例 6.3 已知示波器的垂直通道处于“校准”模式，垂直灵敏度开关置“250mV/cm”挡，由垂直输入端直接输入信号，在荧光屏上显示的波形如图 6.31（a）所示，求由 4 个脉冲组成的脉冲列中，幅度的最大差值是多少?

解：由图 6.31 可见，脉冲幅度的最大差值为脉冲 1 和脉冲 3 的差值，这两点在荧光屏上的距离 h 为 6.8cm。由于垂直通道处于“校准”模式并为直接输入，因此可利用式（6.15）得到幅度的最大差值：

$$U_{P-P}=h\cdot D_y=6.8\times 0.25=1.7\text{（V）}$$

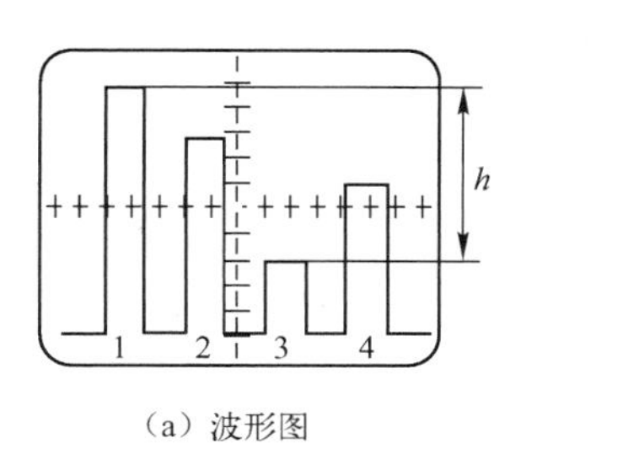

（a）波形图

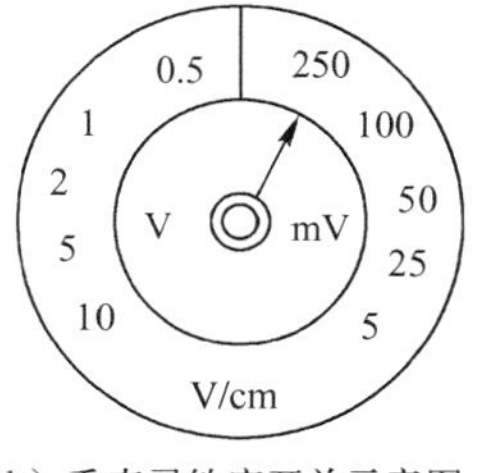

（b）垂直灵敏度开关示意图

图 6.31　例 6.3 图

6. 周期和频率的测量

线性扫描时，若扫描电压线性变化的速率和水平放大器的电压增益一定，那么扫描速度也为定值，荧光屏的水平轴就是时间轴。这样，可用示波器直接测量整个波形（或波形任何部分）的时间。

（1）测量原理。对于周期性信号，周期和频率互为倒数，只要测出其中一个量，另一个量可通过公式 $f=1/T$ 求出。

用示波器测量时间的原理与用示波器测量电压相同，它们的区别在于测量时间要着眼于水平测量系统。被测交流信号的周期为

$$T=xD_x \tag{6.17}$$

式中，T——被测交流信号的周期；

x——被测交流信号的一个周期在荧光屏水平方向的长度；

D_x——示波器的扫描速度。

若使用了水平方向扩展倍率开关，应考虑扩展倍率的作用。此时，被测交流信号的周期为

$$T=xD_x/k_x \tag{6.18}$$

式中，k_x——水平方向的扩展倍率。

（2）测量方法。

① 将示波器的扫描速度微调旋钮旋至校准挡，否则时间读数不准确。

② 将待测信号送至示波器的垂直输入端，调节垂直灵敏度开关，使荧光屏上显示的波形适当。

③ 将示波器的输入耦合开关置“AC”挡。

④ 调节扫描速度，使显示的波形稳定，并记录 D_x。

⑤ 读出被测交流信号的一个周期在荧光屏水平方向的长度 x。

⑥ 根据式（6.17）或式（6.18）计算被测交流信号的周期。

例 6.4 荧光屏上显示的波形如图 6.32（a）所示，被测交流信号一个周期在荧光屏水平方向的长度 x=7cm，扫描速度开关置“10ms/cm”挡，扫描扩展旋钮置“拉出×10”挡，求被测交流信号的周期。

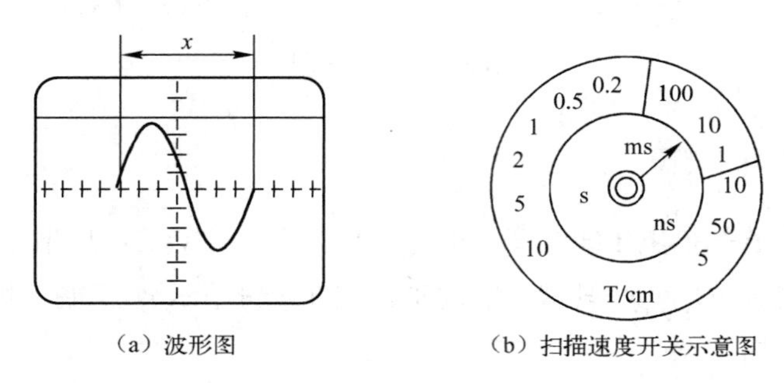

（a）波形图　　（b）扫描速度开关示意图

图 6.32　例 6.4 图

解：根据式（6.18）可得被测交流信号的周期为

$$T=xD_x/k_x=\frac{7\times10}{10}=7\text{（ms）}$$

由例 6.4 可见，用示波器测量交流信号的周期是比较方便的。但由于示波器的分辨率较低，所以测量误差较大。有时为了提高测量准确度，可采用多周期测量法，即测量周期时，取信号的 N 个周期，读出交流信号 N 个周期在荧光屏水平方向的长度 x_1，则被测信号的周期为

$$T=x_1D_x/N \tag{6.19}$$

式中，N——荧光屏上选定的测量周期数；

x_1——N 个周期信号在荧光屏水平方向的长度。

7．时间间隔的测量

（1）用示波器测量同一信号中任意两点 A 与 B 之间的时间间隔的方法与周期的测量方法相同。如图 6.33（a）所示，点 A 与点 B 的时间间隔为

$$t_{A\text{-}B}=x_{A\text{-}B}\cdot D_x \tag{6.20}$$

式中，$t_{A\text{-}B}$——同一信号中任意两点 A 与 B 间的时间间隔；

$x_{A\text{-}B}$——点 A 与点 B 间的波形在荧光屏水平方向的长度。

（2）若 A、B 两点分别为脉冲波前后沿的中点，则所测时间间隔为脉冲宽度，如图 6.33（b）所示。

（3）若采用双踪示波器，可测量两个信号的时间差。将两个被测信号分别输入示波器的两个通道，采用双踪显示方式，调节相关旋钮，使波形稳定且有合适的长度，然后选择合适的起始点，即将波形移到某一刻度上，如图 6.33（c）所示，将 B 脉冲的起点向左移 1 格，最后读出两个被测信号起始点间的水平距离，则两个被测信号的时间间隔为

$$t_{\text{A-B}}=x_{\text{A-B}}\cdot D_{\text{x}}$$

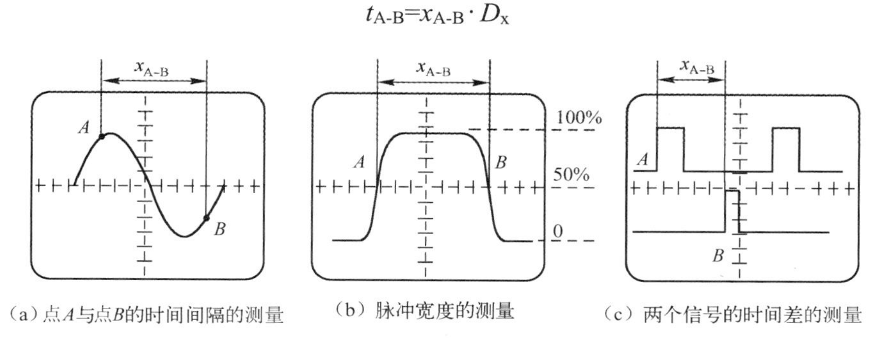

（a）点A与点B的时间间隔的测量　（b）脉冲宽度的测量　（c）两个信号的时间差的测量

图 6.33　测量信号的时间间隔

8．脉冲上升或下降时间的测量

由于示波器的垂直放大器内安装了延迟线，因此采用内触发方式可测量脉冲波形的上升或下降时间。测量方法是读出波形显示幅度 10%～90%范围的前沿和后沿，如图 6.34 所示。

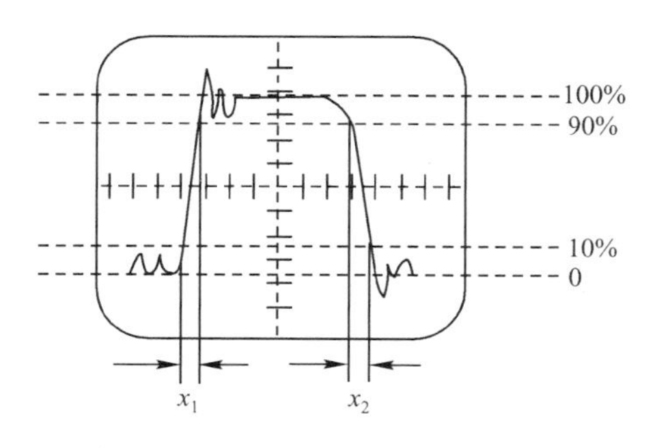

图 6.34　测量脉冲的上升或下降时间

上升时间为

$$t_1 = x_1 \cdot D_{\text{x}} \tag{6.21}$$

下降时间为

$$t_2 = x_2 \cdot D_{\text{x}} \tag{6.22}$$

在这种测量中，应注意示波器的垂直通道本身存在固有的上升时间，这会对测量结果有影响，尤其是当被测脉冲的上升时间接近示波器本身的固有上升时间时，误差更大，必须修正。这是因为由荧光屏上测得的上升时间实际上包含了示波器本身固有的上升时间。测得的上升时间可按下式修正：

$$t_{\mathrm{r}} = \sqrt{t_{\mathrm{rx}}^2 - t_{\mathrm{r0}}^2} \tag{6.23}$$

式中，t_{r}—— 被测脉冲的实际上升时间；

t_{r0}—— 示波器本身固有的上升时间；

t_{rx}—— 荧光屏上显示的上升时间。

一般情况下，t_{rx} 比 t_{r0} 大 5 倍以上时，t_{r0} 可忽略；当 t_{rx} 与 t_{r0} 相差很小时，虽然采用式（6.23）进行了修正，但仍会有较大误差，这点应注意。

9．相位的测量

相位的测量实际是相位差的测量，因为信号 $U_{\mathrm{m}}\sin(\omega t+\varphi)$的相位$\omega t+\varphi$是随时间变化的，测量绝对相位是无意义的。因此，具有实际意义的相位测量是指两个同频率的正弦信号之间的相位差的测量。

1）双踪示波法测量相位

利用示波器线性扫描下的多波形显示是测量相位差的最直观、最简便的方法。

相位测量的原理是把一个周期完整的信号波形相位定为 360°，然后将两个信号在水平轴上的时间差换算成弧度值。测量方法是将欲测量的两个信号 A 和 B 分别接到示波器的两个通道，将示波器设置为双踪显示方式，采用幅度较大的波形进行触发，调节有关旋钮，使荧光屏上显示两个大小适中的稳定波形，如图 6.35 所示。先测出一个周期的信号波形在水平方向上的长度 x_{T}，然后测量两波形上对应点（如过零点、峰值点等）之间的水平距离 x，则两信号的相位差为

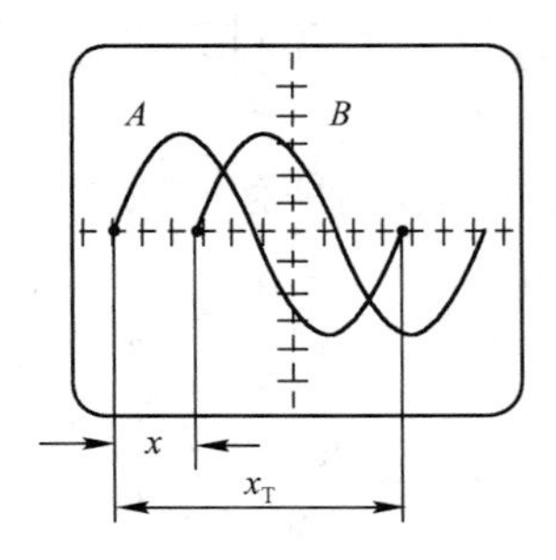

图 6.35　测量两个信号间的相位差

$$\Delta\varphi=\frac{x}{x_{\mathrm{T}}}\times360^{\circ} \tag{6.24}$$

式中，x——两个波形上对应点之间的水平距离；

x_{T}——一个周期的被测信号波形在水平方向上的长度。

尽管可以采用一些措施减小误差，但由于光迹不可能聚焦得非常细，读数时又有一定的误差，因此使用双踪示波法测量相位差的准确度不高，尤其是相位差较小时误差更大。

2）李沙育图形法测量频率或相位

李沙育图形法是在示波器水平通道和垂直通道分别输入被测信号和已知信号，调节已知信号的频率使荧光屏上呈现稳定的图形，这些图形称为李沙育图形，根据已知信号的频率（或相位）便可求得被测信号的频率（或相位）。李沙育图形法既可测量频率，又可测量相位。

（1）测量频率。测量时，将可调的标准频率信号 f_{x} 加到水平通道，被测信号加到垂直通道，在示波器的荧光屏上引一条水平线与一条垂直线分别与李沙育图形相交，即可得到李沙育图形与水平线、垂直线的交点数。图 6.36 为几种不同频率、不同相位的李沙育图形。

φ	0°	45°	90°	135°	180°
$\frac{f_{\mathrm{y}}}{f_{\mathrm{x}}}=1$					
$\frac{f_{\mathrm{y}}}{f_{\mathrm{x}}}=\frac{2}{1}$					
$\frac{f_{\mathrm{y}}}{f_{\mathrm{x}}}=\frac{3}{1}$					
$\frac{f_{\mathrm{y}}}{f_{\mathrm{x}}}=\frac{3}{2}$					

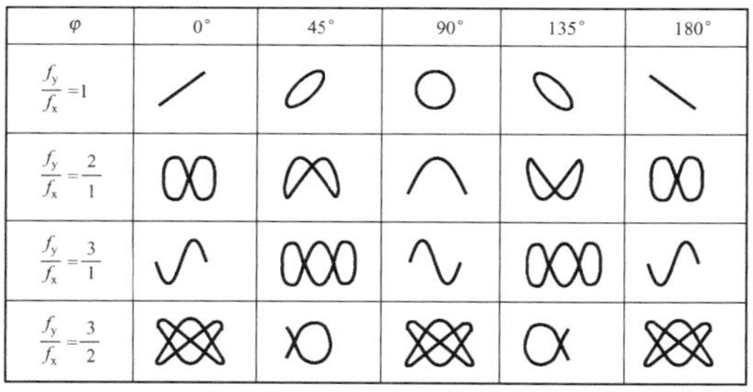

图 6.36　几种不同频率、不同相位的李沙育图形

在 X-Y 显示方式下，如果在水平、垂直通道分别加上正弦信号，当被测信号作用于示波器的垂直通道输入端时，正弦波在一个周期内和横轴（水平线）相交两次，有两个交点；同样，正弦波作用在示波器的水平通道输入端时，正弦波在一个周期内和纵轴（垂直线）相交两次，也有两个交点。交点数不同，表示显示的正弦波的周期数是不同的。因此，用李沙育图形与水平线、垂直线的交点数以及已知信号的频率就可求得被测信号的频率：

$$\frac{f_{\mathrm{y}}}{f_{\mathrm{x}}}=\frac{n_{\mathrm{x}}}{n_{\mathrm{y}}}$$

或者

$$f_x = \frac{n_y}{n_x} \cdot f_y \tag{6.25}$$

式中，f_y——已知信号的频率；

n_y——荧光屏上水平线与李沙育图形的交点数；

n_x——荧光屏上垂直线与李沙育图形的交点数。

由于这种方法采用的是频率比，因而它的测量准确度取决于标准频率的准确度和稳定度。这种方法适用于被测信号频率和标准频率十分稳定的低频信号，而且一般要求两频率比最大不超过 10，否则图形过于复杂而难以测量。

（2）测量相位。在低频相位差的测量中，常采用李沙育图形法（也称为椭圆法）。这种方法是把要求相位差的两个同频率、同幅度的正弦信号分别送入示波器的垂直通道和水平通道，使示波器工作在 X-Y 显示方式，这时示波器的荧光屏上会显示一个椭圆波形，即李沙育图形，如图 6.37 所示。最后由椭圆上点的坐标可求得两个信号的相位差：

$$\Delta\varphi=\arcsin\frac{y_0}{y_m}$$

或者

$$\Delta\varphi=\arcsin\frac{x_0}{x_m} \tag{6.26}$$

式中，$\Delta\varphi$——两信号的相位差；

x_0、y_0——椭圆在横轴、纵轴上截距的一半；

x_m、y_m——荧光屏上光点在横轴、纵轴方向上的最大偏转距离的一半。

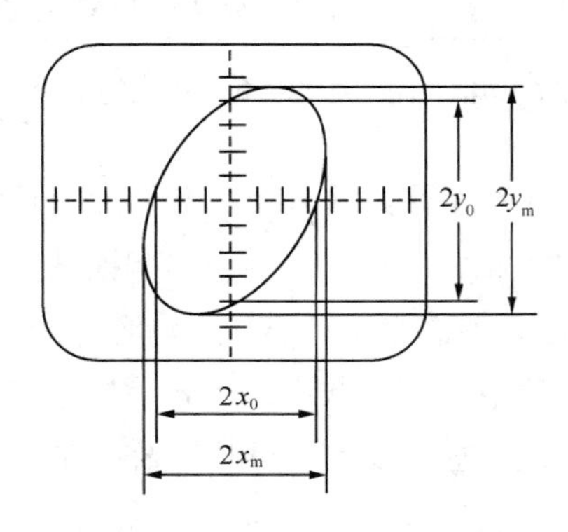

图 6.37　李沙育图形法测量信号的相位差

由式（6.26）可以看出，x_0、x_m 或 y_0、y_m 都是在一个轴上测量的，因而与示波器的垂直灵敏度或水平灵敏度没有关系。特别地，当$\Delta\varphi$=0°、$\Delta\varphi$=180°时，椭圆变成了 45°

或 135° 的斜线；当$\Delta\varphi$=90°、$\Delta\varphi$=270° 时，椭圆变成了圆。

虽然李沙育图形法的测量过程比双踪示波法复杂，但其测量结果比双踪示波法要准确。

6.7.2　数字存储示波器及应用

与模拟示波器相比，数字存储示波器具有更强大的功能和更广泛的应用，如显示、观察、测量、存储、取出、处理电量与非电量的瞬变过程；分析数字电路与计算机电路的脉冲波形；研究脑电、心电、肌电、胃电等生理信号；记录、存储爆炸单次脉冲和冲击波；捕捉尖峰干扰信号；测量信号的平均值、频谱等；测量和处理高速数字系统的暂态信号等。尤其现代实时数字存储示波器更是将电压表、频率计、信号源、万用表等的功能集于一身，完成多种测试任务。

1．性能指标

数字存储示波器除具有与通用示波器相同的指标外，还有其特有的技术指标，主要包括以下几个。

（1）取样速率。取样速率是指单位时间内获取的被测信号的样点数。目前，在数字存储示波器的垂直通道中，限制取样速率的因素主要是 A/D 转换速度。因此，取样速率通常是指对被测信号进行取样和 A/D 转换的最高频率，通常用最高频率或一次取样和 A/D 转换的最短时间表示，如北京普源精电科技有限公司研制的 MSO/DS4000 系列数字存储示波器的实时取样速率（模拟通道）达 4×10^9 Sa/s（Sample/s）。

（2）存储带宽。模拟示波器的存储带宽是以 3dB 带宽定义的，而数字存储示波器的存储带宽是指以存储方式工作时的带宽定义的。根据取样定理，存储带宽上限值应低于最高取样频率的 1/2。

（3）波形捕获率。MSO/DS4000 系列数字存储示波器的波形捕获率为每秒 110000 个波形。

（4）测量分辨率。测量分辨率通常用 A/D 转换器或 D/A 转换器的二进制位数表示，位数越多，分辨率越高，测量误差和波形失真越小，如 MSO/DS4000 系列数字存储示波器的垂直分辨率为 8bit，垂直通道灵敏度最小为 1mV/div；水平通道灵敏度最小为 5ns/div。

（5）断电存储时间。断电存储时间通常指存储器断电后能保存波形的最长时间。

（6）测量计算功能。数字存储示波器具有丰富的测量计算功能，如自动测量模式可以测量最大值、最小值、峰-峰值、平均值、过冲、预冲、占空比等波形参数；数学运算模式可以进行波形运算、快速傅里叶变换计算和窗类型选择等多重波形运算。

（7）触发延迟范围和触发功能。触发延迟范围说明信号触发点与时间参考点的相对位置的变化范围，又分为正延迟（后触发）和负延迟（预触发），一般用格数或字节数表示。例如，MSO/DS4000 系列数字存储示波器的正延迟为 1~5000s；负延迟不小于荧光屏宽度所代表时间的一半，具备边沿、脉冲宽度、斜率和码型等多种触发模式。

（8）输出信号。该指标说明数字存储示波器输出信号的种类和特性，主要包括输出信号的种类、数据编码方式、输出信号电平和通信接口类型等。

2．使用前准备

（1）开机自校准。自校准程序可迅速使数字存储示波器达到最佳工作状态。当数字存储示波器处于通电状态时，按下电源键，数字存储示波器将自动进行一系列自校准，自校准结束后出现开机界面。

（2）设置探头衰减比和连接探头。一般示波器配有无源探头，通常先设置探头衰减比，再连接探头。将探头接地鳄鱼夹接至电路接地端，再将探针连接到电路测试点。

（3）功能检查。将数字存储示波器探头的两端分别连到被测信号通道和标准信号输出端，观察数字存储示波器显示的波形，如显示的波形出现过补偿或欠补偿现象应进行调整。

（4）通道基本功能设置：包括通道选择和调整通道垂直挡位、水平时基及触发参数等操作，这些操作可使波形易于观测与测量。图 6.38 为 MSO/DS4000 系列数字存储示波器 4 通道界面，界面分三大部分：中间为波形显示区，左边为测量菜单，右边为通道参数设置面板。

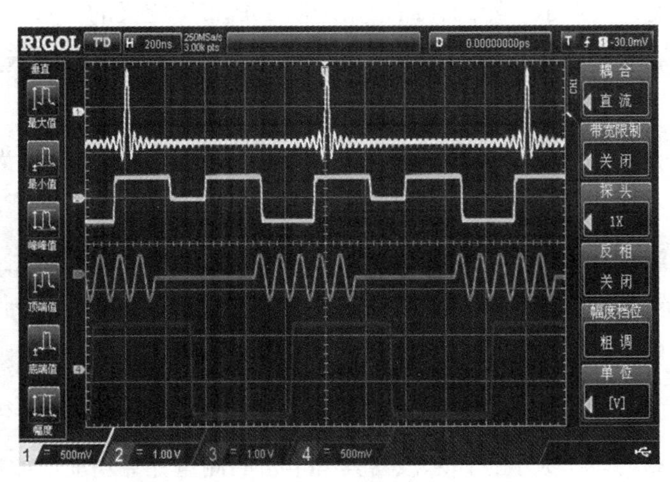

图 6.38　数字存储示波器 4 通道界面

（5）自动测量启动。将示波器正确连接到电路中，检测到输入信号后，按下 AUTO 键，示波器将启用波形自动测量功能，同时打开测量菜单。需要注意的是，自动测量功能对信号幅度、频率、占空比等有一定限制。图 6.39 为 MSO/DS4000 系列数字存储示波器自动测量界面。该示波器可以测量周期、频率、上升时间、下降时间、正脉冲宽度、负脉冲宽度和正占空比。

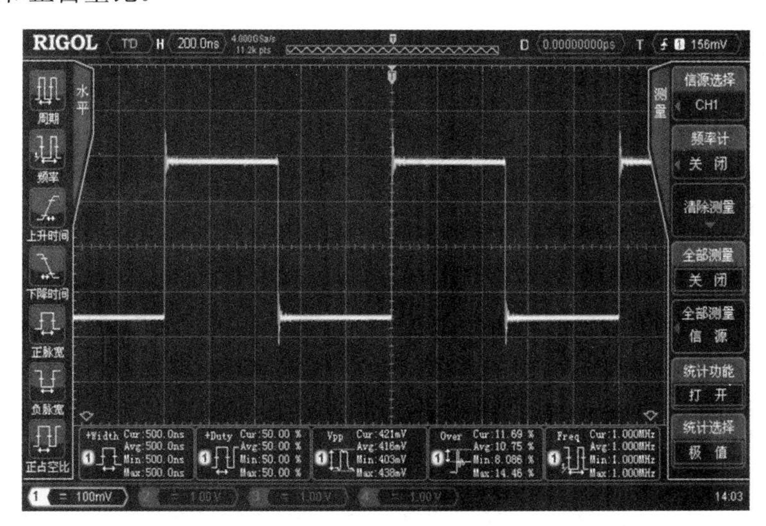

图 6.39　数字存储示波器自动测量界面

3. 典型测量

1）Δt 和Δu 的测量

数字存储示波器可测量信号波形任一部分的时间和电压，即Δt 和Δu。

通用示波器测量Δt 和Δu 是通过荧光屏的垂直坐标和水平坐标刻度读取测量数据的，这种测量方法既麻烦又欠准确，一般相对测量精度只能达到 1%～3%。数字存储示波器则与之完全不同，它可在荧光屏上对要测量的信号部位加上光标，数字存储示波器就能记录这两个样点的位置和相应的数据，并计算出Δt 和Δu，最后自动以字符表示测量结果。测量主要步骤如下：

（1）启动光标测量，选择光标类型。使用光标测量前，将信号输入示波器并获得稳定波形。所有自动测量参数都可以调节。按下“光标模式”键，启动光标测量，并选择光标测量类型。X 型光标为一条垂直实线和一条垂直虚线，通常用来测量时间参数；Y 型光标为一条水平实线和一条水平虚线，通常用来测量电压参数。

（2）选择测量源。

（3）调节光标位置。

（4）选择纵轴、横轴的单位。

2）通道间波形运算

通常数字存储示波器可进行通道间波形的多种数学运算，如加法、减法、乘法、除法、快速傅里叶变换等，数学运算的结果还可以测量。图 6.40 为 MSO/DS4000 系列数字存储示波器通道 1 和通道 2 的波形相加设置界面，其功能是将通道 1 和通道 2 的波形值逐点相加并显示结果。

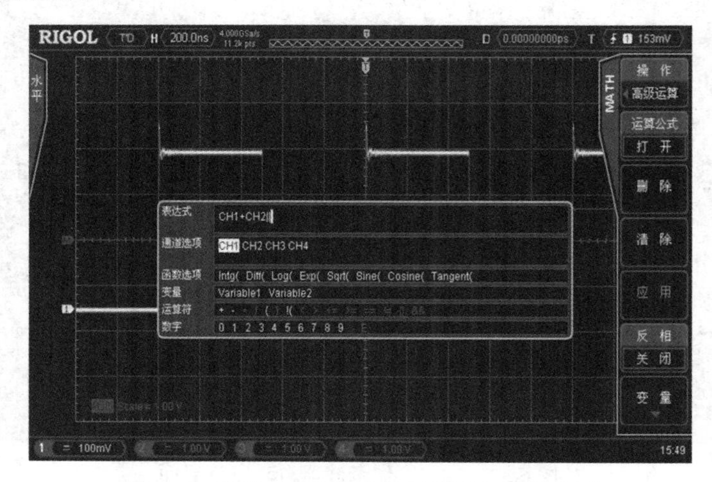

图 6.40　通道 1 和通道 2 的波形相加设置界面

3）快速傅里叶变换

数字存储示波器对指定的信号进行快速傅里叶变换，将时域信号转变为频域信号，可以方便地测量系统中的谐波分量和失真，测量直流电源中的噪声特性，分析振动。主要的操作步骤如下：

（1）选择快速傅里叶变换功能，设置快速傅里叶变换的参数，如信源通道、垂直位移、垂直挡位、中心频率、窗函数等。

（2）设置显示方式。MSO/DS4000 系列数字存储示波器可以采用半屏和全屏显示方式。半屏显示方式中，信源通道和快速傅里叶变换结果分屏显示，时域信号和频域信号一目了然；全屏显示方式中，信源通道和快速傅里叶变换结果在同一屏中显示，可以更清晰地观察频谱和进行精确测量。

4）捕捉尖峰干扰

数字存储示波器提供了峰值检测模式。虽然一个取样区间对应很多取样时钟，但峰值检测模式在一个取样区间内只检测其中的最大值和最小值作为有效样点。无论尖峰位于何处，宽范围的高速取样保证了尖峰总能被数字化，而且尖峰上的样点必定是本区间的最大值或最小值，其中正尖峰对应最大值，负尖峰对应最小值，这样尖峰脉冲就能可靠地检出、存储并显示。峰值检测模式非常适合在较大时基范围内捕捉重复的尖峰干扰或单脉冲干扰。

5）存储和调用

用户可将当前数字存储示波器的参数设置、波形等以多种格式保存到内部存储器或外部 USB 设备中，在需要时再重新调出已保存的信息，用于分析。

微课 8：数字存储示波器的使用

6.8　扩展知识：相关检测法

相关检测法是应用信号周期性和噪声随机性的特点（相关信号只与信号本身相关，与噪声无关，而噪声之间一般是不相关的），通过自相关或互相关运算去除噪声、检测信号的一种方法。

1. 自相关函数和自相关检测

自相关函数用来度量同一随机过程前后的相关性。对于周期信号、阶跃信号及随机信号等功率有限信号，自相关函数定义为先将信号和时间延迟信号相乘，然后在整个周期上积分并求平均值。根据定义，自相关检测原理框图如图 6.41 所示

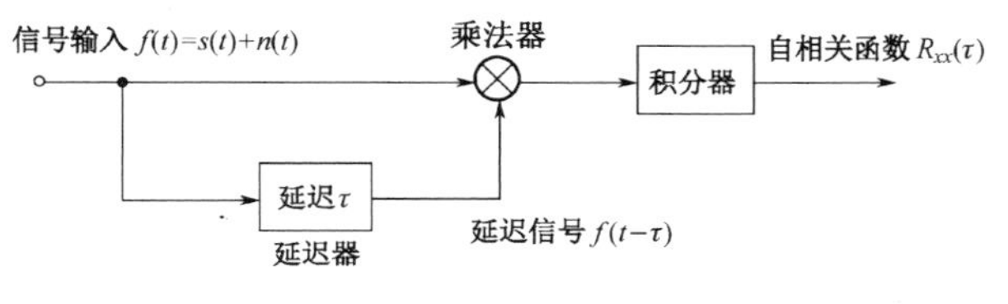

图 6.41　自相关检测原理框图

由于信号与噪声是互不相关的随机过程，并且随机噪声的平均值为零，改变延迟时间τ，重复计算，就能得到自相关函数与延迟时间τ的关系曲线，曲线包含信号所携带的信息。若信号为等周期矩形脉冲序列，则其自相关函数为三角形脉冲。在τ值较小的区间内，信号的自相关函数淹没在噪声的自相关函数中，当τ增加时，噪声很快衰减，信号就可以被提取。

2. 互相关函数和互相关检测

互相关函数用来度量两个随机过程间的相关性。对于周期信号、阶跃信号及随机信号等功率有限信号，互相关函数定义为先将叠加噪声的信号和本地延迟信号相乘，然后

在整个周期上积分并求平均值。根据定义，互相关检测原理框图如图 6.42 所示。

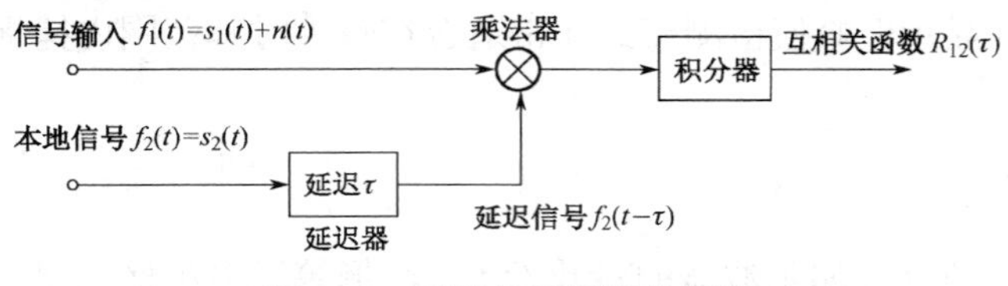

图 6.42　互相关检测原理框图

由于本地信号与噪声是互不相关的随机过程，并且随机噪声的平均值为零，同样改变延迟时间τ，重复计算，就能得到互相关函数与延迟时间τ的关系曲线，曲线包含信号所携带的信息。如果两个随机过程相互独立，则互相关函数将是一个常数，它等于两个随机函数的平均值的积；若其中有一个平均值是零，则互相关函数处处为零。

互相关检测原理中只有信号和本地信号的相关输出，去掉了噪声项，因此它的输出信噪比高。从提高信噪比的观点看，互相关接收比自相关接收更有效。

3．同步累积法

同步累积法基于噪声的随机性和信号的稳定性。当信号重复多次时，每个周期的信号受到的干扰是不同的，信号重复的次数越多，接收机输出的信号就越接近于原信号，使信噪比提高。只要累积次数足够多，就可以使输出信噪比达到我们的要求。

同步积分器、取样积分器和多点信号平均器都是基于同步累积法的检测仪。同步积分器又称相干滤波器，采用对信号和噪声进行多次累积平均的方法，将已知频率的信号从强噪声中提取出来。同步积分器原理框图如图 6.43 所示。

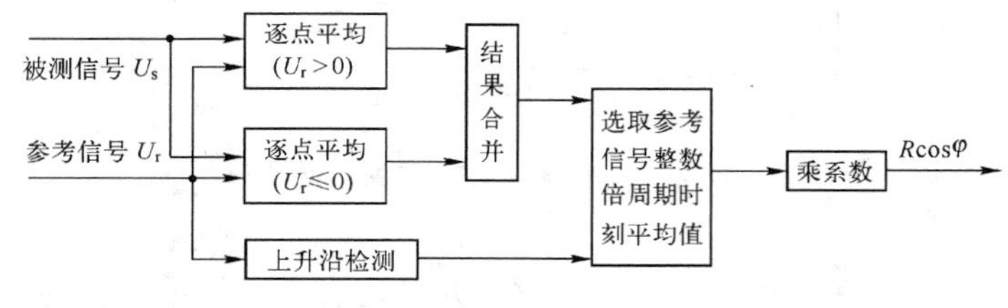

图 6.43　同步积分器原理框图

4．锁相放大器的应用

锁相放大器是利用互相关原理设计的一种同步相干检测仪。它利用和被测信号有相同频率或相位的参考信号作为比较基准，只对被测信号本身以及那些与参考信号同频（或倍频）、同相的噪声分量有响应，大幅度抑制无用噪声，改善信噪比。锁相放大器原理框图如图 6.44 所示，从原理图可以看出，一般锁相放大器包括信号通道、参考通道和相关器三大部分。

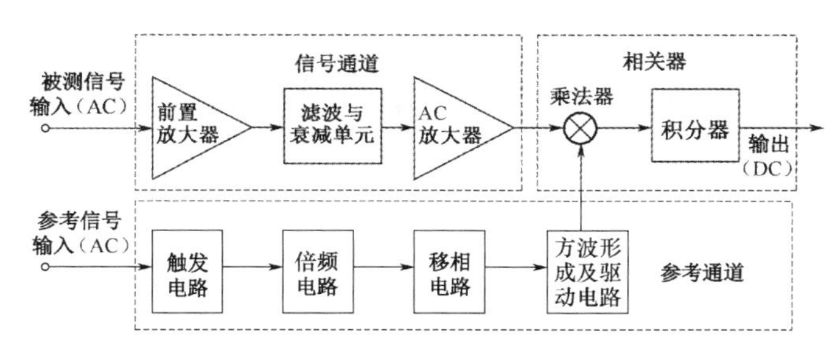

图 6.44　锁相放大器原理框图

信号通道的主要作用是将弱信号放大到足以推动相关器工作的电平，并抑制和滤出部分干扰及噪声，扩大仪器的动态范围，一般包括前置放大器、滤波与衰减单元和 AC 放大器等，是乘法器的一路输入。

参考通道输入的是和被测信号具有相同频率的参考信号，是乘法器的另一路输入，一般包括触发电路、倍频电路、移相电路、方波形成及驱动电路。

相关器完成被测信号与参考信号的互相关运算，包括乘法器和积分器两部分，是锁相放大器中的关键部分。

当参考信号为正弦波时，相关器允许与参考信号同频的正弦波或略有偏移的正弦波通过，阻隔了其他频率的信号，锁相放大器相当于以参考信号频率为中心频率的带通滤波器；当输入信号和参考信号为同频方波时，相关器允许基波及奇次谐波通过，对偶次谐波等其他频率的信号起抑制作用，即相当于一个梳状滤波器。基于软件的锁相放大器的信号检测系统界面如图 6.45 所示，幅值（幅度值）相对误差最大不超过 1%。

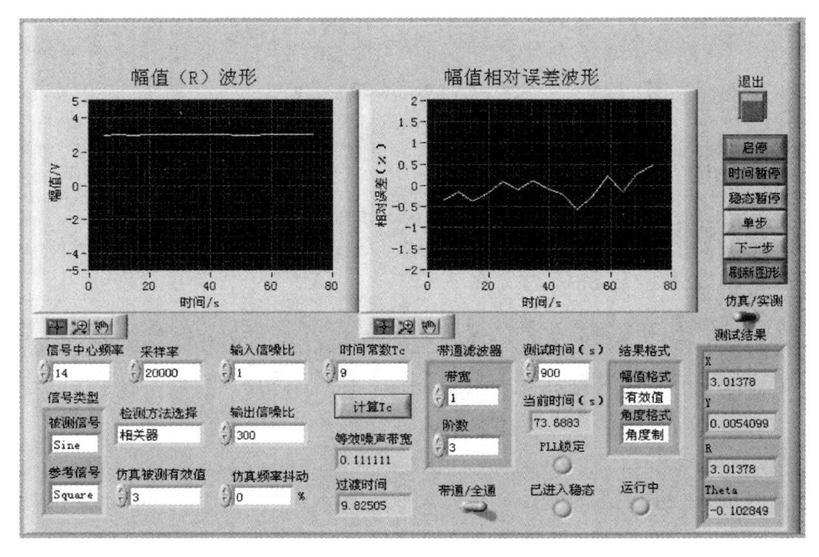

图 6.45　基于软件的锁相放大器的信号检测系统界面

实训项目5　函数信号发生器性能指标的测量

1．项目内容

函数信号发生器作为多波形信号源，输出波形多，功能齐全，是应用广泛的信号输出仪器。此项目为典型工作任务，参照函数信号发生器生产厂家检验标准设计。实施过程综合应用前面章节叙述的测量技术，对一个基于单片机设计的函数信号发生器的输出频率、输出电压幅度、衰减系数、幅度平坦度、线性度、前后过渡时间、脉冲占空比、调制失真度、扫频特性等技术指标进行测量，并对该函数信号发生器性能给出综合性评价。

2．项目相关知识点提示

（1）输出频率准确度。在函数信号发生器的每个波段分别取低、中、高三个点进行测量并记录测量值。频率相对误差按下式计算：

$$\gamma_{\mathrm{f}}=\frac{f_0-f}{f}\times 100\% \tag{6.27}$$

式中，f_0——被测频率的标称值；

f——被测频率的测量值。

（2）输出频率稳定度。令函数信号发生器工作于等幅状态，频率设为任意一挡的较高值，或根据用户要求选取，函数信号发生器预热1h后，用频率计每隔15min测一次频率，连续测8h，依次测得$f_1,f_2,\cdots,f_{33}$，然后按式（6.28）计算频率稳定度：

$$\delta_{\mathrm{f}}=\frac{f_{\max}-f_{\min}}{f_0}\times 100\% \tag{6.28}$$

式中，$f_{\max}$——8h内实测频率最大值；

$f_{\min}$——8h内实测频率最小值；

f_0——被测频率的标称值。

（3）衰减系数。一般函数信号发生器衰减旋钮设置了0dB、20dB、40dB、60dB和80dB挡位，应对所有挡位进行测量。衰减系数A_i采用相对电压（电平）公式计算：

$$A_{\mathrm{i}}=20\lg U_0/U_{\mathrm{i}} \tag{6.29}$$

式中，U_0——电压表初始电压值；

U_{i}——衰减器挡位键按下后相应各挡的实际电压值。

（4）幅度平坦度的计算：

$$\delta = \frac{U_i - U_0}{U_0} \times 100\% \tag{6.30}$$

或

$$\Delta = 20\lg\frac{U_i}{U_0}$$

式中，U_0——1kHz或指定基准频率点的电压实际值；

U_i——各频率点电压实际值。

（5）线性度。线性度的计算主要针对三角波和锯齿波，按式（6.31）计算线性度δ_{LD}：

$$\delta_{LD} = \frac{\Delta u_{max}}{U_{P-P}} \times 100\% \tag{6.31}$$

式中，Δu_{max}——各点电压实际值与拟合曲线的最大偏差；

U_{P-P}——被测电压峰-峰值。

（6）前后过渡时间。前后过渡时间的测量主要针对方波和脉冲波进行，稳态幅度从10%变为90%所需的时间即前过渡时间；从90%变为10%所需的时间为后过渡时间。

（7）脉冲占空比C按式（6.32）计算：

$$C = \frac{\tau}{T} \times 100\% \tag{6.32}$$

式中，τ——被测信号的脉冲宽度；

T——被测信号的脉冲周期。

3. 项目实施和思考

（1）所需实训设备和附件：被测函数信号发生器1台、测量设备（包括频率计、100MHz双踪模拟示波器或数字存储示波器、脉冲电压表、取样数字电压表、失真度测量仪、调制度测量仪、直流电压表）和测试夹具若干。

（2）测量方案的拟定。根据项目要求，选择测量仪器，拟定测量方案和步骤。对输出频率、输出电压幅度、衰减系数、幅度平坦度、线性度、前后过渡时间、脉冲占空比、调制失真度、扫频特性等技术指标进行测量，记录数据，并对该函数信号发生器给出综合性评价。

（3）测量步骤。

① 输出频率准确度的测量。将函数信号发生器输出端与频率计输入端相接，将函数

信号发生器输出电压幅度设定为 1V 左右，先选择正弦波信号输出，依次在每个波段分别取低、中、高三个点进行频率测量并记录频率值。然后选择函数信号发生器输出的其他波形信号进行测量。

② 输出频率稳定度的测量。将函数信号发生器输出置于等幅状态，频率设置为任一波段的最大值，函数信号发生器预热 1h 后，用频率计每隔 15min 测一次频率，连续测量 8h。

③ 输出电压幅度的测量。将函数信号发生器输出波形设置为正弦波，幅度设置为最大值，频率设置为 1kHz，直流偏置设为零，调制断开。脉冲电压表（峰值检波电压表）和示波器的输入端并联接在函数信号发生器的输出端，调节脉冲电压表电平，调节电位器和示波器垂直偏转系数，分别测量正弦波顶部电压及底部电压，然后计算输出电压幅度。

再将函数信号发生器输出波形分别设置为三角波、锯齿波、方波，测量输出电压幅度。

④ 衰减系数的测量。将函数信号发生器的输出波形设置为正弦波，频率设置为 1kHz，幅度设置为最大值，直流偏置设为零，依次将衰减旋钮设置在 0dB、20dB、40dB、60dB 和 80dB 挡位，测量接入衰减器后输出的电压。

⑤ 幅度平坦度的测量。将函数信号发生器输出波形设置为正弦波，直流偏置设为零，在每个频段范围选取高、中、低三个频率点，依次读取电压表测得的电压值，计算幅度平坦度。

⑥ 正弦波总失真系数的测量。将函数信号发生器输出波形设置为正弦波，幅度设置为最大值，直流偏置设为零，频率分别设置为 10Hz、1kHz、10kHz、100kHz、1000kHz，用失真度测量仪测量输出各频率点的失真系数。

⑦ 三角波和锯齿波线性度的测量。将函数信号发生器输出波形依次设置为三角波、锯齿波，幅度设为 2V，频率设为 10kHz，直流偏置设为零，对取样数字电压表设置相应参数。调整取样数字电压表的触发延迟时间，依次测量上升沿 10%、20%、…、90%处的电压值；改变触发延迟时间，依次测量下降沿 90%、80%、…、10%处的电压值，根据测量结果计算线性度。锯齿波下降沿为垂直线，无须测量。

⑧ 前（后）过渡时间。将函数信号发生器输出波形设置为方波（或脉冲波），幅度设为最大值，频率设为 100kHz，直流偏置设为零，调节示波器扫描因数，微调到校准位置，使被测波形占到荧光屏的 80%，测量前后过渡时间。

⑨ 脉冲占空比。将函数信号发生器脉冲输出幅度设为最大值，频率设为 1kHz，直流偏置设为零，测量脉冲宽度，然后计算脉冲占空比。

⑩ 调幅系数。将函数信号发生器输出设置为内调幅，幅度设置为 1V，载波频率可设置为 500kHz 或 10MHz，调制频率设置为 10kHz。调节示波器，使被测波形幅度最大值尽量占满荧光屏垂直刻度，测量载波信号包络最大、最小峰-峰值，然后计算调幅系数。

⑪ 频偏。将函数信号发生器输出设置为内调频，幅度设置为 1V，调制波形可选择方波或正弦波，载波频率设置为 100kHz，调制频率设置为 10kHz。调节示波器使被测波形幅度最大值尽量占满荧光屏水平刻度，测量载波信号周期变化峰值，然后计算频偏。

（4）测量数据记录和分析。记录测量结果并计算，与函数信号发生器给定的技术指标进行比对，得出该函数信号发生器本次测量的准确度结论。

本章小结

示波器是时域分析的典型仪器，也是当前电子测量领域中品种最多、数量最大、最常用的一种仪器。示波器可直接观察并测量信号的幅度、频率、周期等基本参数，可显示两个信号之间的关系，还可以直接观测一个脉冲信号的前后沿、脉冲宽度、上冲、下冲等参数。

通用示波器工作原理是其他类型示波器工作原理的基础。只要掌握通用示波器的结构、特性及使用方法，就可以较容易地掌握其他类型示波器的原理与应用。通用示波器主要由示波管、垂直通道和水平通道三部分组成。此外，它还包括电源电路，提供示波管和仪器电路中需要的多种电源。

取样示波器解决了通用实时示波器的带宽、频率响应受限制的问题，可以测试更高频率的信号、更陡峭的脉冲前沿。与通用示波器比较，其增加了取样电路和步进脉冲发生器。

数字存储示波器在微型计算机的统一管理下工作，与模拟示波器相比，具有很多优点，如利用数字存储示波器可观察短暂而单一的事件，对不同波形进行比较，对偶发事件进行自动监测，记录和保留信号，通过与微型计算机连接，可分析瞬变信号。数字存储示波器具有良好的信号存储和数据处理能力，可捕捉尖峰干扰信号、测量信号的平均值和频谱、测量和处理高速数字系统的暂态信号等。数字存储示波器由于使用简单，功能齐全，将会发挥越来越大的作用。

习　题　6

6.1　通用示波器包括哪些单元？各有什么功能？

6.2　如果被测正弦信号的周期为 T，扫描锯齿波的正程时间为 $T/4$，逆程时间可忽略，其中被测信号加在垂直输入端，扫描信号加在水平输入端，试用绘图法说明信号的显示过程。

6.3　怎样控制扫描电压的幅度？

6.4　对示波器的扫描电压有什么要求？

6.5　比较触发扫描和连续扫描的异同点。

6.6　一示波器荧光屏的水平长度为10cm，要求显示两个周期10MHz的正弦信号，问示波器的扫描速度应为多少？

6.7　有一正弦信号，使用垂直灵敏度为10mV/div的示波器进行测量，测量时信号经过衰减系数为10∶1的探头加到示波器上，测得荧光屏上波形的高度为7.07div，问该信号的峰值、有效值各为多少？

6.8　延迟线的作用是什么？延迟线为什么要放置在内触发单元后？

6.9　某示波器的带宽为120MHz，探头的衰减系数为10∶1，上升时间为 $t_0=3.5\text{ns}$。用该示波器测量一方波信号发生器输出波形的上升时间 t_x，从示波器荧光屏上测出的上升时间 $t_0=11\text{ns}$。问方波的实际上升时间为多少？

6.10　什么是交替显示？什么是断续显示？两者对频率有何要求？

6.11　根据李沙育图形法测量相位的原理，试用绘图法画出相位差为0°和180°时的图形，并说明图形为什么是一条直线。

6.12　用示波器测量电压和频率时产生误差的主要原因是什么？

6.13　在通用示波器中调节下列开关、旋钮的作用是什么？应在哪个电路单元中调节？

（1）辉度；（2）聚焦和辅助聚焦；（3）X 轴移位；（4）触发方式；（5）Y 轴移位；（6）触发电平；（7）触发极性；（8）垂直灵敏度粗调（V/div）；（9）垂直灵敏度细调；（10）扫描速度粗调（T/div）；（11）扫描速度微调；（12）稳定度。

6.14　采用非实时取样示波器能否观察非周期性重复信号？能否观察单次信号？为什么？

6.15　叙述记忆示波器和数字存储示波器的特点。

6.16　数字存储示波器与模拟示波器相比有何特点？

第 7 章　频域测试技术

7.1　概述

1．频域和时域的关系

通常一个过程或信号可以表示为时间 t 的函数 $f(t)$，以时间为自变量，以被测信号（电压、电流、功率）为因变量。通过对时域信号的分析可发现信号通过电路后被放大、衰减或发生畸变的现象；可测定电路工作在线性区或非线性区；可判断电路设计是否符合要求。例如，示波器就常用来观测信号电压随时间的变化，它是典型的时域分析仪器。

另外，过程或信号还可以表示为频率或角频率的函数 $s(\omega)$，以频率为自变量，以频率分量的信号值为因变量。通过对频域信号的分析，可以显示被测电路的频率特性、确定信号的谐波分量，还可以了解信号的频谱占用情况等。其中，频率特性测试仪和频谱分析仪是典型的频域分析仪器。

任何一个过程或信号，既可在时域进行分析来获取其各种特性，也可以在频域进行分析来获取其各种特性，如图 7.1 所示。但某些测量只能在时域里进行，如测量脉冲的上升时间和下降时间，测量过冲和振铃等都需要用时域测量技术。测得一个信号的时域表征，通过傅里叶变换，可以求得其相应的频域表征；反之亦然。针对不同的实际情况，时域分析和频域分析各有其具体适用的场合，两者是相辅相成、互为补充的。

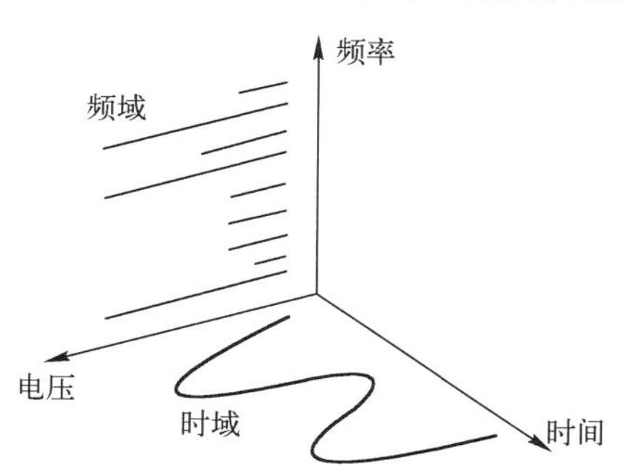

图 7.1　时间、频率和电压的三维坐标

2．常用频域测试仪器

对频域特性进行分析和测量的仪器很多，常见的有以下几种：

（1）频率特性测试仪（扫频仪）。频率特性测试仪能对各种宽带放大器、高频放大器、雷达、滤波器等的频率特性（包括幅频特性、带宽及回路 Q 值等）进行测量。

（2）频谱分析仪。频谱分析仪用于分析信号中的各个频率分量的幅度值、功率、能量和相位的关系。

（3）选频电压表。选频电压表采用调谐滤波的方法，选出并测量信号中某些频率分量。

（4）调制域分析仪。调制度的分析测量是对各种频带的射频信号进行解调，恢复调制信号，并测量调制度。使用调制域分析仪可测量信号的频率、相位和信号出现的时间间隔随时间变化的规律。

（5）相位噪声分析仪。振荡信号源的相位噪声特性用谱密度来表征，因而对相位噪声的分析也要用到频谱分析。对网络的分析也是通过信号分析来进行的，因而与信号的频率分析技术密切相关。

（6）数字信号处理机。数字信号处理机是新发展起来的一类分析仪器，它采用快速傅里叶变换和数字滤波等数字信号处理技术，对信号进行包括频谱分析在内的多种分析。

7.2　频率特性测试仪

频率特性测试仪是根据扫频原理工作的，它是能在一定频率范围内实现全扫、宽扫、窄扫和点扫的高频测量仪器，也称为扫频仪。它能够直接在示波管的荧光屏上显示被测电路的频率特性。与示波器不同的是，频率特性测试仪的横坐标为频率值，纵坐标为电平值，而且在显示图形上叠加有频率标志。它广泛应用于广播电视、卫星通信和雷达接收机等的测试。

7.2.1　频率特性的基本测量方法

要测量线性网络的频率特性，应给予激励信号。激励信号的不同，决定了频率特性测量方法的不同，常见的测量方法有静态的正弦波点频测量法、动态的正弦波扫频测量法、采用具有素数关系的多正弦波序列的多频测量法及采用伪随机信号的广谱快速测量法。

1. 点频测量法

点频测量法是保持输入正弦波信号大小不变，逐点改变输入信号的频率，测量相应的输出电压，如测量电路的幅频特性时，取得不同频率对应的放大倍数，即可绘制幅频特性曲线。

2. 扫频测量法

采用扫频测量法时，扫频频率的变化是连续的，不会漏掉被测特性的细节。快速扫频使我们有可能测量被测元件或系统的动态特性。另外，扫频测量法操作简单、速度快，可实现频率特性测量的自动化，因而扫频测量法成为一种广泛使用的方法。扫频测量法按照频率范围又可分为全扫、宽扫、窄扫、点扫方式。

3. 多频测量法

多频测量法是利用多频信号作为测试信号的一种测试方法。多频信号是指若干离散频率的正弦波的集合。多频测量法是将一个由多个正弦波组成的测试信号加到被测系统的输入端，而不像点频或扫频测量那样，将测试信号的频率按顺序逐点或连续变化，这样大大提高了测量速度。计算机的普及和多频测量软件的出现，更使频域测量系统的自动化进入了新的发展阶段。

4. 广谱快速测量法

当对系统的非线性失真要求较高时，可采用白噪声作为测试信号，实现广谱测试信号的动态测试。

7.2.2　频率特性测试仪的工作原理

常用的国产频率特性测试仪的型号为 BT3C，本节以 BT3C 为例，说明频率特性测试仪的工作原理及应用。BT3C 频率特性测试仪的电路组成框图如图 7.2 所示。整个电路由三部分组成：扫频和频标信号的产生电路（包括扫频信号发生电路和频标信号产生电路）、示波驱动与显示电路、高低压电源。

1. 扫频信号发生电路

扫频信号发生电路主要包括扫频振荡器、稳幅电路（AGC 控制器）及衰减器，如图 7.3 所示。它可以作为独立的测量用信号发生电路，也可作为频率特性测试仪、网络分析仪或频谱分析仪的组成部分。

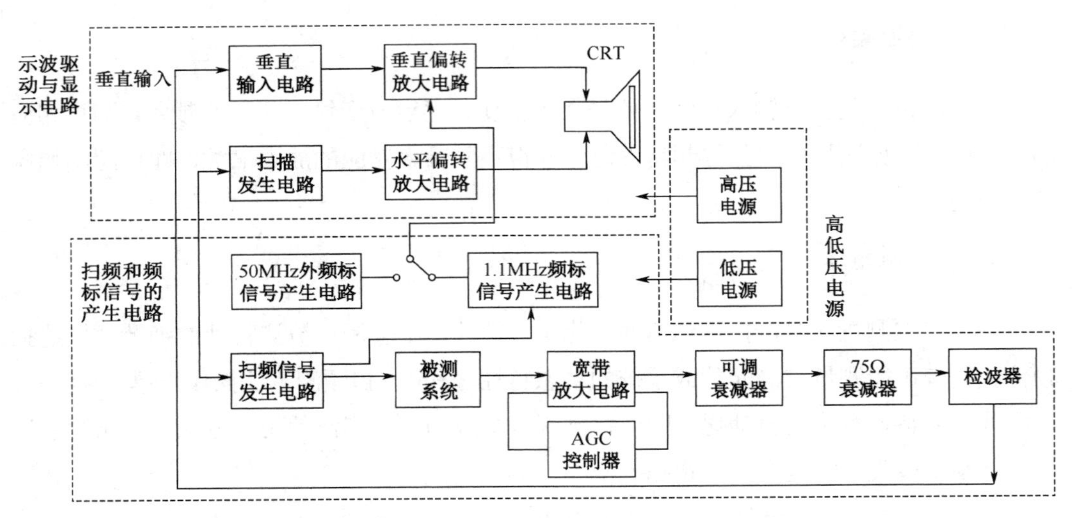

图7.2　BT3C频率特性测试仪的电路组成框图

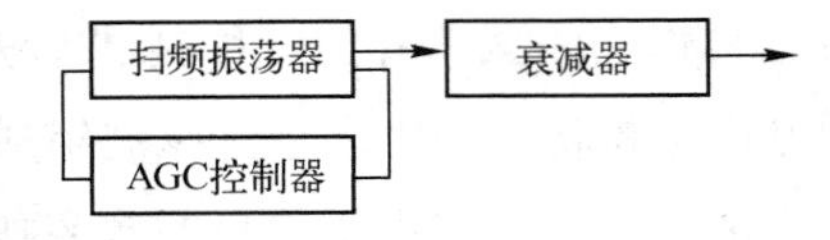

图7.3　扫频信号发生电路构成框图

（1）扫频振荡器是扫频信号发生电路的核心，目前常用的有磁调电感扫频振荡器、变容管扫频振荡器及宽带扫频振荡器，前两种扫频振荡器通过改变振荡回路元件（电感或电容）的参数来改变信号频率，其扫频宽度和扫描线性受到一定的限制。宽带扫频振荡器利用现成的线性方波加频移网络，克服了上述缺点。它具有较宽的扫频宽度，中心频率在较宽的范围内可调，而且中心频率与扫频宽度的调节可独立进行，互不干扰。

（2）稳幅电路的种类很多，大多采用自动增益控制电路（AGC控制器）来实现。由于AGC控制器采用自动闭环反馈，最大限度消除了扫频的寄生调幅。

（3）为了满足不同测量任务对输出电压的需求，一般频率特性测试仪都在输出端接有衰减器。衰减器通常由一组粗调衰减器和一组细调衰减器构成，粗调衰减器每级采用10dB的步进方式；细调衰减器每级采用1dB的步进方式，总的衰减量为70dB左右，基本能满足不同输出的要求。

2．频标信号产生电路

在显示的幅频特性曲线上，必须叠加频率标志，以便读出各点相应的频率。常用的内频标有两种。

（1）菱形频标。菱形频标常用差频法产生，如图7.4所示。标准信号发生器的晶振

频率 f_o 为 50MHz，通过谐波信号发生器产生 f_o 的基波及各次谐波 f_{o1}、f_{o2}、f_{o3}、…、f_{oi}，将其送入混频器与扫频信号混频，扫频信号的频率范围是 f_{min}～f_{max}。若扫频信号与谐波在某点处差频为 0，如在 f_{o1} 处差频为 0，由于低通滤波器的选通性，在零差频率点，信号得以通过，因而幅度最大；离零差频率点越远，差频越大，低通滤波器输出的幅度迅速衰减，于是在 $f=f_{o1}$ 处形成菱形频标。同理在 f_{min}～f_{max} 各零差频率点处也形成菱形频标。

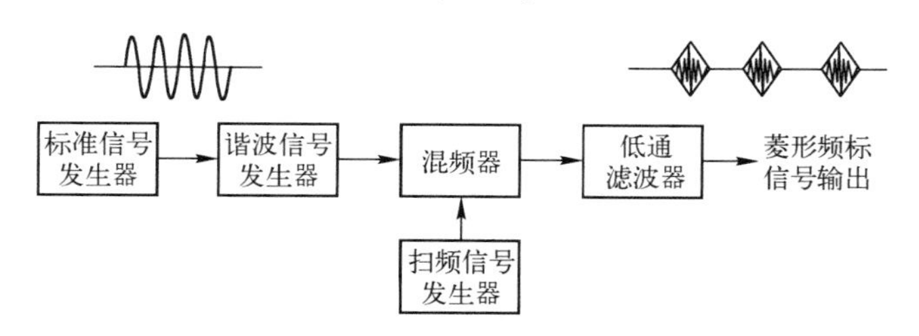

图 7.4　菱形频标信号产生电路方框图

（2）针形频标。在低频频率特性测试仪中常用针形频标。针形频标的产生与菱形频标类似，如图 7.5 所示。形成菱形频标后，利用菱形差频信号去触发单稳态触发器，整形后输出一个窄脉冲。脉冲宽度可以调节得很窄，形似细针，在测量低频电路时有较高的分辨力。BT4 型低频频率特性测试仪就采用针形频标。

如果需要特殊的频率标志，可以采用外接频标方式。

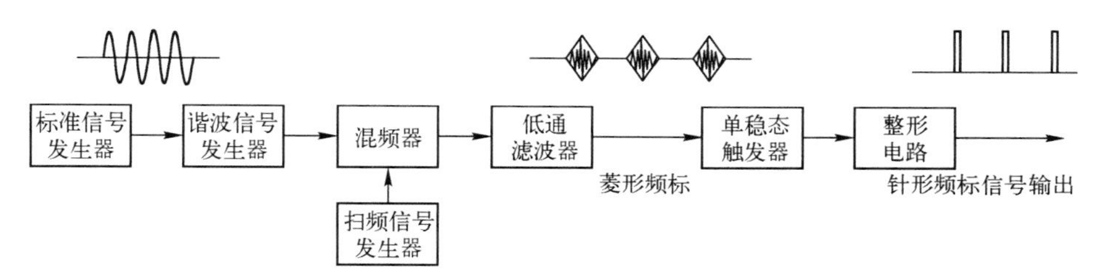

图 7.5　针形频标信号产生电路方框图

7.2.3　频率特性测试仪的主要技术指标

1．扫频非线性系数 k

扫频非线性系数表示扫频信号频率与扫描电压之间的线性相关程度，可用 f-u 曲线的斜率变化来表示，即

$$k=\frac{\left(\frac{\mathrm{d}f}{\mathrm{d}u}\right)_{max}}{\left(\frac{\mathrm{d}f}{\mathrm{d}u}\right)_{min}} \tag{7.1}$$

式中，df——频率的微小变化量；

du——电压的微小变化量；

k——扫频非线性系数。

在一定的扫频范围内，k 越接近 1，f-u 曲线越接近一条直线，说明扫频线性度越好。BT3C 的扫频频偏为 ± 15MHz，扫频非线性系数不大于 10%。

实际中可采用如图 7.6 所示的测试方法。中心频率可选择任意频率，调节扫频频偏为 ± 15MHz，则扫频非线性系数为

$$k=\frac{A-B}{A+B}\times 100\% \tag{7.2}$$

式中，A——扫频频偏的正向最大变化量；

B——扫频频偏的反向最大变化量；

k——扫频非线性系数。

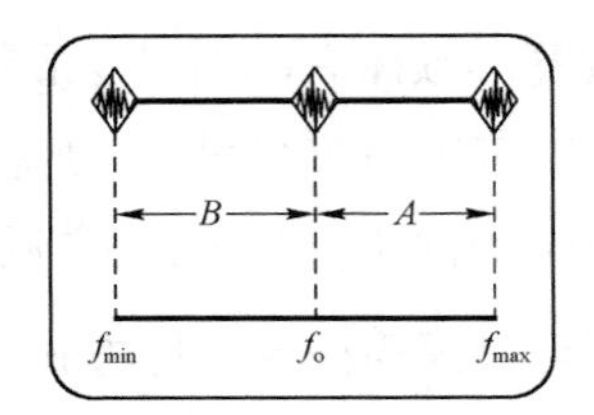

图 7.6　扫频非线性系数的测量图

2. 扫频宽度

扫频宽度为扫频中心频率的最高值与最低值之差，即

$$\Delta f = f_{max} - f_{min} \tag{7.3}$$

式中，Δf ——扫频宽度；

f_{max}——扫频的最高频率；

f_{min}——扫频的最低频率。

不同的测量任务对扫频宽度的要求不同，当需要分辨精细的频率特性时，希望扫频宽度小一些；测量宽带网络时，希望扫频宽度大一些。BT3C 的最小扫频频偏小于 ± 0.5MHz，最大扫频频偏大于 ± 7.5MHz，均可连续调节，扫频宽度可通过调整扫描电压来调节。

3. 扫频信号的寄生调幅系数

由于各种原因，扫频信号存在寄生调幅是在所难免的。为了保证测量的准确度，应

对寄生调幅进行控制。BT3C 的扫频频偏最大（大于 ± 7.5MHz）时，其寄生调幅系数不大于 7%。

在实际中可采用如图 7.7 所示的测试方法。将输出衰减置为 0dB，选择内频标，Y 增益适中，在额定的 ± 15MHz 频偏内观察，屏幕上出现方框，则寄生调幅系数为

$$m = \frac{C - D}{C + D} \times 100\% \tag{7.4}$$

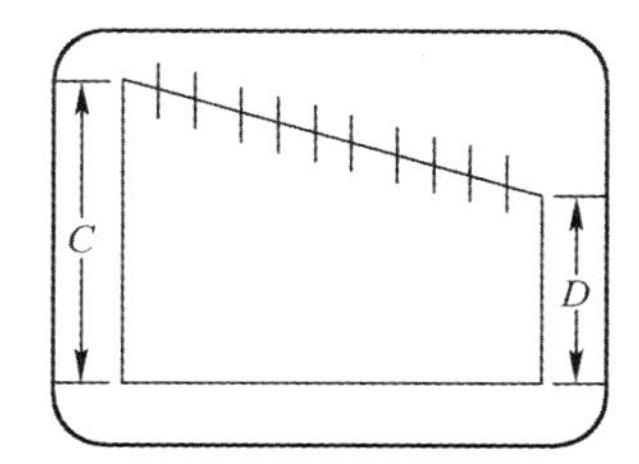

图 7.7　扫频信号寄生调幅系数的测量图

式中，C——扫频的最大值；

D——扫频的最小值；

m——扫频信号的寄生调幅系数。

4．稳定性

扫频中心频率和扫频范围作为信号源的频率指标，应具有足够的稳定性。

5．扫频信号电压

扫频信号电压指的是扫频信号发生器的输出电压，应满足被测系统处于线性工作状态的要求，一般其有效值应大于 0.1V。

6．频标

频标一般有 1MHz、10MHz、50MHz 及外接四种。

7．输出阻抗

扫频信号发生器的输出阻抗一般选择 50Ω 或 75Ω，以配合被测电路。

7.2.4　频率特性测试仪的应用

1．使用前的检查

（1）通电预热 10min 左右，调好辉度和聚焦，扫描线应明亮平滑。

（2）极性开关“+”“-”和“AC”“DC”根据被测信号设定。

（3）根据被测电路的工作频率或带宽，选择合适的频标，通过调节频标幅度旋钮，使频标大小合适。

（4）进行零频标点的调试。将输出探头与输入探头短接，即自环连接，将输出衰减系数设置为 0dB，调节 Y 增幅至合适大小，荧光屏上将出现如图 7.8（a）所示的两条光迹，顺时针旋转中心频率旋钮，光迹将向右移动，直至荧光屏上显示如图 7.8（b）所示图形，即光迹出现一个凹陷点，这个凹陷点就是扫频信号的零频标点。

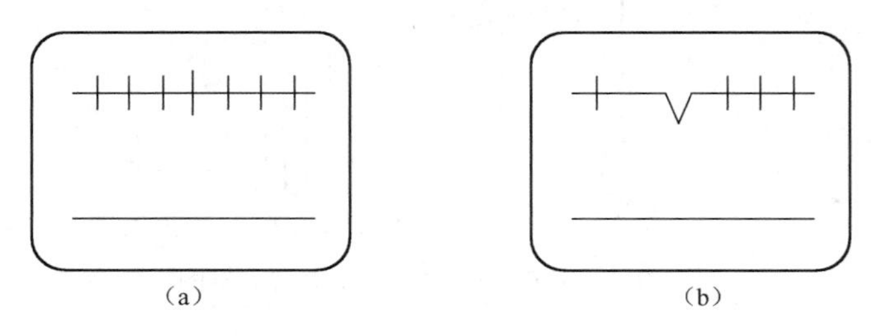

图 7.8　扫频信号零频标点的调试

（5）进行 0dB 校正。令频率特性测试仪自环连接，将输出衰减系数设置为 0dB，调节 Y 增幅使荧光屏上显示的两条光迹间有一确定的距离，此时位于上方的光迹称为 0dB 校正线，此后 Y 增幅旋钮不能再动，否则测试结果无意义。

2．面板和主要控键示意图

图 7.9 为频率特性测试仪面板和主要控键示意图，主要控键的作用如下所述。

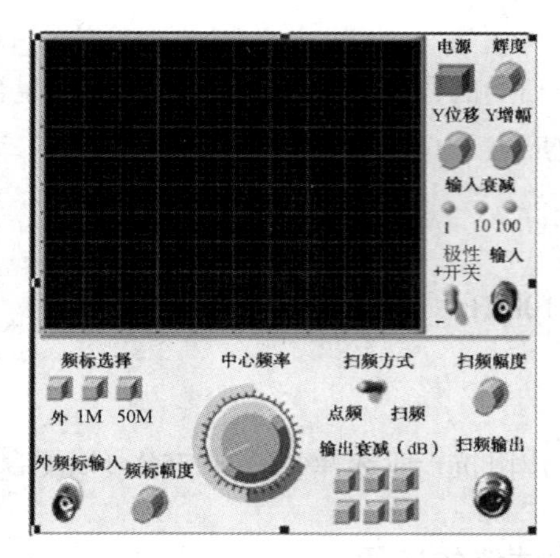

图 7.9　频率特性测试仪面板和主要控键示意图

（1）输入衰减旋钮：有 3 挡，分别为 1 倍、10 倍、100 倍衰减。

（2）Y 位移旋钮：调节时，可使显示图形上、下移动。

（3）极性开关：可使屏幕上显示的图形倒置。

（4）中心频率旋钮：可在扫频范围内改变中心频率。

（5）输出衰减旋钮：按 dB 步进衰减输出信号。

（6）扫频方式开关：选择点频或扫频工作方式。

（7）频标幅度旋钮：可改变频标在屏幕上显示的幅度。

（8）外频标输入插座：使用外频标时，由此插座输入。

（9）扫频输出插座：输出扫频信号的插座。

3．使用注意事项

（1）频率特性测试仪与被测电路连接时，必须考虑阻抗匹配问题，如被测电路的输入阻抗为 75Ω，应使用终端开路的输出电缆线；如被测电路的输入阻抗很大，应采用终端接有 75 Ω电阻的输出电缆线，否则应在扫频信号输出端与被测电路输入端之间加阻抗变换器。

（2）在显示幅频特性曲线时，如发现图形有异常曲折，则表明电路有寄生振荡，这时应采取措施消除自激，如降低放大器增益、改善接地方式或加强电源退耦滤波等。

（3）测试时，输出电缆与检波头的地线应尽量短，切忌在检波头上加长导线。

4．测试实例

频率特性测试仪可用于测定无线电设备（如宽带放大器，雷达接收机的中频放大器、高频放大器，电视机的公共通道、伴音通道、视频通道以及滤波器等有源和无源四端网络）的频率特性。

（1）电路幅频特性的测试。电路幅频特性的测试连线图如图 7.10 所示。若被测电路的输入阻抗为 75Ω，与 BT3C 频率特性测试仪的输出阻抗匹配，可用同轴电缆直接将扫频信号输出端与被测电路输入端相连；若阻抗不匹配，应在扫频信号输出端与被测电路输入端之间加阻抗匹配网络。

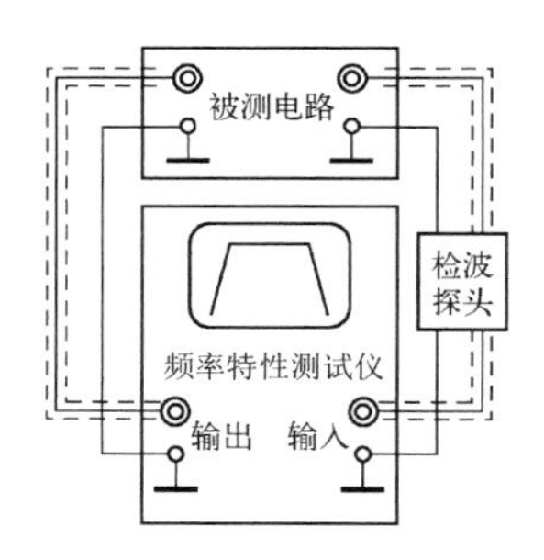

图 7.10　电路幅频特性的测试连线图

测试时，保持扫描信号发生器输出信号的幅度，由小到大改变扫描信号发生器输出信号的频率，由于放大器对不同频率信号的放大倍数不同，在被测电路的输出端得到相应的包络波形，最后经检波器得到荧光屏上显示的被测电路的幅频特性曲线，如图 7.11 所示。

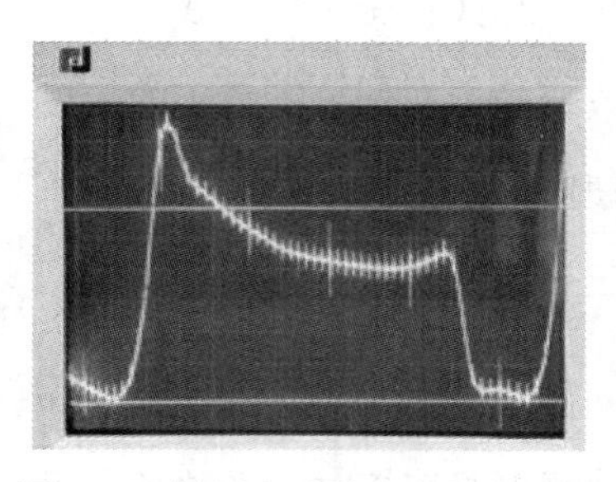

图 7.11　被测电路的幅频特性曲线

（2）电路参数的测量。从荧光屏显示的幅频特性曲线可求得各个电路参数。

① 增益的测量。在调好幅频特性的基础上，分别调节粗调衰减器和细调衰减器，控制扫频信号的电压幅度，使荧光屏显示的幅频特性曲线处于 0dB 校正线附近，如果高度恰好与 0dB 校正线等高，此时粗调衰减器输出衰减系数为 B_1（dB），细调衰减器输出衰减系数为 B_2（dB），则该放大器的增益为

$$A=B_2+B_1\text{（dB）} \tag{7.5}$$

式中，B_1——粗调衰减器输出衰减系数的分贝值；

B_2——细调衰减器输出衰减系数的分贝值；

A——被测放大器的增益。

② 带宽的测量。测量带宽时被测电路的连接方法与测量幅频特性曲线相同。调节粗调衰减器和细调衰减器，控制扫频信号的电压幅度，使荧光屏显示高度合适的幅频特性曲线，然后调整 Y 增益，使曲线顶部与某一水平刻度线 AB 相切，如图 7.12（a）所示，此后 Y 增益旋钮保持不动，然后调节细调衰减器，将输出衰减系数减小 3dB，此时荧光屏上显示的曲线高出原来的水平刻度线的部分与 AB 线有两个交点，两个交点处的频率分别为下截止频率 f_L 和上截止频率 f_H，如图 7.12（b）所示，则被测电路的带宽为

$$\mathrm{BW}=f_H-f_L \tag{7.6}$$

式中，BW——被测电路的带宽；

f_H——上截止频率；

f_L——下截止频率。

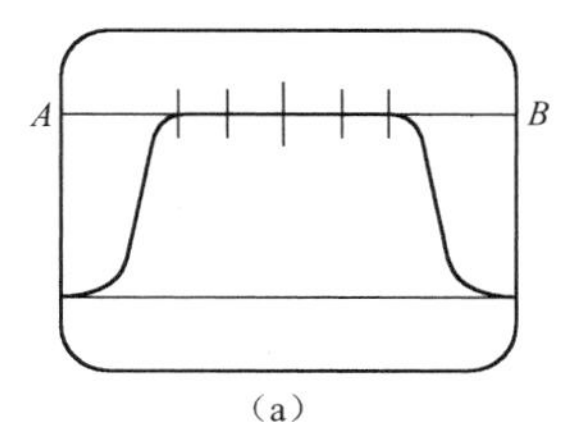

（a）

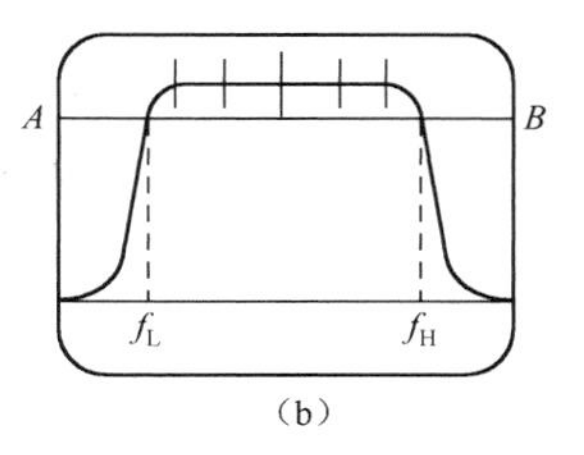

（b）

图 7.12　频率特性测试仪测量带宽时荧光屏显示的图形

对于宽带电路，可以使用内频标直接显示幅频特性曲线的带宽；如果要更准确地测量带宽，可采用外频标。

③ Q 值的测量。测量 Q 值时被测电路的连接方法与测量幅频特性曲线相同。在用外频标标出被测电路的谐振频率和两个半功率点的下截止频率和上截止频率后，用式（7.7）进行计算：

$$Q = f_0/(f_H - f_L) \tag{7.7}$$

式中，f_0——被测电路的谐振频率；

f_H——上截止频率；

f_L——下截止频率；

Q——被测电路的 Q 值。

7.3　频谱分析仪

频谱分析仪主要用于分析信号中所包含的频率成分，即分析信号的频谱分布。频谱分析仪采用滤波、跟踪锁相或快速傅里叶变换等技术，利用一个或多个微处理器进行控制、误差修正和数据处理。频谱分析仪是一种工作频率范围宽、分辨力高、用途广的仪器，有“高频万用表”之称。

7.3.1　频谱分析的基本概念

1．频谱分析

在实际测量中，绝对纯的正弦信号是不存在的。对于周期函数，傅里叶变换用ω作为变量，证实几乎所有正弦信号都是由基波和各次谐波组成的，非正弦波也可分解为频率不同的正弦波。傅里叶变换把时间信号曲线分解成正弦曲线和余弦曲线，完成信号由时域转换到频域的过程，变换的结果即幅度频谱或相位频谱。傅里叶的发现为我们提供了分析波形的强有力的工具。通常将合成信号的所有正弦波的幅度按频率的高低依次排列所得到的图形称为频谱。频谱分析就是在频域内对信号及特性进行描述。

对不同类型的信号进行频谱分析时，在理论上和工程上可采用不同的分析方法、不同的频谱概念和不同的频谱形式。一般说来，确定性信号存在傅里叶变换，由它可获得确定的频谱。随机信号只能就某些样本函数的统计特征值进行估算，如均值、方差等。这类信号不存在傅里叶变换，对它们的频谱分析指的是功率谱分析。微型计算机的普及，使得快速傅里叶变换技术在信号的频谱分析、相位谱分析中得到了广泛应用。

2．示波测试与频谱分析的特点

示波器和频谱分析仪都可用来观察同一物理现象，两者所得的结果应该是相同的。但由于两者是从不同角度观察同一事物的，故所得到的结果只能反映事物的不同侧面。因此，从测量的观点看，这两类仪器各有特点，使用时应注意选择。

（1）某些在时域较复杂的波形，在频域的显示可能较为简单，如图 7.13 所示。

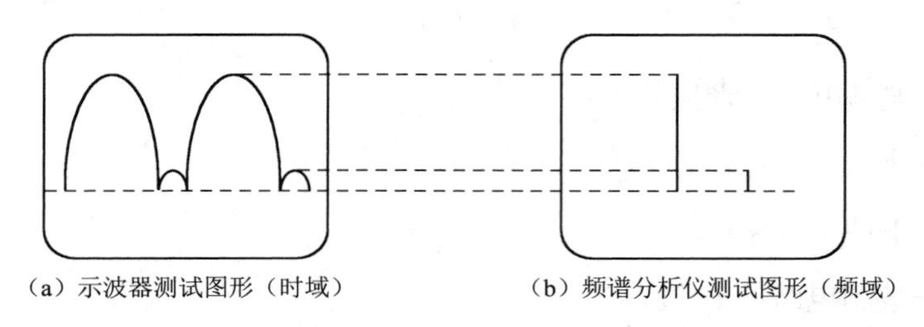

（a）示波器测试图形（时域）（b）频谱分析仪测试图形（频域）

图 7.13 信号在时域和频域中的显示情况

（2）如果两个信号内的基波幅度相等，二次谐波幅度也相等，但基波与二次谐波的相位差不相等，则这两个信号所显示的频谱图是没有区别的，因为实际的频谱分析仪通常只给出幅度谱和功率谱，不直接给出相位信息；但用示波器观察这两个信号的波形却有明显的不同。图 7.14（a）中示波器显示波形的相位相差 180°，图 7.14（b）中频谱没有区别。

（3）当信号中所含的各频率分量的幅度略有不同时，波形的变化是不太明显的，如图 7.15（a）所示，左侧波形无失真，右侧波形负半周失真很小，用示波器很难定量分析失真的程度。但是用频谱分析仪，对于信号的基波和各次谐波含量的大小则一目了然，因为谱线数量明显不同，而且直接可得出定量的结果，如图 7.15（b）所示。

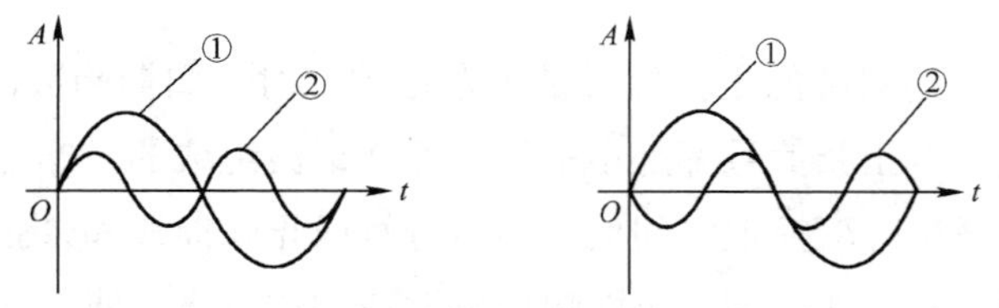

（a）用示波器容易观察波形的相位不同

图 7.14 示波器和频谱分析仪对比观察相位不同的波形

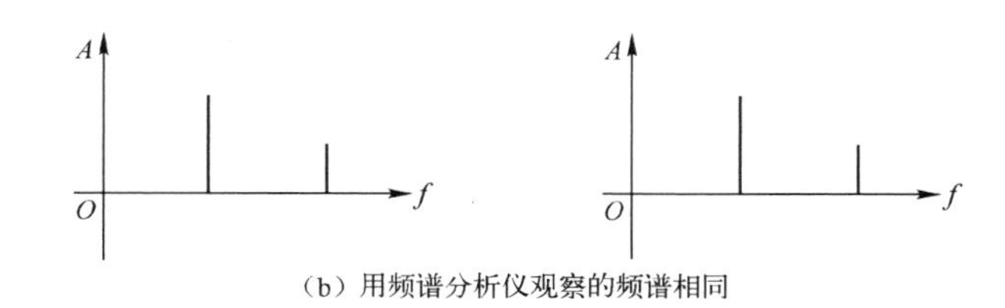

（b）用频谱分析仪观察的频谱相同

图 7.14　示波器和频谱分析仪对比观察相位不同的波形（续）

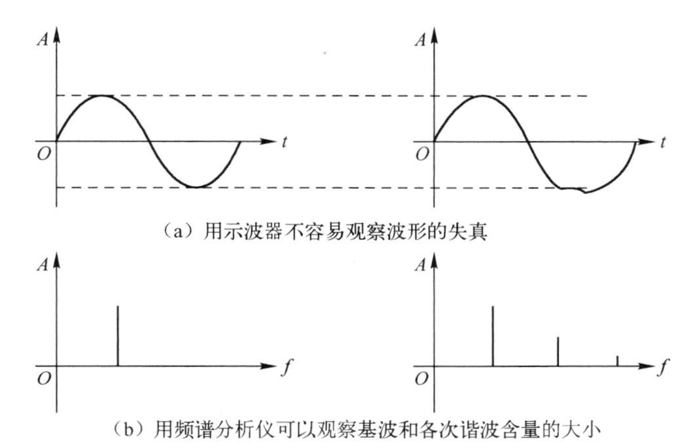

（a）用示波器不容易观察波形的失真

（b）用频谱分析仪可以观察基波和各次谐波含量的大小

图 7.15　用示波器和频谱分析仪观察微小失真的波形

3．获取频谱的基本方案

获取频谱的方案很多，相应的频谱分析仪的种类也比较多。频谱分析仪按信号处理方式不同可分为模拟式频谱分析仪、数字式频谱分析仪、模拟数字混合式频谱分析仪三类；按工作频带不同可以分为高频频谱分析仪、低频频谱分析仪两类；按工作原理不同大致可分为滤波式频谱分析仪和计算式频谱分析仪两类。

模拟式频谱分析仪的工作原理是用一系列带宽极窄的滤波器滤出被测信号在各个频率点的频谱分量，故其大多以模拟滤波器为基础，用模拟滤波器来实现信号中各频率成分的分离。模拟式频谱分析仪根据工作方式不同分为并行滤波式频谱分析仪、时间压缩式频谱分析仪、傅里叶变换式频谱分析仪、顺序滤波式频谱分析仪、扫频滤波式频谱分析仪和扫频外差式频谱分析仪等，前三种为实时频谱分析仪，后三种为非实时频谱分析仪，主要用于射频和微波频段。

数字式频谱分析仪主要由数字滤波器构成。它通过相关函数傅里叶变换法和直接傅里叶变换法实现各频率成分的分离。数字式频谱分析仪精度高，使用灵活，主要用于低频和超低频频段。

（1）滤波式频谱分析仪。图 7.16 为滤波式频谱分析仪的基本组成框图。输入信号经过一组中心频率不同的带通滤波器或经过一个扫描调谐式滤波器，选出各个频率分量，各个频率分量经检波后被显示或记录。因此，滤波器和检波器是滤波式频谱分析仪中两个重要的单元电路，它们的构成形式和性能好坏对滤波式频谱分析仪起至关重要的作用。

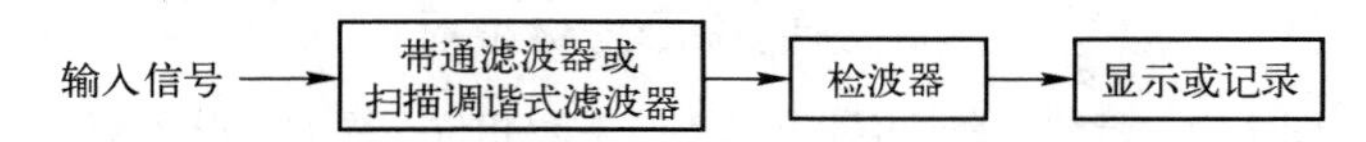

图 7.16　滤波式频谱分析仪的基本组成框图

（2）计算式频谱分析仪。计算式频谱分析仪直接对信号进行有限离散傅里叶变换（DFT），即可获得信号的离散频谱。

有限离散序列 x_n 和它的频谱 x_m 之间的 DFT 可表示如下：

$$\left.\begin{aligned} x_m &= \sum_{n=0}^{N-1} x_n \cdot W_N^{nm} \\ x_n &= \frac{1}{N}\sum_{m=0}^{N-1} x_m \cdot W_N^{-nm} \end{aligned}\right\} \tag{7.8}$$

$$W_N = C^{-j\frac{2\pi}{N}}$$

式中，x_n——有限离散序列，n=0，1，…，N−1；

x_m——有限离散序列的频谱，m=0，1，…，N−1。

x_m 有 N 个复数值，由它可获得振幅谱 $|X_m|$ 和相位谱 φ_m，由振幅谱的平方 $|X_m|^2$ 可直接得到功率谱，这就是用直接傅里叶变换求得的功率谱。

计算式频谱分析仪的基本组成框图如图 7.17 所示。它由数据采集部分、数字信号处理电路、显示记录电路等构成，其中数据采集部分由抗混叠低通滤波器、采样/保持电路和 A/D 转换电路组成。如果被采样的模拟信号中所含最高频率为 f_{max}，根据采样定理，应使采样频率 f_s 满足下式：

$$f_s \geqslant 2f_{max} \tag{7.9}$$

式中，f_s——采样频率；

f_{max}——被采样的模拟信号中所含最高频率。

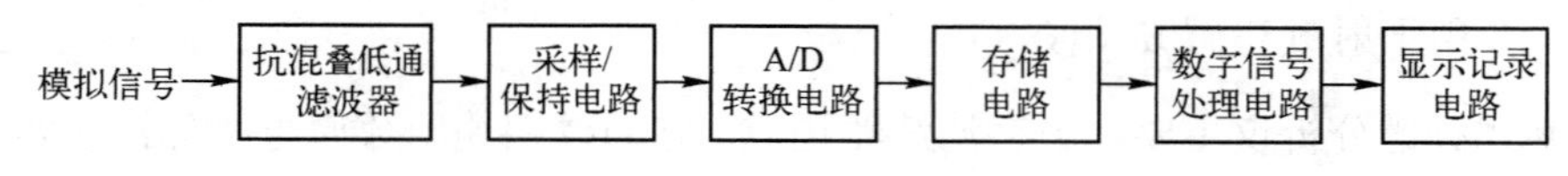

图 7.17　计算式频谱分析仪的基本组成框图

在采样之前，应先用低通滤波器滤出被采样信号中高于 $f_s/2$ 的频率。否则，可能会产生频谱混叠误差。

7.3.2　常用频谱分析仪的工作原理

1．滤波式频谱分析仪

滤波式频谱分析仪主要有并行滤波实时频谱分析仪、挡级滤波器式频谱分析仪两种，它们最初是由纯模拟器件构建的。图 7.18 为并行滤波实时频谱分析仪组成框图。滤波式频谱分析仪的工作原理：将信号同时加到通带互相衔接的多个滤波器中，各个频率被同时检波，对信号进行实时测量，只是显示时通过电子开关轮流显示。

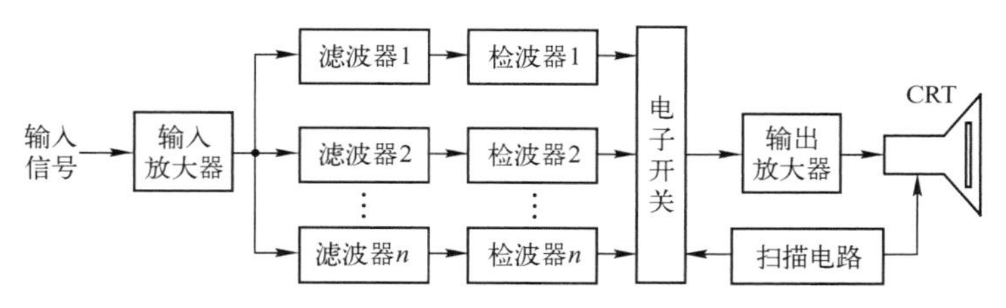

图 7.18　并行滤波实时频谱分析仪组成框图

为了减少并行滤波实时频谱分析仪中检波器的数量，将电子开关加在检波器前，使检波器共用，就成为挡级滤波器式频谱分析仪。挡级滤波器式频谱分析仪工作时将信号同时送到各个滤波器，对各通道进行扫描测量，但由于共用一个检波和记录设备，实际上是一种非实时测量方式。

在并行滤波实时频谱分析仪、挡级滤波器式频谱分析仪中，滤波器的个数不可能很多，因此，该类频谱分析仪常用在等百分比带宽的低频频谱分析仪中，不宜用作窄带频谱分析仪。

2．扫描式频谱分析仪

扫描式频谱分析仪包括电调谐带通滤波器扫描式频谱分析仪和外差式频谱分析仪。电调谐带通滤波器扫描式频谱分析仪在挡级滤波器式频谱分析仪的基础上，将多个通带互相衔接的各滤波器用一个中心频率可电控调谐的带通滤波器代替，通过扫描调谐完成整个频带的频谱分析。这类频谱分析仪结构简单，但由于电调谐带通滤波器的 Q 值低、损耗大、频率特性不稳定、调谐范围窄等原因，现在已较少使用。

外差式频谱分析仪的核心部分如同一台外差式接收机，其组成框图如图 7.19 所示。

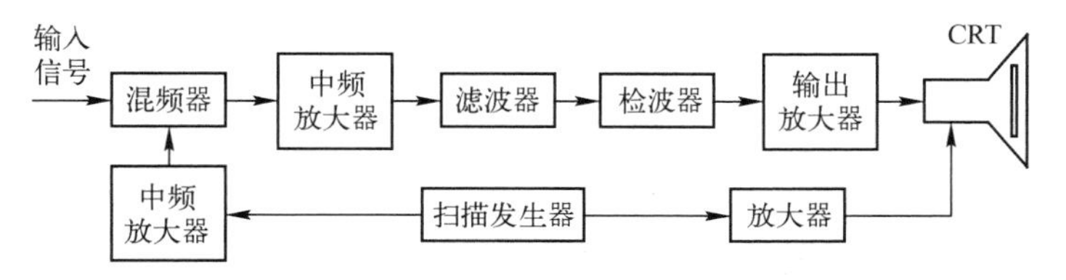

图 7.19　外差式频谱分析仪组成框图

外差式频谱分析仪具有频率范围宽、灵敏度高、频率分辨力可变等优点，是频谱分析仪中应用广泛的一种。高频频谱分析仪几乎全部是外差式频谱分析仪。将一个频率可调的本地振荡频率 f_0 与被测信号的某一频谱分量的频率 f_x 混合，所得的差频（或和频）恰好等于中心频率 f_{IF}，即

$$\left|f_x \pm f_0\right| = f_{IF} \tag{7.10}$$

或

$$f_x = \left|f_0 \pm f_{IF}\right| \tag{7.11}$$

式中，f_0——本地振荡频率；

f_x——被测信号某点的频率；

f_{IF}——固定中频滤波器的中心频率。

通过调节 f_0 与 f_x 的差频去适应固定中频滤波器通带的中心频率，在中频滤波器的输出端就能得到一个幅度正比于该频谱分量幅度的信号。其中，固定中频滤波器的中心频率是固定的，由于放大器的带宽与增益的乘积基本上为常数，所以中频放大器可获得很高的增益，从而获得较高的测量灵敏度和较高的频率分辨力。

目前常用的外差式频谱分析仪有全景式和扫中频式两种。前者可在一次扫频过程中观察信号整个频率范围的频谱，而后者在一次扫描分析过程中只观察某一较窄频段的频谱，因而可实现较高分辨力的分析。

3. 矢量信号分析仪

随着数字调制信号的出现，复杂数字射频系统对功率测量、频率测量、时序测量或调制度测量提出了更高的要求，简单的频谱分析仪难以满足要求，矢量信号分析仪应运而生。矢量信号分析仪扩展了频谱分析仪所具有的功能，能捕捉到信号的幅度和相位，可以进行快速、高分辨率的频谱测量、解调及时域分析，对于通信、电视和超声成像中所使用的猝发脉冲、瞬变信号和已调信号能进行深入分析。

矢量信号分析仪融合了外差扫描技术、数字信号处理技术及实时分析技术，其中频部分采用全数字技术，通过数字滤波和快速傅里叶变换的方法，使分辨力和分析速度都大为提高；另外，由于中频部分采用了数字技术，其输出也为数字量，仪器的末级部分采用数字功率测量代替了传统方式的检波，使矢量信号分析仪的性能得到很大提高。首先射频信号向下变频到中频，然后 A/D 转换将信号数字化，滤波和检测均以数字方式进

行，时域到频域转换使用快速傅里叶变换完成，随后通过各种数字信号处理算法对信号进行分析，生成频谱图、码域图等显示画面。但是通常情况下一次采集多帧数据进行处理，丢失瞬态信号的可能性比较大。

4．实时频谱分析仪

实时频谱分析仪旨在解决瞬时动态射频信号的测量问题，它融合了扫描式频谱分析仪和矢量信号分析仪的特点，其简化原理框图如图 7.20 所示。由图 7.20 可以看出，实时频谱分析仪和矢量信号分析仪的基本原理几乎一样，关键在于数字信号处理部分。泰克公司研制的实时频谱分析仪增加了实时快速傅里叶变换专用单元，这个单元提供了快速傅里叶变换处理和频域模板触发功能，其处理能力远远高于软件的快速傅里叶变换处理能力，能够实时处理采集到的数据，如在较小的频谱范围内检测特定频率上的间歇信号。

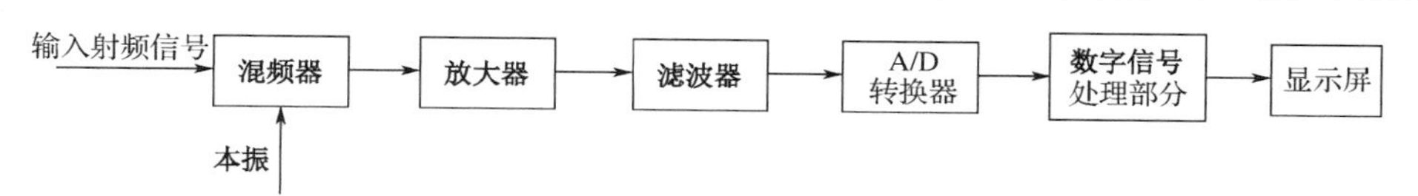

图 7.20 实时频谱分析仪简化原理框图

7.3.3 频谱分析仪的使用方法

1．主要技术指标

不同品种的频谱分析仪的技术指标不完全相同。对于使用者来说，应主要了解下列参数。

（1）频率范围。频率范围指频谱分析仪应能达到的工作频率区间，如 DSA1000 系列频谱分析仪的频率范围是 9kHz～3GHz。

（2）分辨率。分辨率表征频谱分析仪能把很接近的两个频谱分量分辨出来的能力。由于屏幕显示的谱线实际上反映的是窄带滤波器的动态特性，因而频谱分析仪的分辨率主要取决于窄带滤波器的通频带宽度，因此定义窄带滤波器幅频特性的 3dB 带宽为频谱分析仪的分辨率。很明显，若窄带滤波器的 3dB 带宽过宽，可能两条谱线都落入滤波器的通带内，此时频谱分析仪无法分辨这两个频率分量。DSA1000 系列频谱分析仪的频率分辨率为 1Hz。

（3）扫频宽度。扫频宽度指频谱分析仪在一次分析过程中所显示的频率范围，也称分析宽度。扫频宽度与扫描时间之比就是扫频速度。DSA1000 系列频谱分析仪的扫频宽度为 100Hz～3GHz。

（4）扫描时间。扫描时间指扫描一次扫频宽度并完成测量所需要的时间，也称分析时间。一般希望测量越快越好，即扫描时间越短越好。但是，频谱分析仪的扫描时间是和扫频宽度、分辨率带宽和滤波等因素有关的。为了保证测量的准确性，扫描时间不可能任意地缩短，也就是说，扫描时间必须兼顾相关因素的影响，应适当设置。DSA1000 系列频谱分析仪在扫频宽度内，扫描时间为 100～3000s。

（5）测量范围。测量范围指在任何环境下可以测量的幅度最大信号与最小信号的比值。可以测量的信号的上限由安全输入电平决定，大多数频谱分析仪的安全输入电平为+30dB（1W）；可以测量的信号的下限由灵敏度决定，并且和频谱分析仪的最小分辨率带宽有关，灵敏度一般为-135～-115 dB，测量范围为 145～165dB。

（6）灵敏度。灵敏度指频谱分析仪测量微弱信号的能力，定义为显示幅度为满刻度时输入信号的最小电平值。灵敏度与扫描速度有关，扫描速度越快，动态幅频特性峰值越低，灵敏度越低。

（7）动态范围。频谱分析仪的动态范围定义为频谱分析仪能以给定精度测量、分析输入端同时出现的两个信号的最大功率比（用 dB 表示）。它实际上表示频谱分析仪显示大信号和小信号的频谱的能力，其上限受到非线性失真的制约。

2．使用原则

目前频谱分析仪种类繁多，实现的功能也有所不同，而且扫频宽度、扫描时间、带宽等参数都是可调的，而频谱分析仪的动态分辨率、灵敏度和扫频速度又是相互影响的，选择合适的仪器型号、设置好可调参数，是正确使用频谱分析仪的关键。

（1）频谱分析仪型号的选择。根据测量项目来选择仪器型号。例如，测量 GSM 和时分多址（TDMA）信号时，应选择具有特殊的时域测量能力且能进行时间门限和组合的上升/下降沿脉冲串测量的仪器型号。

（2）扫频宽度的选择。全扫频宽度是将频谱分析仪的扫频宽度设置为最大值；零扫频宽度是指将起始频率和终止频率都设置为中心频率，此时频谱分析仪测量的是输入信号对应频率点处幅度的时域特性；一般扫频宽度是根据被测信号的频谱宽度来选择的。例如，分析一个调幅波，扫频宽度应大于 $2f_m$（f_m 为音频调制频率）；若观察是否存在一次谐波的调制边带，则扫频宽度应大于 $4f_m$。

（3）频带宽度的选择。频带宽度的选择应与静态分辨率 B_q 相适应，原则上宽带扫频可选 B_q=150Hz，而窄带扫频则选 B_q=6Hz。一般可参考表 7.1 所示的范围。

表 7.1　频带宽度与静态分辨率的对应关系

频带宽度（kHz）	5～30	1.5～10	≤2
静态分辨率 B_q（Hz）	150	30	6

（4）扫频速度的选择。当扫频宽度与 B_q 选定后，扫频速度 v_s 的选择特别重要。v_s 的选择以获得较高的动态分辨率 B_d 为原则，同时要合理处理扫频速度与扫描时间的矛盾，因为当扫频宽度一定时，v_s 的选择就是扫描时间的选择。扫描时间越长，v_s 越小，则 B_d 越接近 B_q。一般可按下列经验公式考虑：

$$v_s \leqslant B_q^2 \tag{7.12}$$

式中，v_s——扫频速度，单位为 Hz/s；

B_q——静态分辨率，单位为 Hz。

现代频谱分析仪采用高性能的数字信号处理芯片，充分利用微处理器和计算机的优势，实现了自动操作。根据被测信号的特点，频谱分析仪自动设置最佳分析带宽、扫描时间等参数，无须人工调节，大大降低了测试的复杂性，使其扫频速度、精度和分辨率等指标不断提高。

3．频谱图的读取

确定性信号存在傅里叶变换，变换的结果即幅度频谱或相位频谱，将合成信号的所有正弦波的幅度按频率的高低依次排列所得到的图形称为频谱；随机信号只能就某些样本函数的统计特征值进行估算，这类信号不存在傅里叶变换，对它们的频谱分析指的是功率谱分析。一个典型频谱图如图 7.21 所示，由该图可以读出以下信息。

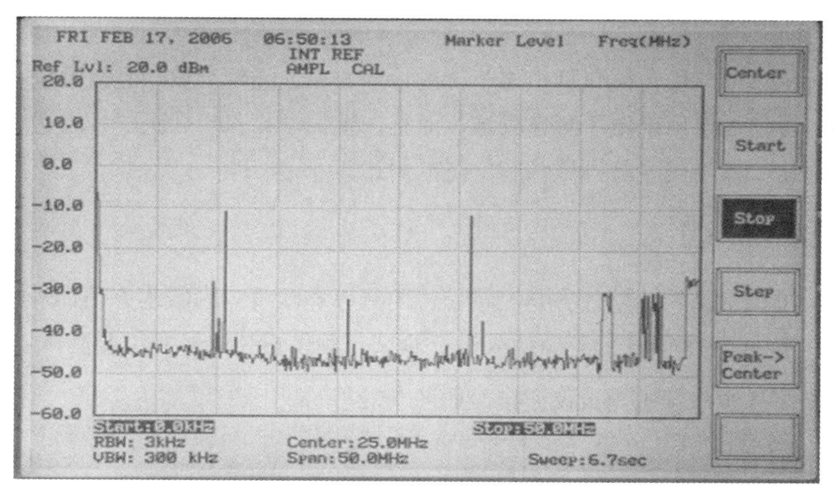

图 7.21　一个典型频谱图

（1）中心频率（Center）为 25.0MHz，整个扫频宽度（Span）为 50.0MHz，终止频率（Stop）为 50.0MHz，所以该次测量的起始频率为 0。零频标处（屏幕最左端）一条最高的线表示频标的开始。如果修改扫频宽度，将自动修改起始频率和终止频率。

（2）屏幕纵向坐标显示频谱的大小。屏幕左端为频谱坐标起点，频谱参考坐标（Ref Lvl）为 20.0dBm，为屏幕最上端的水平刻度，设置当前窗口能显示的最大功率值或电压值。屏幕纵向有 8 个等距网格，每格幅度依次下降 10.0dBm，如第 1 组谱线中，大约有 5 根谱线，最高谱线高点约在-11.0dBm 处，低点在-46.0dBm 处，频谱幅度最大值为［（-11）-（-46）］=35dBm。

（3）屏幕横向有 10 个等距网格，表示频率的变化，整个带宽为 50.0MHz，起点（Start）为 0，每格按 5 MHz 递进，如第 1 组谱线中最高谱线大约在 10.7MHz 处。

（4）在 0～50MHz 内，输出频谱有多个，主要的频谱频率在 9.8MHz、10.7MHz、23MHz、32MHz 等处。右边屏幕出现的频率点不能分辨其频率，可能存在组合频率干扰和镜像干扰。

（5）最小分辨率带宽（RBW）为 3kHz，说明此次测量中两个频谱分量如果频率间隔小于 3kHz 就不能分辨，减小 RBW 可以获得更高的屏幕分辨率，但同时会导致扫描时间过长。本次测量的扫描时间显示在屏幕右下角，为 6.7s。

（6）视频带宽（VBW）设置为 300kHz。设置视频带宽是为了滤除视频带以外的噪声。减小 VBW 可使谱线变得更平滑，但也有可能使扫描时间过长，所以 RBW 和 VBW 可依据经验或测量要求设置。

7.3.4 频谱分析仪的应用

频谱分析仪的应用范围包括电磁干扰的诊断测试、元件测试、光波测量和信号监视等。频谱分析仪不仅用于电子测量领域，而且在生物学、水声、医学、雷达、导航、电子对抗、通信、核物理学等领域都有广泛的用途。

1. 测量正弦信号

频谱分析仪常见的测量任务是测量信号的频率和幅度。为叙述方便，采用信号发生器输出 100MHz、-10dBm 的正弦信号进行测试。测量正弦信号的主要操作步骤如下。

（1）将信号源与频谱分析仪连接，如图 7.22 所示。

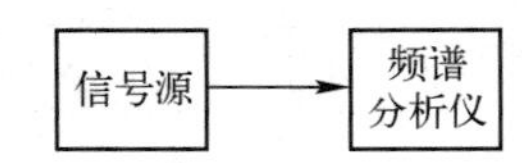

图 7.22 信号源与频谱分析仪的连接

（2）复位仪器。

（3）设置扫频中心频率为 100MHz。

（4）设置扫频宽度为 10MHz。

（5）使用光标测量正弦信号的频率和幅度。

（6）读取测量结果。从图 7.23 中可以看出，被测信号频率标志为“1”，光标指示频率为 100.000000MHz、幅度为-10.05dBm，幅度测量的绝对误差为-0.05dBm，中心频率以外未发现其他谱线。

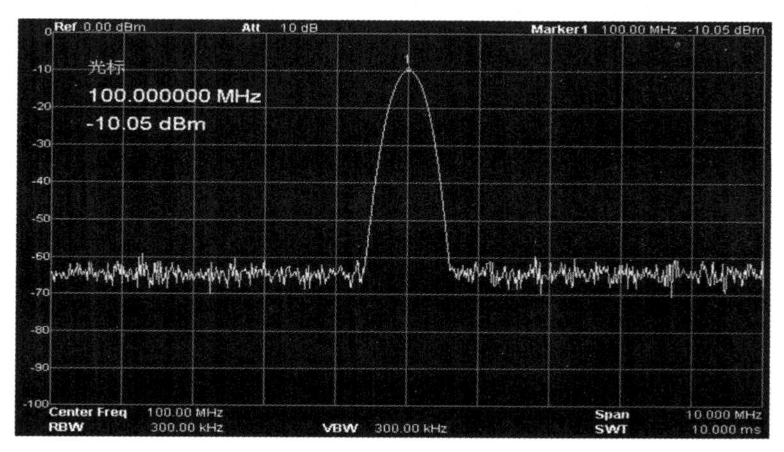

图 7.23　用频谱分析仪测量正弦信号显示图

2．测量 AM 调制信号

利用频谱分析仪的解调功能可以将 AM 调制信号从载波信号中解调出来并显示。采用信号发生器输出一个 AM 调制信号作为被测信号，载波为 100MHz、-10dBm 的正弦信号，调制频率为 100Hz，进行测试。在零扫频宽度下测量 AM 调制信号的主要操作步骤如下。

（1）将信号源与频谱分析仪连接。

（2）复位仪器。

（3）设置扫频中心频率为 100MHz。

（4）设置扫频宽度为 0 Hz。

（5）使用光标测量 AM 调制信号的频率。

（6）读取测量结果。从图 7.24 中可以看出，光标指示频率为-1.000kHz，说明载波频率为 1.000kHz。

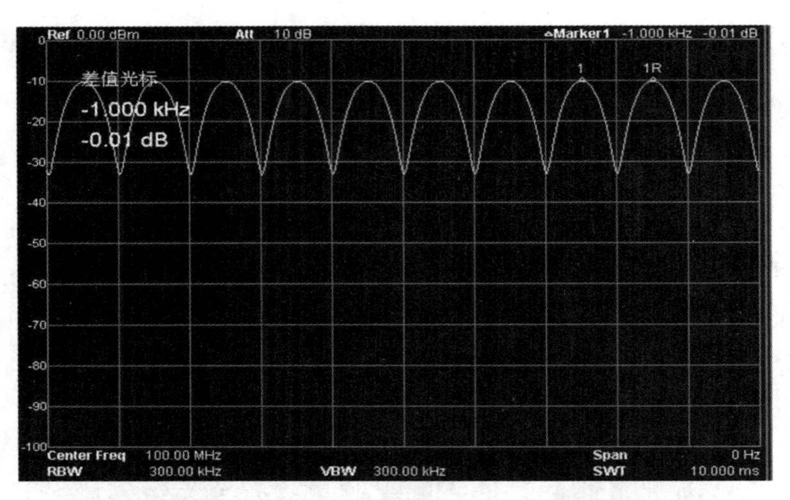

图 7.24　用频谱分析仪测量 AM 调制信号显示图

3．测量谐波失真

一个周期信号可以通过傅里叶变换分解为直流分量和不同频率的正弦信号的线性叠加。测量谐波失真可以确定基波和谐波的频率和幅度，确定信号谐波失真的大小。采用信号发生器输出一个频率为 100MHz、幅度为-10dBm 的正弦信号进行测试。在零扫频宽度下测量谐波失真的主要操作步骤如下。

（1）将信号源与频谱分析仪连接。

（2）复位仪器。

（3）使用光标差值功能测量。

（4）设置扫频中心频率为 200MHz、终止频率为 400MHz。

（5）设置分辨率带宽为 100kHz。

（6）进行峰值搜索，并用光标标记。

（7）读取测量结果。如图 7.25 所示，差值光标频率为 200.000000MHz，测量过程中光标位置是变化的，第 1 次激活，光标出现在基波处，标志为“1R”，频率约为 100MHz、幅度为-10dBm；按“下一峰值”键，光标将出现在二次谐波处，频率偏移为 100MHz，其幅度与基波幅度之差为-31.18dBm；再按“下一峰值”键，光标将出现在三次谐波处，标志为“1”，频率偏移为 200MHz、其幅度与基波幅度之差为-40.45dBm。其他谐波以此类推。

4．手机灵敏度定量测试

一般手机维修中，通常只能进行功能测试，即测试接听和拨出，无法对手机灵敏度进行测试。维修站都是信号很强的地方，一般反映不出手机的灵敏度，且功能测试很难反映维修的水平，采用频谱分析仪就能对每部手机的灵敏度进行定量测试及比较。手机灵敏度的大小反映在频谱分析仪 *Y* 轴方向谱线的高低上，灵敏度定量测试对提高维修水平、制定行业标准等都起着重要的作用。

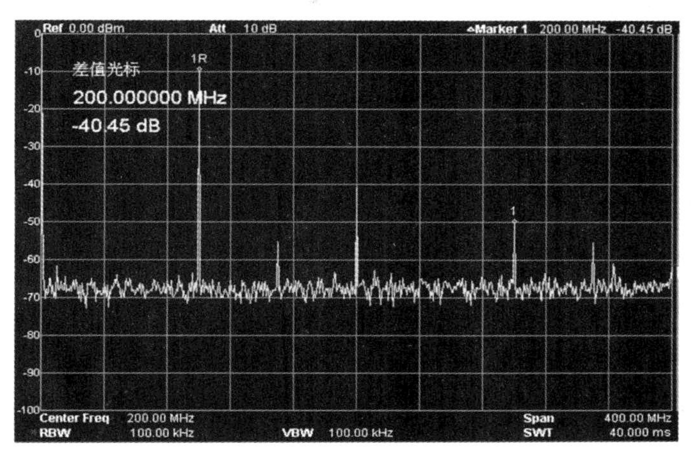

图 7.25　用频谱分析仪测量谐波失真显示图

5．GSM 基站测试

全球移动通信系统（GSM）基站经过长期使用，设备老化，不仅可能影响本系统的通信质量，还会影响其他通信系统的正常通信，并对空中电波秩序构成威胁。为了保证 GSM 网络的正常运行，对 GSM 基站进行测试很有必要。

测试的方法有两种，一种是使用 GSM 基站专用测试仪进行测试，这是最先进、最方便的方法；另一种是使用配备专用测试软件的频谱分析仪进行测试，这种测试方法比较经济，对于基站设备的基本性能指标、无线电管理最关心的发射机性能指标都可以进行测量。

进行发射机杂波辐射的测量可按图 7.26 所示连接相关仪器，发射机在未调制状态下工作，频谱分析仪调整在发射机载频频率上，载波峰值电平在屏幕上显示在 0dB 线处。调节频谱分析仪的频率旋钮使频率在 4 倍载频的范围内变化，记下各杂波辐射电平。在发射机上加上调制信号，重复以上测量过程。

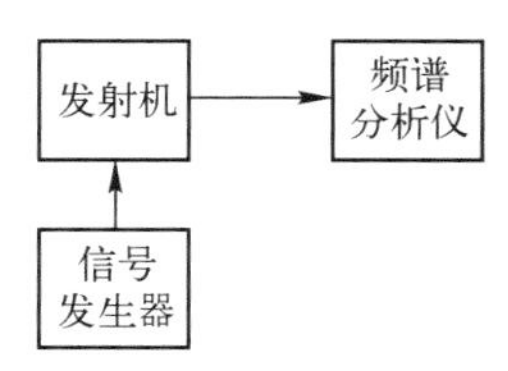

图 7.26　杂波辐射的测量仪器连接框图

一般情况下，当载波功率大于 25W 时，离散频率的杂波辐射功率电平比载波功率电平小 70dB；当载波功率小于或等于 25W 时，离散频率的杂波辐射功率电平应不大于 2.5μV。

6．电磁干扰的测试

频谱分析仪是电磁干扰的测试、诊断和故障检修中常用的一种工具。频谱分析仪对于电磁兼容工程师来说就像数字电路设计工程师手中的逻辑分析仪一样重要。

在诊断电磁干扰源并指出辐射发射区域时，采用便携式频谱分析仪是很方便的。测试人员可在室内对被测产品进行连续观察和测试，还可以用电场或磁场探头探测被测设备电磁干扰泄漏区域。通常这些区域包括箱体接缝、CRT 前面板、接口线缆、键盘线缆、键盘、电源线和箱体开口部位等，探头也可伸入被测设备的箱体内进行探测。

由于频谱分析仪覆盖频带宽，电磁兼容工程师就可以观察到比用电磁干扰测试接收机更宽的频谱范围。另外，包括所有校正因子在内的频谱图会显示在频谱分析仪上，显示的幅度值单位与频谱分析仪上的单位相一致。这样，测试人员可在频谱分析仪上监测发射电平，一旦电平超过限值，就会被立刻发现，这在故障检修中极其有用。另外，频谱分析仪的最大保持波形存储特性及双重跟踪特性也可用于观察操作前后的电磁干扰电平的变化。

7．相位噪声的测量

将被测信号加到相应频带的频谱分析仪的输入端，屏幕上显示出该信号的频谱，找出信号的中心频率的功率幅度，适当选择扫频宽度，使其能显示所需宽度的两个或一个噪声边带；分辨率带宽宜尽量小，以减小载波谱线宽度和边带中噪声的强度；纵轴采用对数标定，调节参考电平，将谱线顶端调到刻度的底部基线。这样，利用可移动的光标读出最大电平 C（dBm）和一个边带中指定偏移频率 f_m 处噪声的平均电平 N（dBm），求出其差值（$N-C$）dBm，再进行必要的修正，便可得出相位噪声的测量结果。主要步骤如下。

（1）将信号源与频谱分析仪连接。采用信号发生器输出一个频率为 100MHz、幅度为−10dBm 的正弦信号。

（2）使用噪声光标测量相位噪声。

（3）复位仪器。

（4）使用光标差值功能测量。

（5）设置扫频中心频率为 50MHz、扫频宽度为 50kHz。

（6）设置分析带宽为 1 kHz、显示带宽为 100Hz。

（7）进行噪声光标峰值搜索，并用光标标记。

（8）读取测量结果。如图 7.27 所示，差值光标频率为 10.000kHz，说明两个光标点“1R”和“1”的频率差值为 10.000kHz，中心频率为 50.000MHz，测量过程中光标位置是变化的，第 1 次激活，记录的是信号频率，标志为“1R”，频率为 100MHz、幅度为-10dBm；按“下一峰值”键，光标将出现在噪声频率上，标志为“1”，测得信号频率偏移 10kHz 处幅度衰减为-79.85dB/Hz。

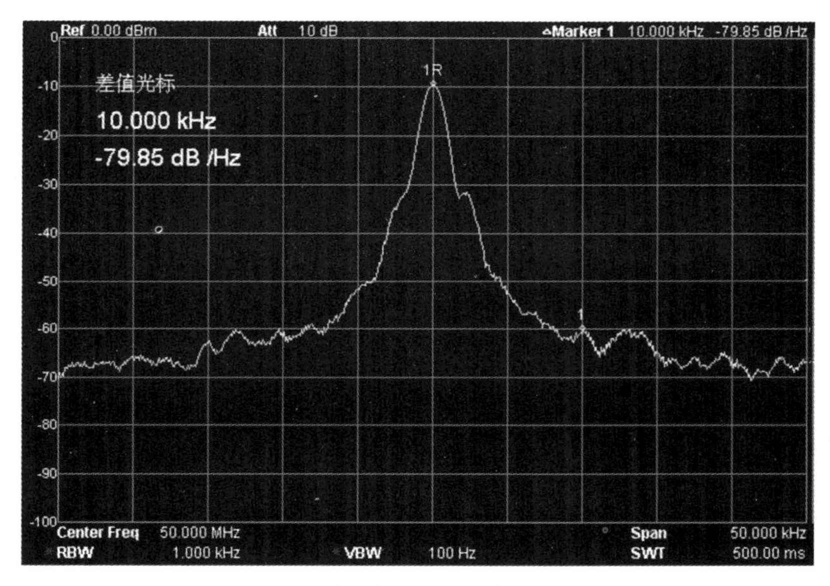

图 7.27 频谱分析仪测量相位噪声显示图

随着数字技术的发展，数字通信、计算机网络、数字电视的发展，各种调制数字信号的出现，如何测量各种信号，成为一个非常重要的问题。目前常见的数字信号有 FSK、PSK、ASK、CDMA、TDMA、FDMA、OPSK、QAM 等模式。从测量的角度来看，无论哪种调制数字信号，都可以当作一定带宽内的噪声来对待。

7.4 扩展知识：频谱泄漏和窗函数的应用

对数字信号进行快速傅里叶变换，可以得出数字信号的分析频谱，分析频谱只是实际频谱的一种近似表达。由于离散傅里叶变换的实质是对延拓后的周期离散信号进行频谱分析，因此当对周期信号进行频谱分析时，如果采样得当，则利用离散傅里叶变换可以得到精确的实际频谱；如果采样不当，则会得到不准确的频谱。在用快速傅里叶变换对离散信号进行变换过程中，由于被处理信号的有限记录长度及时域、频域的离散性，将造成频谱泄漏及栅栏现象。

1．频谱泄漏

频谱泄漏是指某一频率的信号能量扩展到相邻频率的现象。对被测信号进行快速傅里叶变换，就意味着要对时域信号进行截断，即在时域对信号设置窗函数。因为对信号加时域窗等效于在频域进行卷积，这种截断将导致频谱分析出现误差，其结果是频谱以实际频率为中心，以窗函数频谱波形向两侧扩散，产生泄漏效应。

2．减少频谱泄漏的方法

为了减少快速傅里叶变换过程中的频谱泄漏，可以对其使用的窗函数的效果进行分析。对某个特定的信号，选择一个合适的窗函数并不是一件容易的事。窗函数越宽，抑制杂波能力越强；越窄，分辨率越高，因此，选择窗函数可以遵循以下原则：

（1）窗函数的主瓣应尽量窄，能量尽可能集中在主瓣内，从而在频谱分析时获得较高的频率分辨率。

（2）旁瓣高度应尽量小且随频率尽快衰减，以减少频谱分析中的频谱泄漏。

3．窗函数的使用

主瓣窄、旁瓣又小、衰减又快的窗函数不容易找到，如矩形窗的旁瓣很大，但其主瓣宽度却是最窄的，因此矩形框具有最高的频率分辨率、最低的幅度分辨率，适合测量暂态或短脉冲、信号电平在此前后大致相等的信号；适合测量频率非常接近的等幅正弦波信号；适合测量波谱变化较缓慢的宽带随机噪声。布莱克曼窗具有最高的幅度分辨率、最低的频率分辨率，适合测量单频信号、寻找更高次谐波。汉宁窗具有较高的频率分辨率、较低的幅度分辨率，适合测量周期信号和窄带随机噪声。汉明窗具有稍高于汉宁窗的频率分辨率，适合测量暂态或短脉冲、信号电平在此前后相差很大的信号。平顶窗适合测量无精确参照物且要求精确测量的信号。三角窗具有较高的频率分辨率，适合测量窄带且含有较强的干扰噪声的信号。

4．频率混叠、栅栏现象及解决方法

由快速傅里叶变换得到的频谱是离散谱，是信号的频谱与一个窗函数卷积后，按归一化频率分辨率等间隔频域采样的结果。它只给出了频谱在离散点的值，而无法反映这些离散点之间的频谱内容，即使在其他点上有重要内容也会被忽略。这就好像在百叶窗内观察窗外的景色，看到的是百叶窗窗缝内的部分景色，无法看到被百叶窗挡住的部分，

这就是栅栏现象。

频率混叠会产生假频率，可以采用抽样前增加抗混叠滤波器的方法进行处理；减少栅栏现象的一个方法是在谱函数中抽取更多的样点或者在序列后补 0，人为改变序列长度，使采样点的间隔更小，以减少栅栏现象对频谱分析的影响，从而提高频率检测精度。

微课 9：频谱分析仪的简单介绍

实训项目 6　二极管开关变频器组合频率的特性分析

1．项目内容

对二极管开关变频器中组合频率的特性进行分析，分析变频器的工作原理，验证环形开关混频器输出组合频率的一般通式，观察并测试变频器输出组合频率的频率值和幅度特点，观察环形开关混频器的镜像干扰。

2．项目相关知识点提示

频率变换电路可将信号从某一频率变成另一频率，如超外差广播收音机中把接收到的调幅信号变换成 465kHz 的固定中频信号，该信号比外来信号频率低且频率固定，这样，中频放大器容易获得大的增益，从而提高收音机的灵敏度；还可以用较复杂的回路系统或滤波器进行选频，从而获得较高的邻道选择性。

频率变换电路可分为频谱的线性变换电路和频谱的非线性变换电路。前者包括普通调幅波的产生和解调电路、抑制载波的调幅波的产生和解调电路、混频电路和倍频电路等；后者包括调频波的产生和解调电路、限幅电路等。这些电路的共同特征是输出信号中除含有输入信号的全部或部分频率成分外，还可能出现不同于输入信号频率的其他频率分量。

3．项目实施

（1）所需实训设备和附件：高频电路实验箱（或实验板）、频谱分析仪、100MHz 双踪示波器、任意波形发生器和调试工具。

（2）实施步骤。根据变频原理和开关混频原理，输出的组合频率较多，且二次以上谐波的电压幅度大大减小，可采用示波器对混频前和混频后的波形进行观察，采用频谱分析仪对混频前后频率和幅度进行定量的测量。

① 将二极管开关变频器调整到观测的最佳状态，即信号幅度最大，频率最稳定，用示波器监测。

② 一台任意波形发生器输出频率为 10.245MHz 的信号；另一台任意波形发生器输出频率为 20.945MHz 的信号，将两个信号分别接入变频器的两个输入端。

③ 分两步测试，第一步测试 10.7MHz 滤波器的基波输出，第二步测试混频器的组合频率输出。

（3）实施结论。观察并测试变频器输出组合频率的频率值和幅度，观察混频器的镜像干扰。从输出的频谱图验证环形开关混频器输出组合频率的一般通式。

本 章 小 结

对一个信号或电路的特性进行分析和研究，可在时域和频域进行，时域分析和频域分析各有其具体的适用场合，两者是相辅相成、互为补充的。线性系统频率特性的测量和信号的频谱分析，是模拟系统测试的基本要求。

幅频特性的测量常用扫频测量法。根据扫频测量法的原理制成的测量仪器称为频率特性测试仪，简称扫频仪。它能够直接在示波管的荧光屏上显示被测电路的频率特性。与示波器不同的是，其屏幕的横坐标为频率值，纵坐标为电平值，而且在显示的图形上叠加有频率标志，可以定量测量电路的参数。

信号的频谱常采用频谱分析仪进行分析。频谱分析仪是一种多功能仪器，除能测量电路的幅频特性外，还可分析信号的频率分量及各频率分量所包含的能量大小，可测量谐波失真、调制度、频谱纯度等参数，是一种应用广泛的仪器。

为了获得较高的测量精度和测量准确度，只有完全理解信号类型及电平和控制参数设置的影响，才能使测量更准确。

习 题 7

7.1 什么是时域测量？什么是频域测量？两者测试的对象有何不同？

7.2 什么是频谱分析？用频谱分析仪和示波器分析信号有什么不同？各有什么优点？

7.3 频率特性测试仪中如何产生扫频信号？

7.4 什么是频标？叠加在频率特性测试仪屏幕显示图形上的频标有什么作用？

7.5　说明频率特性测试仪的工作原理。

7.6　外差式频谱分析仪能用来进行实时分析吗？为什么？

7.7　频谱分析仪的静态分辨率和动态分辨率有何区别和联系？

7.8　频谱分析仪可以测量哪些参数？

7.9　画出频率特性测试仪和频谱分析仪的组成原理框图，并比较它们在电路结构上的异同点。

第 8 章　数据域测试技术

8.1　概述

20 世纪 70 年代以来，计算机和微电子技术得到了迅猛发展，微处理器和大规模集成电路、超大规模集成电路得到广泛应用，如在通信系统中，应用数字电子技术的数字通信系统，不仅比模拟通信系统抗干扰能力强、保密性好，还能应用电子计算机进行信息处理和控制，形成以计算机为中心的自动交换网；在测量仪表中，数字测量仪表不仅比模拟测量仪表精度高、测试功能强大，还易实现测试的智能化和自动化。为了解决数字设备、计算机及大规模集成电路、超大规模集成电路在研制、生产和检修中的测试问题，一种新的测试技术应运而生，由于被测系统的信息载体主要是二进制数据流，为了区别时域或频域的测量，常把这一类测试技术称为数据域测试技术。

8.1.1　数据域测试的特点和方法

1．数据域测试的特点

数据域测试的对象是数字系统，包括芯片、印制电路板、设备乃至系统。与传统测试相比，数据域测试有以下特点。

（1）被测信号持续时间短。数字信号为脉冲信号，它们在时间和数值上是不连续的，它们的变化总是发生在一系列离散的瞬间。因此信号的前沿很陡，频谱分量十分丰富，要观察清楚，必须注意信号在电路中的建立和保持时间。

（2）被测信号故障定位难。数字信号只有 0、1 两个数值，要表示一个字符或一组信息必须由若干位 0、1 按一定的编码规则组合在一起。而多位数据要同时传送，需多根导线，即采用总线传送。

在数字系统中，许多器件都挂在同一总线上，因此发生故障时，用一般方法进行故障定位比较困难。

（3）被测信号的非周期性。在执行一个程序时，许多信号只出现一次，有些信号虽然重复出现，但却是非周期性的，如子程序的调用等。对这些信号，由示波器显示出的仅是一些无意义的杂乱波形，难以进行分析。

（4）信息传输方式的多样化。数字系统的结构和数据格式差别很大，如数据和信号就有同步传输和异步传输两种方式，因此在测试中要注意设备的结构、数据格式和数据的选择，要善于捕捉有用数据。

（5）外部测试点少。随着微电子技术的发展，大规模集成电路、超大规模集成电路的密度不断增加，而引脚数却有一定限制，许多电路封装在芯片内部，从外部进行控制和观察是很困难的。

2．数据域测试的主要目标

数据域测试的目标有两个：一是确定系统中是否存在故障，称为合格/失效测试，或称故障检测；二是确定故障的位置，称为故障定位。

3．数据域测试的方法

对数字系统进行测试的基本方法如下：在输入端加激励信号，观察由此产生的输出响应，并与预期的结果进行比较，一致则表示系统正常；不一致则表示系统有故障。数据域测试的具体方法有穷举测试法、结构测试法、功能测试法和随机测试法。

穷举测试法是对输入的全部组合进行测试。如果对所有的输入信号，输出的逻辑关系是正确的，则判断数字电路是正常的，否则就是错误的。穷举测试法的优点是能检测出所有故障，缺点是测试时间和测试次数随输入端数 n 的增加呈指数增加。对于具有 n 个输入端的系统，必须加 2^n 组不同的输入才能对系统进行完全测试，显然这种穷举测试法无论是从人力还是从物力方面考虑都是行不通的。

解决的方法是从系统的逻辑结构出发，考虑可能发生哪些故障，然后针对这些特定故障生成测试码，并通过故障模型计算每个测试码覆盖的故障，直到所考虑的故障都被覆盖为止。这就是结构测试技术。结构测试法针对故障进行测试，是最常用的方法。

功能测试法不检测数字电路内每条信号线的故障，只验证被测电路的功能，因而较易实现。目前，大规模集成电路、超大规模集成电路的测试大都采用功能测试法，对微处理器、存储器等的测试也可采用功能测试法。

随机测试法采用随机测试矢量产生电路，随机地产生可能的组合数据流，将此数据流加到被测电路中，然后对输出进行比较，根据比较结果，可知被测电路是否正常。随机测试法不能完全覆盖故障，只能用于要求不高的场合。

4．数据域测试的过程

数据域测试一般分三个阶段进行：测试生成、测试评价和测试实施。

在测试生成阶段，产生满足故障覆盖要求的测试图形或测试码；在测试评价阶段，评价产生的测试图形的有效性；在测试实施阶段，利用测试仪把测试码加到实际的被测电路中，同时检测电路响应，通过分析和比较给出测试结果。图 8.1 为大规模集成电路测试系统的简化框图。

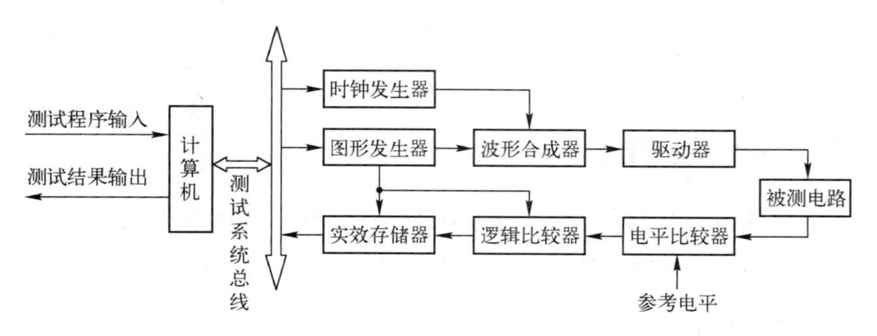

图 8.1　大规模集成电路测试系统的简化框图

利用该系统进行测试的过程如下：首先由输入设备输入测试程序，通过测试系统总线，计算机将测试条件送往各被测试部件；图形发生器按程序要求产生测试图形；测试图形和时钟脉冲一起被送到波形合成器，形成所需的测试信号并加到驱动器上，将其放大到被测电路需要的电平；将放大后的信号加到被测电路，使其输出响应在电平比较器中与参考电平进行比较；比较后得到的实效数据存入实效存储器内，由计算机进行分析处理，最后输出测试结果。

5．数据域测试的主要设备

数据域测试的主要设备有逻辑笔和逻辑夹、逻辑分析仪、特征分析仪、激励仪器、微型计算机及数字系统故障诊断仪、在线仿真仪、数据图形产生器、微型计算机开发系统、印制电路板测试系统等。

8.1.2　数字系统的故障和故障模型

1．失效和故障

若数字系统提供的服务违背了技术规范，或者偏离了其预定功能，则表示数字系统已失效。失效的根源是故障，但故障并不等于失效。

2．发生故障的原因

数字系统发生故障的原因有以下两类：

一类故障是由设计原因引起的，它包括设计规范有错误或表述含糊不清，设计人员进行了违背规范的设计等，这类故障主要依靠设计人员通过逻辑正确性验证来消除。

另一类故障是由物理原因引起的，称为物理故障，如在制造期间焊点开路、接线开路和短路、引脚短路和断裂等，在存储期间由温度、湿度和老化等因素引起的故障。

3．故障特征的描述

了解故障特征的目的是发现并确定它的位置，以便排除故障。一般可从以下四个方面来描述故障的特征。

（1）故障性质：按故障性质，故障分为逻辑故障和非逻辑故障。一个逻辑故障总是使电路中某条信号线的逻辑值变成其规定值的相反值。逻辑故障之外的其他故障统称为非逻辑故障，如时钟线和电源线的故障，它们主要不是改变电路中信号线的逻辑值，而是使电路完全不能工作。

（2）故障的值：是对逻辑故障而言的，指的是某条信号线产生了一个固定的错误逻辑值或者是变化的错误逻辑值。

（3）故障的范围：描述故障的影响是局部的还是分布式的。只影响单条信号线的故障是局部故障；影响多条信号线的故障是分布式故障，如多逻辑故障和时钟线故障等。

（4）故障的持续时间：描述故障是永久性故障还是间歇性故障。永久性故障若不进行修理是一直存在的；间歇性故障是有时出现，有时不出现的故障，大多数间歇性故障是由参数接近临界值或器件老化等原因引起的。

4．故障模型

（1）建立故障模型的作用。一是用结构测试代替功能的完全检查，以降低测试的复杂性。二是为了适应不同层次的测试要求。如果被测对象是集成电路中的逻辑门，则可采用晶体管级故障模型；如果是标准组件，则可采用门级故障模型；如果是插件，则可采用功能块级故障模型；如果被测对象更大，是某个计算机部件或整个处理机系统，则可采用更高级的故障模型。这样既可保证高层次测试的精确性，又不会过分增加复杂性。

（2）对故障模型的要求。故障模型的建立不但要能精确地反映实际的物理故障，而且要能方便测试和评价。

（3）常见故障模型。

① 固定故障模型。固定故障是指电路中信号线的逻辑值始终保持不变，而不管输入信号值如何变化。假设电路中最多只有一条信号线存在固定故障，则称为单固定故障模型。现在国内外的自动测试生成系统几乎都采用单固定故障模型。如果允许一条或多条信号线存在固定故障，则称为多固定故障模型。

② 晶体管级故障模型。

③ 门级故障模型。

④ 功能块级故障模型。

⑤ 存储故障模型。

⑥ 可编程逻辑阵列故障模型。

⑦ 微处理器故障模型。

⑧ 临时故障模型。

故障模型的种类很多，以上介绍的是理论上比较定型的模型，随着集成电路技术的发展，新的故障模型还会不断出现。

8.2 逻辑电路的简易测试

对于一般的逻辑电路，如分立元件、中小规模集成电路及数字系统的部件，可以利用示波器、逻辑笔、逻辑比较器和逻辑脉冲发生器等简单而廉价的数据域测试仪器进行测试。

常见的逻辑电平测试设备有逻辑笔和逻辑夹，它们主要用来判断信号的稳定电平、单个脉冲或低速脉冲序列。其中逻辑笔用于测试单路信号，逻辑夹用于测试多路信号。

1. 逻辑笔的基本组成

图 8.2 为逻辑笔的基本组成框图。被测信号经过输入保护电路后同时加到高电平比较器、低电平比较器，比较结果分别加到高电平脉冲扩展电路和低电平脉冲扩展电路，以保证测量单个窄脉冲时有足够时间点亮指示灯。脉冲扩展电路的另一个作用是通过高电平脉冲扩展电路、低电平脉冲扩展电路的相互影响，使指示驱动电路在一段时间内指示确定的电平，从而只有一种颜色的指示灯亮。输入保护电路用来防止输入信号过大时损坏检测电路。

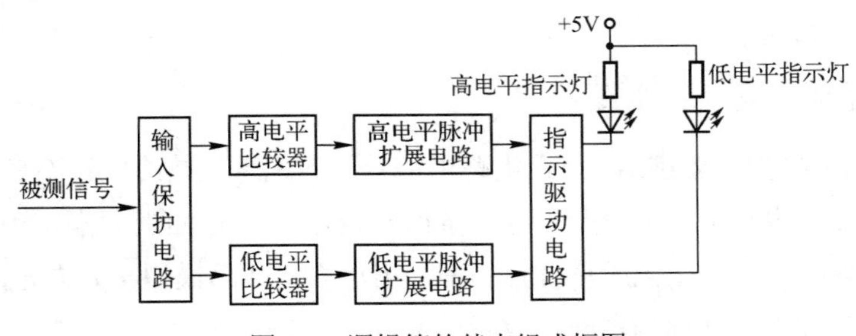

图 8.2　逻辑笔的基本组成框图

2. 逻辑笔的应用

逻辑笔可用于判断某一端点的逻辑状态。逻辑笔有两只指示灯，红灯指示逻辑“1”（高电平），绿灯指示逻辑“0”（低电平）。逻辑笔具有记忆功能，当被测点为高电平时，红灯亮，此时，即使将逻辑笔移离测试点，该灯仍继续亮，以便记录被测状态。当不需要记录此状态时，可扳动逻辑笔的复位开关使其复位。逻辑笔的测试响应如表 8.1 所示。

表 8.1　逻辑笔的测试响应

序　　号	被测点的逻辑状态	逻辑笔的响应
1	稳定的逻辑“1”状态	红灯稳定亮
2	稳定的逻辑“0”状态	绿灯稳定亮
3	逻辑“1”与“0”的中间状态	两灯均不亮
4	单次正脉冲	绿→红→绿
5	单次负脉冲	红→绿→红
6	低频序列脉冲	红绿灯交替闪烁

逻辑笔还可在选通脉冲的控制下做出响应，如用负脉冲控制逻辑笔的输出，虽然被测信号是稳定的逻辑“1”状态，在选通脉冲到来前，红灯不亮；只有选通脉冲到来后，逻辑笔才工作，此时红灯亮，如图 8.3 所示。

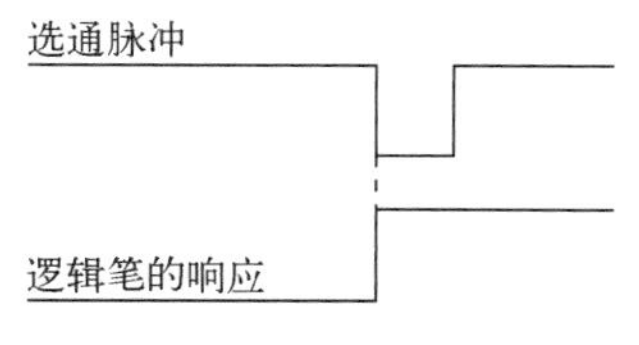

图 8.3　选通脉冲的作用

8.3　逻辑分析仪

8.3.1　逻辑分析仪概述

随着数字系统复杂程度的增加，尤其是微处理器的高速发展，简单的逻辑电平设备已经不能满足测试要求了。逻辑分析仪对于数据有很强的选择能力和跟踪能力，能满足数字域测试的各种要求，成为对数字系统进行逻辑分析的重要工具。

逻辑分析仪按其工作特点，可分为逻辑状态分析仪和逻辑定时分析仪两类。这两类分析仪的基本结构是相同的，二者的主要区别在于显示方式和定时方式不同。

逻辑状态分析仪主要用于检测数字系统的工作程序，并用字符“0”和“1”、助记符或映射图等来显示被测信号的逻辑状态，以便对系统进行状态分析。其状态数据的采集是在被测系统的时钟控制下实现的，即逻辑状态分析仪与被测系统是同步工作的。这能有效地解决系统的动态调试问题，因此，逻辑状态分析仪主要用于系统的软件测试。

逻辑定时分析仪用定时图的方式显示状态信息，与示波器的显示方式类似，即水平轴代表时间，垂直轴代表电压幅度。它可显示各通道的逻辑波形，特别是各通道之间波形的时序关系。为了能显示这种时序关系，逻辑定时分析仪提供取样时钟，即所谓的内时钟来控制数据的采集。通常用于采集数据的内时钟频率应为被测系统时钟频率的 5～10 倍。因此，逻辑定时分析仪与被测系统是异步工作的，主要用于数字系统的硬件测试。

1．逻辑分析仪与普通示波器的比较

普通示波器和逻辑分析仪都是常用的时域测试工具，但它们的测试对象、测试方法、显示方式、触发方式等都是不同的，如表 8.2 所示。

表 8.2 逻辑分析仪与普通示波器的比较

比 较 内 容	逻辑分析仪	普通示波器
主要应用领域	数字系统的软、硬件测试	模拟系统的信号显示
测试方法和范围	① 利用时钟脉冲采样 ② 显示范围与采样时钟周期和存储容量有关 ③ 可显示触发前后的状态	显示触发后扫描时间设定范围内的波形
输入通道	一般多于 16 个通道	常用的多为 2 个通道
触发方式	① 数字方式触发 ② 可根据多通道的逻辑进行组合触发 ③ 可与系统运行同步触发 ④ 可用随机的窄脉冲进行触发 ⑤ 可进行多级序列触发 ⑥ 可实现超长存储深度，可存储长时间、高速度的信号	① 模拟方式触发 ② 根据特定的输入条件（电平或信号沿）进行触发
显示方式	将数据实时采集到存储器，可采用状态表、定时图、映射图等多种方式显示，也可按系统运行方式显示测试结果	实时显示波形图

2．逻辑分析仪的主要特点

逻辑分析仪具有以下特点：

（1）以荧光屏显示的方式表示出数字系统的运行情况，便于观察；有的逻辑分析仪带有触摸屏，便于快速浏览和操作。

（2）有足够多的输入通道。可同时检查 32 路、64 路甚至更多路信号，如安捷伦 16806

逻辑分析仪具有 204 个通道。

（3）具有多种触发方式，确保对被观察数据流的准确定位。

（4）一般具备内置的码型发生器，可以产生特定的测试条件和验证代码，建立数字激励，提高测量灵活性。

（5）可以在深存储采样模式下找到在时间上相隔甚远的异常信号，可观测单次及非周期性数据信息，并可诊断随机故障。

（6）具有高速定时缩放功能，可对数据进行精确的高速时序测量。

（7）具有多种显示方式，如可用状态表、助记符、映射图、汇编语言源程序和源码跟踪等形式显示时间相关数据；用二进制、八进制、十进制、ASCII 码等形式显示数据；用定时图显示信息之间的时序等，可以从现象追踪到产生问题的原因。

（8）具有眼图查找器，如安捷伦 16800 系列逻辑分析仪可通过眼图查找器在各种工作条件下，在几分钟内采集所有总线的信号完整性信息。

（9）具有编程能力，可在局域网的远程计算机上，通过 COM 或 ASCII 码编写控制逻辑分析仪的应用程序。

8.3.2　逻辑分析仪的基本组成

逻辑分析仪的基本组成框图如图 8.4 所示。

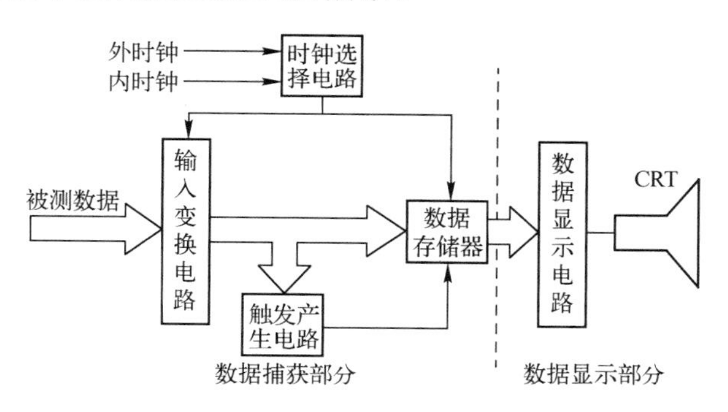

图 8.4　逻辑分析仪的基本组成框图

由图 8.4 可见，逻辑分析仪主要由数据捕获和数据显示两部分组成。数据捕获部分用来捕获并存储要观察的数据。其中输入变换电路将各通道的输入变换成相应的数据流；而触发产生电路则根据数据捕获方式，在数据流中搜索特定的数据字。当搜索到特定的数据字时，就产生触发信号以控制数据存储器开始存储有效数据或停止存储有效数据，将数据流进行分块。数据显示部分将存储器里的有效数据以多种显示方式显示出来，以便对捕获的数据进行分析。整个系统的工作受外时钟或内时钟控制。

8.3.3 逻辑分析仪的触发方式

正常运行的数字系统中的数据流是很长的，各数据流的逻辑状态也各不相同，而数据存储器的存储容量和显示数据的屏幕尺寸是有限的，因此要一个不漏地全部存储或显示这些数据是不可能的。逻辑分析仪设置触发的目的就在于选择数据流，以便对关键数据流进行存储和分析。一旦数据流中某个数据字符合触发条件，就立即产生一个脉冲作为触发标志，用来启动或结束跟踪。用于触发的数据字称为触发字。逻辑分析仪一般有多种触发方式。

1. 组合触发

组合触发也称基本触发，即将逻辑分析仪各通道的信号与各通道预置的触发字进行比较，当对应的各位相同时，则产生触发信号。

使用这一功能，可以在复杂的数据流中观察、分析某些特定的数据块，如选择“JMP（转移）”指令在数据线上出现的时刻作为触发条件，就可以使逻辑分析仪跟踪 JMP 指令，监视程序的转移。这对于数字系统的故障诊断是相当方便的。

2. 预触发或延迟触发

预触发或延迟触发即在触发事件发生之前或之后采集数据。延迟触发即在触发产生时不立即跟踪，而是经过一段时间的延迟才跟踪。在故障诊断中，常希望既能观察触发点前的信息，又能观察触发点后的信息。在延迟触发方式中专门设置了一个数字延迟电路，当捕获到触发字后，延迟一段时间再进行数据采集，则存储器中存储的数据包括了触发点之后的数据。延迟触发应与起始触发和终止触发方式配合使用。

3. 序列触发

序列触发是为了检测复杂分支程序而设计的一种重要触发方式。它由多个触发字按预先确定的顺序排列，只有当被测试的程序按触发字的先后顺序出现时，才能产生一次触发。图 8.5 为四级序列触发过程示意图。

4. 限定触发

限定触发是对设置的触发字附加限定条件的触发方式。例如，有时选定的触发字在数据流中出现较为频繁，为了有选择地捕捉、存储和显示特定的数据流，可以附加一些约束条件。这样，只要数据流中未出现这些条件，即使触发字频繁出现，也不能进行有效地触发。图 8.6 为限定触发信号产生原理图，如在 RS232 触发方式中，按帧起始、错误帧、校验错误或数据的顺序进行触发。CAN 触发在数据帧的指定帧类型上触发。

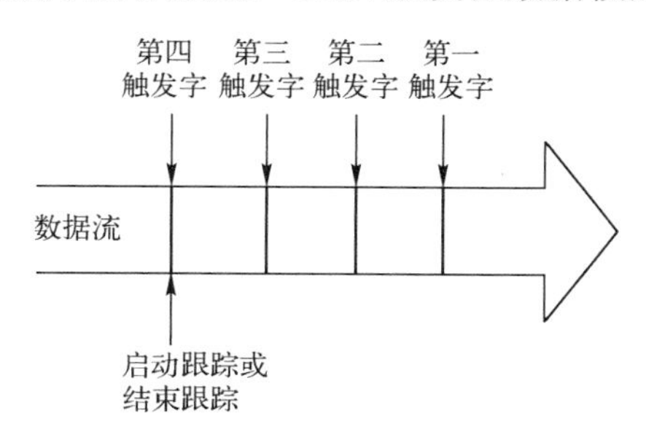

图 8.5　四级序列触发过程示意图

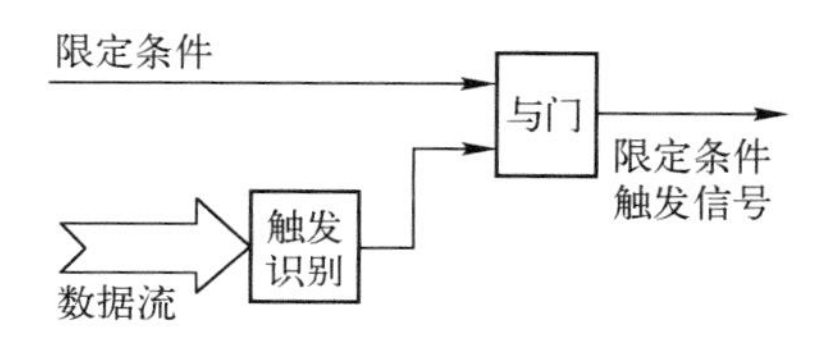

图 8.6　限定触发信号产生原理图

5. 计数触发

采用计数的方法，当计数值达到预置值时才产生触发。在较复杂的软件系统中有嵌套循环时，常用计数触发对循环进行跟踪。

6. 毛刺触发

毛刺触发是指利用滤波器从信号中取出一定宽度的干扰脉冲作为触发信号，然后存储毛刺出现前后的数据流，以便观察和寻找由外界干扰引起的数字电路误动作的现象和原因。

7. 手动触发

在测量时，利用手动触发方式可以在任何时候产生触发，手动触发属于强制产生触发信号的方式。

现代逻辑分析仪还有其他一些触发方式，随着数字系统及微型计算机系统的发展，对逻辑分析仪的触发方式提出了越来越高的要求，新的触发方式也会出现。在使用时，应注意正确选择触发方式。

8.3.4 逻辑分析仪的显示方式

逻辑分析仪可根据用途不同，把已存入存储器中的数据处理成便于观察分析的不同格式显示在 CRT 上，也就是采用不同的显示方式显示数据。逻辑状态分析仪常采用各种状态表及图形显示；而逻辑定时分析仪常采用定时图显示。

1．状态表显示

状态表显示是采用各种数制以表格形式显示状态信息。通常用十六进制数显示地址总线和数据总线上的信息，用二进制数显示控制总线和其他电路接点上的信息，如表 8.3 所示。状态表显示适用于软件调试。

表 8.3 状态表显示

地址（十六进制）	数据（十六进制）	状态（二进制）
2850	34	11010
2851	7F	01011
2852	9D	11000
2853	AC	00111
…	…	…

2．反汇编显示

多数逻辑分析仪都具有反汇编功能，可把总线上出现的数据翻译成各种微处理器的汇编语言源程序，如表 8.4 所示。

表 8.4 反汇编显示

地址（十六进制）	数据（十六进制）	操作码	操作数（十六进制）
2000	214200	LD	HL，2042H
2003	0604	LD	B，04H
2005	97	SUB	A
2006	23	INC	HL
…	…	…	…

3．定时图显示

定时图显示就像多通道的示波器显示多个波形一样，把已存入存储器内的数据按时间变化的伪波形显示出来，它以逻辑电平表示波形图，显示的是一串经过整形后类似方波的波形，在某一时刻的高、低电平分别看作“1”“0”，各通道的信号波形反映该通道在等间隔离散时间点上信号的逻辑电平值。由于它们已被重新构造，显示的波形不是实际波形，所以也称伪波形或伪时域波形。

定时图显示多用于硬件分析，如分析集成电路各输入端与输出端的逻辑关系，计算机外部设备的中断请求与 CPU 的应答信号的定时关系等。定时图显示如图 8.7 所示，其中 3-8 译码器输出信号的定时图对应存储的第一个有效数字为 01111111。

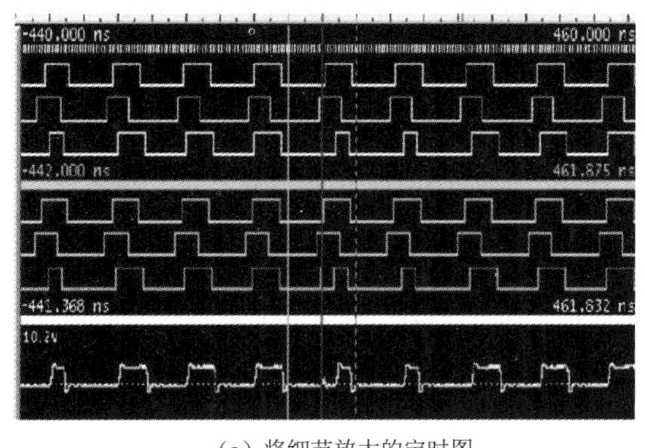

（a）将细节放大的定时图

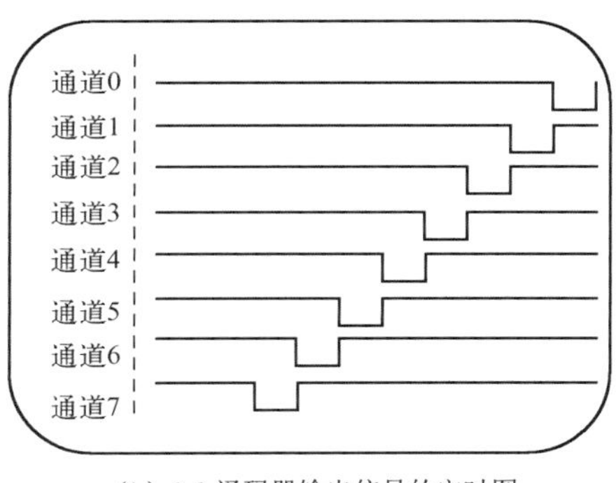

（b）3-8 译码器输出信号的定时图

图 8.7　定时图显示

4．图解显示

图解显示是利用 D/A 转换器，将要显示的数字量转化成模拟量，以类似于示波器的 *X-Y* 模式显示，*X* 轴表示数据出现的实际顺序，*Y* 轴表示数据通道的模拟数值，刻度可由用户设定，但是它形成的是图像点阵。

图 8.8 显示的是一个简单的 BCD 十进制计数器的工作波形。BCD 十进制计数器从零开始计数，来一个时钟脉冲，计数值增 1，其状态变化的数字序列如下：0000→0001→0010→0011→0100→0101→0110→0111→1000→1001，计满 10 个脉冲后又开始新一轮循环。数据在时间轴上按先后顺序出现，经 D/A 转换后形成递增的模拟量，由此在屏幕上形成由左下方开始向右上方移动的多个光点，如此循环。这种显示方式多用于检查一个带有大量子程序的程序的执行情况。程序执行的图解显示如图 8.9 所示，被监测的是微型计算机系统的地址总线。

5．映射图显示

映射图显示是指把某个数据与屏幕上的某个光点联系起来。如果数据是 8 位，则可把屏幕左上角的光点用“00”表示，屏幕右下角的光点用“FF”表示，其他光点按从左到右、从上到下、由小到大的规律分布在屏幕上。图 8.10 显示的是 6 个数据的映射图。

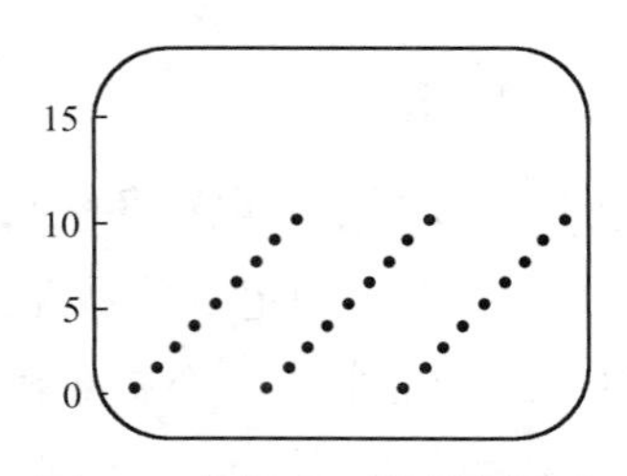

图 8.8　数据序列的图解显示

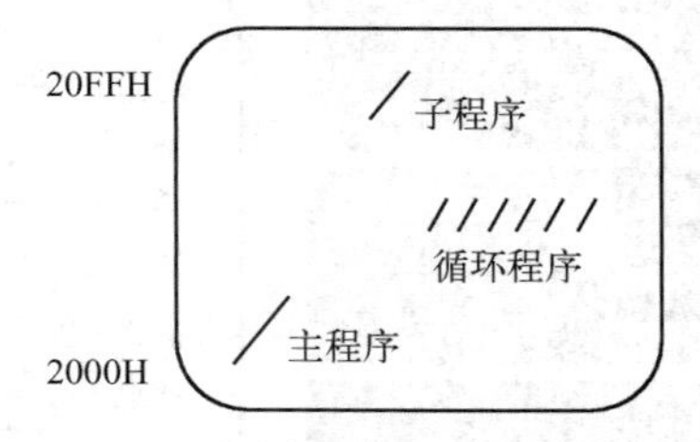

图 8.9　程序执行的图解显示

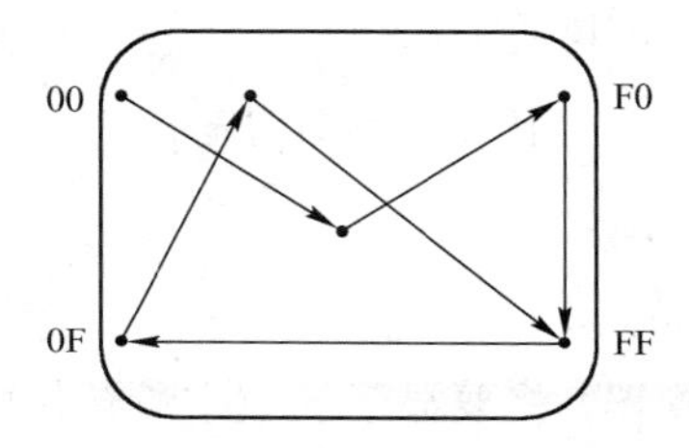

图 8.10　6 个数据的映射图

如果用逻辑分析仪观察微型计算机的地址总线，则每个光点是程序运行中一个地址的映射。图 8.11 表示的是某程序存储情况与运行映射图对照。3 个“+”号表示地址单元的位置。

0000～007F	堆栈
2800～28FF	主程序
4004～4009	输入/输出
FFF8～FFFF	向量

（a）程序存储情况

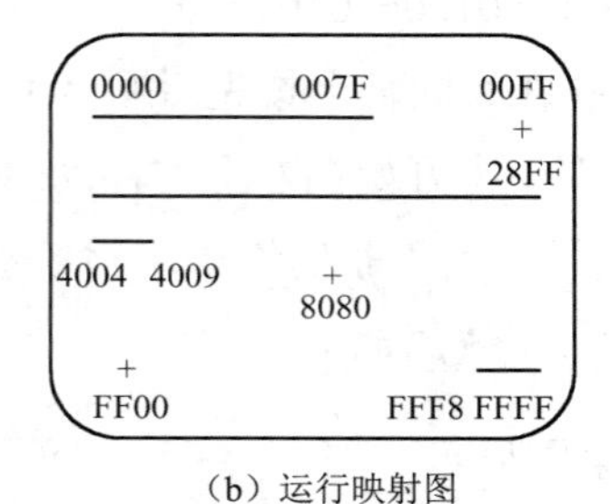

（b）运行映射图

图 8.11　某程序存储情况与运行映射图对照

6．分解模块显示

高层次的逻辑分析仪有多个显示模式供选择，如将一个屏幕分成两个窗口显示，上窗口显示在某一时刻的定时图；下窗口显示经反汇编后的微处理器的汇编语言源程序。由于上、下两个窗口的图形在时间上是相关的，因而对电路的定时情况和程序的执行情况可同时进行观察，对软硬件可同时进行调试。

8.3.5　逻辑分析仪的基本应用

逻辑分析仪是数据域测试中重要的工具，它将仿真、软件分析、模拟测量、时序和状态分析及图形发生等功能集于一身。它为数字电路硬件和软件的设计提供了完整的分析和测试功能。

1．逻辑分析仪的面板和主要控键

典型逻辑分析仪的面板如图 8.12 所示。

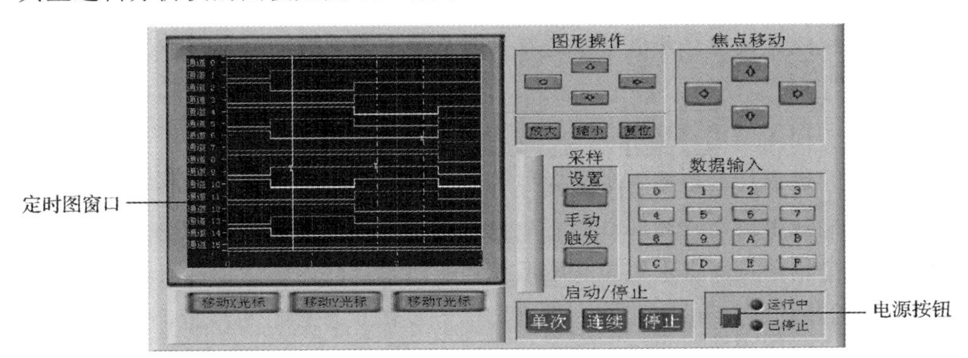

图 8.12　典型逻辑分析仪的面板

（1）定时图窗口：该窗口用于显示各通道的输入数据的逻辑电平。窗口中设置有三个光标 X、Y、T（触发光标），X、Y 用于指定两个位置让系统计算两个位置之间的时间间隔、两个位置之间波形的频率，并显示在窗口中。T 光标用于指定触发位置。

（2）图形操作按钮组：这组包括 7 个按钮，上方 4 个分别用于向上、下、左、右移动定时图，下方 3 个分别用于把图形放大、缩小、恢复原状。

（3）焦点移动按钮组：这组包括 4 个按钮，分别用于向上、下、左、右移动定时图窗口中的焦点，或出现在定时图窗口中的设置界面的焦点。

（4）采样按钮组：这组包括两个按钮，即“设置”按钮和“手动触发”按钮。当单击“设置”按钮时，定时图窗口中将出现设置界面，用户可在新出现的界面中对采样频率、存储容量、数据捕获方式等进行设置；“手动触发”按钮用于在触发点到达触发位置之前进行人工触发。

（5）数据输入按钮组：这组共有16个按钮，分别为“1～9”和“A～F”，用于让用户向逻辑分析仪中输入数据。

（6）光标移动按钮组：这组共有3个按钮，分别用于移动X光标、Y光标、T光标。

（7）启动/停止按钮组：这组共有3个按钮，分别为“单次”按钮、“连续”按钮和“停止”按钮。“单次”按钮可使设备处于启动状态，触发条件满足时开始采集，缓冲区满且触发点到达触发位置后停下；“连续”按钮可使设备处于启动状态，触发条件满足时开始采集，缓冲区满后继续处于启动状态，触发条件满足后又开始采集，如此反复，直到用户按下“停止”按钮。

（8）电源按钮：用于系统开机与电源指示。

2. 逻辑分析仪的主要操作步骤

逻辑分析仪的主要操作步骤包括连接、设置、采集和分析，如图8.13所示。

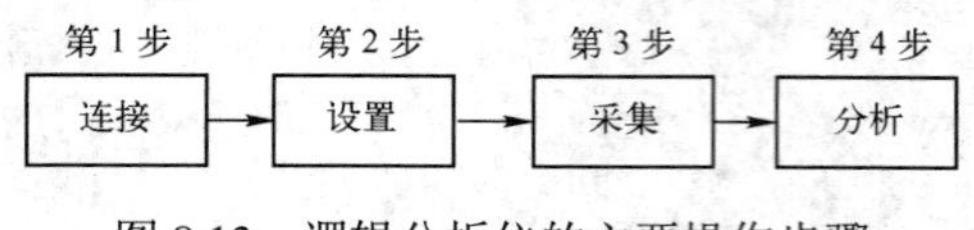

图8.13 逻辑分析仪的主要操作步骤

（1）连接被测系统。将采集探头连接到被测点上，在内部比较器上将探头采集的输入电压与设置的阈值电压进行比较，做出与信号逻辑状态有关的判断。

（2）选择逻辑通道。有的逻辑分析仪具有分组设置功能，能将全部数字通道进行分组，并对通道进行排列。

（3）设置阈值。可以对通道的阈值电平进行调节，当输入信号的电压大于当前所设置的阈值时，判定为逻辑“1”，否则为“0”。

（4）设置采集模式。定时采集模式用来捕获信号的定时信息。在这种模式下，使用逻辑分析仪内部时钟对数据采样。数据采样速度越快，测量分辨率越高。定时采集模式主要用于被测信号之间定时关系的测量。状态采集模式用来采集信号的状态信息，逻辑分析仪只在选择的信号有效时采样。

（5）设置触发条件。可以使用许多条件触发逻辑分析仪，如泰克逻辑分析仪可以采用字、范围、计数器、信号、毛刺、定时器和模拟信号等进行触发。

（6）采集状态和定时数据。在硬件和软件（系统集成）调试过程中，需要采集相关的状态和定时信息。

（7）分析和显示结果。可以在各种显示模式和分析模式下使用实时采集存储器中存储的数据。波形显示通常用于定时分析中，可以用来诊断硬件中的定时问题；通过把记录的结果与仿真器或产品技术资料中的定时图进行对比，检验硬件是否正常运行；可以测量硬件定时相关特点，如争用条件、传播延迟等；可以分析毛刺。列表显示以用户选择的字母、数字形式提供状态信息。状态数据以多种数据格式显示。状态分析的应用包括参数和余量分析（如建立时间和保持时间的设计是否违规），硬件/软件集成调试，状态机调试，分析系统优化是否正常，追踪整个设计过程的数据。

3．数字系统软件测试

用逻辑分析仪测试数字系统软件，主要是在跟踪数据流时，有选择地捕获有效数据，即如何设置正确的触发字和触发方式，建立合适的数据显示窗口。

图 8.14 为简单分支程序及触发条件设置图。程序流程中有两条通路到达 034E，A 通路经 03CF 到达 034E；B 通路经 037B 到达 034E。如果希望分析 A 通路的数据流，可以通过逻辑分析仪进行跟踪显示。具体操作过程如下：使用两级序列触发方式，在跟踪前先识别状态 03CF，然后在 034E 处开始跟踪，这样逻辑分析仪采集的数据必然是沿 A 通路的，因为只有 A 通路满足第一、第二两级关键字的序列触发条件，B 通路只满足一级序列触发条件。

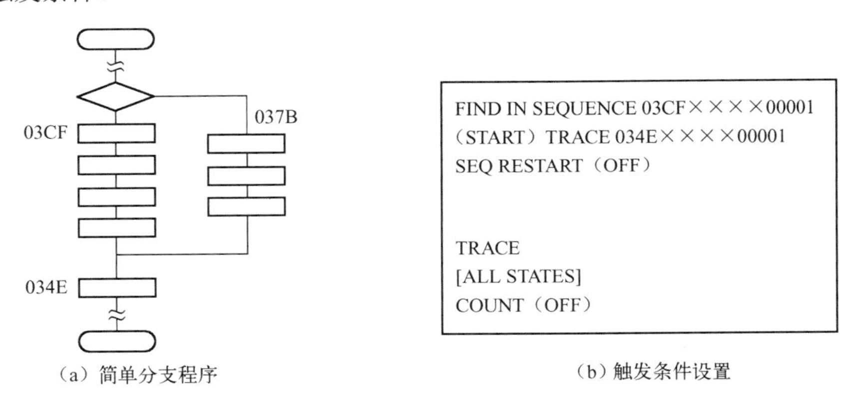

（a）简单分支程序　　（b）触发条件设置

图 8.14　简单分支程序及触发条件设置图

对于更复杂的分支程序，采用多级序列触发，也可实现相应的跟踪。

4．通用定时测量

在验证新的数字设计时，通常要求定时测量。通用定时测量主要评估各种定时参数和信号、传播延迟、脉冲宽度、建立时间和保持时间、信号偏移等。

5．微处理器测试

在微型计算机系统中，微处理器的数据总线、地址总线和控制总线之间的时序关系对系统的可靠性是十分重要的。由于逻辑分析仪具有多个输入通道，因此可同时对三组总线的信息进行采集、显示，从而得出其定时关系。

6．数字集成电路测试

将数字集成电路与逻辑分析仪连接好，选择适当的显示方式，可得到具有一定规律的图形。如果显示不正常，可以通过显示过程中的不正确的图形，找出逻辑错误的位置。

例如，采用逻辑分析仪可对 RAM6116 的存储性能进行检查。图 8.15 为集成电路的性能测试连线图，RAM6116 是 2KB×8 位静态随机存储芯片，具有 10 条地址线、8 条双向数据线，逻辑发生单元或数字信号发生器提供 RAM 工作的各种控制信号，包括片选信号、读允许信号、写允许信号，逻辑分析仪的探头与 RAM 的所有引脚连接，检查引脚输出的信息，然后进行显示。

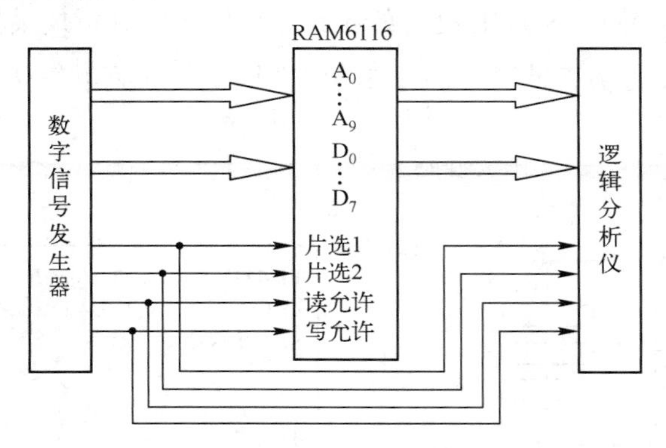

图 8.15　集成电路的性能测试连线图

7．数字系统故障诊断

要查找并确定数字系统出现故障的原因，可选择能生成多路测试数据的仪器，把该测试数据加到被测电路中并由逻辑分析仪测量其响应。分析逻辑故障使用的工具包括专用协议分析仪、通用图形发生器和可进行复杂设计的分析仪。

在一些情况下，可运行一个有故障的数字子系统并记录发生故障前后的响应；也可使用人工生成的故障模型或由设计数据生成的图形对被测器件进行测试。

一般在对数字系统进行检测和故障诊断时，可以利用图像显示快速而全面地检测数字系统的概况，用状态表寻找小故障区域，最后用定时图对故障准确定位。

8.3.6　模块化的逻辑分析仪

现代逻辑分析仪的测量部分采用灵活的模块结构，插槽可插入各种模块插件以完成要求的测试任务，如 HP16500A 具有 5 个插槽，如果 5 个插槽全部插入逻辑分析仪插件，可构成 400 通道的逻辑分析仪；如果 5 个插槽全部插入示波器插件，可作为 8 通道的示波器使用。每个模块可单独执行测量任务，同时模块之间还可进行交互测量，交互测量可完成单个模块难以完成的测量任务。例如，用定时分析仪可捕获毛刺，但不能给出毛刺的幅度和宽度，而示波器对捕获的毛刺的幅度和宽度具有很高的分辨力。模块的更换和交互测量为逻辑分析仪提供了更强大的功能。

图 8.16 为安捷伦 16902B 模块化逻辑分析系统外形图。该系统具有 6 个插槽，可以为数字和模拟分析提供可选择的测量模块，如码型发生器模块、状态逻辑分析模块、定时分析模块等。

图 8.16　安捷伦 16902B 模块化逻辑分析系统外形图

8.4　扩展知识：计算机网络协议的测试

当前网络环境日趋复杂，各种安全威胁事件层出不穷。作为计算机网络基础的通信协议，也面临着多种安全威胁。一些原来在封闭环境中使用的协议被逐渐用作公开协议，这也增加了协议的安全风险。协议测试是保证协议实现正确性的重要环节。

协议测试是从软件测试中发展而来的一个分支。软件测试可以分为功能测试和结构测试两种，前者也称为黑盒测试，只依据软件的说明对从外部可以观察到的软件功能进行测试，不涉及内部结构测试；与此相对，结构测试也称为白盒测试，它是基于软件的内部结构进行测试，通过执行每一条语句、遍历程序的各个分支的方法来检查软件的正确性。协议测试属于功能测试，即黑盒测试。传统协议测试包括一致性测试、性能测试、互操作性测试、健壮性测试等多个方面。

一致性测试的目的在于检查协议实现和协议规范的一致性；性能测试的目的是检测协议实现的性能指标是否达到要求，包括数据传输率、吞吐率、连接时间、响应时间等；互操作性测试的目的是检测同一协议或同一类协议的不同实现版本之间的互通和互操作的能力是否达到要求；健壮性测试是检测协议实现在各种异常情况下（如信道中断、通信实体断电等）的适应能力。

1. 协议一致性测试技术

传统的协议一致性测试是协议测试的基础。由于目前的大多数协议是用自然语言描述的，实现时可能会因为计算机对自然语言文本的不同理解而产生偏差，甚至造成错误，从而导致不同的协议实体间无法正常通信。因此，我们需要检测待测协议实现的行为与协议规范是否一致，协议一致性测试是达到此目的的一种有效方法。

在进行协议一致性测试时由于实际的限制，人们不能进行穷举测试，经济上的考虑也会限制人们去进行更进一步的测试，因此，一致性测试分为以下4种类型。

（1）基本互连测试：提供IUT（被测协议实现）要符合的基本特征。

（2）能力测试：检查IUT可观察能力是否符合PICS中提出的静态一致性要求。

（3）行为测试：提供一种全面的综合测试，即在IUT能力之内，运行测试集对IUT进行测试，确定国际标准规定的动态一致性要求的范围。

（4）定向诊断测试：根据特定要求，对IUT的一致性进行深度探索，以提供一种是或非的肯定回答，以及提供与特定一致性问题有关的诊断信息。此测试是非标准化的。

协议一致性测试工作主要集中在以下两个方面：

（1）测试方法的研究和测试系统的建立。

（2）如何从理论和方法上研究并生成高质量的测试集。测试集是测试的核心和主线，一个好的测试集可以极大地减轻测试系统的负担。

2. 协议安全测试

协议安全测试是当前测试领域的一个重要研究方向。传统的测试关注的是验证功能需求，并不会对软件设计中未设定允许的行为进行测试，测试的重点并没有放在查找大部分的安全漏洞（软件中的“不应该”和“不允许”部分）上。同时，传统测试方法通常假定程序运行在一个安全的环境中，忽视了恶意用户和入侵者的存在。这些因素都导致传统测试方法并不能保证软件的安全性，因此，协议安全测试必须作为协议测试的有效补充。

根据安全漏洞的暴露状态，协议安全测试可以分为针对已知漏洞的验证性测试和意在发现潜在漏洞的探索性测试。前者称为协议攻击测试，它是对已知协议漏洞的模拟和实现，以确定 IUT 是否能够抵御已知攻击，从本质上说，它是一种针对协议实现的渗透测试。后者采取各种错误注入和变异的方法对运行中的协议进行干扰，寄希望于协议可能出现异常行为或可利用的漏洞。目前，协议安全测试没有可用的形式化模型，也没有统一的测试框架和测试方法，需要对其他协议测试进行借鉴，如借鉴已经发展成熟的协议一致性测试。

实训项目 7　单片机最小系统的性能测试

1. 项目内容

单片机系统规模较小，本身不具备自我开发和测试能力。正确选择和设计单片机系统，判断其工作性能是设计开发前的一项重要工作。本项目采用简易逻辑测试设备、逻辑分析仪等仪器，对单片机最小系统的功能进行测试，并对其配置和性能做出评价。

2. 项目相关知识点提示

单片机本身是一个集成芯片，集成了 CPU、存储器、基本的 I/O 口及定时器/计数器。按照单片机系统的扩展与配置的复杂程度分类，单片机系统可以分为最小系统、典型系统和增强型系统。

单片机最小系统是指能维持单片机运行的最简单的配置系统，对于片内有 EPROM 的单片机，只要配上晶振复位电路和电源就可以构成最小系统；片内无 EPROM 的单片机，需要扩展外部程序存储器，这种系统的硬件电路简单，其功能取决于单片机内部集成的功能，成本低廉，常常用来构成一些简单的控制系统，如开关状态的 I/O 控制、时序控制等。

一般情况下，应对单片机系统的性能进行判定，主要包括以下几方面。

（1）单片机系统是否具有适应性，主要指所选用的单片机能否完成系统的控制任务，或通过增加一些外围集成电路能否完成控制任务。

（2）单片机的 CPU 是否具有合适的处理能力，主要表现在 CPU 的位数、运行速度、指令功能、指令周期、中断能力及堆栈大小等指标。

（3）单片机是否具有系统所需的 I/O 口数。

（4）单片机是否具有系统所需的中断源和定时器。

（5）单片机是否具有系统所需的外围接口。

（6）单片机的极限指标是否能满足要求。

3．项目实施和结论

（1）所需实训设备和附件。被测 51 单片机最小系统、实验板、逻辑笔、数字万用表、逻辑分析仪、测试连接线若干。

（2）项目实施步骤。

① 将逻辑分析仪的数据采集通道和单片机最小系统数据口相接，如 P2 口的 P2.0 到 P2.7 分别对应逻辑分析仪的第 1～8 通道。

② 将固化好程序的 51 单片机最小系统装到实验板上，开启逻辑分析仪，进入设置界面。

③ 设置触发字、触发方式和触发电平。设定触发条件为单级触发，第 1～8 通道依次为 00000011，即单片机 P2 口的从 P2.0 到 P2.7 共 8 个引脚的电平同时符合上述条件就会触发，触发方式为正常触发；设置电平为 1.65V。

④ 设置采样频率。根据采样定理，采样频率至少要等于被测信号最高频率的 2 倍，但在实际测试中采样频率为被测信号最高频率的 3～4 倍时采样效果比较好，P2 口数据输出速率为 100kHz/s，采样速率设置为 500kHz/s。

⑤ 设置存储深度，根据需要可设置为 2KB 或 128KB，本项目设置为 128KB。

⑥ 按下执行键运行，等待触发采集。

⑦ 重新设置触发字为 01001001，再次捕捉数据。

⑧ 采用定时图和状态表显示测量状态，验证输入数据的正确性。

⑨ 改变触发条件，采用类似的方法对单片机的其他 I/O 口进行测试。

⑩ 采用逻辑笔对控制电平进行测试。

（3）结论。为简单起见，可在 51 单片机系统中写入简单的程序，如 P2 口循环输出 10 个数字的十六进制 BCD 码，从逻辑分析仪显示的定时图可以观察到设置的触发字；逻辑分析仪捕捉到信号后，可看到第 1～8 通道的电平状态，如果单片机按程序输出了预先写入的内容，则单片机工作正常。

通过状态表也可以验证结果。状态显示和定时显示是一致的。

本 章 小 结

数据域测试的对象是数字系统，即主要研究以离散时间或事件为自变量的数据流，与时域、频域测试相比，数据域测试有很大的不同。

简单的逻辑电路的测量可用逻辑笔、逻辑夹等简易工具进行。对于复杂的数字系统，可采用逻辑分析仪、特征分析仪、激励仪器、微型计算机及数字系统故障诊断仪、在线仿真仪、数据图形产生器、微型计算机开发系统、印制电路板测试系统等进行测试。

复杂数字系统发生故障时，穷举测试是不适用的，此时应建立故障模型，以适应不同层次的测试要求，降低测试的复杂性。

逻辑分析仪按其工作特点可分为逻辑状态分析仪和逻辑定时分析仪两大类。逻辑状态分析仪主要用于系统的软件测试，检测数字系统的工作程序；逻辑定时分析仪与被测系统是异步工作的，主要用于数字系统的硬件测试。使用逻辑分析仪时应根据被测系统的特点，选择适当的显示方式和触发方式，以完成对数字系统的测试任务。

习 题 8

8.1 什么是数据域测试？数据域测试有什么特点？

8.2 逻辑电平测试设备有哪些？它们各有什么用途？

8.3 逻辑分析仪的功能与示波器有什么不同？

8.4 逻辑分析仪与逻辑定时分析仪的主要区别是什么？

8.5 简要说明逻辑分析仪的电路组成。

8.6 逻辑分析仪有哪些显示方式？

8.7 逻辑分析仪有哪些触发方式？

8.8 逻辑分析仪主要应用在哪些方面？

8.9 结合通用定时测量说明逻辑分析仪的主要操作步骤。

第 9 章　电路元件和集成电路参数的测量

9.1　概述

电路元件，如电阻器、电容器、电感器、二极管、三极管、集成电路等是组成电子电路最基本的单元，它们的质量和性能的好坏直接影响电路的性能。因此，在设计、生产、使用、调试或维护等工作中都必须掌握对其的测量方法。

不同电路元件在电路中的作用和使用条件不同，应采用不同的测量方法和测量仪器。但不管测试方法和手段如何变化，电路元件的测量必须保证测试条件与规定的标准工作条件相一致，即测量时所加电压、电流、频率及环境条件等必须符合测量要求，否则测量结果不能代表实际的参数。

9.2　分立元件参数的测量

9.2.1　电阻器和电位器参数的测量

电阻器和电位器在电路中多用来进行限流、分压、分流及阻抗匹配等，是电路中应用较多的元件之一。

1．电阻器和电位器的参数

电阻器的参数包括标称阻值、额定功率、精度、最高工作温度、最高工作电压、噪声系数及高频特性等，其主要参数为标称阻值和额定功率。其中，标称阻值是指电阻器上标注的电阻值；额定功率是指电阻器在一定条件下长期连续工作所允许承受的最大功率。

（1）电阻器规格的直标法。直标法是指直接将电阻器的类别和主要技术参数的数值标注在电阻器的表面。图 9.1（a）所示为电阻器阻值的直标法示例，阻值为 10kΩ，精度为 1%。图 9.1（b）所示为电阻器额定功率的直标法示例。

（2）电阻器规格的色环法。色环法是指将电阻器的类别和主要技术参数的数值用颜色（色环）标注在电阻器的表面，如图 9.1（c）所示。其中，第一、第二色环表示电阻器被乘数；第三色环为倍乘数。将第一、第二、第三色环分别用 X、Y、Z 表示，则电阻

器的阻值为

$$R=(10X+Y)\times10^{Z}\ (\Omega)$$

第四色环表示电阻器的误差。各种颜色表示的数值如表 9.1 所示，如四色环的颜色分别为红、紫、红、金，前三色环代表的数字分别为 2、7、2，则电阻器的阻值为

$$R=(10\times2+7)\times10^{2}=2.7\ (\mathrm{k}\Omega)$$

第四色环表示该电阻器的阻值误差为±5%。

表 9.1　各种颜色表示的数值

颜色	黑	棕	红	橙	黄	绿	蓝	紫	灰	白	金	银	无色
表示数值	0	1	2	3	4	5	6	7	8	9	10^{-1}	10^{-2}	
表示误差（%）	±1	±2	±3	±4							±5	±10	±20

（3）电位器的标识法。一般将电位器的电阻和功率直接标注在器件的表面，如图 9.1（d）所示两种电位器，左边为卧式线性可变电位器，阻值为 0.5kΩ；右边为旋转式对数可变电位器，阻值为 100kΩ。

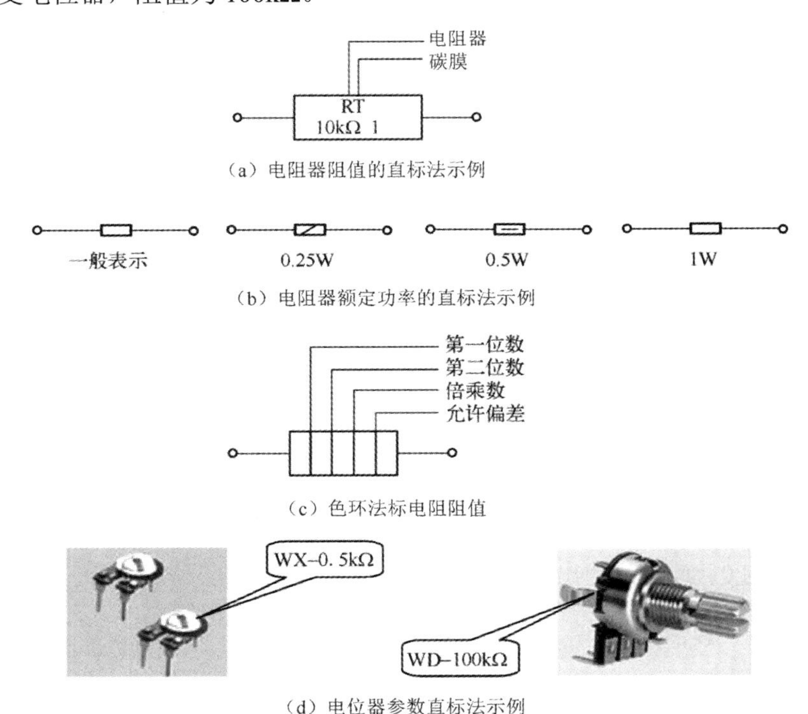

图 9.1　电阻器和电位器参数标注方法

2．测量原理和常规测试方法

1）电阻器的频率特性

电阻器工作于低频时其电阻分量起主要作用，电抗部分可以忽略不计，即忽略 L_0 和 C_0 的影响。此时，只需测出电阻器的阻值就可以了。

工作频率升高时，电抗分量就不能忽略不计。实验证明，当频率在 1kHz 以下时，电阻器的交流阻值与直流阻值相差不超过 $1\times10^{-4}\Omega$，随着频率的升高，其差值也增大。

2）固定电阻器的测量

（1）用万用表测量电阻。模拟万用表和数字万用表都有电阻测量挡，都可以用来测量电阻。采用模拟万用表测量时，应先选择万用表电阻挡的倍率或量程范围，然后将两输入端短接调零，最后将万用表并接在被测电阻器的两端，测量电阻值。

由于模拟万用表电阻挡刻度的非线性，刻度误差较大，测量误差也较大，因而模拟万用表只能用于一般性的粗略测量。用数字万用表测量电阻的误差比用模拟万用表小，但用它测量阻值较小的电阻器时，相对误差仍然是比较大的。

（2）电桥法测量电阻。当对电阻值的测量精度要求很高时，可用直流电桥法进行测量。惠斯通电桥测电阻的原理图如图 9.2 所示，它是一种四臂的直流电桥。其中 R_1、R_2 是固定电阻器，称为比率臂，比例系数 $k=R_1/R_2$，可通过量程开关进行调节；R_n 为标准电阻器，称为标准臂；R_x 为被测电阻器；G 为检流计。

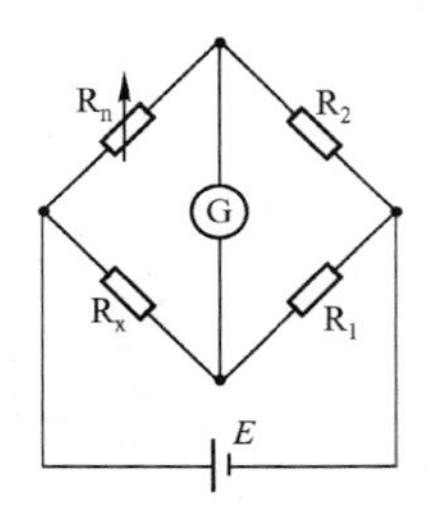

图 9.2　惠斯通电桥测电阻的原理图

测量时，接上被测电阻器 R_x，再接通电源，通过调节 k 和 R_n 的阻值，使电桥平衡，即检流计指示为 0，此时，读出 k 和 R_n 的阻值，即可求得 R_x。

$$R_x=\frac{R_1}{R_2}\cdot R_n=kR_n$$

（3）伏安法测量电阻。伏安法是一种间接测量法，先直接测量被测电阻器两端的电压和流过它的电流，然后根据欧姆定律 $R=U/I$ 算出被测电阻器的阻值。伏安法原理简单、测量方便，尤其适用于非线性电阻器的阻值测量。伏安法测量电阻的原理图如图 9.3

所示，有电流表内接和电流表外接两种测量电路。

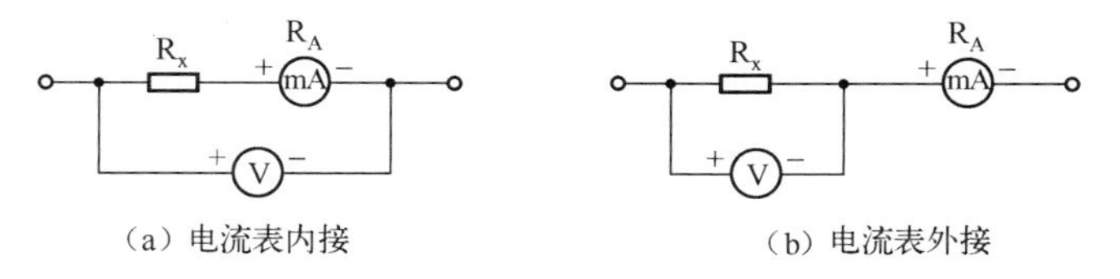

图 9.3　伏安法测量电阻的原理图

① 电流表内接。电流表内接时，电流表的读数 I 等于被测电阻器 R_x 中流过的电流 I_x，电压表的读数等于被测电阻器 R_x 两端的电压与电流表两端的电压之和，即 $U=U_x+U_A$，则被测电阻器的测量值 R 为

$$R=\frac{U}{I}=\frac{U_x+U_A}{I_x}=R_x+R_A \tag{9.1}$$

式中，R_x——被测电阻的实际值；

R_A——电流表的内阻。

可见，采用电流表内接电路测量电阻时，测得的电阻值大于被测电阻的实际值。若知道 R_A，可对测量值进行修正，修正值 $C=-R_A$。

② 电流表外接。电流表外接时，电压表的读数 U 等于被测电阻器 R_x 两端的电压 U_x，电流表的读数等于被测电阻器 R_x 中流过的电流与电压表中流过的电流之和，即 $I=I_x+I_U$，此时，被测电阻的测量值 R 为

$$R=\frac{U}{I}=\frac{U_x}{I_x+I_U}=\frac{(I_xR_x+I_UR_U)-I_UR_U}{I_x+I_U}\approx R_x\left(1-\frac{R_x}{R_U}\right) \tag{9.2}$$

式中，R_x——被测电阻的实际值；

R_U——电压表内阻。

可见，采用电流表外接电路测量电阻时，测得的电阻值小于被测电阻的实际值。若知道 R_U，可对测量值进行修正，修正值 $C=R_x^2/R_U$。

用伏安法测电阻，由于电阻器接入的方法不同，测量值与实际值有差异，此差异为系统误差。为了尽可能减小系统误差，一是采用加修正值的方法；二是根据被测电阻器的阻值范围合理选用电路。一般的，当 $R_x \geqslant R_A$，即中值电阻 R_x 介于几千欧（kΩ）和几兆欧（MΩ）之间时，可采用电流表内接电路；当 $R_x \leqslant R_U$，即低值电阻 R_x 介于几欧姆到几百欧姆之间时，可采用电流表外接电路；若被测电阻介于两者之间，可根据误差项 R_A/R 及 R/R_U 的大小，选用误差小的电路。

3）电位器的测量

（1）性能测量。用万用表测量电位器性能的方法与用万用表测量固定电阻器的方法相同。先测量电位器两固定端（端片）之间的总固定电阻，两端片之间的阻值应等于其标称值，然后测量它的中心端片与电阻体的接触情况。这时，万用表仍工作在电阻挡，将一只表笔接电位器的中心端片（滑动端），另一只表笔接其余两端片中的任意一个，缓慢调节滑动端的位置，观察电阻值的变化情况，其阻值应从零（或标称值）连续变化到标称值（或零），阻值指示应平稳变化，没有跳变现象；滑动端滑动时，应滑动灵活，松紧适度，听不到“呲呲”的噪声，否则说明滑动端接触不良或滑动端的引出机构内部存在故障。

（2）用示波器测量电位器的噪声。示波器可以用来测量电位器、变阻器的噪声，如图 9.4 所示，给电位器两端加适当的直流电源 E，E 的大小应不致造成电位器功率超过限值，最好用电池，因为电池的纹波电压小，噪声也小。让一恒定电流流过电位器，缓慢调节电位器的滑动端，随着对电位器滑动端的调节，水平亮线在垂直方向移动。当 R_W 接触良好、无噪声时，屏幕显示为一条平滑直线；当 R_W 接触不好且有噪声时，屏幕上将显示噪声电压的波形。

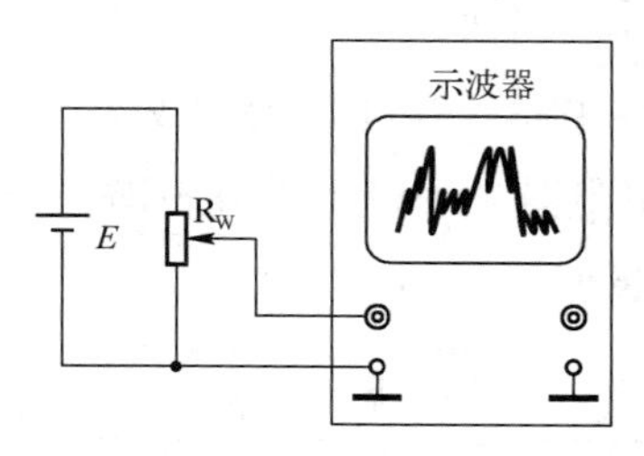

图 9.4　电位器测量噪声接线图

4）非线性电阻器的测量

非线性电阻器是一类特殊用途的电阻器，如光敏电阻器、气敏电阻器、压（力）敏电阻器、电（压）敏电阻器、热敏电阻器等，它们的阻值随着外界光线强度的变化、气体浓度的变化、压力的变化、电压的变化、温度的变化而变化。一般可采用前面介绍的伏安法（测量一定直流电压下的直流电流），即逐点改变电压的大小，然后测量相应的电流，最后作出伏安特性曲线。

9.2.2　电容器参数的测量

电容器在电路中多用来滤波、隔直、耦合交流、旁路交流及与电感元件构成振荡电路等，也是电路中应用较多的元件之一。

电解电容器是目前用得较多的电容器，它体积小、耐压高，正极是金属片表面上形成的一层氧化膜，负极是液体、半液体或胶状的电解液。因其有正、负极之分，故只能工作在直流状态，如果极性用反，将使漏电流剧增。在此情况下，电解电容器将会急剧变热而损坏，甚至引起爆炸。一般厂家会在电容器的表面标出正极或负极，对新买来的电容器，引脚长的一端为正极。

1．电容器的参数和标注方法

（1）电容器的参数。电容器的参数主要有以下几项。

① 标称电容量 C_R 和允许误差δ。标注在电容器上的电容量，称作标称电容量 C_R；电容器的实际电容量与标称电容量允许的最大偏差范围，称为允许误差δ。

② 额定工作电压。这个电压是指在规定的温度范围内，电容器能够长期可靠工作的最高电压，可分为直流工作电压和交流工作电压。

③ 漏电电阻和漏电电流。电容器中的介质并不是绝对的绝缘体，或多或少总有些漏电。除电解电容器外，一般电容器的漏电电流是很小的。显然，电容器的漏电电流越大，绝缘电阻越小。当漏电电流较大时，电容器会发热，发热严重会损坏电容器。常用电解电容器的允许漏电电流和相应的漏电电阻如表 9.2 所示。

表 9.2　常用电解电容器的允许漏电电流和相应的漏电电阻

耐压（V）	容量（μF）	允许漏电电流（mA）	相应的漏电电阻（kΩ）	万用表测量挡
6	200	0.2～0.4	15～30	R×100Ω 或 R×1kΩ
6	500	0.4～0.6	10～15	
15	100	0.2～0.5	30～75	
15	200	0.4～0.6	25～40	
25	30	0.2～0.6	40～120	R×1kΩ 或 R×10kΩ
25	50	0.2～0.8	30～120	
25	100	0.3～0.8	40～80	
50	20	0.2～0.5	100～250	
50	30	0.2～0.6	80～250	
50	100	0.5～1.0	50～100	
150	30	0.5～0.9	170～300	
150	50	0.6～1.0	150～250	
300	20	0.55～0.9	330～550	R×1kΩ 或 R×10kΩ
300	30	0.7～1.2	250～450	
450	10	0.5～0.75	600～900	
450	20	0.7～1.2	370～420	
450	30	1.0～1.5	300～450	

④ 损耗因数（D）。电容器的损耗因数定义为损耗功率与存储功率之比，损耗因数越小，损耗越少，电容器的质量越好。

（2）电容器规格的标注方法。电容器规格的标注方法同电阻器一样，有直标法和色标法两种。

直标法将主要参数和技术指标直接标注在电容器表面。电容量的单位分别为F、μF、pF，允许误差直接用百分数表示。但是，有的国家常用一些符号标明单位，如3.3pF标记为“3p3”，3300μF标记为“3m3”。

电容器的色标法与电阻器的色标法相同。

2．测量原理和常规测量方法

（1）电容器的等效电路。由于绝缘电阻和信号线电感的存在，电容器的实际等效电路如图9.5（a）所示。在工作频率较低时，可以忽略L_0的影响，等效电路简化为图9.5（b）所示。

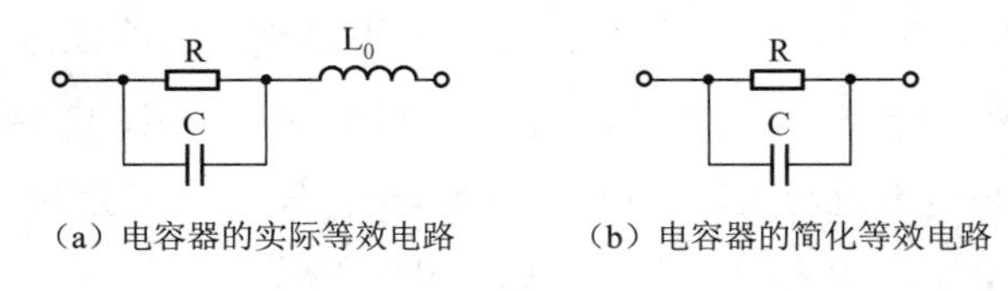

（a）电容器的实际等效电路　（b）电容器的简化等效电路

图9.5　电容器的等效电路

（2）性能测量。对电解电容器的性能测量，主要是对容量和漏电电流的测量，若电容器的正、负极标志脱落，还应进行极性判别。但用模拟万用表的电阻挡测量，不能测出电容器容量和漏电电阻的确切值，也不能知道电容器所能承受的耐压，只能对电容器的好坏程度进行粗略判断，在实际工作中经常使用估测法。

① 对电容器漏电电流的估测。可用万用表电阻挡测电阻的方法来估测漏电电流。黑表笔接电容器的正极，红表笔接电容器的负极，在电容器与表笔相接的瞬间，指针会迅速向右偏转很大的角度，然后慢慢摆回。待指针不动时，指示的电阻值越大，表示漏电电流越小。若指针向右偏转后不再摆回，说明电容器击穿；若指针根本不向右摆动，说明电容器内部断路或电解质已干涸，失去容量。

② 对电容量的估测。一般来说，放置时间较长或使用时间较长的电容器，其实际容量与标称容量差别较大。利用万用表能比较电容量的相对大小，方法是测量电容器的充电电流，接线方法与测量漏电电流时相同，指针向右摆动的幅度越大，表示电容量越大。指针摆动范围和容量的关系可参考表9.3。

表 9.3　指针摆动范围和容量的关系

万用表测量挡	容量（μF）			
	＜10	20～25	30～50	＞100
R×100Ω	略有摆动	1/10 以下	2/10 以下	3/10 以下
R×1kΩ	2/10 以下	3/10 以下	6/10 以下	7/10 以下

③ 判断电容器的极性。上述测量电容器漏电电流的方法，还可以用来鉴别电容器的正、负极。对失掉正、负极标志的电解电容器，可先假定某电极为正极，让其与万用表的黑表笔相接，另一个电极与万用表的红表笔相接，同时观察并记录指针向右摆动的幅度；将电容器放电后，两只表笔对调，重新进行测量。哪一次指针最后停摆的摆动幅度小，说明该次测量中对电容器的正、负极假设是对的。

（3）谐振法测量电容量。将交流信号源、交流电压表、标准电感器 L 和被测电容器 C_x 连成如图 9.6 所示的并联电路。测量时，调节信号源的频率，使并联电路谐振，即使交流电压表读数达到最大值，反复调节几次，确定电压表读数最大时所对应的信号源的频率 f，则被测电容量 C_x 为

$$C_x = \frac{1}{(2\pi f)^2 L} - C_0 \tag{9.3}$$

式中，C_x——被测电容器的容量；

L——标准电感器的电感量；

C_0——标准电感器的分布电容量。

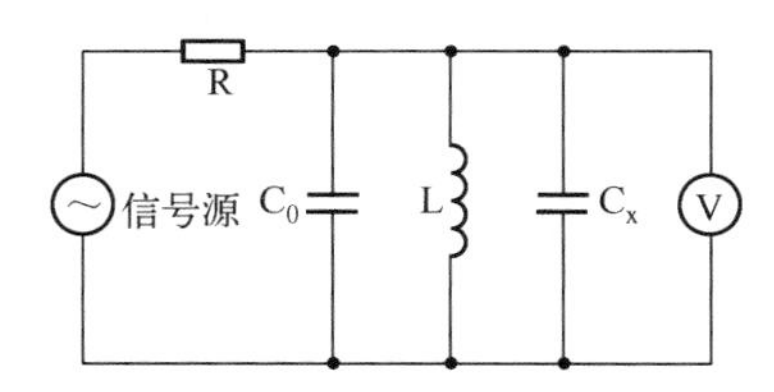

图 9.6　谐振法测量电容量的原理图

（4）交流电桥法测量电容量和损耗因数。交流电桥的工作原理与直流电桥基本相同，所不同的是交流电桥采用交流电供电，平衡指示表为交流电表，桥臂由电阻和电抗元件组成。用交流电桥可以对电容量和电容器损耗进行精确测量。

① 用串联电桥测量。图 9.7（a）所示为串联电桥测量电容量的电路，由电桥的平衡条件可得：

$$C_x = \frac{R_4}{R_3} \cdot C_n \tag{9.4}$$

式中，C_x——被测电容器的容量；

C_n——可调标准电容器的容量；

R_3、R_4——可调电阻器的电阻。

$$R_x = \frac{R_3}{R_4} \cdot R_n \tag{9.5}$$

式中，R_x——被测电容器的等效串联损耗电阻；

R_n——可调标准电阻器的电阻。

$$D_x = \frac{1}{Q} = \omega C_x R_x = 2\pi f \cdot \frac{R_4}{R_3} C_n \cdot \frac{R_3}{R_4} R_n = 2\pi f C_n R_n \tag{9.6}$$

式中，Q——品质因数；

ω——谐振的角频率；

D_x——损耗因数。

测量时，先根据被测电容器的参数范围，通过改变 R_3 来选取一定的量程，然后反复调节 R_4 和 R_n 使电桥平衡，即检流计读数最小，读出 C_x 和 D_x 的值。这种电桥适用于测量损耗小的电容器。对于损耗较大的电容器，可采用并联电桥测量。

② 用并联电桥测量。在图 9.7（b）所示的并联电桥中，调节 R_n 和 C_n 使电桥平衡，此时根据式（9.7）可求出电容器的容量、等效串联损耗电阻和损耗因数。

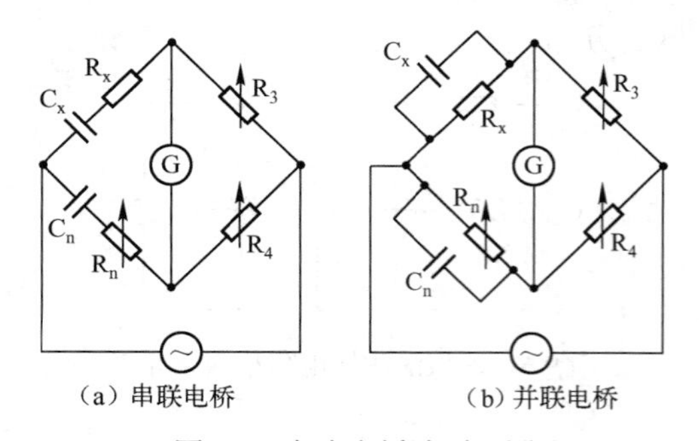

图 9.7　交流电桥法原理图

$$\begin{cases} C_x = \dfrac{R_4}{R_3} \cdot C_n \\ R_x = \dfrac{R_3}{R_4} \cdot R_n \\ D_x = 2\pi f C_n R_n \end{cases} \tag{9.7}$$

（5）电容量的数字化测量方法。一般采用电容量（电容）-电压转换器实现电容的数字化测量，电容-电压转换器电路如图 9.8 所示。

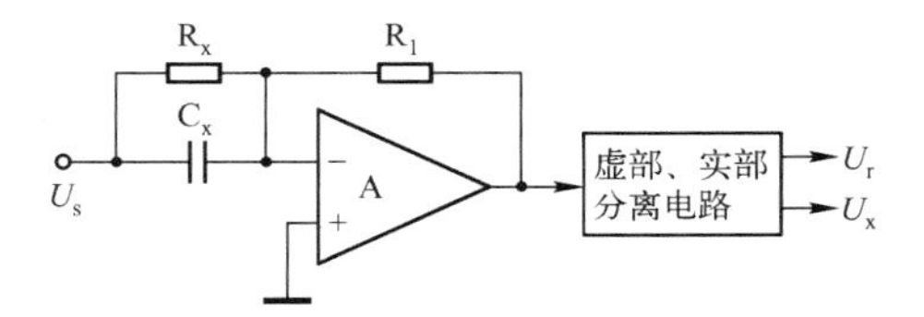

图 9.8　电容-电压转换器电路

当电容-电压转换器输入直流电压 U_s 时，被测电容器可等效为 R_x 与 C_x 的并联形式，R_1 为已知标准电阻器，输出电压是电容、输入电压等电路参数的函数，利用虚部、实部分离电路，将输出 U_o 分离出实部 U_r 和虚部 U_x，则

$$\begin{cases} R_x = \dfrac{R_1}{U_r} U_s \\ C_x = \dfrac{U_x}{2\pi f R_1 U_s} \\ D_x = \tan\sigma = \dfrac{1}{2\pi f R_x C_x} = \dfrac{U_r}{U_x} \end{cases} \tag{9.8}$$

式中，R_x——被测电容器的等效并联损耗电阻；

U_s——电容-电压转换器输入的直流电压值；

U_r——电容-电压转换器输出电压的实部值；

U_x——电容-电压转换器输出电压的虚部值。

由虚部、实部分离电路可得出 U_r、U_x 的值，再利用上述公式可求出 C_x、R_x 和 D_x，最后由显示电路将测量结果显示出来。这是常见的 RLC 测试仪器测量电容的基本原理。

9.2.3　电感器参数的测量

电感器（电感线圈）在电路中多与电容器一起组成滤波电路、谐振电路等。

1．电感器的主要参数

电感器的主要参数有电感量、额定电流、温度系数、品质因数等，实际应用中需要测量的主要参数是电感量和品质因数。

（1）电感量 L。电感器的电感量 L 也称自感系数或自感，是表示电感器自感应能力的一个物理量。当电流流过电感器时，通过电感器的磁通量与其中流过的电流成正比，此比值称为电感量，简称电感。

（2）品质因数 Q。电感器的品质因数 Q 也称 Q 值，是表示电感器质量的一个物理量。它是指电感器在某一频率的交流电压下工作时，所呈现的感抗与其等效损耗电阻之比，即

$$Q=\frac{\omega L}{R}=\frac{2\pi f L}{R} \tag{9.9}$$

式中，R——被测电感器在频率 f 时的等效损耗电阻；

f——频率；

L——电感；

ω——谐振的角频率。

在谐振电路中，电感器的 Q 值越高，回路的损耗越小，因而电路的效率越高。电感器 Q 值的提高往往受一些因素的限制，如导线的直流电阻、线圈骨架的介质损耗、屏蔽罩或铁芯引起的损耗、高频趋肤效应的影响等。电感器的 Q 值通常为几十至几百。

（3）分布电容。线圈的匝与匝间、线圈与屏蔽罩间、线圈与磁芯和底板间存在的电容，均称为分布电容。分布电容的存在使电感器的 Q 值减小，稳定性变差，因此电感器的分布电容越小越好。

2．测量原理和常规测试方法

电感器一般是用金属导线绕制而成的，所以存在绕线电阻（对于磁芯电感器还应包括磁性材料插入的损耗电阻）和线圈的匝与匝之间的分布电容，故其等效电路如图 9.9 所示。

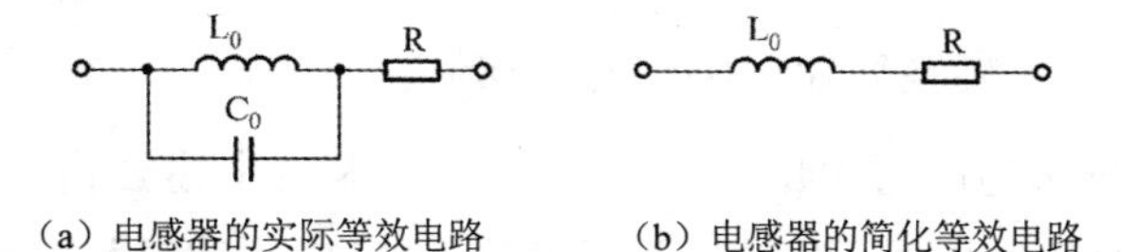

（a）电感器的实际等效电路　　（b）电感器的简化等效电路

图 9.9　电感器的等效电路

1）谐振法测量电感

将交流信号源、交流电压表、标准电容器 C 和被测电感器 L_x 连成如图 9.10 所示的并联电路。

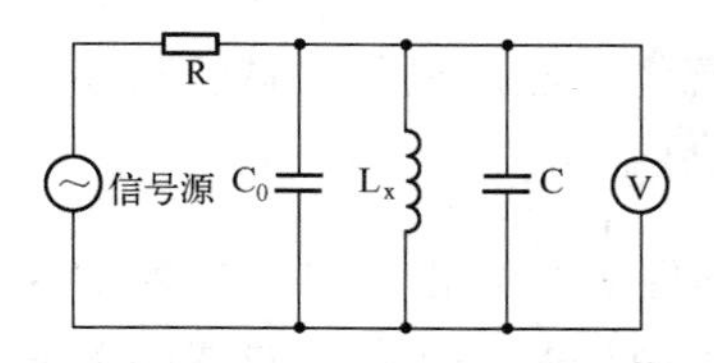

图 9.10　谐振法测量电感的原理图

测量时，与谐振法测量电容类似，调节信号源的频率，使并联电路谐振，反复调节，使电压表读数最大时所对应的信号源的频率为 f_1，则被测电感为

$$L_x = \frac{1}{(2\pi f_1)^2 (C + C_0)} \tag{9.10}$$

式中，L_x——被测电感器的电感；

C——标准电容器的容量；

C_0——标准电感器的分布电容；

f_1——第一次谐振的频率。

由式（9.10）可见，要计算被测电感器的电感，还需要测出分布电容。测量分布电容的电路与测量电感的电路类似，只是不接标准电容器，调节信号源的频率，使电路自然谐振，设此频率为 f_2，则

$$C_0 = \frac{f_1^2}{f_2^2 - f_1^2} \cdot C \text{，} \quad L_x = \frac{1}{4\pi^2 C}\left(\frac{1}{f_1^2} - \frac{1}{f_2^2}\right) \tag{9.11}$$

式中，f_2——第二次谐振的频率。

2）交流电桥法测量电感

测量电感的交流电桥有马氏电桥和海氏电桥两种，分别适用于测量品质因数不同的电感器。

（1）马氏电桥。如图 9.11（a）所示，由电桥平衡条件可得：

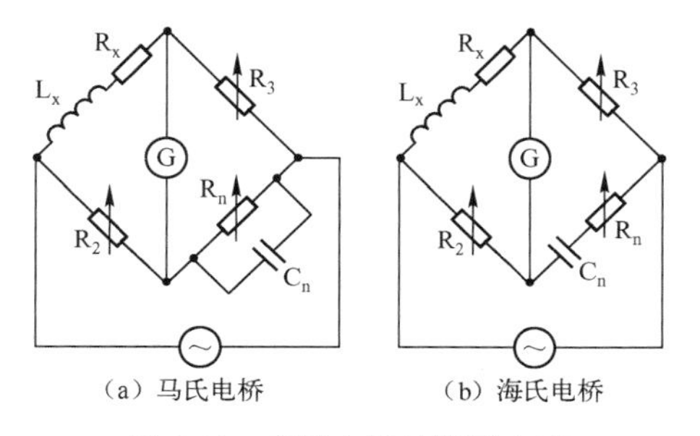

图 9.11　交流电桥法测量电感

$$\begin{cases} L_x = R_2 R_3 C_n \\ R_x = \dfrac{R_2 R_3}{R_n} \\ Q_x = \omega R_n C_n \end{cases} \tag{9.12}$$

式中，L_x——被测电感器的电感；

C_n——标准电容器的容量；

R_x——被测电感器的损耗电阻；

Q_x——被测电感器的品质因数。

一般 R_3 用开关连接，可进行量程选择，R_2 和 R_n 为可调标准元件，从 R_2 的刻度可直接读出 L_x，由 R_n 的刻度可直接读出 Q_x。马氏电桥适用于测量 $Q<10$ 的电感器。

（2）海氏电桥。如图 9.11（b）所示，同样由电桥平衡条件可得：

$$\begin{cases} L_x = \dfrac{R_2R_3C_n}{1+\omega^2R_n^2C_n^2} \\ R_x = \dfrac{R_2R_3}{R_n} \times \dfrac{\omega^2R_n^2C_n^2}{1+\omega^2R_n^2C_n^2} \\ Q_x = \dfrac{1}{\omega R_nC_n} \end{cases} \tag{9.13}$$

海氏电桥与马氏电桥一样，由 R_3 选择量程，从 R_2 的刻度直接读出 L_x，由 R_n 的刻度可直接读出 Q_x。海氏电桥适用于测量 $Q \geqslant 10$ 的电感器。

用电桥测量电感时，首先应估计被测电感器的 Q 值以确定电桥的类型；再根据被测电感的范围选择量程（R_3），然后反复调节 R_2 和 R_n 的阻值，使检流计 G 的读数最小，这时即可从 R_2 和 R_n 的刻度读出被测电感器的 L_x 和 Q_x。

电桥法测量电感一般适用于测量低频条件下的电感器，尤其适用于有铁芯的大电感器。

3）通用仪器测量电感

通用仪器测量电感的理论依据是复数欧姆定律 $X_L = 2\pi fL = U/I$，测量原理如图 9.12 所示。图 9.12 中 U_s 为交流信号源；R_1 为限流电阻，一般取几百欧姆；R_2 为电流取样电阻，一般小于 10Ω，并且一定要接在信号源的接地端，用交流电压表分别测出电感器两端的电压 U_1 和电阻 R_2 两端的电压 U_2，即可求出电感量。

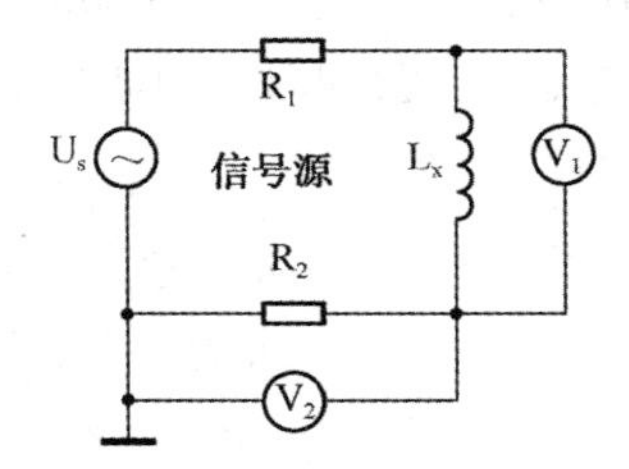

图 9.12　通用仪器测量电感的原理图

$$X_L = \frac{U}{I} = \frac{U_1}{\frac{U_2}{R_2}} = 2\pi f L_x$$

所以，

$$L_x = \frac{R_2 U_1}{2\pi f U_2} \tag{9.14}$$

式中，L_x——被测电感器的电感；

R_2——电流取样电阻的阻值；

U_1——电感器两端的电压；

U_2——电阻 R_2 两端的电压。

4）电感的数字化测量方法

一般采用电感-电压转换器实现电感的数字化测量，电感-电压转换电路如图 9.13 所示。被测电感器等效为 R_x 与 L_x 的串联电路，R_1 为已知标准电阻，利用虚部、实部分离电路，将输出 U_o 分离出实部 U_r、虚部 U_x，由式（9.15）可求出 R_x、L_x 和 Q_x，再通过显示电路直接将测量结果用数字显示出来。这是常见的 LCR 测试仪测量电感的原理。

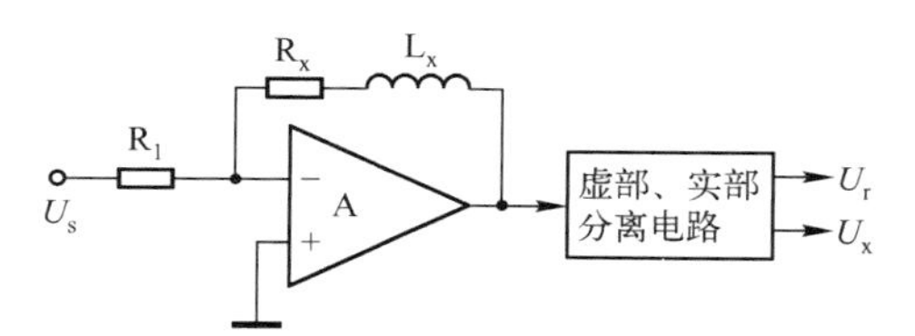

图 9.13　电感-电压转换电路

$$\begin{cases} R_x = -\dfrac{R_1}{U_s} U_r \\ L_x = -\dfrac{R_1}{\omega U_s} U_x \\ Q_x = \dfrac{\omega L_x}{R_x} = \dfrac{U_x}{U_r} \end{cases} \tag{9.15}$$

9.2.4　精密 LCR 自动测试仪及应用

精密 LCR 自动测试仪通常由一台主机和若干测试夹具组成，具有自动电平控制功能，能够在很宽的频率范围和电平范围内对被测元器件的电阻、电容、电感等参数进行测量和分析。中国电子科技集团公司 41 所的 AV2782 精密 LCR 自动测试仪控键简洁，显示屏直接显示了被测电容和品质因数值。

精密 LCR 自动测试仪主要具有以下特点：

（1）可测量电阻、电容、电感、阻抗、损耗因数、品质因数、电导、电抗、电纳、相位角等参数。

（2）测量范围广、精度高。该仪器对电阻的有效测量范围为 0.01Ω～10MΩ；对电容的有效测量范围为 0.1pF～100μF；对电感的有效测量范围为 0.1nH～100mH，基本准确度为 0.1%；对频率的有效测量范围为 75kHz～30MHz，频率分辨率为 100Hz。

（3）有多个测试夹具，可以固定不同封装形式的元器件。

（4）测量方式可以采用扫描测量和延迟测量。

9.2.5　二极管参数的测量

二极管是整流电路、检波电路、限幅电路、钳位电路中的主要器件。由于上述电路功能不同，对二极管的性能和参数要求也不相同。

1．二极管的特性和主要参数

二极管的主要特性是单向导电特性，即二极管正向偏置时导通，反向偏置时截止。二极管的参数主要有最大整流电流 I_{FM}、反向电流 I_R、反向最大工作电压 U_{RM}、直流电阻 R、交流电阻 r、二极管的极间电容。I_{FM}、U_{RM} 通常由器件手册查得，I_R、r 可以用晶体管特性图示仪进行测量。

2．测量原理和常规测试方法

PN 结的单向导电性是进行二极管测量的根本依据。测量二极管可采用模拟万用表、数字万用表和晶体管特性图示仪。

（1）用模拟万用表测量二极管。模拟万用表主要用于鉴别二极管的正、负极性及其单向导电性能。

用模拟万用表电阻挡测量二极管时，万用表面板上标有“＋”号的端子接红表笔，对应于万用表内部电池的负极，而面板上标有“–”号的端子接黑表笔，对应于万用表内部电池的正极。测量小功率二极管时，万用表置 R×100Ω挡或 R×1kΩ挡。万用表的 R×1Ω挡的输出电流过大，R×10kΩ挡的输出电压过大，两者都可能损坏被测二极管，对于面接触型大电流整流二极管可用 R×1Ω或 R×10kΩ挡进行测量。

① 正、反向电阻的测量。测量时，将二极管的两极与万用表的两表笔相接，万用表

指示出一个电阻值；将万用表的两表笔对换，再接二极管的两极，此次所测得的电阻值必然与上次测量结果不相等，其中万用表指示值较小的电阻为二极管的正向电阻，指示值较大的电阻为二极管的反向电阻。通常小功率锗二极管的正向电阻为 300～500Ω，硅二极管的正向电阻为 1kΩ或更大些，锗二极管的反向电阻为几十千欧，硅二极管的反向电阻在 500kΩ以上（大功率二极管的阻值要小得多）。正、反向电阻的差值越大越好。

② 极性的判别。根据二极管正向电阻小、反向电阻大的特点可判别二极管的极性。将两表笔分别与二极管的两极相连，测出两个阻值，在测得阻值较小的一次测量中，与黑表笔相接的一端为二极管的正极，与红表笔相接的一端为二极管的负极。同理，在测得阻值较大的一次测量中，与黑表笔相接的一端就是二极管的负极，另一端是二极管的正极。如果测得的反向电阻很小，说明二极管内部已短路；若测得的正向电阻很大，则说明二极管内部已断路。

③ 管型的判别。硅二极管的正向压降一般为 0.6～0.7V，锗二极管的正向压降一般为 0.1～0.3V，通过测量二极管的正向压降，就可以判别被测二极管的管型。方法如下：在干电池或稳压电源的一端串一个电阻（约 1kΩ），同时二极管按正向接法与电阻相连接，使二极管正向导通，然后用万用表的直流电压挡测量二极管两端的管压降 U_D，如果测得的 U_D 为 0.6～0.7V 则为硅二极管，如果测得的 U_D 为 0.1～0.3V 就是锗二极管。二极管管型判别连线图如图 9.14 所示。

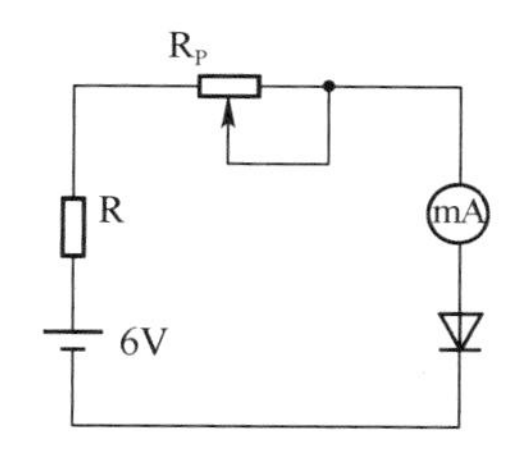

图 9.14　二极管管型判别连线图

（2）用数字万用表测量二极管。一般数字万用表上都有二极管测量挡，可用于测量二极管，如优利德集团研制的 TT805 型数字万用表，RS232C 和 USB 接口技术的应用使其与计算机能进行双向通信。

（3）用晶体管特性图示仪测量二极管。晶体管特性图示仪可以显示二极管的伏安特性曲线。例如，测量二极管的正向伏安特性曲线，首先将晶体管特性图示仪荧光屏上的光点移至屏幕左下角，峰值电压范围设置为 0～20V，集电极扫描电压极性设置为“+”，功耗电阻设置为 1kΩ，X 轴集电极电压设置为 0.1V/div，Y 轴集电极电流设置为 5mA/div，Y 轴倍率设置为“×1”，将二极管的正、负极分别接在面板上的 C 和 E 接线柱上，缓慢调节峰值电压旋钮，即可得到二极管正向伏安特性曲线。从屏幕显示图可以直接读出二极管的导通电压。

9.2.6 三极管参数的测量

1．三极管的特性和主要参数

三极管是内部含有两个 PN 结、外部具有三个电极的半导体器件。由于它的特殊结构，三极管在一定条件下具有放大和开关作用，因此被广泛应用于各种电子设备中。

表征三极管性能的电参数很多，主要分为两类，一类是工作参数，是三极管一般工作时的参数；另一类是极限参数，表明了三极管的安全使用范围。前者主要包括电流放大倍数、截止频率、极间反向电流等；后者包括击穿电压、集电极最大允许电流、集电极最大耗散功率等。

2．测量原理和常规测试方法

（1）用模拟万用表测量三极管。无论是 NPN 型三极管还是 PNP 型三极管，其内部都存在两个 PN 结，即发射结（b–e）和集电结（c–b），基极处于公共位置。利用 PN 结的单向导电性，用前面介绍的判别二极管的极性的方法，可以很容易地用模拟万用表找出三极管的基极，并判断其导电类型是 NPN 型还是 PNP 型。

① 基极的判定。以 NPN 型三极管为例说明测试方法。选择模拟万用表的 R×1kΩ挡或 R×100Ω挡，将红表笔插入万用表的“ + ”端，黑表笔插入“–”端，首先选定被测三极管的一个引脚，假定它为基极，将万用表的黑表笔接在上面，红表笔分别接另两个引脚，得到两个电阻值；然后将红表笔与该假设的基极相接，用黑表笔分别接另两个引脚，又得到两个电阻值。若第一次测量的电阻值较小，第二次测量的电阻值较大，说明假设的基极是正确的；否则假设的基极是错误的，应重新假设别的引脚为基极，重复上述步骤，直到符合上述情况为止。

当基极判断出来后，由测得的电阻值的大小还可知道该三极管的导电类型。当黑表笔接基极时，测得的两个电阻值较小，红表笔接基极时测得的两个电阻值较大，则此三极管只能是 NPN 型三极管；反之则为 PNP 型三极管。

对于一些大功率三极管，其允许的工作电流很大，可达安培数量级，发射结面积大，杂质浓度较高，造成基极与发射极之间的反向电阻不是很大，但还是能与正向电阻区分开来，可选用万用表的 R×1Ω挡或 R×10Ω挡进行测试。

② 发射极和集电极的判别。判别发射极和集电极的依据如下：发射极的杂质浓度比

集电极的杂质浓度高，因而三极管正常运用时的 β 值比倒置运用时要大得多。下面仍以 NPN 管为例说明测试方法。

用模拟万用表，将黑表笔接假设的集电极，红表笔接假设的发射极，在假设的集电极（黑表笔）与基极之间接一个 100kΩ左右的电阻，如图 9.15（a）所示，观察万用表指示的电阻值，然后将红、黑表笔对调，仍在黑表笔与基极之间接一个 100kΩ左右的电阻，如图 9.15（b）所示，观察万用表指示的电阻值。其中，万用表指示电阻值小表示流过三极管的电流大，即三极管处于正常工作的放大状态，则此时黑表笔所接的为集电极，红表笔所接的为发射极。

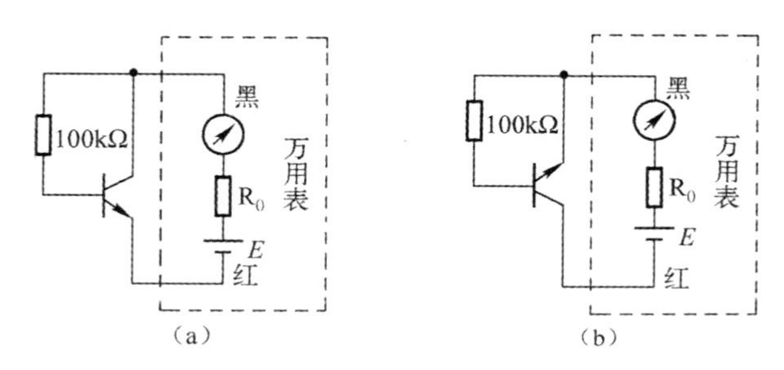

图 9.15　判断三极管发射极和集电极的测量图

③ 电流放大倍数 β 的估测。将万用表拨到相应的电阻挡，按管型将万用表表笔接到对应的极上（对 NPN 型管，黑表笔接集电极，红表笔接发射极；对 PNP 型管，黑表笔接发射极，红表笔接集电极）。测量发射极和集电极之间的电阻，再用手捏住基极和集电极，观察指针摆动的幅度。指针摆动幅度越大，则 β 值越大。手捏在基极与集电极之间等于给三极管提供了一个基极电流 I_B，I_B 的大小和手的潮湿程度有关。

（2）用数字万用表测量三极管。一般的数字万用表都有测量三极管的功能（如 DT-9909C 型数字万用表）。在已知三极管为 NPN 型（或 PNP 型）后，可以从表头读出 β 值。依据三极管处于放大状态时 β 值较大的特点，从万用表插孔旁的标记就可以直接辨别出三极管的发射极和集电极。

（3）用晶体管特性图示仪测量三极管。用万用表只能估测三极管的好坏，而用晶体管特性图示仪可以测得三极管的多种特性曲线和相应的参数，从而直观地判断三极管的性能。所以，晶体管特性图示仪在实际中得到广泛应用。

9.3　晶体管特性图示仪的工作原理与应用

晶体管特性图示仪是一种利用电子扫描原理，在示波管的荧光屏上直接显示晶体管特性曲线和直流参数的仪器，可对晶体管、场效应管、光电管、晶闸管、稳压管、恒流管、整流管等器件进行观察和测试，可以直接显示输入特性、输出特性和正向转移特性等。此外，晶体管特性图示仪还可以迅速比较两个同类晶体管的特性，以便挑选配对。另外，它还可以用来测试某些集成电路的特性曲线。

9.3.1　晶体管特性图示仪的工作原理

晶体管特性图示仪的基本组成框图如图 9.16 所示，它主要由同步脉冲发生器、基极阶梯信号发生器、集电极扫描电压发生器、测试转换开关、垂直放大器、水平放大器和示波管组成。

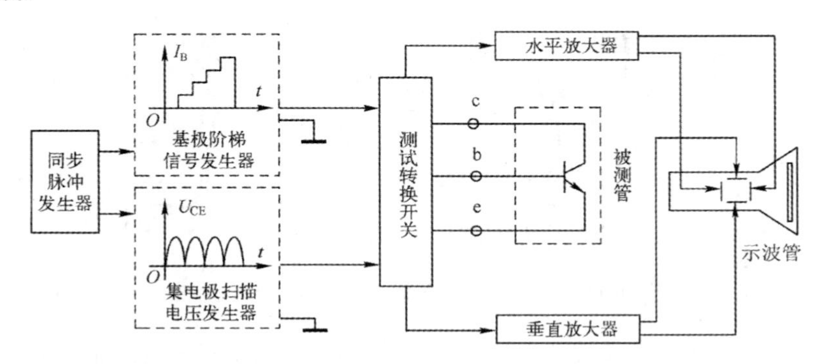

图 9.16　晶体管特性图示仪的基本组成框图

晶体管特性图示仪工作时，同步脉冲发生器产生同步脉冲信号，使基极阶梯信号发生器和集电极扫描电压发生器保持同步，以显示正确而稳定的特性曲线；基极阶梯信号发生器提供大小呈阶梯状变化的基极电流；集电极扫描电压发生器提供集电极扫描电压；测试转换开关用以转换测试不同接法和不同类型的晶体管参数；垂直放大器、水平放大器和示波管组成示波器系统，用以显示被测晶体管的特性曲线。其波形原理可参看示波测试技术部分。

9.3.2　晶体管特性图示仪的测试应用

1．测试前的注意事项

（1）晶体管特性图示仪的外形如图 9.17 所示。晶体管特性图示仪面板与示波器面板类似，不同的是晶体管特性图示仪面板最下面增加了半导体引脚输入插孔。晶体管特性图示仪能够显示半导体器件的各种特性曲线、测量半导体器件的静态参数和极限参数，屏幕显示了一个三极管的输出特性曲线。

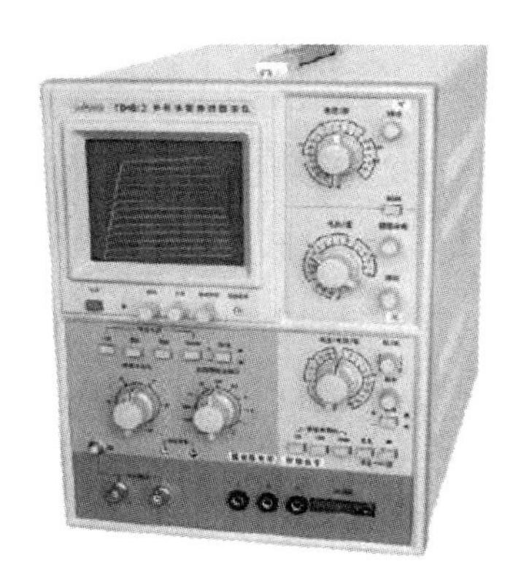

图 9.17　晶体管特性图示仪的外形

（2）测量静态参数前要对被测管的主要直流参数有一个大概的了解和估计，特别要了解被测管的集电极最大允许耗散功率 P_{CM}、最大允许电流 I_{CM} 和击穿电压 U_{CEO}、U_{CBO}、U_{EBO}。

（2）选择好扫描和阶梯信号的极性，以适应不同管型和测试项目的需要。

（3）根据所测参数或被测管允许的集电极电压，选择合适的扫描电压范围，一般情况下，应先将峰值电压调至零。更改扫描电压范围时，也应先将峰值电压调至零。选择一定的功耗电阻，测试反向特性时，功耗电阻要选大一些，同时将 X、Y 偏转开关置于合适挡位。测试时扫描电压应从零逐渐调节到需要的值。

（4）对被测管进行必要的估算，以选择合适的阶梯电流或阶梯电压，一般先取小一点的阶梯电流或阶梯电压，然后根据需要逐步加大。测试时功率不应超过被测管的集电极最大允许耗散功率。

（5）进行 I_{CM} 测试时，阶梯信号一般采用单簇为宜，以免损坏被测管。

（6）进行 I_C 或 I_{CM} 测试时，应根据集电极电压的实际情况，电流不应超过仪器规定的最大允许电流，如表 9.4 所示。

表 9.4　最大电流对照表

电压范围（V）	0～10	0～50	0～100	0～500
最大允许电流（A）	5	1	0.5	0.1

（7）进行高压测试时，应特别注意安全，电压应从零逐渐调节到需要值，测试完毕后，应立即将峰值电压调到零。

2．测试应用

例 9.1　NPN 型三极管（2SC9018）输出特性曲线的测试。

解：测试主要步骤如下：

（1）判明三极管引脚（b、c、e），将测试开关置于单管测试挡位，将三极管插入测试台中管座内。

（2）峰值电压范围置 0～10V 挡，使扫描电压在 0～10V 之间可调。

（3）极性设置为正（＋），这是根据被测管的管型、组态、扫描电压和对地极性确定的。表 9.5 给出了扫描电压与阶梯信号的极性选择表。

表 9.5　扫描电压与阶梯信号的极性选择表

管　型		组　态	扫 描 电 压	阶 梯 信 号
NPN		共发射极	+	+
		共基极	+	
PNP		共发射极		
		共基极		+
JFET	N 沟道	共源极	+	
	P 沟道	共源极		+

（4）功耗电阻设置为 250Ω，此设定值用来改变串联在被测管集电极上的电阻，以限制集电极的功耗，起保护三极管的作用。但过大的功耗电阻将使显示的曲线不够完整，应根据晶体管特性图示仪的特性曲线簇的斜率，选择合适的功耗电阻。

（5）X 轴集电极电压设置为 1V/div。

（6）Y 轴集电极电流设置为 1mA/div。

（7）阶梯信号基极电流设置为 10μA/div。

（8）调节级/簇旋钮，逐渐加大峰值电压，使屏幕显示完整稳定的多簇曲线，如图 9.18（a）所示。

例 9.2　三极管直流电流放大倍数 $\overline{\beta}$ 和交流电流放大倍数 β 的测定（2SC9018）。

解：测试主要步骤与例 9.1 相似，只需将 X 轴选择开关放在基极电流位置，就可得到如图 9.18（b）所示的电流放大特性曲线。

在图 9.18（a）中，可读出 X 轴集电极电压 $U_{CE}=5V$ 时最上面的一条曲线的 $I_C=8.3mA$、$I_B=80\mu A$，则

$$\overline{\beta}=\frac{I_C}{I_B}=\frac{8.3mA}{80\mu A}\approx 104$$

在图 9.18（a）中，选择一对曲线，如从下往上数的第 3 条、第 5 条两条曲线，读出对应第 3 条曲线中 $I_C=3.2\text{mA}$、$I_B=30\mu\text{A}$，对应第 5 条曲线中 $I_C=5.1\text{mA}$、$I_B=50\mu\text{A}$，则

$$\beta=\frac{\Delta I_C}{\Delta I_B}=\frac{(5.1-3.2)\text{mA}}{(50-30)\mu\text{A}}\approx 95$$

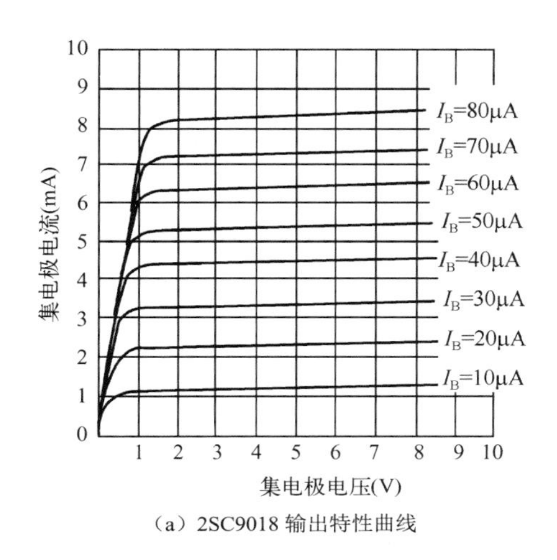

（a）2SC9018 输出特性曲线

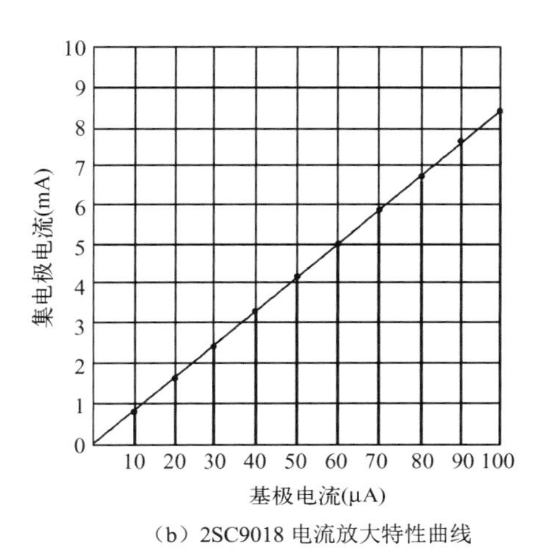

（b）2SC9018 电流放大特性曲线

图 9.18 晶体管特性图示仪测量三极管特性曲线图

例 9.3 两簇特性曲线比较测试。

解： 一般晶体管特性图示仪的测试台都有测试选择开关，选择单管或双管，或者两簇。测试时按例 9.1 和例 9.2 的测试步骤设置好相关的控件，将被测管插入，按下测试选择按钮，逐渐增大峰值电压，则荧光屏上显示出两簇特性曲线。

当测试的配对管要求较高时，可调节两簇移位旋钮，将两簇曲线叠加，观察曲线的重合程度。

9.4 集成电路参数的测量

随着半导体技术和微电子技术的发展，集成电路发展迅猛，与分立元件电路相比，集成电路具有体积小、质量小、可靠性高、寿命长、功耗小、成本低和工作速度快等优点。因此，在数字电路领域中，集成电路几乎取代了所有分立元件电路。目前，应用最广的集成门电路是 TTL 和 CMOS 两类，但基本门电路的性能指标在制造过程中已经确定，无法对它的参数进行调整。因此，在使用前对其进行严格挑选就显得十分必要，挑选的程序之一是对其各种参数进行测试。

9.4.1 TTL 与非门的外部特性测量

从使用角度出发，了解集成电路外部特性是重要的，而所谓外部特性，是指通过集成电路芯片引脚反映出来的特性。TTL 与非门的外部特性主要有电压传输特性、输入特性、输出特性、电源特性和传输延迟特性等（测量以 74LS20 二输入与非门为例）。

1．空载导通电源电流 I_{CCL}（对应空载导通功率 P_{ON}）

I_{CCL} 是指输入端全部悬空（相当于输入全为 1），与非门处于导通状态时，电源提供的电流。I_{CCL} 的测量电路如图 9.19 所示。测试时，输入端悬空，输出端空载，$U_{CC}=5V$ 时毫安表指示的电流值就是 I_{CCL}。

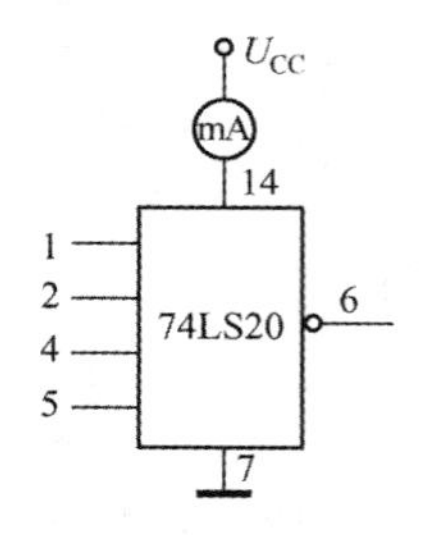

图 9.19　I_{CCL} 的测量电路

将空载导通电源电流乘以电源电压就得到空载导通功率，即

$$P_{ON}=I_{CCL}\cdot U_{CC}$$

一般情况下，TTL 与非门的典型值为三十几毫瓦，通常要求 $P_{ON}<50mW$。

2．空载截止电源电流 I_{CCH}（对应空载截止功率 P_{OFF}）

I_{CCH} 是指输入端接低电平，输出端开路时电源提供的电流。I_{CCH} 的测量电路如图 9.20 所示。测试时，输入端接地，输出端空载，$U_{CC}=5V$ 时毫安表指示的电流值就是 I_{CCH}。

将空载截止电源电流乘以电源电压就得到空载截止功率，即

$$P_{OFF}=I_{CCH}\cdot U_{CC}$$

通常，人们希望器件的功率越小越好，速度越快越好，但往往速度高的门电路功率也较大，一般要求 $P_{OFF}<25mW$。

3．输入短路电流 I_{IS}

I_{IS} 又称低电平输入短路电流，是将输入端短路测得的电流。它是与非门的一个重要参数，因为输入端电流就是前级门电路的负载电流，其大小直接影响前级门电路带动的

负载个数，因此，应对每个输入端进行测试，测量电路如图 9.21 所示。测量时，被测输入端通过电流表接地，其余各输入端悬空，输出端空载，$U_{CC}=5V$ 时毫安表指示的电流值就是 I_{IS}。通常典型与非门的 I_{IS} 为 1.4mA。

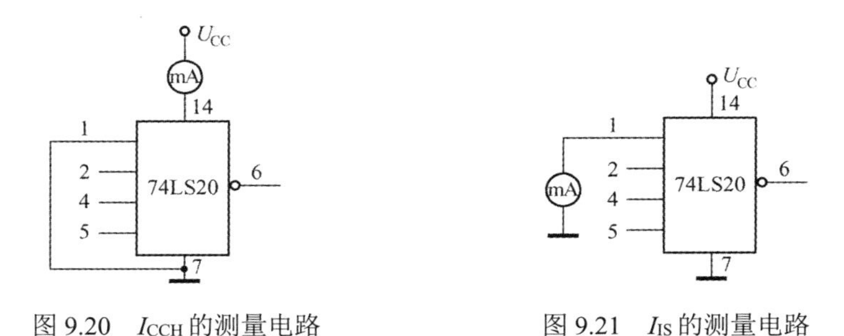

图 9.20　I_{CCH} 的测量电路　　　　图 9.21　I_{IS} 的测量电路

4．电压传输特性测试

TTL 与非门的电压传输特性是指输出电压 U_o 随输入电压 U_i 变化的曲线。电压传输特性的测量电路如图 9.22 所示。

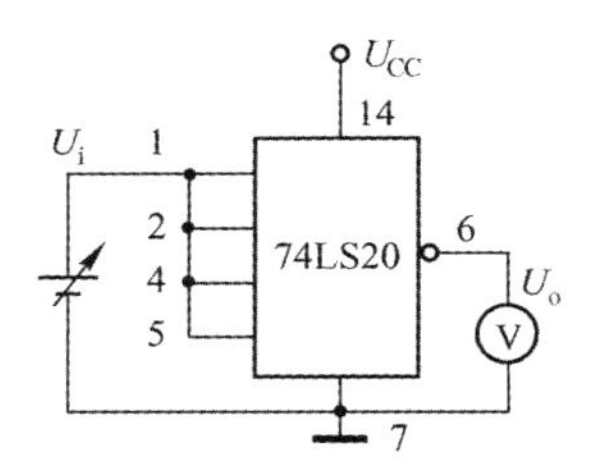

图 9.22　电压传输特性的测量电路

在图 9.22 中，把与非门的输入端并联在一起作为输入 U_i，并接在可调稳压电源上。将 U_i 从 0V 开始，逐步调到 3V 以上的高电平，用电压表测量输出电压 U_o 的变化，将结果记入表中，再根据实测数据绘出 TTL 与非门的电压传输特性曲线，从该曲线上读出标准输出高电平 U_{OH}、标准输出低电平 U_{OL}、开门电平 U_{ON}、关门电平 U_{OFF}、输入低电平噪声容限 U_{NL} 和输入高电平噪声容限 U_{NH}。通常对典型 TTL 与非门电路，要求 $U_{OH}>3V$（典型值为 3.5V）、$U_{OL}<0.35V$、$U_{ON}=1.4V$、$U_{OFF}=1.0V$。

5．扇出系数 N_o

扇出系数 N_o 是指输出端最多能带同类门的个数，它反映了与非门的最大负载能力。

$$N_o=\frac{I_{omax}}{I_{IS}}$$

式中，I_{omax} ——U_{OL}<0.35V 时允许的最大灌入负载电流；

I_{IS}——低电平输入短路电流。

扇出系数测量电路如图 9.23 所示。测量时，电路所有输入端悬空，调整负载电阻 R_L（1kΩ），使输出电压 U_o=0.35V，测出此时的负载电流，它就是允许的最大灌入负载电流，然后根据公式即可算出扇出系数 N_o，一般情况下，N_o=8～10。

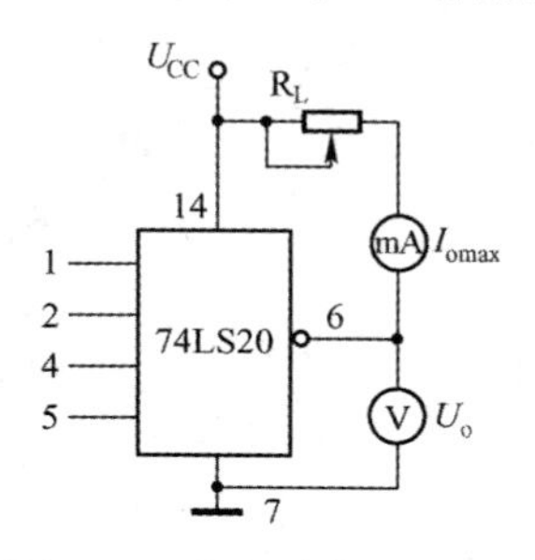

图 9.23　扇出系数测量电路

6．平均传输延迟时间 t_{pd}

平均传输延迟时间 t_{pd} 是衡量 TTL 与非门开关速度快慢的动态参数。根据平均传输延迟时间 t_{pd} 的不同，把 TTL 与非门分为中速 TTL 与非门和高速 TTL 与非门。传输延迟是由二极管、三极管开关状态的转换和负载电容、寄生电容的充、放电都需要一定时间造成的，最终使输出电压波形比输入电压波形滞后。

一般平均传输延迟时间 t_{pd} 取截止延迟时间和导通延迟时间的平均值，即 $t_{pd}=\frac{1}{2}(t_{PLH}+t_{PHL})$，$t_{PLH}$ 和 t_{PHL} 可用示波器测量。

9.4.2　CMOS 或非门的外部特性测量

CMOS 或非门具有输入阻抗高、功耗小、制造工艺简单、集成度高、电源电压变化范围宽、输出电压摆幅大和噪声容限高等优点，因而在数字电路中得到了广泛应用。本节以 COMS 或非门的参数测试为例，阐述 COMS 或非门的电压传输特性、输入特性、输出特性、电源特性和传输延迟特性等的测试方法。

1．输出高电平 U_{OH} 和输出低电平 U_{OL}

CMOS 输出高电平 U_{OH} 是指在一定电源电压下（输入端接 U_{CC} 时），输出端开路时的输出电平；输出低电平 U_{OL} 是指输入端接地、输出端开路时的输出电平。输出高、低电平的测量电路如图 9.24 所示。测量时，将一个输入端先后接地和电源，其他的输入端全部接地，输出端开路。为了保证输出端开路，输出端使用的电压表内阻要足够大，最好用数字电压表。一般 $U_{OH}=U_{CC}$、$U_{OL}=0$。

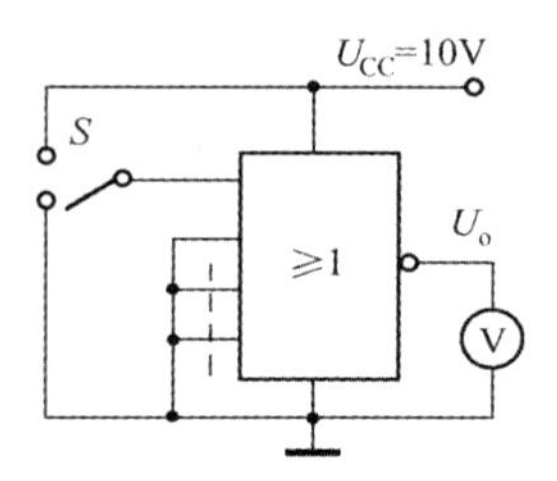

图 9.24　输出高、低电平的测量电路

2．开门电平 U_{ON} 和关门电平 U_{OFF}

开门电平 U_{ON} 是指输出由高电平转换为临界低电平（一般取 $0.1U_{CC}$）所需要的最小输入高电平；关门电平 U_{OFF} 是指输出由低电平转换为临界高电平（一般取 $0.9U_{DD}$）所需要的最大输入低电平。U_{ON} 和 U_{OFF} 的测量电路如图 9.25 所示，若测试时 $U_{CC}=10V$，则对应于 $U_o=9V$ 时的 U_i 为 U_{OFF}，对应于 $U_o=1V$ 时的 U_i 为 U_{ON}。

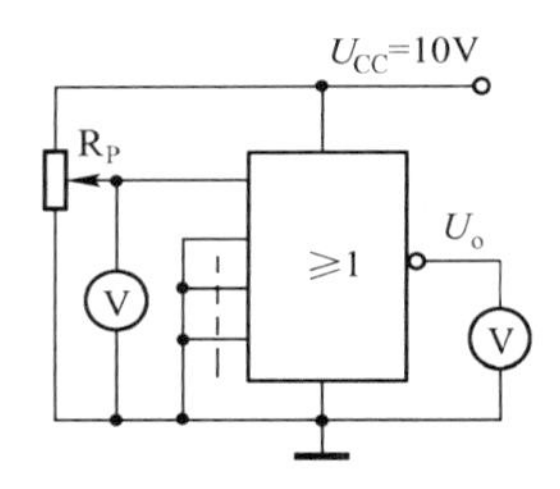

图 9.25　开门电平、关门电平的测量电路

3．静态功率

CMOS 静态功率测试电路与 TTL 静态功率测试电路相同，但由于 CMOS 器件是微功耗器件，测出的空载截止电源电流、空载导通电源电流、低电平输入短路电流的电流值要小得多。

4．传输特性曲线

CMOS 器件的传输特性也可用如图 9.25 所示电路进行测量，测量时调节输入电压电位器 R_P，选择若干个电压值，测量相应的输出值，然后由测得的数据作出曲线，并从该曲线中读出标准输出高电平 U_{OH}、标准输出低电平 U_{OL}、开门电平 U_{ON}、关门电平 U_{OFF}、输入低电平噪声容限 U_{NL} 和输入高电平噪声容限 U_{NH}。由于在 U_{ON} 和 U_{OFF} 之间输出电压变化较为迅速，在此范围内选取测试点应密一些。

5．平均传输延迟时间 t_{pd}

CMOS 器件的平均传输延迟时间是指输入信号从上升边沿的 0.5U_m 点到输出信号下降边沿的 0.5U_m 点之间的时间间隔，可用示波器直接观测。

9.5　扩展知识：电子负载

一般能够消耗能量的元器件称为负载。传统的负载包括电阻箱、滑线变阻器、电感、电容等，在对开关电源、线性电源、UPS 电源、变压器、整流器、电池、充电器进行测试时都必须采用负载。传统的测试方法一般采用电阻、滑线变阻器、电阻箱等充当测试负载。但负载具有多样性，如动态负载，其消耗的功率是时间的函数；或者电压、电流是动态的；或者具有不同峰值系数、不同功率因数；也可能具有恒定电流、恒定电阻、恒定电压；甚至可能产生瞬时短路。此时，一种负载是不能满足测试要求的。电子负载能模拟真实环境中的负载，能替代传统的负载，是一种能模拟电阻、电感、电容的负载，因而在电源、通信、汽车、蓄电池、半导体大功率元件测试等领域得到了广泛应用。

电子负载按其工作频率分为直流电子负载和交流电子负载。直流电子负载具有恒电流、恒电阻、恒电压和恒功率等功能，能模拟短路、过电流、动态特性等参数，如安捷伦 N3300A 系列直流电子负载具有快速、精确的特点，可提高大规模直流电源的制造效率。该系列产品包括一个全机架宽（最大功率为 1800W）主机和一个半机架宽（最大功率为 600W）主机以及 7 个可互换的电子负载模块，这些模块可提供多种额定电压、电流和功率，所有模块均提供用于测试系统配置的新型直流连接器。

实训项目 8　根据元器件报表配备电路元器件

1．项目内容

该项目为实际生产任务。在 Protel DXP 环境下设计电路，输出的 CPU 外围电路的元器件报表界面如图 9.26 所示。根据元器件报表，对现有库存元器件的主要性能参数、功能和封装形式进行分析，根据测试分析结果选择符合电路设计要求的元器件，为生产做好准备。

Designator	LibRef	Description	Footprint	Comment
Document : CPU Clock.SchDoc				
C10	CAP NP		RAD0.2	0.1uF
R1	R		AXIAL0.4	470R
R2	R		AXIAL0.4	470R
R5	R		AXIAL0.4	330R
U9	SN74LS04	Hex Inverters	DIP14	SN74ACT04N
XTAL1	CRYSTAL		XTAL1	4.00 MHz
Document : CPU Section.SchDoc				
C8	CAPACITOR POL		RB.2/.4	10uF
R6	R		AXIAL0.4	4k7
R7	R		AXIAL0.4	4k7
SW2	SW PUSHBUTTON		RAD0.2	PUSH
U5	Z80ACPU		DIP40	Z80ACPU
U8	74LS138		DIP16	74ACT138

图 9.26　电路元器件报表界面

2. 项目相关知识点提示

（1）Protel DXP 环境下电路元器件的简单描述。Protel DXP 是 Altium 公司推出的电子线路设计工具。电路设计好后，Protel DXP 可以生成元器件报表（图 9.26），元器件报表相当于一份生产中使用的物料清单，它描述了电路中所使用元件的细节。图 9.26 所示的报表中，第 1 列为电路标号（Designator），由电路设计者按顺序自行拟定；第 2 列为库中元器件名称（LibRef），一般根据设计参数和要求在 Protel DXP 的库中查找，库中没有的可自定义；第 3 列为功能描述（Description），是对元器件功能的描述；第 4 列为封装形式（Footprint），一般也是根据设计参数和要求在 Protel DXP 库的封装中查找，库中没有的可自定义；第 5 列为元件参数值（Comment），按设计要求指定。其中，元器件的封装技术是指将元器件焊接到印制电路板上时采用的方式，其目的是保证元器件的引脚与印制电路板上的焊点一致。不同的元器件可以使用相同的封装形式，同一元器件也可以使用不同的封装形式。因此，在选用电路元器件时，不仅需要了解元器件的特性、功能和技术指标，了解其封装也是必要的，尤其是一些原有设备上元器件的代换工作更要保证其封装形式一致。

（2）选择方法。了解常用电路元器件（电阻、电容、电感、二极管、三极管和集成门电路）的主要功能、描述方法和约束关系。

了解常用电路元器件的测量方法和测量基本原理。电路元器件在电路中的作用和使用条件不同，应采用不同的测量方法和测量仪器。但不管测量方法和手段如何变化，电路元器件的测量必须保证测量条件与规定的标准工作条件相一致，即测量时所加电压、电流、频率及环境条件等必须符合测量要求。

3. 项目实施和结论

（1）所需实训设备和附件。模拟万用表 1 台、数字万用表 1 台、集成电路测试仪 1

台、测试连接线若干。

（2）实施过程。根据元器件报表内容，主要对电路中常用电阻、电容、开关、晶振、集成电路和 CPU 进行测试和选择。

① 电阻的选择和测量。图 9.26 中电路标号分别为 R1、R2、R5、R6、R7 的 5 个元件都是电阻，库中元件名称均为 R。

a．电阻功率和精度的选择。关于电阻的功率和精度，项目未作要求，精度一般为 5%，功率默认为 0.125W，选择碳膜电阻。

b．封装形式的选择。电阻元件的封装形式均为 AXIAL0.4，轴向分布，引脚焊盘间距为 400mil（约 10mm），普通尺寸大小的电阻即可符合要求。

c．电阻阻值的测定。先通过电阻色环初步判定阻值范围，然后用万用表测量。测量时，先根据电阻的阻值范围，选择合适的测量挡位，将表头调零，最后测量电阻值。

② 电容的选择和测量。图 9.26 中电路标号为 C8、C10 的两个元件为电容，电路标号为 C10 的元件，容量为 0.1μF，在库中元件名称为 CAPNP，封装形式为 RAD0.2，表明这是一个无极性电容；电路标号为 C8 的元件，容量为 10μF，在库中元件名称为 CAPACITORPOL，封装形式为 RB.2/.4，这是一个有极性电容的封装形式，引脚间距离为 200 mil，直径为 400 mil。

a．确定电容的额定工作电压。项目中电容元件是在时钟电路和 CPU 外围电路中使用的，工作电压为 5V，电容能够长期可靠工作的最高电压取工作电压的 3～5 倍即满足要求，从库中选择额定工作电压大于 25V 的 0.1μF 无极性瓷片电容器 1 个，10μF 电解电容器 1 个备用。

b．电容性能的测量。电容性能的测量主要是指漏电电阻、漏电电流估测。将模拟万用表置于 R×1kΩ挡，黑表笔接电容的“+”极，红表笔接电容的“−”极，当电容与表笔相接的瞬间，指针会迅速向右偏转很大的角度，指示的电阻值较大，表示漏电流较小。

c．电容容量的测量。电容容量的测量精度未作要求。根据元件应用特点，按 5%的精度要求，采用 UT56 数字万用表的电容测量挡测量电容容量。

③ 开关的测试和选择。开关在图 9.26 中的电路标号为 SW2，库中名称为 SWPUSHBUTTON，封装形式为 RAD0.2，可以看出这是一个按键开关。查看电路，这是 CPU 手动上电复位开关，可采用轻触式无锁定按键开关。

对按键开关一般只测试触点通断情况。将模拟万用表置于 R×1Ω挡，调零，正常时，触点连通，电阻为零；触点断开，电阻为∞。

④ 晶振的测试和选择。晶振在图 9.26 中的电路标号为 XTAL1，库中名称为 CRYSTAL，

封装形式为XTAL1，晶振频率为4MHz。

晶振的主要指标包括标称频率、负载电容、频率稳定度、频率老化率、工作电压、工作电流、频率温度特性等，考虑到一般晶振封装的密封性能好，抗机械冲击能力强，完全损坏可能性小，可进行静态测试，即将晶振简单等效为平板电容，采用模拟万用表电阻挡测试其漏电电流。

⑤ 集成电路的测试和选择。集成电路在图9.26中的电路标号为U9和U8，U9在库中名称为SN74LS04，封装形式为DIP14，为14脚双列直插式6输入反相器；U8在库中名称为74LS138，封装形式为DIP16，为16脚双列直插式3-8译码器。

测试时，先根据型号查找生产厂家提供的技术参数，然后对其通断性、逻辑功能和参数进行测试。

a．短路、开路测试。采用模拟万用表，置于R×10Ω或R×100Ω挡，不选择R×1Ω挡，因为R×1Ω挡输出电流较大，有可能损坏芯片。先测量电源引脚与对地引脚之间电阻，若为∞，则无短路现象；然后分别测试其余引脚与电源引脚和对地引脚之间电阻，各引脚之间应该不存在短路、开路现象。

b．功能测试。对6输入反相器、3-8译码器在常规电压、温度条件下进行测试。将SN74LS04芯片引脚1、3、5、9、11、13置高电平，即接+5V电源，测量2、4、6、8、12脚对地电平，测量结果为低电平，则输出全部反相，符合反相器功能要求。74LS138芯片采用输入全部编码测试的方法。根据3个引脚的输入进行编码并输出，记录测量结果。

⑥ CPU的测试和选择。CPU在图9.26中的电路标号为U5，库中元件名称为Z80ACPU，封装形式为DIP40，这是一个有40个引脚的控制用单片机集成芯片，先从外观判断是否完好、是否有引脚折断、是否有电气损伤，电源和地是否存在短路现象，然后采用集成电路测试仪进行功能测试。

（3）结论。根据测量结果，判断电路元器件和集成电路、CPU性能的好坏，得出结论。

本章小结

不同电路元器件在电路中的作用和使用条件不同，应分别使用不同的测量仪器，采用不同的测量方法。

电阻器在电路中多用来进行限流、分压、分流及阻抗匹配等。电阻器是电路中应用较多的元件之一。电阻可采用万用表法、电桥法和伏安法进行测量。

电容器在电路中多用来滤波、隔直、耦合交流、旁路交流及与电感元件构成振荡电路等；电感器在电路中多与电容一起组成滤波电路、谐振电路等。它们都是电路中应用较多的元件之一。可采取估测法、谐振法、电桥法和数字测量法对它们进行测量。

二极管具有单向导电特性，是整流、检波、限幅、钳位等应用中的主要器件。三极管由于它的特殊结构，在一定条件下具有放大和开关作用，因此广泛应用于各种电子设备中。对它们的测试可用模拟万用表、数字万用表进行粗测，定量的测试则采用晶体管特性图示仪。

TTL 与非门和 COMS 或非门的电压传输特性、输入特性、输出特性、电源特性和传输延迟特性等的测试一般可用电流表、电压表和示波器进行。

晶体管特性图示仪是一种利用电子扫描原理，在示波管的荧光屏上直接观察晶体管特性曲线和直流参数的仪器。它可以直接显示共发射极、共基极、共集电极的输入特性、输出特性和正向转移特性等。因此，利用晶体管特性图示仪不仅可以直接观测晶体管的各种参数和特性曲线，还可以迅速比较两个同类晶体管的特性，以便于挑选配对。另外，它还可以用于测试场效应管和某些集成电路及光电器件的特性曲线。

集成电路测试仪是一种简单方便的测试仪器，可测试 TTL、CMOS、RAM、EPROM、光电耦合器、单片机，有的还可以对运算放大器、三端稳压器及常用电路进行测量。

习　题　9

9.1　使用电阻器时要考虑哪些问题？

9.2　简述直流电桥测量电阻的基本方法。

9.3　电解电容器的漏电电流与所加电压有关系吗？为什么？

9.4　已知如图 9.27 所示的串联电桥达到了平衡，其中，$R_2=100\Omega$、$C_2=0.1\mu F$、$C_4=0.01\mu F$、$R_3=1\,000\Omega$，试求 R_x、L_x。

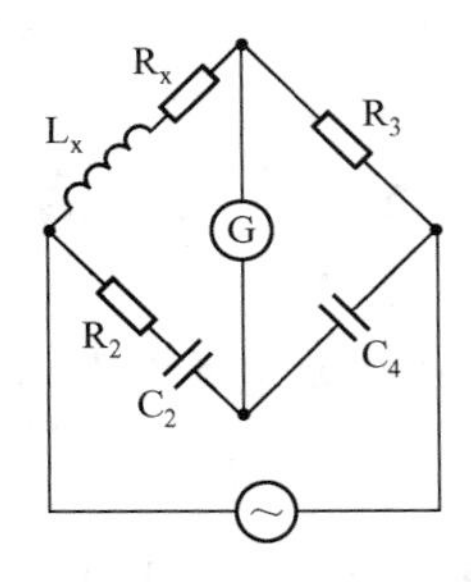

图 9.27　题 9.4 图

9.5　一个电解电容器，它的正、负极标志已经脱落，如何用万用表去判定它的正、负极？

9.6　简述晶体管特性图示仪的组成及各部分的作用。

9.7　画出晶体管特性图示仪测试二极管正向特性曲线的简化原理图。

9.8　画出晶体管特性图示仪测试三极管输入和输出特性的简化原理图。

9.9　画出 TTL、CMOS 门电路传输特性的测试原理图，并简述由传输特性确定输出高电平、输出低电平、开门电平和关门电平的方法，比较 TTL 和 CMOS 门电路的静态特性。

9.10　参考数据域测试技术试叙述集成电路测试仪的基本工作原理。

第 10 章　光纤通信测试技术

10.1　光纤通信测试的基本概念

1. 光通信发展概述

光通信是以光为载体的通信方式。光通信分为有线光通信和无线光通信两种方式，有线光通信以光纤为传输介质；无线光通信以大气为传输介质。20 世纪 70 年代，光通信取得突飞猛进的进展，到 20 世纪 90 年代，通信业务的迅速增长又极大地促进了光通信技术的发展，作为信息产业基础的通信网的建设，尤其是光纤通信网的建设规模与水平，已成为衡量国家综合实力的重要指标。

大气激光通信由于受气候、传输设备等使用条件的影响，应用具有局限性；而光纤通信由于具有频带宽、传输容量大、传输距离长、抗电磁和噪声干扰、保密性好、架设容易等优点而成为蓬勃发展的高科技领域。

根据国际的发展趋势，我国的光纤通信会得到快速发展，同时，社会的需求与技术的进步又将为光纤通信产业带来广阔的市场前景，高速、大容量的核心光网、综合光接入网、计算机网络的光纤连接、光纤图像监控系统以及有线电视分配网得到进一步发展。随着微电子技术、光电子技术和 CPU 技术的快速发展，中国的光通信技术不仅要满足国内网络建设的需求，还将在国际网络中发挥更重要的作用。

2. 光纤通信测试的概念

今天，光纤通信已是通信网的主要传输方式，不同层次的光纤通信网几乎遍布全球。光纤通信系统作为光纤通信网中的主要传输部分，其传输性能的好坏直接影响全网全程的通信质量，所以要全面衡量光纤通信系统的性能，就应按有关规定对系统的性能参数及指标进行检测。光纤通信测试技术就是为保证光纤通信系统设计、现场施工和系统性能而采取的一系列测试技术。

光纤通信系统的性能参数繁多，测试方法也多种多样，本章将按系统构成单元、参数定义和常规测试方法的顺序来介绍。典型的光纤通信系统构成框图如图 10.1 所示，包括电端机、光端机、光中继器和光纤等单元。为了在光纤中以光的形式传送信号，在发送端要将电信号转换为光信号；在接收端将线路送来的光信号还原为电信号；在传输过程中，一般中继放大也要先将光信号变换成电信号，经放大整形后再变换为光信号，然后在线路中继续传输。

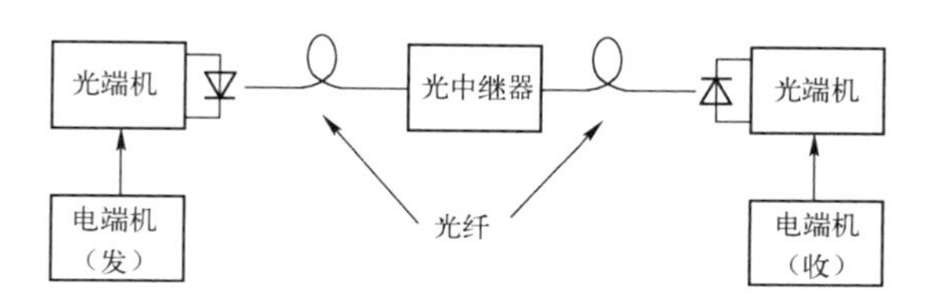

图 10.1　典型的光纤通信系统构成框图

10.2　光纤与无源器件的测试

光纤的实用特性参数很多，可以归纳为三类：几何特性和光学特性、传输特性、机械特性和温度特性，其中最重要的是传输特性。传输特性主要包括光纤的衰减系数、多模光纤的带宽、单模光纤的色散特性和光纤的非线性效应等，它们与中继距离和通信容量有关。

10.2.1　光纤衰减系数α的测试

光在光纤中传输，由于存在材料吸收损耗、散射损耗及辐射损耗等损耗，光信号有不同程度的衰减，限制了光信号的最大传输距离。

1．光纤衰减系数α的定义

光纤衰减系数α用来表示光纤的衰减特性，定义为单位长度光纤引起的光功率损耗，单位为 dB/km，即

$$\alpha(\lambda)=-\frac{10}{L}\lg\frac{P(L)}{P(0)} \tag{10.1}$$

式中，$P(0)$——在传输距离 $L=0$ 处注入光纤的光功率；

$P(L)$——沿传播方向上传输到 L 处的光功率。

2．光纤衰减系数α的测量方法

测量光纤衰减系数的目的是得到单根光纤的衰减，以便将单根光纤的衰减加起来确定连接长度的总衰减。对制造长度所规定的衰减值应在室温（30～35℃）下测量。ITU-TG.605 和 ITU-G.651 都规定截断法为光纤衰减系数的基准测量方法，背向散射法和

插入法为替代测量方法。

（1）截断法。截断法又称差值法或两点法，是一种直接利用衰减系数的定义进行测量的方法。

首先测量整根光纤的输出功率 $P(L)$，然后不改变注入电流，在离注入端 2～3m 处切断光纤，并测量剪断后的约 2m 长的短光纤的输出功率 $P(0)$，作为整个光纤的输入功率，最后按定义计算出$\alpha(\lambda)$。测试系统原理框图如图 10.2 所示，测试系统主要包括光源、光注入系统、光功率计等。该方法是公认的基准方法，操作简便，在保持注入光光强和波长不变的情况下，具有很高的测试精度，但该方法不适合在工程中使用。

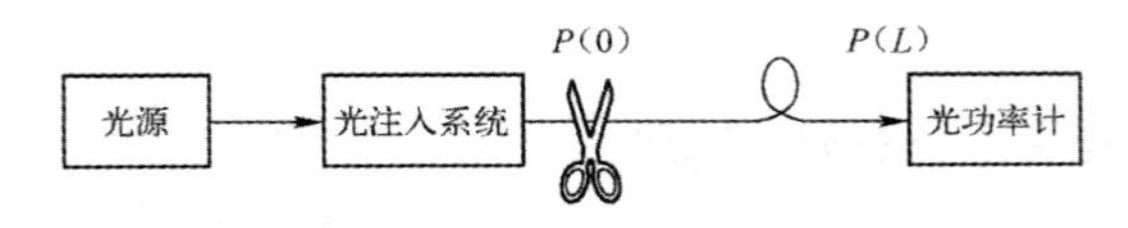

图 10.2 截断法测试系统原理框图

（2）光时域反射法。光时域反射法也称背向反射法，是一种多功能测量方法，可测量光纤的衰耗、衰耗沿轴向的分布、光纤光缆的光学连续性、物理缺陷、接头损耗和光纤长度等。

测试系统主要包括脉冲信号发生器、光源、定向耦合器、光电检测器及数据处理测量单元等。它是利用光纤一端作 I/O 口，给光纤输入一个很窄的光脉冲，经光纤内部的反射和散射，少部分光反向传播回来，返回的脉冲序列形成一个包络脉冲，在同一输入端被接收，并加以分析。在这个方法中，除测量反射光之外，有时还要测量背向散射光。一般把测量反射光信号的方法称为反射法，测量背向散射光信号的方法称为背向散射法。这两种测量方法都是无损的，一般有较好的重复性，广泛应用于光纤光缆的研制、生产以及光通信工程的施工维护中。

典型的背向散射法测试系统原理框图如图 10.3 所示。

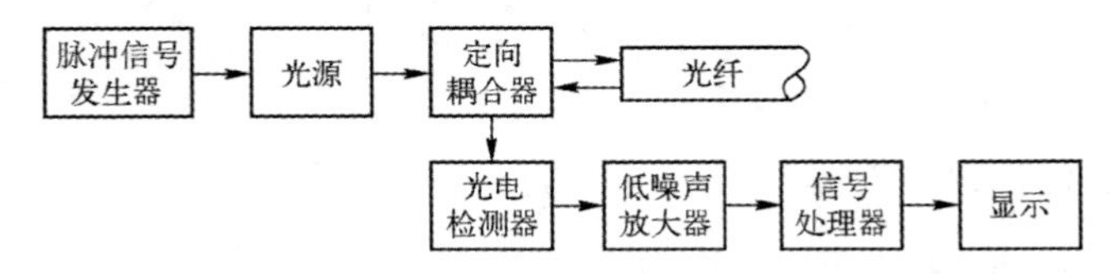

图 10.3 背向散射法测试系统原理框图

10.2.2 光纤带宽的测试

工程中常用光纤的传输带宽来描述光脉冲的展宽，它是根据光纤的色散特性确定的。单模光纤不存在模间色散，其带宽很宽，无法直接测量，通常用色散来表示它的带宽特性。所以，带宽一般是针对多模光纤而言的。

多模光纤基带响应测试既可用频域测试法，又可用时域测试法。

1．时域测试法

时域测试法利用的是脉冲调制原理。按照对脉冲信号采集及数学处理方法的不同，又可分为脉冲展宽法、快速傅里叶变换法和频谱分析法。

简单脉冲展宽法原理框图如图 10.4 所示。给光纤输入一个很窄的光脉冲，然后观察经长度 L 的光纤传输的输出脉冲，用取样示波器测量两个脉冲波形，然后用式（10.2）计算，就可求得光纤的带宽。

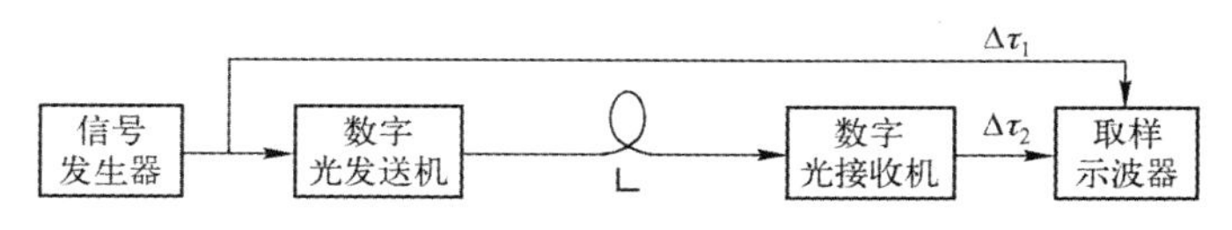

图 10.4　简单脉冲展宽法原理框图

$$B=\frac{0.441}{\sqrt{\Delta\tau_2^2-\Delta\tau_1^2}}\ （\text{GHz}） \tag{10.2}$$

式中，$\Delta\tau_2$——经过长度为 L 的光纤传输的输出脉冲宽度；

$\Delta\tau_1$——输入窄脉冲的宽度。

2．频域测试法

频域测试法即扫频测量法。用频率特性测试仪输出的正弦信号对光源进行正弦调制，并不断地从低频到高频进行调制，输出信号先经过长度为 L 的光纤，由一个宽带探测器和可调谐放大器检测，用频谱分析仪或网络分析仪进行记录；然后对一短光纤进行同样的测量，两次测量得到输出和输入脉冲的傅里叶变换 $P_{出}(\omega)$和 $P_{入}(\omega)$，于是可得到频域的功率传递函数：

$$H(\omega)=\frac{P_{出}(\omega)}{P_{入}(\omega)} \tag{10.3}$$

式中，$P_{出}(\omega)$——经过长度为 L 的光纤传输的输出脉冲的傅里叶变换；

$P_{入}(\omega)$——短光纤输出脉冲的傅里叶变换，作为输入脉冲的傅里叶变换。

一般定义频域功率传递函数半幅度值点对应的频率为光截频 f_c，f_c 也称为−3dB 带宽。

10.2.3 无源器件的特性测试

在光纤通信系统中，不但需要光源、探测器及光放大器等有源器件，还需要各种无源器件。无源器件在光纤通信系统中发挥着重要作用，甚至决定系统的性能，如波分复用器/解复用器在一定程度上限制了 DWDM 系统的信道间隔。本节将介绍光纤连接器、光纤耦合器、波分复用器/解复用器、衰减器等无源器件的主要性能参数和测试方法。

1. 光纤连接器的性能参数

光纤连接器的性能参数主要有插入损耗、回波损耗、重复性和互换性。

（1）插入损耗。插入损耗是指光纤中的光信号通过光纤连接器之后，输出光功率 P_o 相对于输入光功率 P_i 的比值的对数，即

$$L=10\lg\frac{P_o}{P_i}\ (\text{dB}) \tag{10.4}$$

式中，P_o——输出光功率；

P_i——输入光功率。

（2）回波损耗。回波损耗又称后向反射损耗，是指在光纤连接器处后向反射光功率 P_r 相对于输入光功率 P_i 的比值的对数，即

$$L_R=10\lg\frac{P_r}{P_i}\ (\text{dB}) \tag{10.5}$$

式中，P_r——经过光纤连接器的后向反射光功率。

（3）重复性和互换性。重复性是指光纤连接器多次拔插后插入损耗的变化，互换性是指光纤连接器各部件互换时插入损耗的变化。这两项指标可以考核光纤连接器结构设计和加工工艺的合理性，是表明光纤连接器实用化的重要指标。

2. 光纤耦合器的性能参数

光纤耦合器的性能参数有插入损耗、附加损耗、分光比和隔离度。本节以如图 10.5 所示的 X 形 4 端口光纤耦合器为例进行介绍，其他光纤耦合器的参数定义可以类推。

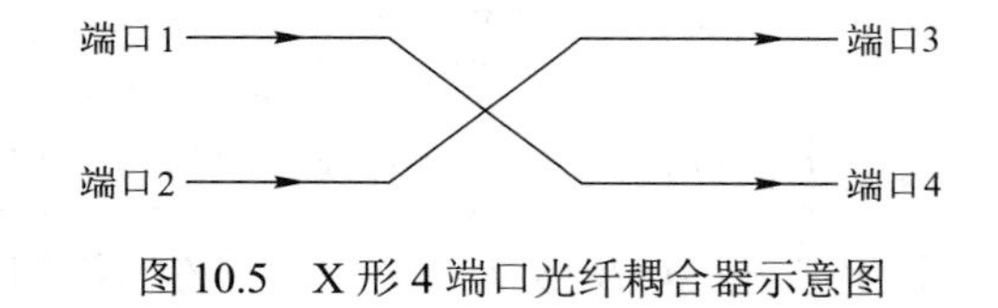

图 10.5　X 形 4 端口光纤耦合器示意图

（1）插入损耗 L。插入损耗是光纤耦合器中最重要的性能指标，定义为在一个特定

波长输出光功率与输入光功率之比，即

$$L_{13}=-10\lg\left(\frac{P_3}{P_1}\right)\ (\mathrm{dB})$$

插入损耗是由于光纤耦合器插入，在输入端口和输出端口之间产生的损耗，比较典型的光纤耦合器插入损耗为 3.4dB。

（2）分光比（耦合比）S_R。分光比是光纤耦合器的某一个端口输出光功率占所有端口输出的光功率之和的比例，定义为

$$S_R=-\lg\frac{P_3}{P_3+P_4}\ (\mathrm{dB})$$

上两式中，P_1——端口 1 输入的光功率；

P_3、P_4——端口 3 和端口 4 输出的光功率。

分光比也可以以绝对值或百分比给出，即

$$S_R=\frac{P_3}{P_3+P_4}\times 100\%$$

（3）附加损耗 L_E。附加损耗是光纤耦合器的某一个输入端口输入的光功率占总输出光功率的比例，定义为

$$L_E=-\lg\frac{P_1}{P_3+P_4}\ (\mathrm{dB})$$

（4）串扰系数 L_C 和隔离度。对于由输入端口 1 输入光引起的对输入端口 2 的串扰系数定义为：输入端口 1 泄漏到输入端口 2 的功率（P_{12}）与输入端口 1 的输入功率（P_1）的比值的对数。

$$L_C=-\lg\frac{P_{12}}{P_1}\ (\mathrm{dB})$$

串扰系数的倒数为隔离度。

3．波分复用器/解复用器性能指标

波分复用器/解复用器是一种具有波长选择功能的耦合器，其功能是将多路不同波长的信号复合后送入同一光纤中，或将在同一光纤中传输的多路不同波长的信号在光路上分开。其性能指标主要有插入损耗、通带特性等。

（1）插入损耗。插入损耗是指对于某一特定通道，输出端标称波长信号功率与输入端同样标称波长信号功率的比值的对数，即

$$L(\lambda_i)=-10\lg\frac{P_o(\lambda_i)}{P_i(\lambda_i)}\quad(\text{dB})$$

该参数是衡量波分复用器的一项重要指标，此值越小越好，对于工作波长，$L(\lambda_i)<1.5\text{dB}$。

（2）中心波长（或通带）λ_1、λ_2、…、λ_n。它是由设计、制造者根据相应的国际标准、国家标准或行业标准确定的。

（3）中心波长的工作范围$\Delta\lambda_1$、$\Delta\lambda_2$、…、$\Delta\lambda_n$。对于每一个工作通道，波分复用器必须给出一个适应于光源光谱宽度的范围。该参数限定了所选用的光源的光谱宽度及中心波长位置，它以mm为单位表示，或以平均信道之间间隔的10%表示。

（4）相邻信道之间的串扰最大值。该参数是衡量波分复用器的一项重要指标，此值越大越好。一般而言，数字通信系统的串扰最大值大于30dB，模拟通信系统的串扰最大值大于50dB。

（5）通带特性。通带特性主要指波分复用器各信道的滤波特性，通常测试指标为-0.5dB带宽、-3dB带宽和-20dB带宽。

4．光衰减器的主要参数

光衰减器的主要参数有工作波长、衰减量和衰减精度。

衰减量的典型值为60dB，特殊衰减器的衰减量可达100dB。衰减精度也称分辨率，是指衰减调节的精度。

5．掺铒光纤放大器（EDFA）的主要参数

（1）增益。从EDFA的输入端输入光信号，在输出端用光功率计测量光功率，测出的输出信号光功率比输入信号光功率增加的量就是EDFA的增益。

（2）小信号增益。小信号增益是指EDFA工作在线性范围内的增益。该增益在给定的信号波长和泵浦功率下与输入信号光功率是无关的，但对于不同的波长，小信号的增益是不一样的，它是波长的函数。

（3）最大小信号增益。最大小信号增益是指在EDFA正常工作的条件下能够达到的最大的小信号增益。

（4）最大小信号增益波长。最大小信号增益波长是指产生最大小信号增益的波长。

（5）小信号增益波长带宽。小信号增益波长带宽是指小信号增益比最大小信号增益低3dB时的波长间隔。

（6）小信号增益波长变化。小信号增益波长变化是指在给定的波长范围内，小信号

增益峰-峰值的变化。

（7）小信号输出稳定性。小信号输出稳定性是指 EDFA 在正常工作条件下和规定的试验周期内，在输入小信号时 EDFA 输出光功率波动的最大值。

（8）大信号输出稳定性。大信号输出稳定性是指 EDFA 在正常工作条件下和规定的试验周期内，在输入的大信号光功率一定的情况下，EDFA 输出光功率波动的最大值。

（9）偏振相关增益变化。偏振相关增益变化是指 EDFA 在正常工作条件下，由输入信号偏振状态的变化引起的 EDFA 的小信号增益的最大变化。

（10）噪声系数。噪声系数是衡量 EDFA 性能好坏的重要指标，对不同用途的 EDFA，应进行不同的设计和优化，使其噪声系数最低。

6. 光纤无源器件的特性测试

由上面的分析可知，插入损耗、分光比和隔离度是比较常用的性能参数，它们都与光功率有关，可以采用如图 10.6 所示系统进行测试。

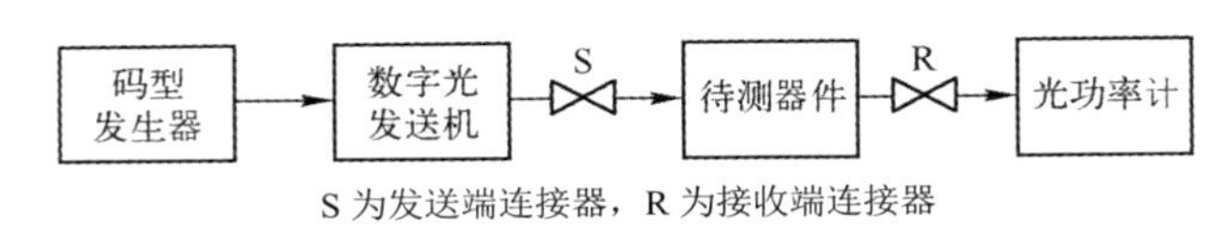

图 10.6　光纤无源器件特性测试原理框图

10.3　光发送机的测试

光发送机是光纤通信系统的重要单元。光发送机将输入的电信号加载到光源的发射光束上变成光信号送入光纤。根据电端机送入光端机信号的性质不同，光发送机可分为模拟光发送机和数字光发送机。它们的性能指标和测试方法是有差别的。

光纤系统的发送和接收的性能参数分为电性能参数和光性能参数两种。电性能参数主要有误码性能参数、抖动性能参数、漂移性能参数及可用性参数；光性能参数主要有中继段衰减和色散、平均发送光功率、消光比和最小边模抑制比（SMSR）、动态范围和接收灵敏度。

10.3.1　数字光发送机的性能描述

对数字光发送机的性能主要有以下要求：

（1）输出光功率必须保持恒定，即要求在环境温度变化或激光器老化的过程中，其输出光功率保持不变，或者其变化幅度在数字光纤通信工程设计指标要求的范围内，以保证光纤通信能长期正常稳定的运行。

（2）数字光发送机发送的光脉冲的消光比应尽可能大，以免光接收机付出较大的光接收灵敏度代价。

（3）为了使光脉冲传输信号准确重现，光脉冲的响应时间及开通延迟时间必须远小于每个码元的时隙。

（4）输出光脉冲应无张弛振荡和自激脉冲。

（5）激光器的辐射波长必须保持恒定，尤其在高速以至超高速的光发送机中，应该采取相应的有效措施，以实现大容量长距离的数字光纤通信。

（6）在数字光发送机的技术性能指标满足要求的前提下，要求其电路结构简单、可靠、经济、低功耗以及便于批量生产和维护，这些对于数字光发送机在数字光纤通信工程中的应用都是十分重要的。

10.3.2 数字光发送机的主要性能指标

常用的数字光发送机的性能指标有平均发送光功率和消光比。

1．平均发送光功率

数字光发送机的平均发送光功率定义为当数字光发送机发送伪随机序列信号时，在参考点处（数字光发送机的输出端）所测的平均光功率。

数字光发送机的平均输出光功率是正常工作条件下，光端机输出的平均光功率，即光源尾纤输出的平均光功率。平均发送光功率指标与实际的光纤线路有关，在长距离的光纤数字通信系统中，要求有较大的平均发送光功率；在短距离的光纤数字通信系统中，要求有较小的平均发送光功率。通常，数字光发送机的输出光功率需有 1～1.5dB 的富裕度。

2．消光比

消光比（EXT）是数字光发送机的重要性能指标之一，定义为

$$\text{EXT}=\frac{P_{00}}{P_{11}} \tag{10.6}$$

式中，P_{00}——光端机输入信号脉冲都为“0”时输出的平均光功率；

P_{11}——光端机输入信号脉冲都为“1”时输出的平均光功率。

无信号时，光源输出的光功率对接收而言是一种噪声，将降低光接收机的灵敏度。因此，从光接收机角度考虑，消光比越小越好。但是，消光比太小，光源的输出功率将

降低，光源的谱线宽度也增加，还会对光源的其他特性产生不良影响，考虑各种因素的影响，一般要求数字光发送机的消光比不超过 0.1。

如果使用 LED 作为光源，则无须考虑消光比，因为电信号直接加到 LED 上，无输入信号时的输出功率为零；只有以激光器作为光源的光端机才要求测试消光比。

10.3.3　数字光发送机的特性测试

1．平均发送光功率的测试

平均发送光功率测试原理框图如图 10.7 所示。其中 S、R 为活动连接器（ST 型），RP_{501} 为可变电阻。其测试步骤如下：

（1）码型发生器产生 PCM 测试信号，送入数字光发送机。不同码速的光纤数字系统要求送入不同的 PCM 测试信号，速率为 2048kbit/s 和 8448kbit/s 的数字光纤系统要求送入长度为 $2^{15}-1$ 的伪随机码；速率为 134368kbit/s 和 139264kbit/s 的数字光纤系统要求送入长度为 $2^{23}-1$ 的伪随机码。

（2）把光纤测试线（光纤跳线）分别插入数字光发送机发送端的连接器（S）并与光功率计连接起来，此时从光功率计读出的功率 P 就是数字光发送机输入光纤跳线的平均发送光功率。

（3）光源的平均发送光功率与注入它的电流大小有关，测试时应在正常工作的注入条件下进行。数字万用表测量电位器两点之间的电压，除以接入的电阻值即可得到注入电流。

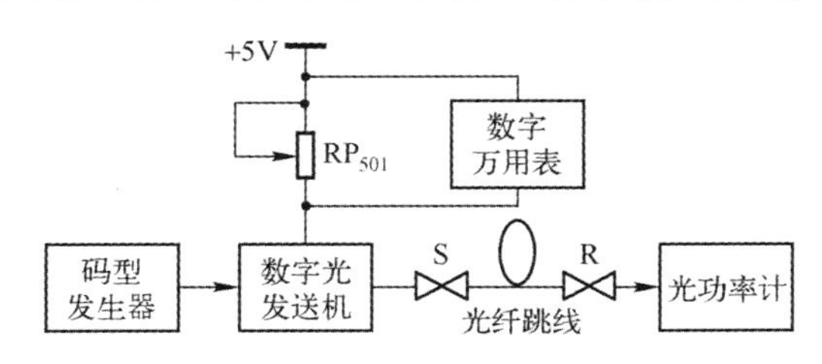

图 10.7　平均发送光功率测试原理框图

2．消光比测试

消光比的测试步骤如下：

（1）将光端机的输入信号断掉，即不给光端机发送电信号，测出的光功率为 P_{00}，即对应输入数字信号全为“0”时的光功率。

（2）信号源送入长度为 $2^{N}-1$ 的伪随机码，N 的选择与测试平均发送光功率时相同。因为伪随机码的“0”码和“1”码等概率，所以全“1”码时的光功率应是伪随机码平均

发送光功率 P 的 2 倍，即 $P_{11}=2P$，因此，消光比可表示为

$$\text{EXT}=\frac{P_{00}}{2P}$$

10.3.4　模拟光发送机的特性测试

在模拟系统中，时变模拟信号 $s(t)$直接调制光源。因此调制度是模拟光发送机的一个重要指标。设无信号输入时，输出光功率为 P_t，则当输入信号为 $s(t)$时，输出光信号 $P(t)$为

$$P(t)=P_t[1+ms(t)]$$

其中，m 是调制度，它定义为

$$m=\frac{\Delta I}{I_b'}$$

式中，对于 LED，有 $I_b'=I_b$；对于激光器，有 $I_b'=I_b-I_{th}$。参数ΔI 是电流相对于偏置点的变化量。为了防止输出信号失真，调制操作必须限制在 P-I 特性曲线的线性部分。在模拟通信系统中，m 的典型值为 0.25～0.5。

模拟光发送机调制度测试原理框图如图 10.8 所示。测试步骤如下：

（1）波形发生器产生正弦信号，将正弦信号送入模拟光发送机。调节模拟光发送机，使送到光发送模块的信号幅度最大而又不失真，可借助示波器在 A 点观测波形。

（2）记录示波器在 A 点观测到的波形ΔU 和直流电平 U，找到其负载电阻，并换算成ΔI 和 I，从而计算出调制度。

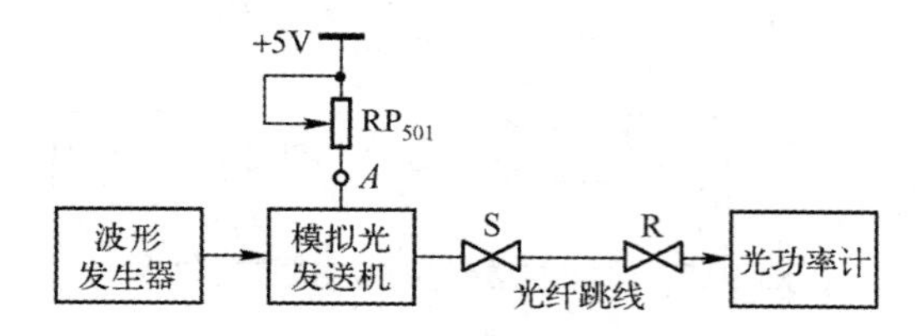

图 10.8　模拟光发送机调制度测试原理框图

10.3.5　中继距离的测试

光纤通信系统中继距离的确定是非常重要的，在假设光纤有足够带宽的情况下，传输中继距离 L 可由下式算出：

$$L=\frac{P-P_r-2\alpha_c-M_e}{\alpha_f+\alpha_s+M_c} \tag{10.7}$$

式中，P——平均发送光功率；

P_r——光接收机的灵敏度；

α_c——活动连接器的损耗，收发各一个；

α_f 、α_s——光纤损耗和每千米的光纤平均接续损耗；

M_e、M_c——设备富裕度和每千米光缆的富裕度。

测试出平均发送光功率、光接收机灵敏度以及光纤和活动连接器的损耗后用式（10.7）计算。

10.4　光接收机

10.4.1　模拟光接收机的性能指标测试

模拟光接收机的主要性能指标有信噪比（S/N）、信号的失真度等，可参考前面章节中关于电压、噪声的测量方法。

10.4.2　数字光接收机的性能指标

本节主要介绍数字光接收机的灵敏度、动态范围、误码和抖动的概念。

1. 灵敏度

灵敏度是光端机的重要性能指标之一，它表征了光接收机接收微弱信号的能力，直接决定光纤通信系统的中继距离和通信质量。

灵敏度定义为在给定误码率和信噪比条件下，数字光接收机所能接收的最小平均光功率。其单位一般用 dB_m 表示。它表示以 1mW 为基础的绝对功率电平。设测得的最小平均光功率为 P_{min}，则灵敏度可以表示为

$$P_R=10\lg\frac{P_{min}}{1mW}\ (dB_m) \tag{10.8}$$

例如，当 $P_R=-60dB_m$ 时，其最小平均光功率就是 10^{-9}W。P_{min} 越小，数字光接收机的灵敏度越高，该数字光接收机在很小的接收光功率条件下，就可以保证系统所要求的误码率。

2．动态范围

为了保证数字通信的误码特性，数字光接收机的输入光信号只能在一定的范围内变化，数字光接收机这种能适应输入信号在一定范围内变化的能力称为数字光接收机的动态范围，可以表示为

$$D=10\lg\frac{P_{\max}}{P_{\min}}\ (\text{dB}) \tag{10.9}$$

式中，$P_{\max}$——数字光接收机在不考虑误码率的条件下能接收的最大平均光功率；

$P_{\min}$——数字光接收机的灵敏度，即最小可接收光功率。

自动增益控制（AGC）电压的大小可以反映数字光接收机输入信号的大小。因此在监控系统中，通过对 AGC 电压的检测可以了解输入信号的动态范围。

3．误码特性

（1）误码的含义。误码是指在数字传输系统中判断再生电路输出码元出现错误的概率，即当发送端发送“1”码或“0”码时，接收端收到的却是“0”码或“1”码的概率，常用误码性能参数来衡量误码对传输质量的影响。因为数字信号在传输时发生错误，就会影响传输系统的传输质量。

造成误码的原因有系统内部噪声及定位抖动，此外还有色散引起的码间干扰等。

（2）长期平均误码率。工程上常采用长期平均误码率（BER）来表示误码性能。BER 是指在一段相当长的测试时间内（＞24h）出现的误码个数与传输的总码元数的比值，可表示为

BER=误码个数/传输的总码元数

其中，传输的总码元数等于系统传输码速率与测试时间的乘积。BER 与误码发生的机制有关。由定义可知，BER 只反映了测试时间的平均误码结果，而无法反映误码的随机性和突发性，这种局限性可由严重误码秒（SES）和误码秒（ES）两种误码性能参数来弥补。

4．抖动现象

数字信号的单元脉冲在有效瞬时偏离其理想的时间位置的非积累性偏离现象称为抖动；偏离的时间范围称为抖动幅度；偏离的时间间隔对时间的变化率称为抖动频率。抖动也是数字光纤通信系统的重要指标之一，是由光接收机的噪声和光纤中的脉冲失真引起的。

在实际中，常用输入抖动容限、输出抖动、抖动转移特性来描述数字光纤系统的抖动现象。

5．可靠性

可靠性是光纤数字系统的另一个重要指标，它常用系统无故障工作的概率 R 表示，其表达式为

$$R=e^{-\frac{t}{MTBF}} \tag{10.10}$$

式中，t——系统实测无故障工作时间；

MTBF——平均无故障工作时间。

10.4.3　数字光接收机的性能指标测试

1．灵敏度测试

数字光接收机的灵敏度测试原理框图如图 10.9 所示。

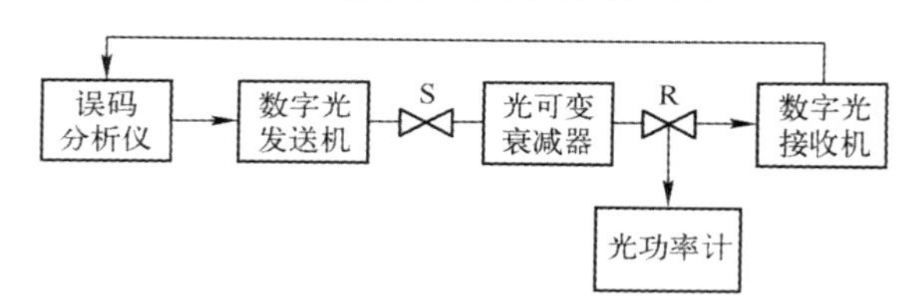

图 10.9　数字光接收机的灵敏度测试原理框图

误码分析仪向数字光发送机送入测试信号，用光功率计检测数字光接收机输入的光功率。调整光可变衰减器，使输入数字光接收机的光功率逐渐减小，系统处于误码状态。然后逐渐减小光可变衰减器的衰减幅度，逐渐增加数字光接收机的输入光功率，使误码逐渐减少。在一定的观察时间内，当误码个数少于某一要求时，即达到系统所需要的误码率。数字光接收机灵敏度测试的最小时间如表 10.1 所示。

表 10.1　灵敏度测试的最小时间　　单位：min

误　码　率	码　　速			
	2Mbit/s	8Mbit/s	34Mbit/s	140Mbit/s
$\leqslant 10^{-9}$	8	2	29.1	—
$\leqslant 10^{-10}$	—	—	5	1.2
$\leqslant 10^{-11}$	—	—	50	12

2．动态范围测试

数字光接收机的动态范围测试原理框图与灵敏度测试原理框图相同。误码分析仪向数字光发送机送入测试信号，用光功率计检测数字光接收机输入的光功率。调整光可变

衰减器，使输入数字光接收机的光功率逐渐增大，系统处于误码状态，测出系统输入的最大平均光功率 P_{max}；然后逐步调节光可变衰减器的衰减幅度，使输入数字光接收机的平均光功率也随之减少，直至系统处于稳定的工作状态，此时测得的光功率为系统最小平均光功率 P_{min}，则动态范围为

$$D=P_{max}-P_{min}\ (\mathrm{dB_m})$$

3．眼图测量法

眼图测量法是指用示波器实时显示波形，是评估数字传输系统的数据处理能力的一种有效方法。

眼图测量法的基本装置框图如图 10.10 所示。伪随机比特流发生器的数据输出端通过光纤链路连接到示波器的垂直输入端，时钟输出端触发示波器水平扫描，示波器就显示出比特流通过光纤系统后输出的波形，从输出眼图中可以读出系统的性能信息。

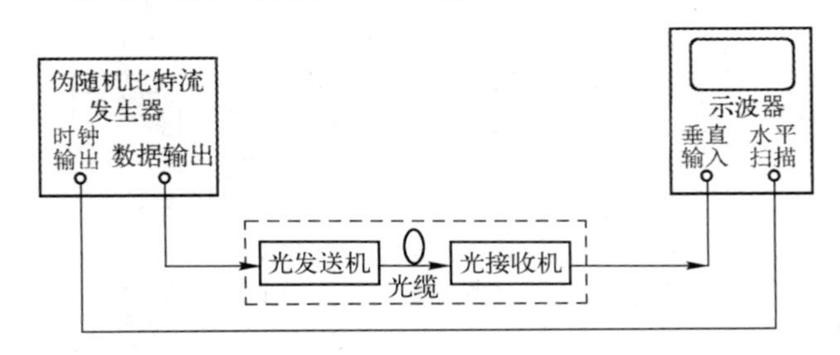

图 10.10　眼图测量法的基本装置框图

（1）眼图的宽度表明了接收信号的抽样间隔，在此间隔内抽样能抵抗码间串扰的影响，不发生误码。接收波形的最佳抽样时间在眼图的最宽处。

（2）眼图的顶端与信号电平的最大值之间的垂直距离表示了最大失真，眼图的高度表示了噪声容限和抗噪声的能力。

（3）“闭眼”的速率随抽样时间的变化而变化。眼图斜边的斜率决定系统对定时误差的敏感程度，斜率变小，则定时误差的可能性增加。

（4）门限电平处的失真ΔT可指示抖动值。

（5）信道的任何非线性传输特性都会造成眼图的不对称性，如果完全随机的数据流通过理想的线性系统，眼图是不变的，也是对称的。即无码间干扰和噪声时，眼图像人眼一样完全张开，图形清晰；有码间干扰存在时，图中“眼睛”不能完全张开，且图形不清晰。

4．误码性能指标的测量

对于光纤通信系统而言，由于它的传输质量高，所以其误码性能指标均可按高级电

路对待，假设每千米光纤分得各项总指标的 0.0016%，由此可得 1km 长度的光纤通信系统的各项误码性能指标。

在实际测量中，为方便起见，都采用对端电接口环回、本端测量的方法，系统误码性能参数测量框图如图 10.11 所示。

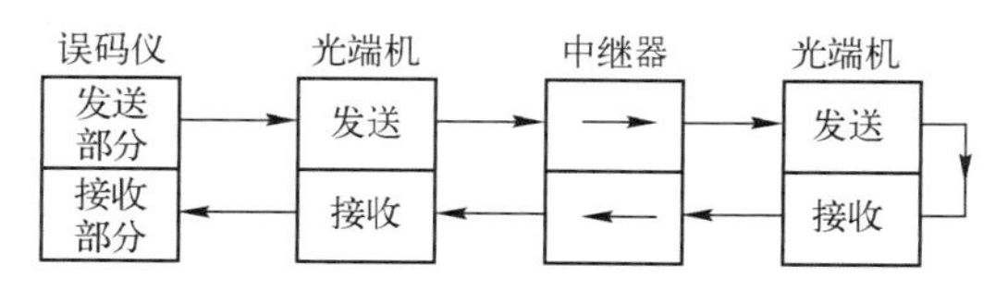

图 10.11　系统误码性能参数测量框图

测量时，先将对端电接口环回，然后由本端误码仪发送规定的测量信号，输出码经被测信道或被测设备后，由接收部分接收，接收部分可产生一个与发送部分码型发生器产生的图像完全相同且严格同步的码型，并以此为标准，在比特比较器中与输入的图案进行逐比特比较。如果被测设备产生了一个错误比特，则会被检出并送入误码计数器显示。

一般误码的测量时间在 24h 以上，最后根据统计的误码结果计算出 BER、SES 和 ES 指标。由测量方法可知，这些指标是实际光纤通信系统指标的 2 倍。

5．抖动测量

（1）输入抖动容限。如图 10.12 所示，输入端接电缆作为信号衰减器（衰减电缆），改变抖动信号发生器的抖动频率和抖动幅度，以无误码时的最大输出抖动幅度作为最大允许输入抖动，按测量数据画出最大允许抖动曲线，从而得到输入抖动容限。

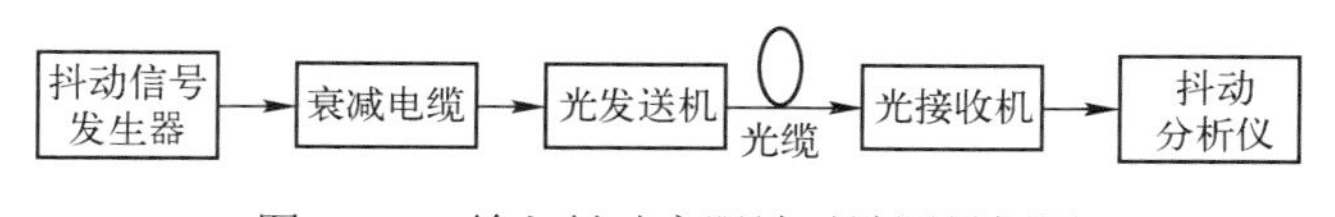

图 10.12　输入抖动容限端对端测量框图

（2）输出抖动。输出抖动指系统无输入抖动时的输出抖动，其测量框图如图 10.13 所示。测量输出抖动时，输入端不加衰减器，不加抖动，用伪随机码发生器作为信号源，用抖动分析仪测得该点的抖动峰-峰值即系统的最大输出抖动。

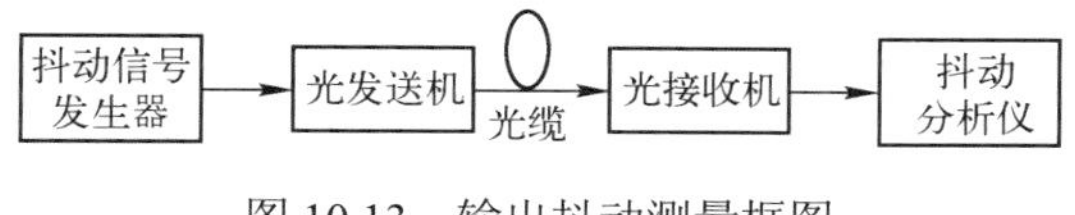

图 10.13　输出抖动测量框图

（3）抖动转移特性。系统输出抖动与输入抖动之比为抖动增益，不同抖动频率下的抖动增益特性即系统的抖动转移特性。

10.5 常用光纤通信测试仪表与应用

目前，用于光纤通信系统测试和工程施工的仪表主要有通用仪表、专用仪表和辅助测试仪表。其中通用仪表包括示波器、频率计、振荡器、选频表等；专用仪表包括光功率计、光时域反射计、稳定光源、误码仪、抖动测试仪等；辅助测试仪表包括光衰减器及光开关等。通用仪表我们前面已介绍过，这节主要介绍光纤通信测试专用仪表。

10.5.1 稳定光源

1．稳定光源的主要特点

稳定光源是指输出的光功率、波长及光谱宽度等特性稳定不变的光源。稳定光源可以用于电信、CATV、LAN 的光缆测试；光无源器件损耗测量；探测器波长响应度测试；光纤、光缆及光器件环境特性测试。稳定光源有激光器和发光二极管等。一般激光器输出光功率较大，谱线窄，但稳定性稍差；发光二极管输出功率较小，谱线宽度比激光器大十倍甚至数十倍，稳定性一般比激光器好。图 10.14 为手持式双波长稳定光源外形图。

图 10.14　手持式双波长稳定光源外形图

（1）中心波长为 1310nm、1550nm 的双路光源拥有独立端口，可同时开启使用。

（2）可输出连续波（CW）或调制波（MOD）。内置调制功能，可在连续波 270Hz 与 1kHz 之间切换使用。

（3）光功率可在 1～6dB 之间衰减，步进 1dB。

2．稳定光源的使用

（1）功率损耗的测量。光源可与光功率计组成功率损耗测试系统。对光无源器件进行测试时，首先将光源直接接入光功率计进行测量，然后将被测器件接入光源与光功率计之间进行测量，两次测量结果相减即可得出该器件的功率损耗。

（2）单模光纤模场直径的测量。单模光纤模场直径描述的是光纤中光功率沿光纤半径的分布状态，因此测量系统主要由光源和角度可以转动的光电检测器构成，如图 10.15 所示。

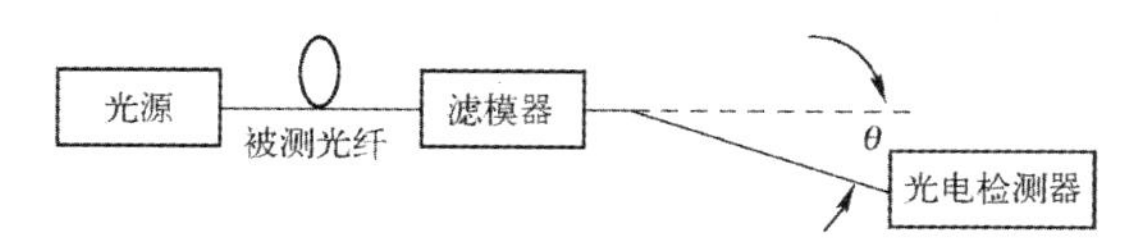

图 10.15　使用稳定光源测试单模光纤模场直径框图

光源所发出的光通过被测光纤，在光纤末端得到远场辐射图，用光电检测器沿极坐标测量，即可测得输出光功率 P 与扫描角度 θ 之间的关系，然后按模场直径的定义公式，由计算机按计算程序算出单模光纤模场直径。

10.5.2　光功率计

1．光功率计的工作原理

光功率计的工作原理框图如图 10.16 所示。光功率探头是光敏面积较大的锗或硅半导体光电二极管。被测光投射到光敏面上时，半导体中的价电子激发到导带，偏置电路中便会出现光电流，通过负载电阻实现电流和电压的转换，此电压信号经线性放大后，由数字式显示器显示。光电流的大小随输入光强的变化而变化，因此由显示器可以直接读出光功率的大小。

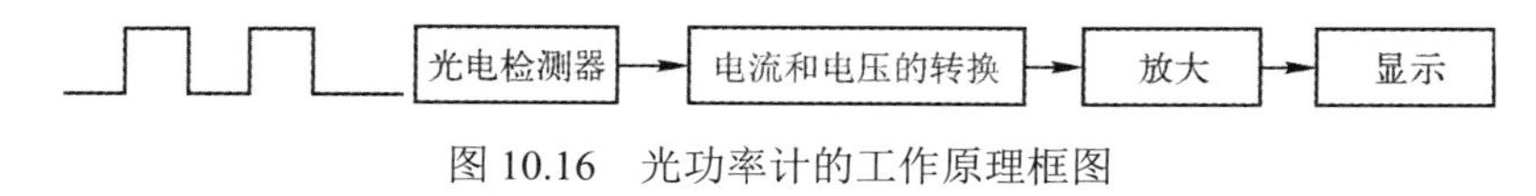

图 10.16　光功率计的工作原理框图

2．光功率计的应用

光功率计是光纤测量中常用的仪器。光功率计的主要技术指标包括波长范围、功率范围和测量准确度。例如，中国电子科技集团公司 41 所研制的 AV6335 型光功率计的波长范围为 800～1650nm，功率范围为-90～0$\mathrm{dB_m}$（交流测量方式），功率测量准确度为±0.2dB，可进行交直流两种方式测量，适用于光通信设备、光纤、光无源器件的测试。其外形如图 10.17 所示。

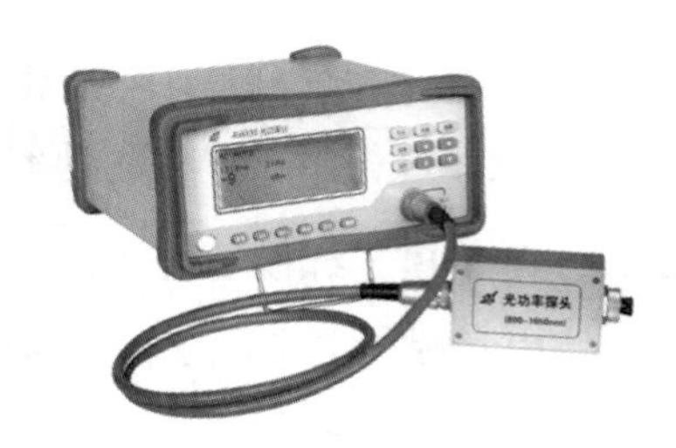

图 10.17 AV6335 型光功率计和光功率探头外形图

在熔融拉锥系统中制作双窗口波分复用器时，采用光功率计可以对耦合输出的合波光进行切换监测，有利于制作过程中的参数调整。具体步骤如下：采用两个带参考输出的调制光源，1310nm 端输入 270Hz 调制光，1550nm 端输入 1kHz 调制光，耦合输出端连接到 AV6335 光功率计输入端，将被测光源的参考输出端连接到 AV6335 参考输入端，AV6335 及拉锥机通过 GPIB 接口与计算机连接。拉锥开始后，计算机通过 GPIB 接口实时监测光功率计测量结果并根据测量值控制拉锥参数。

微课 10：光功率计的使用

10.5.3 光时域反射计

1．光时域反射计的工作原理

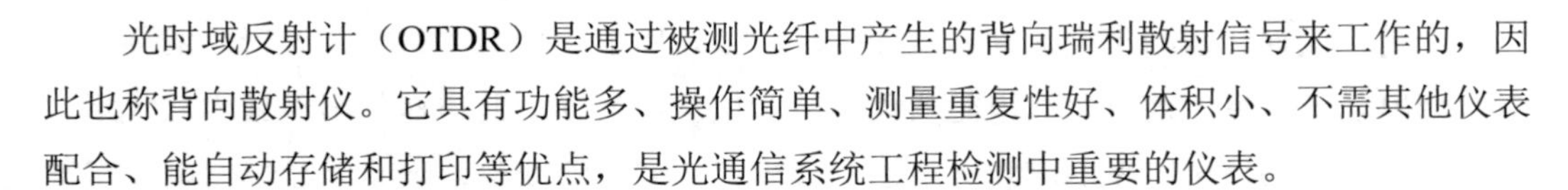

光时域反射计（OTDR）是通过被测光纤中产生的背向瑞利散射信号来工作的，因此也称背向散射仪。它具有功能多、操作简单、测量重复性好、体积小、不需其他仪表配合、能自动存储和打印等优点，是光通信系统工程检测中重要的仪表。

光时域反射计的主要工作原理就是前面提到的背向散射法。由于光纤本身的缺陷和掺杂成分的不均匀，掺杂分子在光子作用下发生散射现象。因此，当光脉冲通过光纤传输时，沿光纤长度上的各点均会发生散射，其强弱与通过该处的光功率成正比，而散射又与光纤的衰耗有直接关系，因此其强弱也反映了光纤各点衰耗的大小。由于散射是向四面八方的，光总有一部分反向传输到输入端，这样，根据光的散射情况就可以判断光纤的衰耗情况。若传输通道完全中断，则此点以后的背向散射光功率也降到零。

光时域反射计工作原理框图如图 10.18 所示，它主要包括脉冲信号发生器、光源、定向耦合器、光电检测器等。首先用脉冲信号发生器调制一个光源，使光源产生窄脉冲，经光学系统耦合入光纤，光在光纤中传输时产生散射，散射光经光纤内部反向传播回来，返回的脉冲序列形成一个包络脉冲，在同一输入端经过耦合装置（定向耦合器）被光电检测器接收，光信号变为电信号。由于背向散射光非常微弱，淹没在噪声中，要使用抽样积分器在一定时间间隔内对微弱的散射光抽样求和。在这个过程中，由于噪声是随机的，在求和时互相抵消了，从而可将散射信号取出并加以分析。

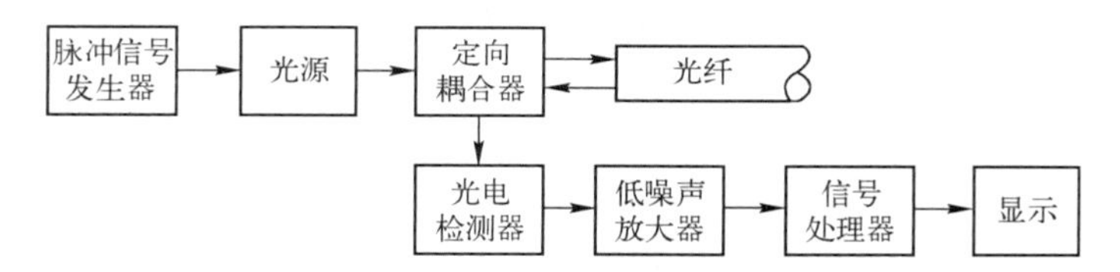

图 10.18　光时域反射计工作原理框图

2．光时域反射计的主要技术指标

（1）工作波长。光时域反射计的工作波长是指其光源输出的光的波长。这个光的波长应与光纤系统的传输波长一致。光时域反射计的工作波长一般分为 0.85μm 多模、1.3μm 多模、1.3μm 单模和 1.55μm 单模等。性能较好的光时域反射计一般有几块光源和探测器的组件插板，可以调换，以适应不同系统的要求。

（2）量程。光时域反射计的量程是指在屏幕上可以显示的最大测量距离。这项指标包含两项内容，一是仪器的最大扫描距离，它反映了光时域反射计光源输出光功率的大小及探测灵敏度；二是分挡，分挡可以将扫描曲线局部放大，它与光时域反射计的分辨能力有关。

（3）动态范围。光时域反射计的动态范围定义为波形的直线部分从盲区后的最高电平至末端噪声顶 0.3dB 以上的电平范围。动态范围反映了仪器的最大检测范围。

（4）盲区。光时域反射计测试时，由于受近端强烈的菲涅尔反射的影响，光纤背向瑞利散射信号曲线的始端被掩盖，因而始端光纤和接头的传输损耗无法观测，信号曲线被掩盖的这一小块区域称为盲区。盲区有事件盲区和衰减盲区之分。

光时域反射计的最小标称盲区是在脉冲宽度选择最小挡时的盲区宽度，一般为 25m 左右。当进行远距离测量时，仪表要加大光源的输出功率，这时脉冲宽度需选择较大的值，相应的盲区范围也要变大。

（5）读出分辨率。光时域反射计的读出分辨率是指屏幕上水平轴的坐标可以用数字显示出的最小分度。读出分辨率与量程对应，量程越大，读出分辨率越低；量程越小，读出分辨率越高。

3．光时域反射计的使用

（1）面板及主要控键的作用。不同型号、不同厂家的光时域反射计的面板、配置等都不相同，这里仅就智能化台式光时域反射计的主要功能控键进行介绍，其面板如图 10.19 所示。

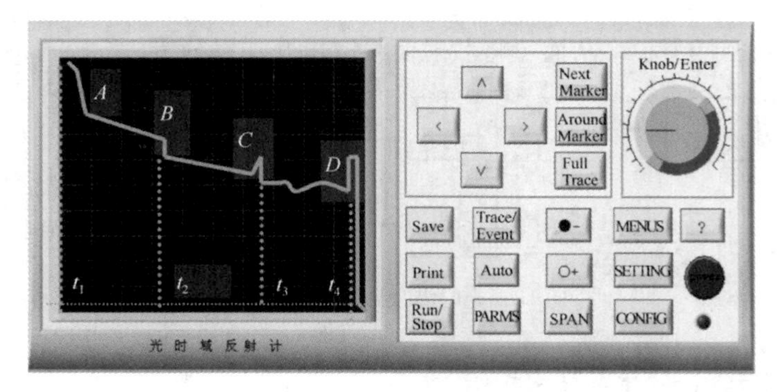

图 10.19　光时域反射计面板图

主要功能控键的作用如下。

① MENUS（菜单）键：进入子菜单，根据被测光纤的模式及波长窗口，选择合适的插件。

② SETTING（设定）键：设置折射率 n 的值。

③ CONFIG 键：根据被测光纤的长度和衰耗的大小，选择合适的量程及光脉冲的宽度。

④ Auto 键：设置自动测量方式，可在视窗中观察到最佳方式。

⑤ SPAN 键：在手动测量方式中设定量程。

⑥ Run/Stop 键：运行/停止。

⑦ PARMS 键：设置手动方式参数。

⑧ Trace/Event：按下此键，事件一览表即显示在荧光屏上。在事件一览表底部的视窗（全扫迹视窗，围绕标记的视窗）内可观察到扫迹上所选事件的位置。对于事件一览表中的每个事件，可观察到其类型和部位，进而观察测量结果。

⑨ Next Marker：设置标记。

⑩ Around Marker：检查标记的位置，使标记尽可能靠近左上升沿，以获得最佳精度。

⑪ Full Trace：查看扫迹全过程。

⑫ Print：打印结果。

⑬ Save：存储。

（2）光时域反射计测量实例。光时域反射计可测量光纤的衰耗、衰耗沿轴向的分布、光纤与光缆的光学连续性、物理缺陷、接头损耗和光纤长度等。

图 10.19 所示是用光时域反射计测量光纤衰耗时显示的波形，其中横轴是时间，纵轴是信号强弱幅度。从图 10.19 中可以看出，光沿光纤轴向传输，输入端 A 点上有一束菲涅尔反射光最先被收到，且信号最强；随着 B 点、C 点和 D 点的传输距离不同，回到

输入端的时间也有先有后，在时间轴上依次展开。同时，由于衰耗不一样，在纵轴上反映的幅度就不一样，如 t_1 时刻，对应 A 点传回的反射脉冲；t_2 时刻，对应 B 点传回的反射脉冲；从 A 点至 B 点，信号逐渐减弱而近于直线，说明信号沿这段光纤轴向衰减是均匀的。曲线在 B 点有一突降，说明光纤在此点有一个接点或因为其他缺陷引起了对光信号的大的衰减；曲线在 C 点有一个突然上升的脉冲，说明此处有一个断裂面或因缺陷引起了菲涅尔反射；C 点至 D 点这段图形不是直线，说明这段光纤轴向结构不太均匀；在 D 点之后信号突然消失，说明 D 点是终点或一个断点。

10.5.4　误码仪

1．误码仪的工作原理

误码仪由发送部分、接收部分及接口电路组成，如图 10.20 所示。

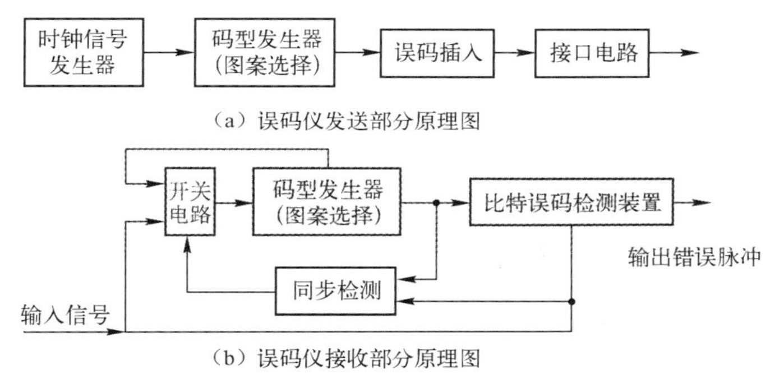

图 10.20　误码仪的工作原理框图

发送部分主要由时钟信号发生器、码型发生器和接口电路组成。码型发生器可以发生各种不同序列长度的伪随机码和人工码；接口电路用来输出 CMI 码、HDB_3 码、NRZ 码、RZ 码等，以便适应被测电路不同接口的码型。

将输出码送入被测设备后，再由误码仪的接收部分接收。

接收部分由码型发生器、比特误码检测装置、开关电路和比较电路等组成。码型发生器产生一个与发送部分输出的码型完全相同且又严格同步的码，以此作为标准，在比特比较器中将其与输入的图案进行逐比特比较，如果被测设备产生了任何一个错误比特，都会被检出误码，同时被误码计数器记录并显示出来。

2．误码仪的关键性能指标和主要功能

误码仪的关键性能指标有数据速率范围、精度、数据码型、时钟输入、抖动调制等。

误码仪的主要功能如下。

（1）提供 1 或 2 条输入通道（每条通道上的数据独立）。

（2）伪随机二进制序列和用户码型输入。

（3）直流耦合差分数据输入（也可使用单端或交流耦合差分数据输入）。

（4）全速率交流耦合时钟输入（也可使用单端时钟输入）。

（5）可自动或手动调节数据到时钟的相位。

（6）自动同步输入码型。

3．误码仪的使用

误码仪可以用于发射机测试、设计验证、产品验证、半导体和器件测试，可进行误码率、误码计数、ES 等多项测试功能，有的还可以自动计算被测设备或系统的利用率和可靠度。

典型台式误码仪的主要功能控键和面板如图 10.21 所示，其测试连线图如图 10.22 所示。图 10.22 中，使用具有 2 条通道的 PDG3004 码型发生器和 PED3202 误码检测器进行以太网端对端的测试。

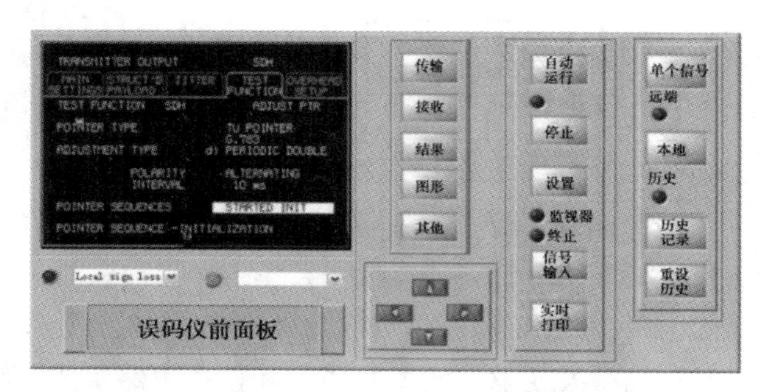

图 10.21　典型台式误码仪的主要功能控键和面板图

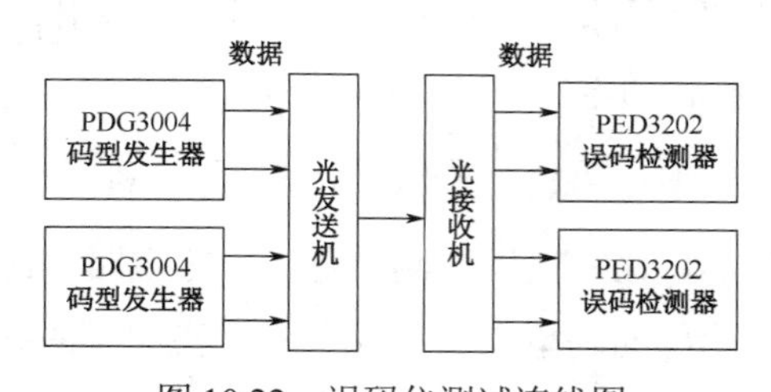

图 10.22　误码仪测试连线图

10.5.5　抖动测试仪

1．抖动测试仪的工作原理

抖动测试仪是一种既能产生抖动信号又能测量抖动信号幅度的仪器。它将带抖动的被测信号与同频率的不带抖动的参考信号进行相位比较，然后经过一定处理后，输出被测信号相位抖动幅度的模拟值。图 10.23 给出了抖动测量原理框图，图中 T_G 为带抖动的定时信号，是从被测抖动信号中提取出来的。T_K 为用于比较的参考时钟。测量时将提取的带抖动的定时信号 T_G 与不带抖动的参考时钟 T_K 比较，输出误差电压。

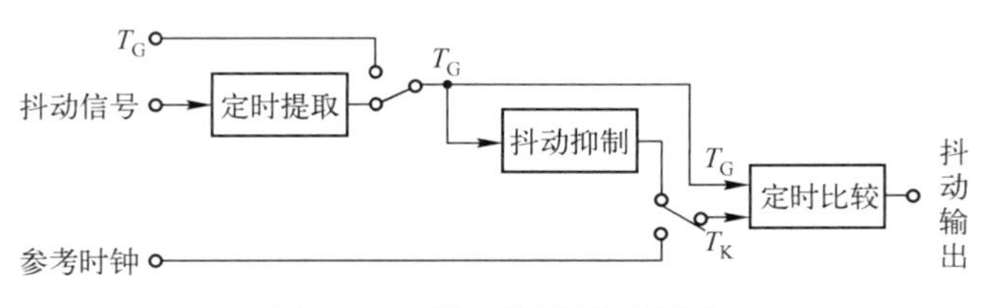

图 10.23　抖动测量原理框图

2．抖动测试仪的用途

抖动测试仪可以测量被测对象能承受的输入抖动、被测对象本身的输出抖动以及有一定输入情况下的输出抖动。抖动测试仪测量配置图如图 10.24 所示。

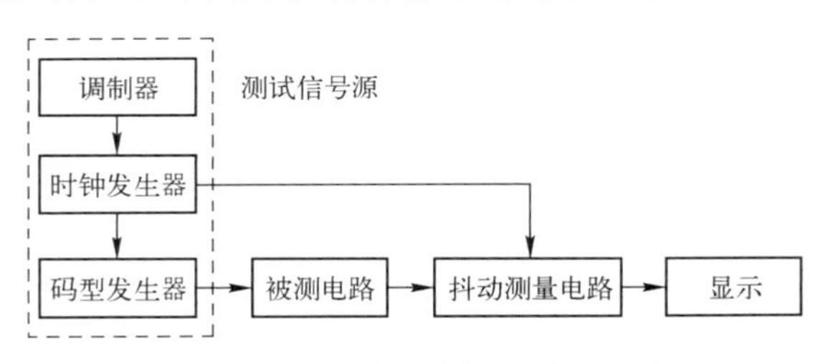

图 10.24　抖动测试仪测量配置图

10.6　扩展知识：三维激光扫描仪在煤矿安全生产中的应用

三维激光扫描技术又被称为实景复制技术或高清晰测量技术，是继 GPS 技术之后又一项革命性的测绘技术。它具有扫描速度快、实时性强、精度高、主动性强、全数字处理等特点，可以极大地降低成本、节约时间，而且使用方便，其输出格式可直接与 CAD、三维动画等工具软件对接。三维激光扫描仪被广泛应用于文物保护、建筑、逆向工程等领域。在煤矿行业，三维激光扫描仪已被用于超欠挖测定、边坡防治、数字煤矿等安全生产领域。

1．超欠挖测定

煤矿矿藏在开采过程中，受施工环境、爆破工艺等因素影响，往往会造成采矿区周边的超挖、欠挖、顶板垮塌等问题，对矿场安全构成严重威胁。如何准确地测定采场超欠挖量，就成为各煤矿开采、生产过程中必须解决的问题。

传统的超欠挖测定方法是指利用经纬仪、全站仪等测量仪器，每隔 5~10m 进行测量，绘制出断面图，进而计算超欠挖量。这种方法不但费时费工，而且只能获得局部的精确值，不能实际地反映整个采场的超欠挖情况。

利用三维激光扫描仪探测采空区，获取采空区数据模型，将其与采场设计单元三维模型复合，根据复合单元模型，利用专业处理软件精确测定采场的超欠挖量。相比于传统测定方法，三维激光扫描仪获取采空区空间信息更快，可减少井下扫描作业时间，保证测量人员安全；获取的信息量更丰富，使得空间模型更精确，超欠挖体积计算更精确；专业三维建模软件的使用，让工程师能轻松获取整个采空区的全局信息，进而做出更准确的判断。这些优点使得三维激光扫描仪在大中型井下煤矿，特别是地质情况较为复杂的煤矿中有着广阔的应用前景。

2．边坡防治

在露天煤矿的开采过程中，由地震、降雨、地质环境等因素诱发的崩塌、滑坡灾害时有发生。如何较为准确地预报滑坡发生时间，及时采取措施确保安全生产，是摆在煤矿企业面前的紧迫任务。

针对这一难题，国内外都开展了一些技术方法的研究工作，如数字摄影测量、全站仪、GPS 联合作业等，并取得了一些成果，但这些方法存在一些技术上难以克服的难题，因而在具体的生产实践中难以全面推广应用。

三维激光扫描技术为解决上述问题提供了有效、实用和先进的技术手段。具有代表性的边坡监测步骤如下：

（1）确定监测区域，安装标志物，设定测站位置及扫描间隔天数。

（2）利用三维激光扫描仪测定、获取监测区域的云数据。

（3）对监测区域的云数据进行处理。

（4）与历史数据模型对比，采用分维计算、时间序列分析、灰色预测等方法分析监测区域形变情况，评估滑坡风险。

3．数字煤矿

数字煤矿就是以煤矿机电一体化技术、计算机技术、3S 技术、现代企业管理制度等为基础，以网络技术为纽带，以安全、高效、可持续性生产为目标，实现多源煤矿信息的采集、输入、存储、检查、查询与专业空间分析，并实现多源信息的多方式输出、实时分析、处理和决策以及煤矿安全事故调度指挥等。

要建立数字煤矿系统，首先必须获取煤矿的整体空间、地理信息。以往这一任务依靠 3S 技术来完成，但是 3S 技术只能提供二维平面信息，并不能反映煤矿的三维空间信息。使用三维激光扫描仪，可以轻松绘制煤矿的整体三维地图，配合人员监控系统，能准确地将当前人员、设备的位置信息反馈至监控中心，直观地显示当前煤矿的整体运行情况，为科学指挥、调度提供依据。

实训项目 9　光探测器响应的测量

1．项目内容

测量光探测器的主要参数，包括响应率、等效噪声功率、探测率和相对光谱响应曲线。通过测量，掌握描述光探测器性能的主要指标，初步掌握光谱分析仪的工作原理和一般测量方法，加深对光通信测试技术的了解。

2．项目相关知识点提示

（1）光探测器的定义和作用。光探测器是利用光与物质的相互作用，把光能转换为其他可感知的物理量的器件的总称。按照工作原理，光探测器可分为三类。第一类是利用光子效应，即光电导、光生伏特效应和光电发射效应的器件，如固态光电探测器、光电管和光电倍增管等；第二类是利用热效应的热探测器，如热释电探测器等；第三类是利用波的相互作用的器件，主要有光学外差探测器等。

光探测器作为感知光辐射量的器件，广泛应用于国民经济的各个领域，如军事、通信、工业自动控制、光学计量、红外热成像、遥感等，是不可缺少的一类器件。

（2）光探测器的主要指标。光探测器所属种类不同，其技术指标也是不同的，通常有下面几个主要指标。

① 响应度：也称灵敏度，为光探测器输出信号与入射光辐射功率之比。

② 分光响应：又称分光灵敏度，指单色光辐射作用时光探测器的灵敏度。它表征光探测器对不同波长光辐射的响应特性。

③ 探测率：光探测器能探测到的最小辐射功率的倒数，又称等效噪声功率。

3．项目实施和结论

（1）所需实训设备和附件。被测热释电探测器若干、已定标热释电探测器 1 只、光谱分析系统 1 套、光功率计 1 台、测试连接夹具 1 套。

（2）项目设计思路和结果。采用已定标热释电探测器和被测热释电探测器比较的方法，测量相对值，由测量数据计算出热释电探测器的电压响应度、探测率和归一化探测率，并绘出热释电探测器的相对光谱响应曲线。

（3）结论。待测光探测器对不同的光源的响应结果是不一样的，其光谱曲线最高点对应波长也是不一样的。例如，光探测器对氙灯的电压响应度比对氘灯的电压响应度要低，因此，光探测器使用前应根据使用范围、使用波段对其性能进行测试。

本 章 小 结

光纤通信系统作为通信网中的主要传输部分，其传输性能的好坏直接影响全网全程的通信质量，所以要全面衡量光纤通信系统的性能，就应按有关规定对系统的性能参数及指标进行检测。光纤通信测试技术就是为保证光纤通信系统设计、现场施工和系统性能而采取的一系列测试技术。

光纤通信系统的性能参数繁多，测试方法也多种多样，本章按系统的构成，介绍了对电端机、光端机、光源、光检测器、光中继器和光纤等单元的技术指标进行检测的原理和方法；重点对平均发送光功率、消光比、灵敏度、光纤损耗、BER 等指标的测试方法进行描述；对光纤通信系统测试和工程施工的专用仪表，包括光功率计、光时域反射计、误码仪、抖动测试仪等的工作原理和使用进行了介绍。

光纤通信系统的测试是综合测试，既有在时域中的测试，也有在频域、数据域中的测试，还有在调制域中的测试，应灵活运用各种方法和仪器。

习 题 10

10.1　光纤通信系统测量有什么特点？

10.2　用背向散射法测量光纤损耗的依据是什么？

10.3　说明测量光接收机灵敏度的过程。

10.4　如何测试输出抖动？画出测试系统图。

10.5　如何测试输入抖动容限？

10.6　如何进行 24h 误码测试？

10.7　如何判定光功率计的性能优劣？

10.8　在光通信系统的哪些指标测试中需要使用光功率计？

10.9　光时域反射计可以测量哪些参数？

10.10　抖动测试仪是如何工作的？

第 11 章　计算机测试技术

11.1　概述

随着科学技术发展和应用领域的延伸，测试工作量加大，测试任务也越来越复杂，对测量准确度和速度的要求也越来越高，采用传统的电子测量技术已不能满足测试要求。因此，新的测试技术便应运而生了，最典型的是计算机测试技术，它以计算机或微处理器为核心，将检测技术、自动控制技术、通信技术、网络技术和电子信息技术完美地结合起来，为电子测量技术注入了新的活力。

20 世纪 70 年代，随着微电子技术的发展和微处理器的普及，出现了以微处理器为基础的智能仪器。它具有键盘，可实现自动测量，如智能化 DVM、智能化 RLC 测量仪、智能化电子计数器等。20 世纪 70 年代末期，利用通用接口总线（GPIB）将一台计算机和若干台电子仪器连接在一起，组成自动测试系统。20 世纪 80 年代初期，又出现了以个人计算机（PC）为基础，用仪器电路板和扩展箱与 PC 内部总线相连的个人仪器。1986 年，美国国家仪器公司（NI 公司）以 LabVIEW 为软件开发平台实现了虚拟仪器的概念。虚拟仪器的出现和兴起是电子测量仪器领域的一场重要变革，它提出了一种与传统电子测量仪器完全不同的概念，改变了传统仪器的概念、模式和结构。网络通过释放系统的潜力，也完全改变了测量技术的以往面貌，打破了在同一地点进行采集、分析和显示的传统模式，标志着自动测试与电子测量仪器领域技术发展的一个崭新方向。

11.2　智能仪器

1．智能仪器的定义

智能仪器是将人工智能的理论、方法和技术应用于仪器，使其具有类似人的智能特性或功能的仪器。目前，人们习惯把内含微型计算机和 GPIB 接口的仪器称为智能仪器。

为了实现智能化的特性或功能，智能仪器中一般使用嵌入微处理器的系统芯片或数字信号处理器及专用电路，仪器内部带有处理能力很强的智能软件。但通常微处理器是为特定仪器完成特定测试任务而设计的，属于专用型计算机，相应的测试软件也相对固定。

2．智能仪器的特点

仪器与微处理器相结合，取代了许多笨重的硬件，内部结构和前面板大为改观，节省了许多开关和调节旋钮。智能仪器不再是简单的硬件实体，而是硬件、软件相结合，微处理器通过键盘或遥控接口接收命令和信号，进而控制仪器的运行，执行常规测量，对数据进行智能分析和处理，并对数据进行显示或传送，软件在仪器智能水平方面起到重要作用。智能仪器通常具有以下几个特点：

（1）借助于传感器和变送器采集信息。

（2）使用智能接口进行人机对话。使用者借助面板上的键盘和显示屏，用对话方式选择测量功能、设置参数，并通过显示器等获得测量结果。

（3）具有记忆信息功能。智能仪器的存储器既用来存储测量程序、相关的数学模型以及操作人员输入的信息，又用来存储以前测得的和现在测得的各种数据。

（4）自动进行数据处理。智能仪器可按设置的程序对测得的数据进行算术运算，如求均值、对数、方差、标准差等数学运算，还可求解代数方程，并对信息进行分析、比较和推理。

（5）具有硬件软件化优势。采用微处理器后，许多传统的硬件逻辑都可用软件取代，如传统数字电压表中的计数器、寄存器、译码显示电路等都可用软件代替。这样不但降低了成本、减小了体积，而且降低了功耗、提高了可靠性。

（6）具有自检、自诊断、自测试功能。仪器可对自身各部分进行检测，验证能否正常工作。自检合格时，显示信息或发出相应声音。否则，运行自诊断程序，进一步检查仪器的哪一部分出现故障，并显示相应的信息。若仪器中考虑了替换方案，还可在内部协调和重组，自动修复系统。仪器可通过自校准（校准零点、增益等）保证自身的准确度。

（7）自补偿、自适应外界的变化。智能仪器能自动补偿环境温度、压力等对被测量的影响，能补偿输入信号的非线性，并根据外部负载的变化自动输出与其匹配的信号。

（8）具有对外接口。通过 GPIB 标准接口，能够容易地接入自动测试系统，甚至接入 Internet 接受遥控，实现自动测试。

3．智能仪器的基本组成

（1）智能仪器的硬件组成。智能仪器的基本组成框图如图 11.1 所示。显然，这是典型的计算机结构，与一般计算机的差别在于它多了一个专用外围测试电路，同时它与外界的通信通过 GPIB 进行。因此它的工作方式与计算机类似，而与传统测试的差别较大。微处理器是智能仪器的核心，程序是仪器的灵魂。

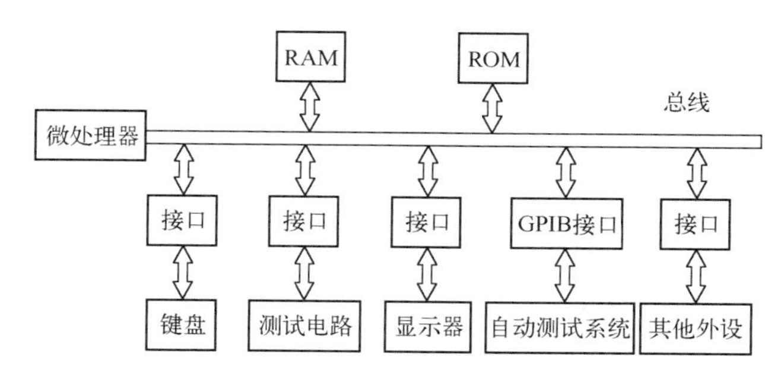

图 11.1　智能仪器的基本组成框图

微处理器接受来自键盘或 GPIB 接口的命令，解释并执行这些命令；然后通过接口发出各种控制信息给测试电路，用来规定测试功能、启动测量、改变工作方式；同时可采用查询和中断等方式了解测试电路的工作状况。当测试电路完成一次测量后，微处理器读取测量数据，进行必要的加工、计算、变换处理，最后输出至显示器、打印机和主控制器等设备。

（2）智能仪器的软件内容。智能仪器的测量工作是在软件的控制下进行的，没有软件，智能仪器就无法工作。软件是智能仪器自动化程度和智能化程度的决定因素。智能仪器的软件包括系统软件、应用软件和书面文件。系统软件是微型计算机系统的语言加工程序和管理程序等；应用软件是解决用户实际问题的程序，包括测试程序、数据处理程序、键盘判别程序和显示程序等；书面文件是帮助用户使用仪器的文件，包括软件总框图、程序清单、使用说明及修改方法等。

4．智能仪器的一般测量过程

智能仪器的工作是由硬件和软件按一定的顺序共同完成的。下面以智能多用表为例说明测量的一般步骤。

智能多用表可测量交直流电压、电流和电阻，其测量功能框图如图 11.2 所示。

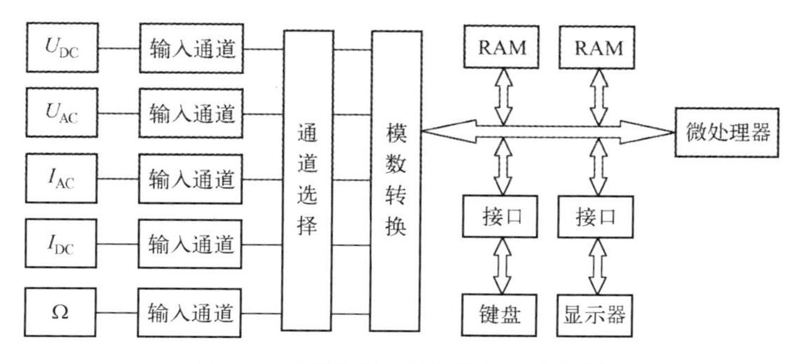

图 11.2　智能多用表的测量功能框图

键盘是仪器工作时的人机接口，包括功能选择键、复位键、量程选择键、连续测量和单次测量选择键、自检键等。显示器用于显示各操作键的内容和测量的结果数据，也是人机交流的主要界面。其工作过程如下：

（1）仔细阅读仪器的使用说明，明确测试内容。

（2）通过键盘或遥控接口选择测试功能，如选择测量参数或量程等。

（3）把被测信号送入测试电路的输入端。

（4）选择“单次”或“连续”方式，运行程序。若为单次测试，则一个程序运行完后结束测试；若为连续测试，则反复进行测量，直到人为干预后才结束。

（5）对测量结果进行数据处理并显示。

11.3　自动测试系统

1．自动测试系统的发展

20 世纪 60 年代以前的自动测试系统是没有计算机的，主要由定时器及控制器来完成数据采集，此时的计算机系统大多是为某种测试目的而设计制造的专用系统，难以改作他用。20 世纪 60 年代以后采用了计算机，才构成比较完善的自动测试系统。到了 20 世纪 70 年代，由于 GPIB 和微处理器的普及，自动测试系统开始采取组合式或积木式的组建概念，即不同厂家生产的各种型号的通用仪器，加上一台现成的计算机，用一条统一的无源标准总线连接起来。这种积木概念简化了自动测试系统的组建工作，无须在接口硬件方面再做任何工作，大大方便了自动测试系统的组建，因而得到广泛应用，它标志着测量仪器从独立的手工操作单台仪器走向程控多台仪器的自动测试系统。

自动测试系统已成为现代测试技术中智能化程度和自动化程度较高、测量准确、效率高的一种测试系统。

2．自动测试系统的组建原则

组建一个性能良好的自动测试系统，对提高测试速度、节约人力、获得高的测量准确度等起着很大的作用。但并非在所有电量和非电量的测试场合都要组建自动测试系统，在下列情况下组建自动测试系统是合理且必要的。

（1）多重测试场合。

（2）需要对数据进行实时处理或对数据进行判断的测试。

（3）对激励需一一响应的测试场合。

（4）要求高精度的测试。

（5）人工难以完成的测试。

（6）采用一般的测试方法无法完成的测试，只要经济允许都应考虑组建自动测试系统。

3．自动测试系统的组建方法

在组建自动测试系统前必须对测试任务进行充分的分析，包括测试环境、测试参数、测试要求及数据处理情况等。只有对这些测试条件进行全面分析后，才可能对要组建的自动测试系统提出完整的总体技术要求，制定总体测试方案，并以此确定所需要的仪器和设备。根据测试任务选用微型计算机作为系统中的控制器，指挥整个系统工作。

图 11.3 为典型的电压和频率的自动测试系统框图。由于数据处理不复杂，故选用带 GPIB 接口的通用计算机、打印机，选用带 GPIB 接口的频率计、数字万用表（DMM）、频率合成器。计算机是自动测试系统的控制器，它根据预先编制好的测试程序，首先设定频率合成器的各种功能，并启动频率合成器，让它输出要求的幅度和频率信号，将信号加到被测器件，然后命令数字万用表和频率计对被测器件输出信号的幅度和频率进行测量，最后将测量数据送到计算机系统的显示器显示，或送到打印机进行打印。

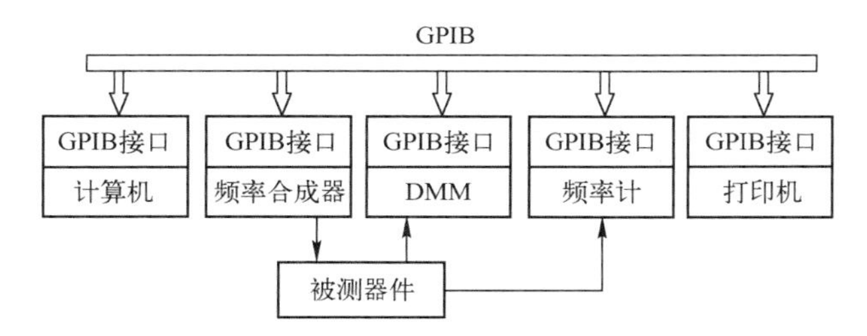

图 11.3　典型的电压和频率的自动测试系统框图

4．自动测试系统的测试过程

采用自动测试系统测试参数，通常按以下步骤进行：

（1）给器件设定地址。在系统工作以前需要给被测器件设定地址，系统中各器件有了地址才能相互区别，也才能进行编程和程序控制。

（2）连接 GPIB 电缆。GPIB 系统对电缆长度和连接器件有一定限制，电缆总长度不得超过 20m，母线上最多可挂 15 个器件（包括系统的中央控制器在内）。需要快速传送数据时，可选用 0.5m 长的电缆。另外，还要注意 GPIB 连线器的选择。

（3）画出测试流程图，编写测试程序。根据测试总要求，画出流程图以便分析，并为编写测试程序提供方便。

（4）按使用要求接通各仪器电源。

（5）将被测器件接入自动测试系统，同时连接好被测模拟信号的输入电路。

（6）输入并启动测试程序，系统测试工作自动开始。

5．个人仪器系统

GPIB 标准的提出解决了独立仪器互连的问题，但由于在 GPIB 系统中的每个独立仪器都具有键盘、显示器、存储器、微处理器、机箱及电源等部件，这些资源重复又不能共享，造成了浪费。个人仪器系统的出现有效克服了 GPIB 系统的缺点。

所谓个人仪器，就是以 PC 为基础的仪器。它与独立仪器完全不同，本身大都不带显示器及键盘等部件，仅具备必需的测试部件，以插件板的形式作为 PC 的附件，与 PC 一起构成自动测试系统。个人仪器系统由于具有性能价格比高、开发周期短、使用方便、结构紧凑等突出优点受到了广泛重视。图 11.4 表示一种混合式的个人仪器系统的构成，在 PC 内部的扩展槽及 PC 外部的插件箱中都插入了仪器卡。

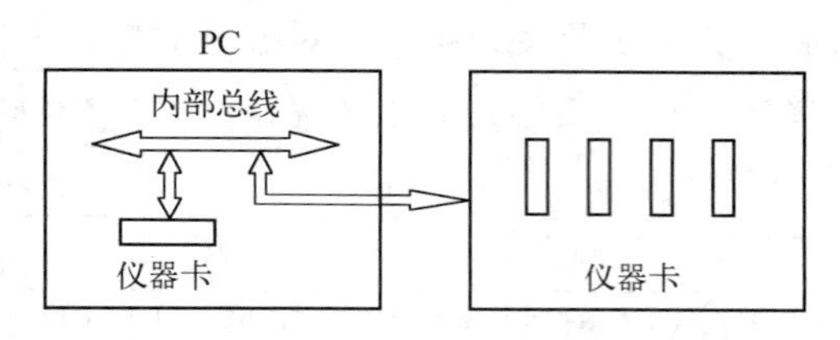

图 11.4　个人仪器系统的构成

PC 总线个人仪器系统是自动测试系统最廉价的构成形式，它充分利用了 PC 的机箱、总线、电源及软件资源，因而也受 PC 的机箱环境和 PC 总线的限制，存在诸多的不足，如电源功率不足、机箱内噪声干扰、插槽数目不多、总线面向 PC 而非面向仪器、插卡尺寸较小、散热条件差等。1997 年，美国 NI 公司提出的 PXI 总线，是 PCI 计算机在仪器领域的扩展，由它形成了具有性能价格比优势的虚拟仪器测试系统，但由于技术新、成本高，在实际运用中还需考虑测试系统的体积、被测对象与测试系统的距离以及被测对象的信号种类与通道数等。

1987 年仪器专用总线 GPIB 与 VME 微型计算机总线结合，诞生了 VXI 标准仪器总线，VXI 总线具有标准开放、结构紧凑、数据吞吐能力强、定时和同步精确、模块可重复利用、众多仪器厂家支持的特点，得到了广泛应用。

可以预料，以 GPIB 为主的台式仪器、以 VXI 总线为主的模块式仪器以及以 ISA/PCI 总线为主的个人仪器，三者将互为补充、共同发展。

11.4　虚拟仪器

11.4.1　虚拟仪器概述

1．虚拟仪器的定义

虚拟仪器是指以通用计算机作为核心的硬件平台，配以相应测试功能的硬件作为信号 I/O 接口，利用仪器软件开发平台在计算机的屏幕上虚拟出仪器的面板和相应的功能，然后通过鼠标或键盘操作的仪器。由于借助一块通用的数据采集板，用户就可以通过软件构造任意功能的仪器，软件成为构建仪器的核心，因此，美国 NI 公司提出“软件就是仪器”的概念。

最初，虚拟仪器的概念是为了适应 PC 卡式仪器提出的，PC 卡式仪器由于自身不带仪器面板，有的甚至不带微处理器，必须借助 PC 作为数据分析与显示的工具。利用 PC 强大的图形环境，建立图形化的虚拟仪器面板，完成对仪器的控制、数据分析与显示。这种包含实际仪器使用、操作信息的软件与 PC 结合构成的仪器，就称为虚拟仪器。

2．虚拟仪器的发展历程

1986 年，美国 NI 公司设计开发了 LabVIEW，它是一种图形化编程环境，实现了虚拟仪器的概念。1987 年，第一台虚拟仪器由 NI 公司开发问世。随后，有不少国外厂商如美国 HP 公司、Tektronix 公司以及国内许多高校也加入了研制虚拟仪器的行列。尤其在近几年，虚拟仪器得到飞速发展，其中 NI 公司最具代表性，它不仅能提供虚拟仪器系统所需的各种硬件产品（包括各种数据采集卡、各种 GPIB、VXI 仪器控制产品等），还能为不同层次的用户提供简单方便的虚拟仪器软件开发平台，如 LabVIEW、LabWindows/CVI 等。此外，安捷伦公司、Tektronix 公司、Racal 公司也相继推出了数百种虚拟仪器的硬件和软件开发平台。

所有 PC 主流技术的最新进展，不论是 CPU 的更新换代还是便携式计算机的进一步实用化，不论是操作系统平台的提升还是网络乃至 Internet 的应用拓展，都能够为虚拟仪器系统技术带来新的活力。

3．虚拟仪器与传统仪器比较

传统的电子测量仪器如示波器、电压表、频率计、信号源等，是由专业厂家生产的具有特定功能和仪器外观的测试设备。其共同特点是仪器由厂商制造、具有固定不变的操作面板、采用固化了的系统软件、采用固定不变的硬件电子线路和专用的接口器件，是功能已经固定的仪器，如旋钮、开关等在前面板，在机箱内部有 A/D 转换器、信号调节电路、微处理器、存储器和公共总线等特定电路对真实信号进行转换、分析，再把结果提供给用户，因此，其系统封闭、扩展性能差，用户只能用单台仪器完成单一的或固定的测试工作。

虚拟仪器是一个全新的仪器概念，它通过选取基本的测试硬件模块，利用软件构造出不针对具体测试对象的仪器。例如，它可以是示波器，也可以是信号发生器，或者同时具有两种仪器的功能。人们通过鼠标或键盘操作虚拟仪器面板上的旋钮、开关、按键等去选用仪器功能，设置各种参数，启动或停止一台仪器的工作。虚拟仪器实现了测量仪器的智能化、多样化和模块化，即在相同的硬件平台下，虚拟仪器完全由用户自己定义，通过不同的软件就可以实现功能完全不同的测试仪器。从传统仪器向虚拟仪器的转变，使用户可以用较少的资金、较少的系统进行开发和维护，用比过去更少的时间开发出功能更强、质量更可靠的产品和系统，从而为用户带来了更多实际的利益。表 11.1 为虚拟仪器和传统仪器的比较。

表 11.1　虚拟仪器和传统仪器的比较

传 统 仪 器	虚 拟 仪 器
功能由生产厂商定义	功能由用户自己定义
与其他仪器设备的连接有限	可方便地与网络外设连接
开发和维护费用高	基于软件体系，开发和维护费用低
技术更新周期长（5～10 年）	技术更新周期短（0.5～1 年）
硬件是关键	软件是关键
价格较高	价格较低
固定	开放、灵活，与计算机同步，可重复配置和使用
无法自己编程硬件，二次开发能力弱	可自己编程硬件，二次开发能力强
有限的显示选项	无限的显示选项
部分具有时间记录和测试说明	完整的时间记录和测试说明
测试部分自动化	自动化的测试过程

11.4.2　虚拟仪器的构建技术

1．虚拟仪器的硬件组成

任何一台仪器无非由三大功能块组成：信号的采集、数据的处理、结果的输出。虚拟仪器也不例外，它也是按照“信号的调理与采集—数据的分析与处理—结果的输出及显示”的结构模式来建立通用仪器硬件平台的。图 11.5 为虚拟仪器的构成方式。

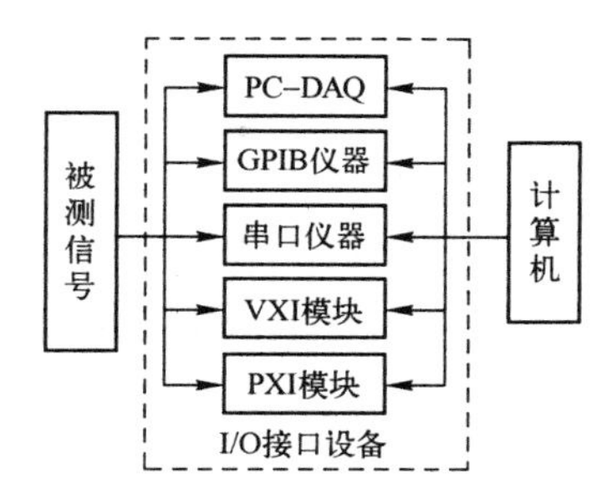

图 11.5　虚拟仪器的构成方式

在这个通用仪器硬件平台上，调用不同的测试软件就构成了不同功能的仪器。因此虚拟仪器通常由硬件设备与接口、设备驱动软件（或称仪器驱动器）和虚拟仪器面板组成。其中，硬件设备与接口可以是以各种 PC 为基础的内置功能插卡、通用接口总线（GPIB）卡、串行口、VXI 总线接口等设备，或者是其他各种可编程的外置测试设备；设备驱动软件是直接控制各种硬件接口的驱动程序，虚拟仪器通过底层设备驱动软件与真实的仪器系统通信；虚拟仪器面板是传统仪器的面板与软件界面的融合，其显示的控件与真实仪器面板的操作元素对应，所以用户用鼠标或键盘操作虚拟仪器面板就如同操作真实仪器面板一样。

2. 虚拟仪器的软件结构

仪器软件与通用计算机软件构成虚拟仪器的软件，用于直接控制各种硬件接口，并完成测试任务。对 VXI 总线虚拟仪器而言，其软件主要包括三部分，如图 11.6 所示。

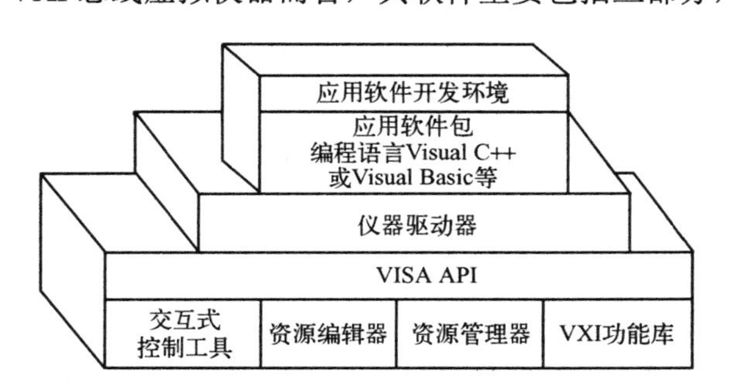

图 11.6　VXI 总线虚拟仪器软件框架

应用软件开发环境为用户开发虚拟仪器提供了必要的软件工具与环境。目前，有两类较流行的虚拟仪器开发环境：一类用传统的编程语言设计虚拟仪器，如 LabWindows 等；另一类用图形化编程语言设计虚拟仪器，如 HP VEE、LabVIEW 等。

仪器驱动器是完成对某一特定仪器控制与通信的软件程序，是完成对仪器硬件控制的纽带和桥梁，它作为用户应用程序的一部分在计算机上运行。

VISA（Virtual Instrument Software Architecture，虚拟仪器软件结构）是 VXI plug&play 规范规定的生成虚拟仪器的软件结构和模式，它包括统一的仪器控制结构，与操作系统、编程语言、硬件接口无关的应用程序接口等。VISA 规范的制定，统一了应用程序与系统硬件之间的底层接口软件，成为 VXI plug&play 的重要基础。

VISA 已成为现代自动测试系统的关键组成部分。所有自动测试系统的控制器（包括 VXI 和 GPIB 控制器）只有在具备了相应的 VISA API 后，才能满足 VXI plug&play 的要求，也才能在其上开发开放的、具有较强兼容性的自动测试软件。

11.4.3 虚拟仪器的设计方法

虚拟仪器的设计方法包括虚拟仪器的硬件选择、仪器驱动器的设计开发和虚拟仪器面板设计。这里介绍虚拟仪器的硬件选择和仪器驱动器的设计开发。

1. 虚拟仪器的硬件选择

虚拟仪器的硬件一般分为基础硬件平台和外围硬件设备。

基础硬件平台目前可以选择各种类型的计算机，计算机是虚拟仪器的硬件基础，对于工业自动化的测试和测量来说，计算机是功能强大、价格低廉的运行平台。由于虚拟仪器需借助计算机的图形界面，对计算机的 CPU 的速度、内存大小、显示卡性能都有要求，而且所开发的具体应用程序都基于 Windows 运行环境，所以计算机的配置必须合适。

外围硬件设备主要包括各种计算机内置插卡和外置测试设备。外置测试设备通常为带有某种接口的测试设备，如带有 HP-IB 和 RS-232 接口的 HP34401A 数字万用表，带有 GPIB 接口的 Pragmatic2205A 任意波形发生器等。计算机内置插卡中，PC-DAQ/PCI 插卡是最廉价的构成形式，从数据采集的前向通道到后向通道的各个环节都有对应的产品。利用 GPIB，可以将若干台基本仪器和基于计算机的仪器搭成积木式的测试系统，在计算机的控制下完成复杂的测量工作。在我国，几百家厂商的数以万计的仪器都配置了 GPIB，应用遍及科学研究、工程开发、医药卫生、自动测试设备、射频、微波等各个领域。

VXI 总线具有标准开放、结构紧凑、数据吞吐能力强、定时和同步精确、模块可重复利用、众多仪器厂家支持的特点，是目前仪器与测试技术领域研究与发展的方向。

2. 仪器驱动器的开发

仪器驱动器用最简单的名词来定义就是一个软件，是用来控制特定仪器或与一个特定仪器进行通信的软件模块。

仪器驱动器一般包括以下几个部分：操作接口，它提供一个虚拟仪器面板，用户通过对该面板的控制完成对仪器的操作；编程接口，它能将虚拟仪器面板的操作转换成相应的代码，以实现对仪器驱动器的功能调用；I/O 接口，它负责仪器驱动器与仪器的通信；功能库，它描述了仪器驱动器所能完成的测试功能；子程序接口，它使得仪器驱动器在运行时能调用它所需要的软件模块。

1）仪器驱动器的开发工具

仪器驱动器是虚拟仪器软件结构中的功能体，虚拟仪器系统的核心是软件。

虚拟仪器的软件编程通常可以采用以下两种编程方法。一种是传统的方法，采用高级语言如 Visual C++、Delphi 等编程；另一种是采用面向仪器和测控过程的图形化编程方法，如 NI 公司的 LabVIEW 或 HP 公司的 VEE 编程，或是基于 ANSIC 的、交互式 C/C++语言集成开发平台 LabWindows/CVI 编程。

LabVIEW 是基于数据流的编译型图形化编程环境，可以兼容不同的操作系统，为数据的采集、分析、显示提供集成开发工具，还可以通过 DDE 和 TCP/IP 实现共享，节约了 80%的程序开发时间，而速度几乎不受影响。本书主要介绍 LabVIEW 的仪器驱动器。

2）仪器驱动器的设计模型

仪器驱动器按照驱动器外部和内部模型进行设计。VXI plug&play 联盟建立模型的思想也是基于仪器驱动器设计的灵活性，VXI plug&play 通过提供高级和模块化的程序，使终端用户不必学习复杂的编程协议，使仪器驱动器在一定程度上具有互操作性和互换性，从而为快速设计和测试应用提供了可能。

（1）外部设计模型图。LabVIEW 仪器驱动器外部设计模型如图 11.7 所示。这个模型包含仪器驱动器功能体（仪器驱动器代码）。可编程开发接口是从高级应用程序中调用仪器驱动器的机制。交互式开发接口帮助理解每个仪器驱动器程序的功能，通过运行仪器驱动器子程序的前面板，开发者可以很容易地理解怎样在其应用程序中使用仪器驱动器。VISA I/O 接口用于仪器驱动器与仪器硬件之间的交流。子程序接口是一种机制，仪器驱动器可以通过它调用那些必要的支持程序。例如，清除错误信息程序都是支持程序。

从图 11.7 可以看出，基本的仪器驱动器的设计必须完成仪器驱动器功能体的设计、调用仪器驱动器程序的设计及仪器驱动器对仪器控制的设计。

（2）内部设计模型图。LabVIEW 仪器驱动器内部设计模型如图 11.8 所示。在内部设计模型中对仪器驱动器功能体的设计进行描述。

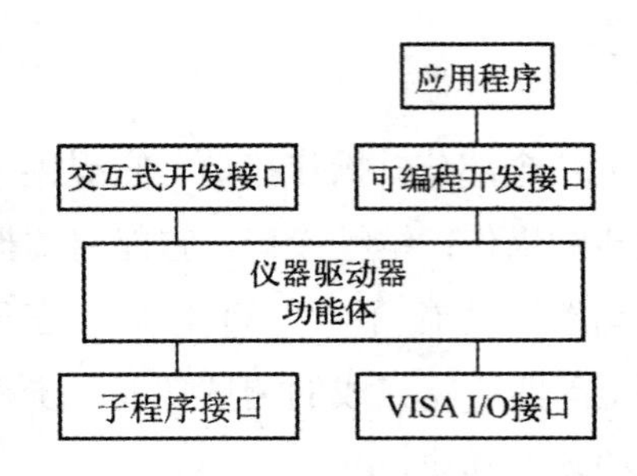

图 11.7　LabVIEW 仪器驱动器外部设计模型

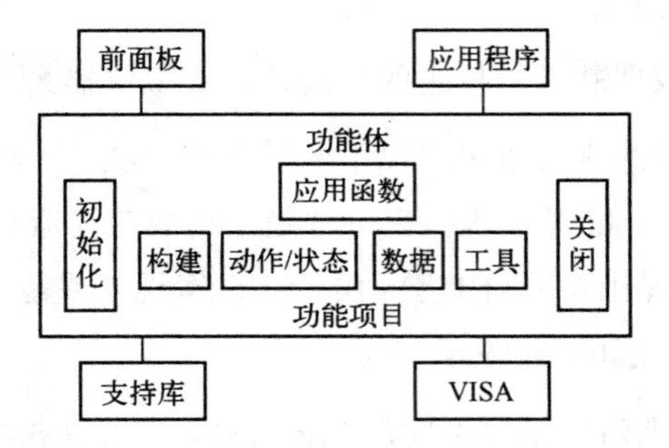

图 11.8　LabVIEW 仪器驱动器内部设计模型

LabVIEW 仪器驱动器的功能体有两类，第一类是组件程序的集合，用于控制仪器的特定功能；第二类是高级应用程序的集合，用于实现仪器的基本测试和测量功能。功能体必须包括下列程序：初始化、关闭、启动、支持和程序树（启动、支持、程序树在图 11.8 中未画出）。除此之外，还可含有下列内容程序：构建、动作/状态、数据及工具。

3）仪器驱动器程序开发和编辑的工具

编辑仪器驱动器程序在前面板编辑窗口和程序框图编辑窗口进行。

前面板编辑窗口及编辑工具如图 11.9 所示。编辑完成的前面板一般由输入控制、输出和显示三部分构成。输入控制部分是用户输入数据到程序的接口；显示部分是输出程序产生的数据接口。可以用工具模板中的相应工具去取用控件模板中的有关控件，并将其摆放在窗口中的适当位置，构成前面板。

框图是图形化的源代码，是虚拟仪器测试软件的图形化表述。框图程序用 LabVIEW 图形化编程语言编写，可以把它理解成传统程序的源代码。框图程序由端口、节点、框图和连线构成。其中端口负责向程序前面板的控制部分和显示部分传递数据；节点用于实现函数和功能调用；框图用于实现结构化程序控制命令；连线代表程序执行过程中的数据流，定义了框图内的数据流动方向。创建框图程序需要用到程序框图编辑窗口及编辑工具，如图 11.10 所示。在程序框图编辑窗口中，选用工具模板中的相应工具去取用功能模板上的有关图标来设计框图。

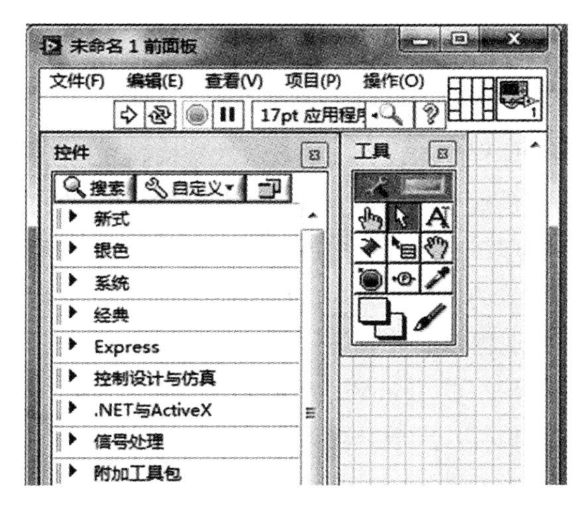

图 11.9　前面板编辑窗口及编辑工具

图 11.10　程序框图编辑窗口及编辑工具

4）仪器驱动器的设计步骤

典型 LabVIEW 仪器驱动器的设计大致可分为以下三步：一是设计仪器驱动器的结构层次；二是设计仪器驱动器的功能体；三是按外部设计模型设计接口程序。

（1）仪器驱动器结构层次的设计。对开发设计人员来说，在仪器驱动器设计过程中，首先要考虑仪器驱动器的结构和层次关系，即定义主要函数和模块化的层次关系。LabVIEW 仪器驱动器的层次结构由 VI Tree 来描述。VI Tree 是不执行的，仅用于表明仪器驱动器的层次结构。定义好仪器驱动器的层次结构是很重要的，因为它的层次结构决定了程序之间的关系。

一般地，最上层程序为启动程序和应用程序，通常启动程序是高级别程序，用于调用初始化、应用和关闭程序；应用程序用于设置和测量。下层程序中第一个被调用的程序为初始化程序，紧接着为构建、动作/状态、数据、工具程序，最后为关闭程序。

（2）仪器驱动器功能体程序的设计。一旦层次结构确立，所有的仪器驱动器程序的设计都可以从仪器驱动器模板程序开始。仪器驱动器模板库提供了常用程序，可以复制；按内部设计模型将所有程序组合起来，根据需要对仪器实施控制；按外部设计模型设计仪器驱动器与系统其他部分的接口；采用 VISA 标准控制 I/O 接口，使驱动程序可控制各种类型的 I/O 接口，实现程序的兼容。仪器驱动器功能体是仪器驱动器的设计重点，功能体由一系列子程序模块组成。LabVIEW 提供了适合大多数仪器驱动程序的模板，如初始化、关闭、复位、自检等，一般只要做少量的修改即可。

应用程序为用户自定义程序，也可使用 LabVIEW 仪器驱动器模板程序。

（3）仪器驱动器接口程序的设计。在以往的虚拟仪器开发过程中，I/O 接口设备驱动软件的开发没有统一的规范，VXI plug&play 提出了标准的应用软件开发接口——VISA 接口，VISA 接口本身不具备编程能力，它通过调用底层驱动程序来实现对仪器的编程，如图 11.11 所示。

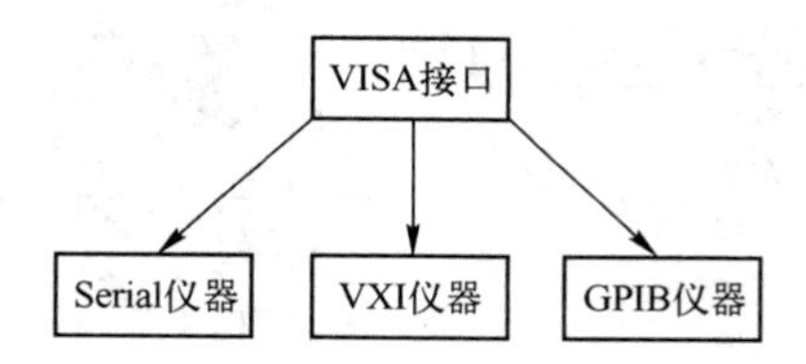

图 11.11 VISA 的内部机制

在对不同总线仪器进行调用时，LabVIEW 提供了不同的 I/O 接口设备图标，如对 GPIB 仪器驱动时，首先应与仪器建立联系，VISA 子模板程序可用来对 I/O 接口设备进行简单的读/写操作。按 Function→Instrument I/O→VISA→Advanced 调用路径，从功能模板中选择“VISA 开”图标，如图 11.12 所示，作为打开仪器的标识符。

图 11.12 “VISA 开”图标

11.4.4 虚拟仪器的设计实例

1. 虚拟乘法器检验仪的设计

本节通过设计一个简单的虚拟乘法器检验仪来说明虚拟仪器的设计方法。

（1）虚拟乘法器检验仪的功能。虚拟乘法器检验仪用于检验设计的乘法器是否工作正常。操作者可随意在输入控件中输入两个数，则在显示控件中显示两个数的乘积，如面板中乘数分别设置为 2 和 18，运行程序，结果为 36，说明乘法器工作正常。该检验仪可对多个乘法器的运行功能进行检验。

（2）前面板的设计。前面板由控制器和指示器组成。设计前面板，首先要考虑的因素是界面友好，操作方便。

根据功能描述，面板上的主要控件为乘数 x 控件和乘数 y 控件，它们均为数字型控件；输出显示控件也为数字型控件；布尔型开关用于对该检验仪进行控制，当开关启动时，该检验仪开始工作。

采用 LabVIEW 设计面板的方法是，通过工具模板中的工具选取控件模板的各子控件，将指示器和控制器添加到前面板中，其中控制器将数据提供给程序，指示器用于显示程序生成的数据，并用位置工具移动对象或改变对象的大小，可用标签工具对其进行说明，用颜色工具改变其颜色。虚拟乘法器检验仪的前面板如图 11.13 所示。

图 11.13　虚拟乘法器检验仪的前面板

（3）程序框图的设计。打开程序框图编辑窗口，与前面板四个控件对应的端口图标自动出现在程序框图编辑窗口中，如图 11.14 所示。先放置乘法器图标，调用路径为 Function→Numeric→Multiply，用于实现两数相乘；然后执行 Function→Structure→While 操作，放置 While 循环结构，使虚拟乘法器检验仪具有对多个乘法器进行检验的能力；最后进行数据流的编程。

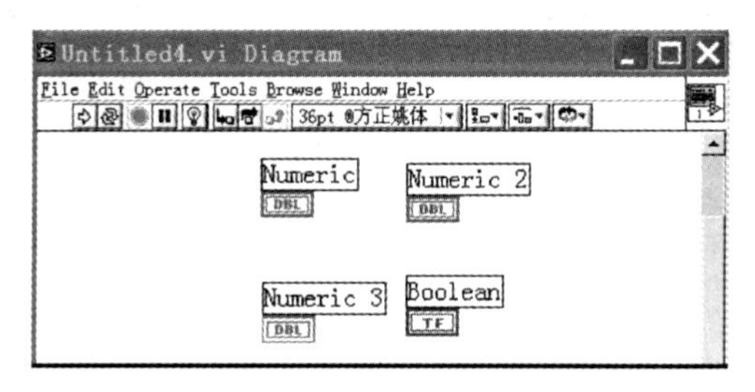

图 11.14　自动生成的端口图标

数据流的编程主要是对端口图标的连接。把连线工具放在乘法器的左侧，单击，弹出乘法器输入端接线头，然后把线头拉向乘数 x 和乘数 y 的端口图标，端口闪烁，说明相连的数据类型匹配，否则不能连接。把乘法器的输出接线与乘积的端口图标相连，再把检验开关对应的端口图标与循环结构的条件端相连。虚拟乘法器检验仪的程序框图如图 11.15 所示。

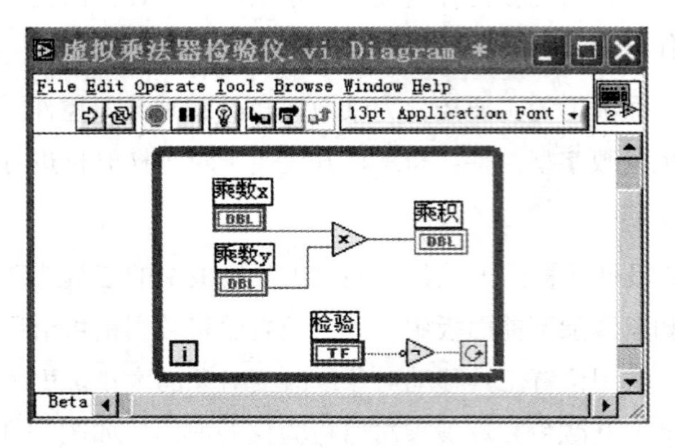

图 11.15　虚拟乘法器检验仪的程序框图

（4）程序运行。运行程序，检查设计的虚拟乘法器检验仪可否检验出结果。运行结果证明该检验仪工作正常，设计合理。

2．虚拟探测器性能参数测试平台的设计

作为一个实用的项目，我们基于虚拟仪器技术设计了探测器性能参数测试平台（见图 11.16），包括虚拟锁相放大器（左）和参数处理平台（右）。虚拟锁相放大器将微弱的有用信号从噪声中检测、提取出来，参数处理平台将提取的数据进行处理、显示。

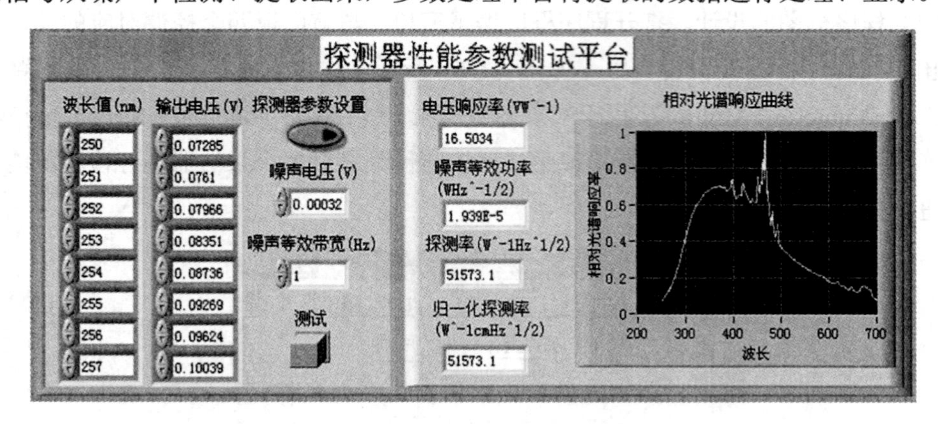

图 11.16　探测器性能参数测试平台

测试平台输入参数为探测器对光辐射源的响应参数，包括波长、与波长对应的输出电压、噪声电压、噪声等效带宽等，测试平台计算出探测器的电压响应率、噪声等效功率、探测率和归一化探测率，并绘出探测器的相对光谱响应曲线。其中噪声等效带宽参数由虚拟锁相放大器输出；噪声电压通过实际测量获得，即无辐射时，由探测器探测的信号经过虚拟锁相放大器后得出。

11.4.5　可互换虚拟仪器

仪器驱动器的使用变得非常流行，因为它在上层应用软件与具体硬件之间架起了一道桥梁。然而从虚拟仪器软件框架结构可以看出，VXI 仪器驱动器的设计基于虚拟仪器的软件结构和模式，虽然 VXI plug & play 规定了一系列封装和交付仪器驱动器的标准，但 VXI plug & play 仪器驱动器与特定仪器密切相关，更换不同厂家或同一厂家不同型号的仪器时，不仅要更换仪器驱动器，还要修改测试程序以适应新的仪器及仪器驱动器，采用 VXI plug & play 仪器驱动器不能很好地满足现代测试系统的需要。用户需要的仪器驱动器是开放、透明、可修改的，并允许在不修改应用程序代码的情况下，实现在同一应用程序下更换不同厂家的仪器，即具有互换性。

可互换虚拟仪器（Interchangeable Virtual Instruments，IVI）技术吸取了 VXI plug & play 技术的优点。IVI 建立在 VISA 的 I/O 层以上，把传统的仪器驱动程序分为特定仪器驱动程序和类驱动程序两个子层，如图 11.17 所示。特定仪器驱动程序执行传统的仪器驱动功能，但是具有性能优化的低层结构和仪器仿真功能。类驱动程序包含该类仪器的通用函数，这些函数直接调用相应的特定仪器驱动程序函数，可以控制某一领域的仪器，如示波器、数字万用表等。

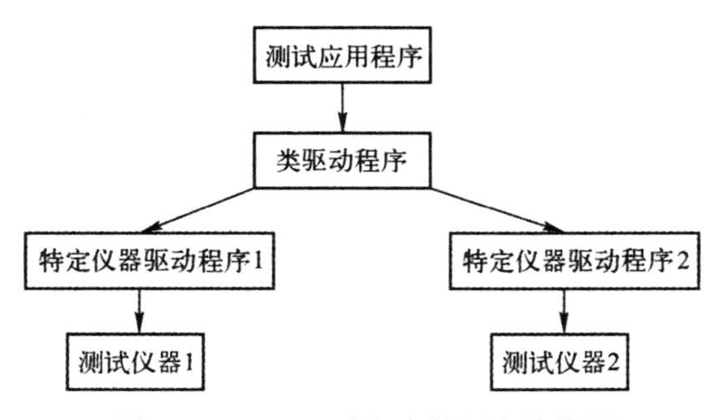

图 11.17　IVI 驱动程序的层次结构图

IVI 引入仪器分类原则，将仪器驱动器分为五大类：IVI 数字万用表驱动器、IVI 函数波形发生器驱动器、IVI 电源驱动器、IVI 示波器驱动器、IVI 开关模块驱动器等。在测试系统软件的过程中，每一种 IVI 类驱动器通过调用 IVI 特定仪器驱动器去操作具体的仪器。因此，测试系统开发者可以在某类仪器内替换某一仪器及相应的特定仪器驱动器而不用改动仪器类驱动器及测试程序，IVI 标准使得同类中仪器的互换成为可能。

IVI 技术采用模块化编程，大大降低了测试系统中测试软件的开发周期和开发费用，极大地提高了测试系统的更新适应能力；为从软件出发消除冗余、提高测试速度提供了重要的途径，因而在美国获得了各大公司和军方的支持，发展极为迅速。目前，NI、HP、FLUKE 等著名仪器公司各自开发了多种通用仪器的 IVI 仪器驱动器。

IVI 技术对于国防军事领域的导弹、航空电子设备的测试非常关键，具有很重要的现实意义，应用前景广阔。因为在国防项目里，任何测试硬、软件的修改都必须严格遵守有关规定，同时需做可靠性实验，需要相当长的开发周期和巨额的开发费用，采用 IVI 技术可有效解决这些问题。另外，IVI 还支持仪器仿真，在开发者暂时无法获得仪器或者并未实际安装仪器时，IVI 仪器驱动器可仿真仪器硬件的操作。这样，测试工程师可以在暂时无硬件的情况下，继续开发测试程序代码。通过仪器仿真，有效地降低了测试的开发成本、缩短了测试系统开发时间。因此，用 IVI 技术实现测试系统仪器的互换性，既能给用户带来显著的效益，又提高了开发商的产品在市场上的竞争力。

11.4.6 网络化仪器与远程测控技术

网络化仪器是适合在远程测控中使用的仪器。这是计算机技术、网络通信技术与仪表技术相结合产生的一种新型仪器。

通过 GPIB-ENET 转换器、RS232/RS485-TCP/IP 转换器，将数据采集仪器的数据流转换成符合 TCP/IP 的形式，然后上传到 Intranet/Internet；而基于 TCP/IP 的网络化智能仪器则通过嵌入式 TCP/IP 软件，使现场变送器或仪器直接具有 Intranet/ Internet 功能。它们与计算机一样，成为网络中的独立节点，很方便地就能与就近的网络通信线缆直接连接，而且“即插即用”，直接将现场测试数据上传到网上。用户通过浏览器或符合规范的应用程序即可实时浏览到这些信息（包括处理后的数据、仪器仪表的面板图像等）。网络化仪器把传统仪器的前面板移植到网页上，通过网络服务器处理相关的测试需求，通过 Intranet/ Internet 实时地发布和共享测试数据。

网络化仪器具有以下优点：

（1）通过网络，用户能够远程监测控制过程和实验数据，而且实时性非常好。一旦过程中发生问题，有关数据也会立即展现在用户面前，以便采取相应措施（包括向远方制造商咨询等），因而可靠性大为增强。

（2）通过网络，一个用户能远程监控多个过程，而多个用户也能同时对同一过程进行监控。例如，工程技术人员在他的办公室里监测一个生产过程，质量控制人员可在另一地点同时收集这些数据，建立数据库。

（3）通过网络，大大增强了用户的工作能力。用户可利用普通仪器设备采集数据，然后指示另一台远程功能强大的计算机分析数据，并在网络上实时发布。

（4）通过网络，用户还可就自己感兴趣的问题与另一国家的用户进行合作和交流。比如，软件工程师可以利用网络化软件工具把开发程序或应用程序传送给远方的目标系统，进行调试或实时运行，就像目标系统在现场一样方便。

总之，通过网络释放系统的潜力，改变了测量技术以往的面貌，打破了在同一地点进行采集、分析和显示的传统模式；依靠 Internet 和网络技术，人们已能够有效地控制远程仪器设备在任何地方进行采集，在任何地方进行分析，在任何地方进行显示。不久的将来，越来越多的测试和测量仪器将融入 Internet。

实训项目 10　个人仪器系统的构建

1．项目内容

本项目旨在基于虚拟仪器技术，构建个人仪器系统。个人仪器系统可自定义为传统时域测量仪器-示波器、典型的频域测量仪器-频谱分析仪、典型的数据域测量仪器-逻辑分析仪以及典型的光信息测量仪器-光谱分析仪。

2．项目相关知识点提示

仪器软件化正逐渐成为仪器开发的主流。本项目给出了一种个人仪器系统实现的初步方案。个人仪器系统在 LabVIEW 8.2 平台上，利用数据采集设备和通用计算机实现传统电子测量仪器的设计。个人仪器系统的信号使用外接数据采集设备获取，信号和数据处理采用软件实现，软件为系统中仪器通用的，所设计的仪器系统可以二次开发和扩展仪器种类，体现“软件即仪器”的思想。

个人仪器系统的设计虽然主要是软件设计，但所构建的系统是实际仪器系统，与传统仪器一样必须具备输入、输出和测试单元的功能。所以个人仪器系统的设计是在对传统测量仪器工作原理、测试方法、仪器构建方法完全掌握的基础上进行的，是对电子测量技术的综合应用。

3．项目实施和结论

（1）所需实训设备和附件：数据采集设备和驱动程序 1 套；个人计算机 1 台；LabVIEW 虚拟仪器开发平台 1 套。

（2）项目实施步骤。

① 系统硬件设计。基于虚拟仪器的个人仪器系统的组成框图如图 11.18 所示，系统主要由三大部分构成：数据采集卡（DAQ 卡）、通用计算机平台、测量或执行模块。

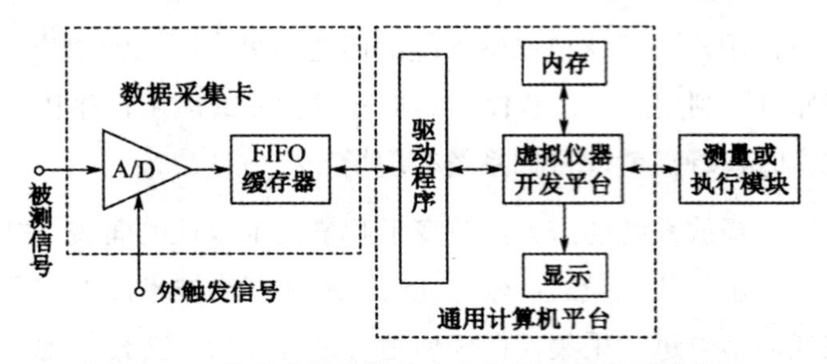

图 11.18　基于虚拟仪器的个人仪器系统的组成框图

DAQ 卡是个人仪器系统对外界被测信号的采集设备。驱动程序一般由 DAQ 卡生产厂家提供，用于计算机对 DAQ 卡的连接和驱动，安装在通用计算机中，可根据实际需要选择 DAQ 卡的输入通道数、采样频率、分辨率、精度、增益、接口方式等技术参数；虚拟仪器开发平台是系统设计平台；测量或执行模块包括传感器、信号处理和执行器件的功率驱动等部分，这是系统中根据使用者要求搭建的单元，如在该系统中为光辐射信号采集配置了光源、斩波器、探测器、单色仪和低噪声微弱信号前置放大器等单元；同时为实现计算机对单色仪波长的步进控制，增加了功率驱动电路。

② 系统软件设计。软件是个人仪器系统设计的核心，系统设计采用模块化的思想，软件顶层模块结构如图 11.19 所示。个人仪器系统.vi 为顶层主控模块；第二层的 4 个模块分别为数字示波器.vi、逻辑分析仪.vi、频谱分析仪.vi 和光谱分析仪.vi；第三层的模块有 PreDAQ.vi（DAQ 准备模块）、DAQmx Read.vi（DAQ 输入模块）、DAQmx Write.vi（DAQ 输出模块）、StopDAQ.vi（DAQ 停止模块），这 4 个模块由 4 个仪器共享。图 11.19 显示了软件顶层模块对下层模块的调用情况。

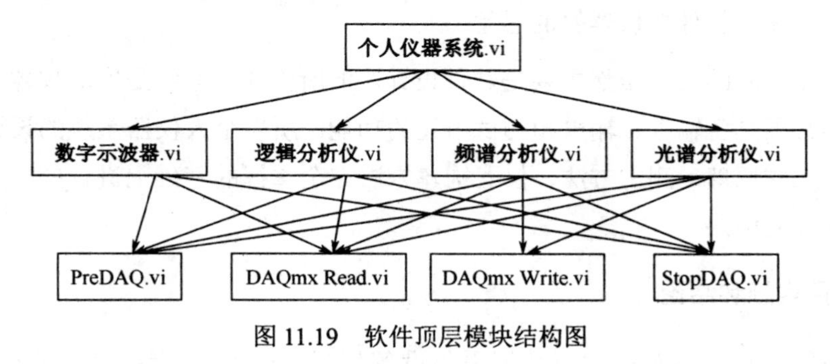

图 11.19　软件顶层模块结构图

③ 系统功能测试。对数字示波器、逻辑分析仪、频谱分析仪和光谱分析仪 4 种仪器

分别采用仿真信号和实际信号进行测试，如采用仿真信号对数字示波器的显示模式进行测量，将数字示波器显示模式设置为单通道、双通道、波形叠加和李沙育图形，分别对应面板上“A”和“B”“A&B”“A+B”和“A–B”“李沙育图”，按下“启动”键，示波器运行。为观察方便，A 通道输入频率为 20Hz、幅度为 4V 的正弦波；B 通道输入频率为 40Hz、幅度为 2V 的方波。观察各显示模式的波形。

④ 结论。测试结果表明，在 LabVIEW 平台上采用数据采集设备和通用计算机，能实现包含时域典型测量仪器-示波器、数据域典型测量仪器-逻辑分析仪、频域典型测量仪器-频谱分析仪和典型的光信息测量仪器-光谱分析仪的个人仪器系统。但由于受采用的 DAQ 卡采集速率、采集灵敏度及模拟输出通道的限制，个人仪器系统的测量范围、测量灵敏度及控制功能还有待完善。

本 章 小 结

计算机测试技术以计算机或微处理器为核心，将检测技术、自动控制技术、通信技术、网络技术和电子信息技术结合起来，使得现代仪器具有开放性、模块化、可重复使用及互换性等特点，用户可根据各种测试对象的特点，合理组建自己的测试系统。

智能仪器是将人工智能的理论、方法和技术应用于仪器，使其具有类似人的智能特性或功能的仪器。智能仪器不再是简单的硬件实体，而是硬件与软件相结合，微处理器通过键盘或遥控接口接收命令和信号，进而控制仪器的运行，执行常规测量，对数据进行智能分析和处理，对数据进行显示和传送，软件在仪器智能水平方面起着重要的作用。

利用 GPIB 将一台计算机和一组电子仪器连接在一起可组成自动测试系统，它标志着测量仪器从独立的手工操作单台仪器走向程控多台仪器的自动测试系统。其中以 GPIB 为主的台式仪器、以 VXI 总线为主的模块式仪器以及以 ISA/PCI 总线为主的个人仪器，三者将互为补充、共同发展。

虚拟仪器实现了测量仪器的智能化、多样化和模块化。即在相同的硬件平台下，虚拟仪器完全由用户自己定义，通过不同的软件就可以实现功能完全不同的测试仪器。从传统仪器向虚拟仪器的转变，用户可以用较少的系统、较少的开发和维护费用，用比过去更少的时间开发出功能更强、质量更可靠的产品和系统，从而为用户带来更多的实际利益。

智能仪器、自动测试系统、虚拟仪器和网络化仪器的出现标志着现代电子测量技术将向着智能化、自动化、小型化、模块化发展。

习　题　11

11.1　计算机测试的基本概念是什么？

11.2　计算机测试与传统仪器测试相比有哪些特点？

11.3　智能仪器的结构特点是什么？

11.4　智能仪器是如何工作的？

11.5　自动测试系统的结构特点是什么？它对计算机有哪些要求？

11.6　GPIB接口起什么作用？

11.7　要组建一个由计算机、数字万用表和打印机构成的自动测试系统，需要哪些步骤？

11.8　VXI总线仪器有何优点？为何得到广泛应用？

11.9　何谓虚拟仪器？虚拟仪器是仿真仪器吗？

11.10　虚拟仪器的硬件系统一般包括哪几个部分？

11.11　试述LabVIEW虚拟仪器的软件结构及基本原理。

11.12　虚拟仪器的设计主要包括哪些内容？一般有几个步骤？

11.13　不同厂家的虚拟仪器可以互换吗？如何解决互换问题？